DER NAHE OSTEN

DAS ABENTEUER ARCHÄOLOGIE

DAS ABENTEUER ARCHÄOLOGIE

BERÜHMTE AUSGRABUNGSBERICHTE AUS DEM NAHEN OSTEN

Ausgewählt und eingeleitet

von Leo Deuel

VERLAG C.H. BECK MÜNCHEN

Mit 30 Abbildungen auf Tafeln und 10 Abbildungen im Text.
Aus dem Englischen übertragen von Dr. Gerda Peters
Titel der Originalausgabe: 'The Treasures of Time. Firsthand accounts by famous archaeologists of their work in the Near East'.

Dritte Auflage. 1967
Einband und Schutzumschlag von Gerhard M. Hotop, München,
unter Verwendung einer Aufnahme der Standarte von Ur, Friedensseite
(mit freundlicher Genehmigung des Hirmer Verlags, München).

Druck der Buchdruckerei Georg Appl, Wemding

INHALT

EINLEITUNG

In stetem Fortschreiten dringt die archäologische Forschung immer tiefer in die Vergangenheit und bestrebt sich, Geschichte und Vorgeschichte der Menschheit aufzudecken und zu erhellen – abseits der herkömmlichen Überlieferungen und mit noch größerem Abstand zu inspirierten Glaubensaussagen wie etwa denen jener wortgläubigen Bibelchristen des siebzehnten Jahrhunderts, die das Datum der Menschenerschaffung auf den 23. Oktober 4004 v. Chr. ausgerechnet hatten. Es gibt nur wenige Gebiete menschlicher Forschung, die unser Denkgebäude so umstürzend verändert haben wie die Archäologie; ihre großartigen Entdeckungen seit reichlich hundert Jahren erweckten in einzigartiger Weise Ehrfurcht, Stolz, Wissensdurst und Phantasie – und das sowohl bei Gelehrten wie bei Laien.

Die sichtbaren Triumphe der Ausgräberarbeit, das spannende Abenteuer der Aufdeckung neuer Fundplätze, uralter, längst vergessener Gräber, Paläste und Städte sind schon oft geschildert worden. Allgemeinverständliche Bücher verfolgten den Gang der archäologischen Forschung, indem sie bezeichnende Ergebnisse berühmter Ausgräber wieder zum Leben erweckten. Oft schlossen sich diese Darstellungen den Originalberichten jener Pioniere an, von denen viele lebhafte und feinfühlige Erzähler waren. Leider aber sind viele dieser authentischen Veröffentlichungen längst vergriffen – oder sie verstecken sich so tief in Spezialzeitschriften und Fachpublikationen, daß sie dem Normalleser praktisch unerreichbar sind.

Das vorliegende Buch möchte das Wiedererscheinen verschollener Völker und Kulturen so darstellen, wie es ihre bedeutendsten Entdecker und Ausgräber erlebten; es bringt ausschließlich Berichte, die den Leser an dem tatsächlichen Gang der Forschung teilnehmen lassen. Immer ist der Autor, der dabei zu Worte kommt, der maßgebliche Pionier seines Bereiches. Eine dergestalte „Geschichte der Archäologie in Dokumenten“ müßte im Idealfalle eine umfassende Beurkundung ergeben; das Gebiet ist aber so weit und der vorliegende Stoff so riesig, daß er den Umfang eines einzelnen Buches sprengen würde. So kann das Feld der Archäologie hier nur in einer repräsentativen Auswahl, die ihre markantesten Meilensteine anleuchtet, dargeboten werden: Die ausgewählten Abschnitte handeln jeweils von Forschungen, die die Vorstellungen von der Vergangenheit des Menschen revolutionierten und die Grenzen des Geschichtsbildes weiter zurückschoben. Zusammengenommen, bieten die folgenden Kapitel Berichte aus erster Hand über die Entwicklung der Archäologie von ihren tastenden Anfängen bis zu der hochentwickelten Technik unserer Tage.

In den Annalen der Archäologie, zumindest betreffs der Kulturen, die unserer eigenen vorangingen – und nur mit diesen beschäftigt sich das Buch –, dürfen Ägypten und Mesopotamien Vorrang beanspruchen. Dieses Recht beruht einmal auf ihrer hervorragenden Bedeutung für die Entwicklung der Spatenwissenschaft, zum anderen auf ihrer Lebenskraft. Denn in Ägypten, im Zweistromland und den angrenzenden Gebieten des östlichen Mittelmeerraums entwickelten sich diejenigen Traditionen, Kenntnisse und Werte, in denen die westliche Kultur wurzelt. Das Abendland empfing sein Licht aus Vorderasien und dem Tal des Nil: Europa entstammt dem Osten; Wissenschaft, Philosophie und Literatur der Griechen blühten zuvor in Vorderasien. So ist der Alte Orient, den der Spaten der Ausgräber Stich für Stich wiederentdeckte, unser Mutterboden.

Das klassische Zeitalter Griechenlands und Roms bleibt unberücksichtigt, denn für die Erweiterung und Bereicherung seiner Kenntnis hat die Archäologie eine vergleichsweise geringe Bedeutung. Aus dem gleichen Grunde wurde auch das übrige Europa beiseitegelassen – abgesehen von Kreta und Mykene, deren Kultur wahrscheinlich die erste Synthese von altorientalischem Erbe und mehr oder weniger eigenständigen „europäischen" Elementen darstellt. Industal und chinesische Schang-Kultur – wichtiges Neuland für die archäologische Erforschung alter Zivilisationen – wurden, da sie keinen unmittelbaren Einfluß auf die Kultur des Westens ausübten, gleichfalls ausgespart. Zudem verdanken sie, offensichtlich später entstanden als Sumer und das frühdynastische Ägypten, wahrscheinlich ihre Hauptimpulse selbst dem Nahen Osten, in dem das seßhafte Leben der Ackerbauer und der städtischen Gemeinschaften seinen Anfang nahm.

Das Gemälde, das hier entworfen wird, ist nicht ohne Dramatik. Denn diese lebendigen und authentischen Berichte von der Wiederausgrabung vergangener Kulturen sind tatsächliche, echte Abenteuergeschichten. Archäologie ist ebenso eine Wissenschaft wie eine Kunst. Sie formt sich sowohl aus der Kraft der Vorstellung als auch aus wissenschaftlicher Disziplin und stichhaltiger Urteilsfähigkeit. In dem einen Fachmann mag dies, in dem andern jenes vorherrschen; bei manchen sind beide Elemente wunderbar vereinigt.

Wollte man das Moment des Romantischen in der Archäologie, die erregenden Augenblicke der Entdeckung – und sogar gewisse anrüchige Ursprünge aus dem Bereich der Schatzräuberei und Grabplünderung oder doch wenigstens Anklänge an sie – ganz abstreiten, so hieße das, Hamlet ohne den Prinzen von Dänemark inszenieren. Aber ebenso gehört viel mehr zur Archäologie als der einfache Glücksfall. Sie umfaßt sowohl echte Gelehrsamkeit wie das mühselige Arbeiten mit der Hacke. Die volkstümliche, romantisierende Berichterstattung neigt dazu, strahlende Schätze, gigantische Bauwerke oder prachtvolle Grüfte in den Vordergrund zu rücken. In der Tat sind bei allen archäologischen Entdeckungen Gräber immer noch die zuverlässigsten Fundplätze für Zeugnisse der frühen Vergangenheit. Mehr und mehr aber gewinnen Kleinfunde ohne ästhetische Anziehungskraft und von geringem materiellen Wert – Knochenreste, Tontafeln, Schriftrollen und Scherben – an Bedeutung. Seit den Tagen Petries – in den achtziger Jahren des vorigen Jahrhunderts – ist klar geworden, daß Ausgräber andere Aufgaben haben als für Museen – diese „grausigen Beinhäuser toter Zeugnisse“ – exotische Raritäten zu beschaffen. In der Archäologie steht, wie ein anderer Pionier des neunzehnten Jahrhunderts, der General Pitt-Rivers, es formulierte, „die Bedeutung der Objekte für die Bezeugung oft im umgekehrten Verhältnis zu ihrem realen Wert“.

Archäologische Arbeit schließt übrigens keineswegs unbedingt praktische Teilnahme an der Ausgrabungsarbeit in sich. Es gab stets „Schreibtischarchäologen“ wie Champollion, die ihre Finger mit Tinte statt mit Lehm beschmutzten. Einige der bedeutendsten und packendsten archäologischen Leistungen des neunzehnten Jahrhunderts, bei denen verlassene Städte aufgespürt, vermessen und registriert wurden, waren mit nur geringer oder gar keiner Grabungstätigkeit verbunden. Heute werden wichtige archäologische Entdeckungen von Physikern in ihren Laboratorien gemacht, andere von Fliegern, Tauchern, Botanikern und Philologen. Wichtig ist allein, was zur Deutung des vorhandenen Materials beiträgt und dieses zu der bereits gesicherten historischen Kenntnis in Beziehung setzt.

Wenn auch die folgenden Abschnitte nach ihrem dokumentarischen, historischen und methodischen Interesse ausgewählt sind, so wurde dabei das Abenteuerliche und die literarische Qualität nicht außer acht gelassen. In einigen Fällen begegnen wir hervorragender Erzählerkunst. Henry Austen Layard zum Beispiel galt in seiner Sprache als einer der besten Reiseschriftsteller. Zauber und Reiz der Ausgrabungen haben, ähnlich wie die Liebe oder das Fliegen, tatsächlich einige Männer zu begnadeten Dichtern gemacht. Andere wieder hatten vielleicht entweder keine Neigung oder keine Gelegenheit, ihre Erlebnisse in wohlgeglättetem Stil niederzuschreiben, die Bedeutung ihres Werkes und ihr Platz im Plan dieser Anthologie rechtfertigt jedoch ihre Einbeziehung.

Die schwer faßbare und nicht leicht zu erklärende Anziehungskraft der Archäologie läßt sich vielleicht am ehesten in den Originalberichten ihrer Meister erspüren. Neben der Faszination, die die Enthüllung von Geheimnissen, die Auffindung vergrabener Schätze und der Vorstoß in eine immer fernere Vergangenheit ausstrahlen, mag dabei das Gefühl der Verwandtschaft mit längst verschollenen Geschlechtern und Völkern und eine Art von Ahnenverehrung mitspielen. Überdies gibt es eine morbide Anziehungskraft verfallener Bauwerke und verlassener Städte nach Art des romantischen „Ruinenschmerzes“.

Indes haben die Freuden der Archäologie auch ihre dunkle Kehrseite. Der Anlaß für das Überleben der Zeugnisse verschollener Kulturen und damit auch für die Möglichkeit, die Vergangenheit ein Stück weiter zu rekonstruieren, war nicht selten ein tragischer. Die düstere Sitte des Totengefolges in den sogenannten Königsgräbern von Ur wurde den Archäologen von heute zum Segen. Bei der Einäscherung der mykenischen Städte durch barbarische Eindringlinge wurden auch die Tontafeln der „Linear B-Schrift“, die sonst zu Staub zerfallen wären, gebrannt und damit haltbar. Die Wracks untergegangener Schiffe auf dem Boden des Mittelmeeres bewahrten großartige Schätze griechischer Kunst. Und der wütende Ausbruch des Vesuvs, der Pompeji und Herculaneum vernichtete und erstickte, veranlaßte Goethe zu dem Ausspruch, daß zwar viel Unheil in der Welt geschehen sei, „aber wenig, das den Nachkommen so viel Freude gemacht hätte“.

ÄGYPTEN

I

GIOVANNI BELZONI

Für die ägyptische Archäologie war das Erscheinen Giovanni Belzonis an den Ufern des Nils fast so bedeutsam wie das eines anderen Abenteurers halbitalienischer Herkunft – Napoleon Bonapartes. Als sich Napoleon 1798 zu seinem schlecht geplanten und beinahe mit einer Katastrophe endenden Ägyptenfeldzug einschiffte, befand sich in seiner Begleitung eine große Anzahl von Gelehrten, die eine umfassende Untersuchung der ägyptischen Altertümer vornahmen und ihre Ergebnisse später in prachtvollen Publikationen veröffentlichten. Europas wissenschaftliche Welt war hingerissen. Als kostbarste Entdeckung fand ein napoleonischer Soldat den Stein von Rosette, der Champollion den Schlüssel zur Entzifferung der ägyptischen Schrift in die Hand gab. Auf diese Weise wurde die erste systematische Arbeit im Bereich der Ägyptologie durch eine militärische Unternehmung ermöglicht.

Ganz vergessen freilich war die fünftausendjährige Geschichte Ägyptens auch vorher nicht. Anders als die versunkenen Städte des Zweistromlandes, hatten hier großartige, weithin sichtbare Bauwerke seit Herodots Besuch im 5. Jahrhundert v. Chr. ihren Ruhm bewahrt. Der Tempel von Karnak und die Pyramiden von Gizeh bei Memphis waren bereits in hellenistischer und römischer Zeit beliebte Touristenattraktionen. Während des ganzen Mittelalters und zu Beginn der Neuzeit waren unternehmungslustige mohammedanische und westliche Reisende dem Zauber dieser uralten Bauwerke verfallen. Im 16. Jahrhundert hinterließ der Deutsche Johannes Helffrich einen sehr phantasievollen Bericht über die große Sphinx, und der Engländer Richard Pococke legte in seine Reisememoiren soviel Begeisterung, daß durch sie ein Besuch der Pyramiden geradezu Mode wurde.

Pococke war übrigens auch der erste Mensch der Moderne, der 1743 das berühmte „Tal der Könige" mit seinen – nach neuen Zählungen – 62 Felsengräbern beschrieb. Wie die späteren Besucher, so fand auch er den Platz bereits von Räubern heimgesucht. In Pocockes Spuren –

und als Nachwirkung von Napoleons ägyptischem Abenteuer – erfolgte dann eine wahre Invasion von Antiquitätensammlern, Künstlern und Schatzsuchern; manche von ihnen waren alles zugleich. Museen und private Sammler überboten sich in der Sucht, Mumien, Sarkophage, Papyri, Statuen, Möbelstücke, Schmuck, Skarabäen und andere fremdartige Objekte, sogar Obelisken, zu erwerben: Das Tal der Könige wurde zu einer wahren Goldmine – und Räuber und Händler teilten sich in ihre Auswertung. Die auffallendste und zugleich erfolgreichste Gestalt unter allen diesen Schatzsuchern war zweifellos Belzoni.

Obwohl auch die Archäologen einer späteren Zeit dem unbeschwerten Enthusiasmus für alle Dinge Ägyptens und der bestechenden Erzählerkunst dieses exzentrischen Mannes anheimfielen, reihten sie ihn doch fast durchweg unter die Grabräuber ein. Die empfindlichen Seelen dieser Archäologen nehmen Anstoß an Belzonis Bericht von einem Besuch in einer nahe Theben gelegenen Nekropole, wo er bei jedem Schritt, den er machte, „das eine oder andere Stück einer Mumie zertrat“ ... „Unter dem Knirschen zerbrechender Knochen, Stoffetzen und hölzerner Behälter versank ich geradezu zwischen den Mumien, und es wirbelte so dichter Staub auf, daß ich bewegungslos eine Viertelstunde warten mußte, bis er sich wieder setzte ... Ich konnte es nicht vermeiden, daß ich von Knochen, Beinen, Armen und Schädeln, die herabrollten, bedeckt wurde.“ Indes war Belzoni alles andere als ein gefühlloser, räuberischer Zerstörer, er gehört vielmehr zu den empfindsamsten Erzählern der ganzen ägyptologischen Literatur. Einmal, so berichtet er, sei er beim Eindringen in eine Grabkammer von ihrem Inhalt so überwältigt gewesen, daß er wochenlang wie in Trance einhergegangen sei. Wie schamlos damals Ägyptens Schätze geplündert wurden, zeigt das Beispiel von Belzonis Landsmann Drovetti, dessen Agenten Belzoni mit der Flinte auflauerten, oder das seines ersten Auftraggebers, des britischen Generalkonsuls Henry Salt – von den einheimischen Fellachen ganz zu schweigen; demgegenüber schneidet in einer Zeit, die noch nicht die geringste Ahnung von wissenschaftlicher Grabungstechnik hatte und deren einziges Ziel es war, die wachsenden Anforderungen des europäischen Marktes zu befriedigen, Belzoni noch recht gut ab. In jedem Falle wurden einige der besten westlichen Museumssammlungen von Belzoni und seinen Zeitgenossen aufgebracht. Man hat sogar gesagt, daß Belzoni trotz seiner Sturmbock-

Methoden beim Aufbrechen von Gräbern bereits etwas von echter wissenschaftlicher Betrachtungsweise vorausahnte. Howard Carter, der hundert Jahre später ebenfalls Königsgräber entdeckte, erinnert daran, daß Belzonis Unternehmungen die ersten Ausgrabungen großen Ausmaßes im Tal waren, und meint, „wir mußten der Art und Weise ihrer Durchführung Hochachtung zollen. Gewiß gab es", so fährt er fort, „Vorfälle, die einen modernen Ausgräber schockieren müssen ... aber aufs Ganze gesehen war es hervorragende Arbeit."

Giovanni Battista Belzoni, 1778 in Padua geboren, war mit 1,98 m von riesigem Wuchs. Er kam 1803 nach England, wo er sein Brot auf etwas anrüchige Art als „starker Mann" im Zirkus verdiente. Nebenbei konstruierte er eine selbst ersonnene hydraulische Maschine – und er nährte die Hoffnung, daß der Emporkömmling Mohammed Ali, nun Herrscher Ägyptens, sie ihm für seine Regulierungs- und Bewässerungsprojekte am Nil abnehmen werde. In Ägypten gestrandet, besuchte Belzoni die alten Ruinenstätten, kam bis nach Elephantine und Philae hinauf und geriet dabei bald an andere Pläne. Im Auftrag Henry Salts bewies er seine technischen Fähigkeiten beim Abtransport der Monumentalbüste Ramses' II. – gewöhnlich Memnon genannt – von Theben nach Alexandria, von wo sie für das Britische Museum verschifft wurde. Ein Obelisk, den er von Oberägypten herunterbrachte, versank im Nil, doch gelang es Belzoni, ihn wieder herauszufischen. Einen Trümmerhügel am Roten Meer identifizierte er richtig als den griechisch-römischen Hafenplatz Berenice. Dann machte er sich an das Sammeln von Museumsstücken, grub hier und da am Nil und gelangte schließlich ins „Tal der Könige", wo er mehrere Gräber öffnete. Weitaus das bedeutendste und am sorgsamsten ausgearbeitete unter ihnen war das Grab Sethos' I., eines Pharao der 19. Dynastie aus dem späten 14. Jahrhundert v. Chr., des Vaters von Ramses II.; es wird oft als „Belzonis Grab" bezeichnet. Diese Gruft, schon im griechischen Altertum bekannt, war zwar – wahrscheinlich bald nach ihrer Versiegelung – von Grabräubern ausgeplündert worden, aber sonst wunderbar erhalten. Belzoni verwandte mehr als zwölf Monate auf ihre Untersuchung, machte Skizzen und nahm Wachsabdrücke. Er war mit echter Liebe bei der Sache, und sie inspirierte ihn dann zu den vielleicht schönsten Abschnitten seiner *Narrative*. Das Glanzstück seiner Entdeckungen im Grabe Sethos' I. war ein leerer Alabastersarkophag; er wurde, als Belzoni ihn in der eigens errichteten *Egyptian Hall* in London ausgestellt, von Sir John Soane für 2000 £ erworben und befindet sich heute im Soane-Museum in London. Für mehr als anderthalb Jahrhunderte galt Belzonis Untersuchung des Sethos-Grabes als erschöpfend; 1960 jedoch entdeckten Ausgräber weitere Steinstufen und einen Gang, der vielleicht zu einer Geheimkammer führen wird.

Als Belzoni die erste Auflage seiner *Narrative of the Operations and Recent Discoveries within the Pyramids, Temples, Tombs, and Excavations in Egypt and Nubia* veröffentlicht hatte, machte er sich 1823 auf eine Reise nach Äquatorialafrika. Auf dem Wege nach Timbuktu starb er an der gleichen Tropenkrankheit, die auch den ihm befreundeten Forschungsreisenden Johann Burckhardt, einen Englisch-Schweizer, hingerafft hatte.

Die Erforschung des Tals der Könige

Am 16. Oktober 1817 setzte ich meine Ausgrabungen im Biban el-Muluk fort und stieß auf die verheißungsvolle Stelle, die mir alle für meine Nachforschungen übernommenen Mühen vergelten sollte. Es war ein glücklicher Tag für mich – vielleicht der schönste meines Lebens. Damit will ich nicht sagen, daß mich das Schicksal an ihm reich gemacht hat, denn ich halte keineswegs jeden reichen Mann für glücklich; aber es schenkte mir damals jene Befriedigung, jenes herrliche Gefühl, das Reichtum nicht zu geben vermag: die Freude über den Fund, den ich so lange vergeblich gesucht hatte, und die Tatsache, daß ich nun der Welt ein neues, vollendetes Denkmal des alten Ägypten darbieten konnte. Denn die Entdeckung, die mir an diesem Tag gelang, übertraf an Erhabenheit, Stil und Erhaltungszustand alles bisher Gefundene und vermittelte, als wir zu ihr vordrangen, den Eindruck, als sei das Aufgefundene erst vor ganz kurzer Zeit geschaffen worden ... Am Fuße eines steil abfallenden Hügels ließ ich die Erde abtragen und befahl, unter dem Bett eines Wadi, das bei Regenfällen in der Wüste das gesamte Gelände hoch überschwemmte, mit dem Graben zu beginnen. Niemand konnte sich vorstellen, daß die alten Ägypter den Eingang zu einem so großen und prachtvollen Schachtgrab ausgerechnet unter einem Gießbach angelegt hätten; aber aus Anzeichen, die ich bei meinem Studium des Geländes bemerkt hatte, konnte ich mit ziemlicher Sicherheit vermuten, daß an diesem Platz eine Gruft sein müsse. Die Fellachen, die sich sämtlich aufs Ausgraben verstanden, waren durchweg der Ansicht, daß an dieser Stelle nichts zu finden sei; in der Tat war die Lage des Grabes außergewöhnlich. Trotzdem setzte ich die Arbeit fort, und am Abend des nächsten Tages, des 17. Oktober, stießen wir auf den behauenen Abschnitt des Felsgrundes und legten den Zugang frei. Am frühen Morgen des nächsten Tages ging die Arbeit weiter, und ungefähr zur Mittagszeit wurde 5,5 m unter der Oberfläche der Eingang erreicht. Der Augenschein machte deutlich, daß er zu einer sehr vornehmen Grabstätte führte; in welchem Maße das zutraf, ahnte ich freilich noch nicht. Die Arbeiter stießen so weit vor, bis sie erkannten, daß es sich um ein großes Grab handeln müsse; als sie nicht weiter vordringen konnten und protestierten, ergab sich, daß das Grab so fest mit großen Steinen verstopft war, daß sie diese nicht aus dem Gang herauszubringen vermochten. Ich ging hinunter, prüfte den Stand der Dinge, zeigte ihnen, wo sie weiterzugraben hatten, und in einer Stunde war so weit Platz gemacht, daß ich einsteigen konnte. Das geschah durch einen Hohlraum unter der Decke des ersten, 11 m langen, 2,6 m breiten und – wie sich nach der Ausräumung ergab – 2,6 m hohen Korridors. Aus der Deckenbemalung und den Hieroglyphen in Basrelief, die oberhalb der Erdschicht erschienen, erkannte ich sofort, daß dies der Eingang zu einem großen und prächtigen Grabe war. Am Ende des Ganges gelangte ich zu einer 7 m langen Treppe von der Breite des Korridors und zu einer 3,6 m hohen Tür. Außerdem war da ein zweiter Gang, 11,4 m lang und von der gleichen Höhe und Breite wie der erste, ebenfalls mit Hieroglyphen in Flachrelief und Bemalung versehen. Auch die Decke zeigt schöne, gut erhaltene Gemälde. Je mehr ich sah, umso begieriger blickte ich mich um, doch in diesem Augenblick wurde mein weiteres Vordringen durch eine tiefe Grube gehemmt. Diese Grube ist 9 m tief und 4,2 : 3,7 m breit. Ihr oberer Teil ist von der Gangmauer bis zur Decke mit Figuren geschmückt. Der Zugang von der Außentür bis zum Schacht hat die durchgehende Neigung eines Winkels von 18 Grad. An der dem Eingang gegenüberliegenden Seite entdeckte ich eine schmale Öffnung, 60 cm breit und 75 cm hoch, und auf dem Boden der Grube eine Masse Schutt. An einem quer zum Gang auf Vorsprüngen in Form einer Tür gelegten Holzstamm war ein Strick befestigt, der einst wohl zum Hinabsteigen in die Grube gedient hatte; von der schmalen Öffnung gegenüber hing ein anderer herab, der offensichtlich zum Hinaufklettern benutzt worden war. Wir konnten deutlich erkennen, daß das Wasser, das bei Regengüssen eindrang, in diese Grube rann; Stricke und Holz verfielen bei Berührung zu Staub. Auf dem Grunde der Grube standen, an den Rand gelehnt, einige Holzstücke; sie sollten dem Mann, der mit Hilfe des Seils zu der Öffnung in der Wand hinaufklettern wollte, als Tritt dienen. Für den Augenblick war, wie ich einsehen mußte, eine Fortsetzung der Arbeit nicht möglich. Mr. Beechey, der gerade an diesem Tage aus Luxor gekommen und gleichfalls in das Grab gestiegen war, zeigte sich sehr enttäuscht, daß er nicht weiter eindringen konnte.

Am nächsten Tage, den 19. Oktober, gelang es uns mit Hilfe eines langen Baumstammes, einen Mann an die Öffnung heranzubringen, und wir konnten nach Herstellung eines Steges aus zwei Balken die Grube überqueren. Die kleine Öffnung erwies sich als gewaltsamer Durchbruch durch eine Mauer, und diese verschloß einen Zugang, der die volle Größe des Korridors hatte. Die alten Ägypter hatten ihn restlos versperrt, Putz aufgetragen und die Wand genau wie die Seitenwände bemalt, so daß niemand eine Fortsetzung des Korridors vermuten konnte – wenn nicht die Öffnung in der vermauerten Tür gewesen wäre. Ohne diese mußte jedermann annehmen, daß das Grab mit der Grube endete. Das Seil unmittelbar an der Mauer zerfiel nicht zu Staub, sondern blieb ganz fest, da das Wasser es niemals erreicht hatte; auch das Holz, an das es gebunden war, zeigte guten Erhaltungszustand. Dank dieser Methode, die Feuchtigkeit von den inneren Räumen des Grabes abzuhalten, blieben diese so gut konserviert. Auf dem Boden der Grube bemerkte ich ein paar Aushöhlungen, fand dort aber nichts, desgleichen keine von ihnen irgendwohin ausgehende Verbindung. Es blieb uns somit kein Zweifel darüber, daß sie zur Aufnahme des Wassers von dem gelegentlich in diesen Bergen fallenden Regen angelegt worden waren. Das Tal ist durch den Schutt, den das Wasser von den höhergelegenen Teilen herabschwemmt, so aufgefüllt, daß die Gräber in ihm jetzt viel tiefer liegen als die Bachbetten; das Wasser findet seinen Weg auch in die Gräber, von denen manche auf diese Weise völlig mit Erde gefüllt sind.

Als wir uns durch die enge Öffnung hindurchgezwängt hatten, sahen wir uns in einer schönen Halle von etwa 8,4 qm Umfang mit vier Pfeilern, deren jeder 90 qcm maß. Gegenüber dem Eingang des Raumes, den ich als Vorhalle bezeichnete, befindet sich eine große Tür, von der drei Stufen in einen Saal mit zwei Pfeilern führen. Dieser ist 8,6 : 7,8 m groß, seine quadratischen Pfeiler sind 1,2 m dick. Ich nannte ihn den Empfangsraum; seine Wände zeigten sich mit Figuren bedeckt, die zwar nur skizziert, in ihrer Ausführung aber so fein und vollkommen sind, daß man glauben möchte, sie seien erst einen Tag zuvor entworfen. Kehrt man zur Vorhalle zurück, so findet man links von der Öffnung eine breite Treppe, die zu einem Gang hinabführt. Sie ist 4 m lang, 2,3 m breit und hat 18 Stufen. An ihrem Ende gelangten wir in einen schönen Korridor von den Maßen 11,1 : 2,1 m. Je weiter wir ihn entlangschritten, desto vollkommener fanden wir die Malereien; sie hatten über den Farben ihren lackartigen Überzug bewahrt, was eine schöne Wirkung ergab. Diese Figuren sind auf weißem Grund gemalt. Am Gangende stiegen wir auf der „kleinen Treppe", wie ich sie nenne, zehn Stufen abwärts in einen weiteren Korridor, der 5,2 : 3,1 m maß, und kamen von ihm in eine kleinere Kammer von 6,3 : 4,2 m Umfang, der ich den Namen „Schöner Raum" gab; denn er hat von allen die schönsten Basrelief-Darstellungen und Malereien. Stellt sich der Besucher in seine Mitte, so umgibt ihn eine Versammlung ägyptischer Götter und Göttinen. Wir schritten weiter und betraten nun eine große Halle, die 8,5 m lang und 8,2 m breit ist. In ihr befinden sich zwei Reihen von je drei quadratischen Pfeilern rechts und

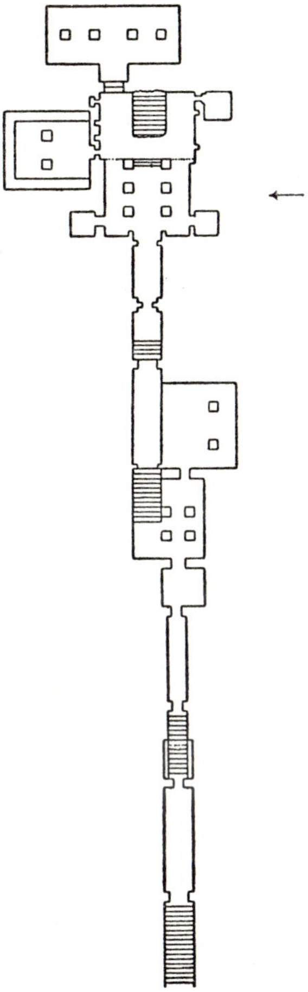

Grundriß des Grabes Sethos' I. Der Pfeil weist auf den Saal, in dem der Sarkophag gefunden wurde.

links vom Eingang, die mit den Korridoren eine Linie bilden. Diese Halle hat an jeder Seite eine schmale Kammer von etwa gleicher Größe (3,2 : 2,6 m); ich benannte den Hauptraum „Pfeilerhalle“, das kleinere Gemach zur Rechten „Isiskammer“, weil in ihm eine große Kuh dargestellt ist . . ., und den linken Raum „Mysterienkammer“, weil er geheimnisvolle Figuren aufweist. Nach dieser Halle kam ein großer Saal mit gewölbter, dachartiger Decke, den nur eine Stufe von der Pfeilerhalle abteilt, so daß beide Räume als einer gerechnet werden können; der hintere Saal mißt 9,7 : 8,2 m. Zu seiner Rechten befindet sich eine kleine, völlig leere und nur grob ausgehauene Kammer ohne Malereien, die den Eindruck macht, als sei sie nicht fertiggestellt worden. Links vom Saal betraten wir eine weitere Kammer mit zwei quadratischen Pfeilern, die wir auf 7,8 : 6,95 m vermaßen. Ich gab ihr, da sie rings herum an der Wand einen 90 cm breiten Vorsprung aufwies, den Namen „Sims-Kammer“; vielleicht diente dieser Sims als Ablage für die bei der Bestattungszeremonie gebrauchten Gegenstände. Die Pfeiler sind 1 m dick, und die Wände zeigen, wie auch sonst überall, schöne Malereien. Vom gleichen Endteil des Saales, der Säulenhalle gegenüber, gelangten wir durch eine große Tür in eine neue Kammer mit vier Pfeilern, von denen einer umgestürzt war; der Raum hat die Ausmaße von 13,2 : 5,4 m, die Säulen zeigen 1 m im Quadrat. Wo der Fels nicht glatt behauen ist, bedeckt ihn ein weißer Verputz; Wandmalereien besitzt er nicht. Ich nannte ihn den „Raum des Apisstieres“, denn wir fanden hier den Körper eines Stieres, der mit Asphalt überzogen war, ferner überall verstreut eine Unmenge kleiner Mumienfiguren aus Holz von 15 bis 20 cm Länge, auch sie zur Konservierung mit Asphalt bedeckt. Einige Figuren waren aus feinem Lehm gebrannt, blau gefärbt und kräftig glasiert. An beiden Seiten der kleinen Räume standen aufrecht mehrere hölzerne, 1,2 m hohe Statuen mit einer runden Höhlung nach innen, die nach meiner Überzeugung eine Papyrusrolle aufnehmen sollte. Wir fanden noch andere Fragmente von Statuen aus Holz oder verschiedenerlei Material.

Die größte Aufmerksamkeit aber verdient die Beschreibung dessen, was wir in der Saalmitte entdeckten, und ich habe sie mir deshalb bis zu dieser Stelle aufgespart; ist doch nichts seinesgleichen in der Welt, und wir konnten uns bis dahin nicht vorstellen, daß es etwas Derartiges gab. Es ist ein Sarkophag aus feinstem orientalischem Alabaster von 2,9 m Länge und 1,1 m Breite. Seine Wanddicke beträgt nur

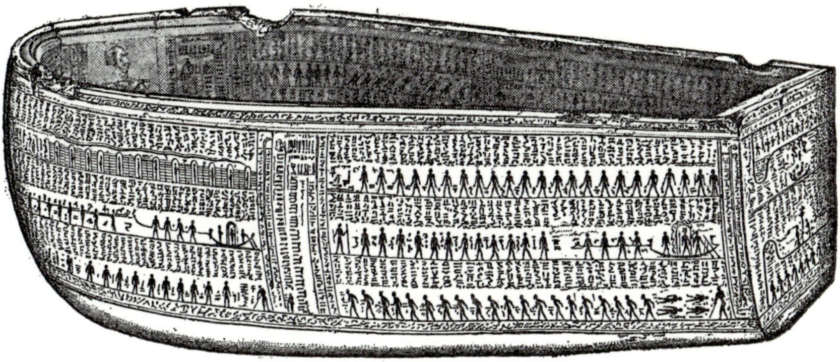

Alabaster-Sarkophag Sethos' I.

5 cm; stellt man ein Licht hinein, so wirkt er transparent. Innen und außen ist er aufs sorgfältigste mit mehreren hundert Figuren skulptiert, die weniger als 5 cm hoch sind; sie stellen, wie ich vermute, die gesamte Begräbnisprozession und die für den Abgeschiedenen durchgeführten Zeremonien, dazu noch einige Embleme dar. Es ist mir unmöglich, einen angemessenen Eindruck von dieser ebenso wunderbaren wie unschätzbaren Antiquität zu vermitteln; ich kann lediglich sagen, daß nichts Vergleichbares jemals aus Ägypten nach Europa überführt worden ist. Der Sarkophagdeckel fehlte: er war hinausgebracht worden und in mehrere Stücke zerbrochen, die wir dann bei der Grabung vor dem ersten Eingang fanden. Der Sarkophag stand über einer Treppe in der Saalmitte, und diese stellte die Verbindung zu einem unterirdischen Gang her, der abwärts führte und 91 m lang war. An seinem Ende fanden wir eine Unmenge Fledermauskot, der den Weg versperrte, so daß wir ohne zu graben nicht weiterkamen; zudem war der Gang fast völlig mit den Trümmern der eingestürzten Decke angefüllt. Etwa 30 m vom Anfang entfernt befindet sich eine gut erhaltene Treppe, doch ändert der Felsgrund darunter seine Substanz von schönem Kalkstein zu morschem schwarzem Schiefer, der bei bloßer Berührung in Staub zerfällt. Dieser unterirdische Gang verläuft in südwestlicher Richtung durch den Berg. Ich vermaß die Länge vom Eingang an und sodann die Oberfläche draußen und stellte fest, daß der Gang fast halbwegs durch den Berg zum oberen Teil des Tales reicht. Ich habe Grund zu der Annahme, daß dieser Zuweg benutzt

wurde, um von einem anderen Eingang her ins Grab zu gelangen; das war aber nach dem Tode der hier bestatteten Person nicht mehr möglich, denn am Ende der Treppe, genau unter dem Sarkophag, war eine Mauer errichtet worden, die die Verbindung zwischen Grab und unterirdischem Gang fest versperrte. In gleicher Höhe mit dem Saalpflaster waren nämlich unter dem Sarkophag einige große Steinblöcke eingelassen; niemand konnte also bemerken, daß es hier eine Treppe oder einen unterirdischen Durchlaß gab. Die Tür zum „Sims-Raum" war zugemauert, dann aber wieder aufgebrochen worden, denn wir fanden die Steine, mit denen man sie verschlossen hatte, sowie den Mörtel an den Türpfosten. Ebenso war die Treppe der Eingangshalle unten vermauert worden; den Zwischenraum hatte man mit Schutt gefüllt und den Boden mit großen Steinen bedeckt, um jeden, der die eingefallene Mauer nahe dieser Stelle durchbrach, zu täuschen und ihn vermuten zu lassen, daß die Grabanlage mit Eingangshalle und Empfangsraum zu Ende sei. Wie ich glauben möchte, hatte derjenige, der sich den Durchgang durch diese Korridore erzwang, Ortskundige bei sich, die die Grabanlage genau kannten. Der Eingang zum Grab liegt nach Nordost, seine Gesamtrichtung ist genau südöstlich ...

Die Araber setzten über diese Entdeckung so viele Gerüchte in Umlauf, daß auch Hamed, der Aga von Kenneh, von ihr erfuhr; ihm wurde gemeldet, daß dabei große Schätze gefunden worden seien. Sobald er das hörte, brach er mit einigen seiner Soldaten ohne Verzug nach Theben auf – eine Reise, die gewöhnlich zwei Tage in Anspruch nimmt. Er aber hatte es so eilig, daß er über Land binnen 36 Stunden eintraf. Noch vor seiner Ankunft gaben uns einige Araber Nachricht, daß sie von den Spitzen der Berge aus eine große Anzahl Türken zu Pferde ins Tal einbiegen und auf uns zukommen sähen. Ich hatte keine Ahnung, wer sie sein könnten, da sich Türken noch nie hier hatten blicken lassen. Eine halbe Stunde später gaben sie uns ihre Ankunft durch mehrere Gewehrschüsse kund. Ich glaubte, man habe eine bewaffnete Truppe hergeschickt, um die Gräber und Hügel zu erstürmen, da kein anderer Anlaß die Türken herbringen konnte – um schließlich, als die gewaltige Streitmacht uns erreichte, festzustellen, daß es sich um den wohlbekannten Hamed, Aga von Kenneh, zur Zeit Befehlshaber auf der Ostseite Thebens, nebst seinem Gefolge handelte. Ich konnte mir infolgedessen nicht vorstellen, was sie hier wollten, da wir uns auf der Westseite befanden und einem anderen Kommandeur unterstanden, vermutete aber, daß im Falle eines Schatzfundes der erste, der von ihm erfuhr, Sonderrechte beanspruche. Er lächelte und begrüßte mich sehr herzlich, wobei er mehr tat als üblich – wie ich ahnte, des von mir entdeckten Schatzes halber, von dem er sich sehr viel versprach. Ich ließ so viele Lichter bringen, wie wir auftreiben konnten, dann stiegen wir ins Grab hinunter. Was da an den Wänden dieses außergewöhnlichen Baus zu sehen war, erweckte sein Interesse nicht im geringsten; all die eindrucksvollen Figuren und lebendigen Malereien bedeuteten ihm nichts, seine Blicke suchten nur nach dem Schatz, und seine zahreichen Begleiter beschnüffelten wie Spürhunde jedes Loch und jede Ecke. Doch leider fand sich nicht das Allergeringste, was ihren Herrn oder sie selbst hätte zufriedenstellen können. Nach langer und genauer Besichtigung befahl der Aga seinen Soldaten abzurücken und sagte zu mir: „Bitte – wo haben Sie den Schatz deponiert?" „Welchen Schatz?" „Den Schatz, den Sie hier gefunden haben!" Ich konnte mir nicht helfen, ich mußte bei dieser Frage lächeln, und das bestärkte ihn noch in seiner Vermutung. Also sagte ich ihm, daß wir hier keinen Schatz entdeckt hätten, worauf er zu lachen begann und mich weiter bedrängte, ihn ihm doch zu zeigen. „Ich habe", so fügte er hinzu, „von einer mir als vertrauenswürdig bekannten Person erfahren, daß Sie an dieser Stelle einen großen Hahn aus Gold, gefüllt mit Diamanten und Perlen, gefunden haben! Ich muß ihn sehen! Wo steckt er?" Ich konnte mich jetzt vor Lachen kaum halten und versicherte ihm, daß hier nichts Derartiges gefunden worden sei. Anscheinend schwer enttäuscht, ließ er sich vor dem Sarkophag nieder, und ich geriet in Angst, er könnte begreifen, daß dieser der Schatz sei, und ihn in Stücke schlagen, um festzustellen, ob er Gold enthalte – denn die Vorstellung solcher Leute von Schätzen beschränkt sich auf Gold oder Juwelen. Schließlich gab er seinen Traum von den erwarteten Reichtümern auf und erhob sich, um das Grab zu verlassen. Ich fragte ihn, was er von den schönen Wandmalereien ringsum hielte. Er warf ihnen einen flüchtigen, recht uninteressierten Blick zu und antwortete: „Das wären passende Räume für einen Harem, da hätten die Frauen etwas zum Schauen!" Zuletzt stieg er, wenn auch nur halb davon überzeugt, daß hier kein Schatz zu holen sei, mit äußerst verdrossener Miene wieder zu Pferde.

1. Grab Sethos' I. Sarghalle, Pfeiler mit Anubis

2. Tal der Könige. Ganz links Eingang zum Grab Sethos' I.

3. Relief aus dem Serapeum von Memphis

2

AUGUSTE MARIETTE

Das Zeitalter gewissenhafter Ausgrabungen in Ägypten begann mit Auguste Mariette, und er wurde der Schrecken aller freibeuterischen Schatzsucher, Grabräuber und gewissenlosen Antiquitätenhändler. Man hat ihn den Vater und Begründer der ägyptischen Archäologie genannt; mit ihm begann in der Tat die korrekte Kontrolle der archäologischen Arbeit. 1858 wurde Mariette zum ersten *Director of the Service of Antiquities* ernannt. In dieser Eigenschaft begann er die Einrichtung des Ägyptischen Nationalmuseums in Bulaq, das dann später nach Kairo verlegt wurde. Mariette erneuerte damit die von Napoleon herrührende Tradition des französischen Vorrangs innerhalb der ägyptologischen Forschung und wurde der erste in einer Reihe berühmter französischer Wissenschaftler, die in Ägypten bis zum Jahre 1952 den archäologischen Sektor unter ihrer Aufsicht behielten. (Bei Abschluß des englisch-französischen Bündnisses im Jahre 1904 bestimmte eine Klausel der gemeinsamen Erklärung der beiden Mächte, daß der Posten des Generaldirektors der Ägyptischen Altertumsverwaltung, verbunden mit dem Direktorat des Kairoer Museums, mit einem Franzosen zu besetzen sei.) Wie es heißt, verdankte Mariette seine Bestallung dem dringenden Wunsch Ferdinands von Lesseps, des Erbauers des Suez-Kanals, und dem Bestreben des Khediven, Napoleon III. zu versöhnen. Nach der Feststellung von Mariettes Nachfolger, Gaston Maspero, kam Said Pascha, der die französischen Subsidien dringend benötigte, zu dem Schluß, „er werde dem Kaiser genehmer sein, wenn er vorgäbe, mit den Pharaonen Mitleid zu haben".

Der Khedive Said Pascha betrachtete, an der altägyptischen Kultur wenig interessiert, Mariettes mühevoll zusammengetragene Schätze mehr als eine Art Sparschweinchen und war schwierig zu behandeln. Aber Mariette verstand sich durchzusetzen. Als 1859 ein Provinzgouverneur einen von ihm entdeckten Gold- und Edelsteinschatz beschlagnahmte, um ihn Said selbst zu überreichen, ging Mariette kurzerhand auf das Schiff des liebedienerischen Gouverneurs und schritt, als gutes Zureden nichts half, zu Taten. Wie Maspero berichtet, „drohte er, einen Mann ins Wasser zu werfen, einem anderen den Schädel einzuschlagen, den dritten auf die Galeeren zu schicken und den vierten aufzuhängen, teilte dann statt der Worte Schläge aus und erreichte schließlich die Herausgabe des Kastens mit den Schätzen, für den er eine Empfangsbescheinigung ausstellte". Darauf stürmte er zu Said, der nach Art der Orientalen in einer großmütigen Laune das Ganze als Scherz betrachtete und – abgesehen von einigen weniger wertvollen Stücken – den Schatz unangetastet ließ. Darüber hinaus versprach er sogar die Errichtung eines Gebäudes in Bulaq, das Mariettes ägyptischer Sammlung würdig sein sollte. Ein andermal, als die ägyptischen Kleinodien zur Pariser Ausstellung von 1867 gesandt wurden und dort die Begehrlichkeit der Kaiserin Eugenie erregten, erklärte sich der Khedive bereit, sie ihr zu überlassen, machte das aber von Mariettes Zustimmung abhängig. „In Bulaq sitzt jemand", so sagte er, „der hierüber mehr Macht hat als ich ... Ihm müssen Sie Ihr Anliegen vortragen." Und der Franzose schlug, dergestalt verantwortlich gemacht, die Bitten seiner Kaiserin ab.

Als besonderes Ruhmesblatt für Mariette muß sein – damals ganz ungeläufiger – Grundsatz gelten, daß Kunstwerke, Altertümer und kulturelle Zeugnisse aller Art aus dem Herkunftslande nicht ausgeführt werden dürften. Wie wenig die Herren des Landes und seine eingeborene Bevölkerung diese Schätze auch würdigen mochten – Mariette verschrieb sich diesem Prinzip mit zielbewußter Hartnäckigkeit. Sein Traum war ein großes Museum, das er in Ägypten erbauen zu können hoffte.

Mehr als dreißig umfangreiche Ausgrabungen sind ihm zu verdanken. Er arbeitete in Karnak, Theben und dem durch die Bibel berühmten Tanis im Delta, legte aber ebenso die Tempel von Edfu und Abu Simbel im tiefsten Süden frei und entdeckte den „Taltempel" der zweiten Pyramide von Gizeh. In einem Schacht dieses Heiligtums grub Mariette eins der wohl herrlichsten Kunstwerke aus, die es in der Welt gibt: die Dioritstatue des Pharao Chefren aus der 4. Dynastie. Die berühmteste seiner Entdeckungen freilich wurde das Serapeum von Saqqara.

Mariettes ganzer Werdegang nahm von dem Augenblick an eine andere Wendung und führte zur Archäologie, als er – zufällig – im Garten eines Landhauses in Alexandria eine Sphinx sah. Der Louvre hatte ihn 1850 mit dem Auftrag nach Ägypten gesandt, nach koptischen Manuskripten zu forschen. Aber seine Aufmerksamkeit wandte sich bald anderen Dingen zu. Zugleich mit der Meldung von seiner Entdeckung des Serapeum teilte er seinen Pariser Auftraggebern freimütig seine veränderten Interessen und die Notwendigkeit weiterer finanzieller Unterstützung mit. Nachdem er dem Vorhaben vier Jahre gewidmet hatte, kehrte er als Konservator-Assistent für die ägyptischen Denkmäler an den Louvre zurück, um sich dann 1859 endgültig in Ägypten niederzulassen. Das Serapeum mit seinen unterirdischen Gängen, das er entdeckte, blieb bis heute eine der größten Touristenattraktionen des Landes.

Der Friedhof der heiligen Stiere

Das Serapeum ist eins der Bauwerke von Memphis, die durch eine häufig zitierte Stelle bei Strabon und ständige Erwähnung in den griechischen Papyri berühmt geworden sind. Lange war nach ihm gesucht worden; 1851 hatten wir das Glück, es wiederaufzufinden.

In seiner Beschreibung von Memphis sagt Strabon: „Auch gibt es (in Memphis) einen Tempel des Serapis, an einem derart sandigen Ort, daß der Wind den Sand zu Haufen zusammenträgt. Darunter konnten wir zahlreiche Sphingen, einige fast ganz zugeweht, einige nur halb verdeckt, erkennen; wir schlossen daraus, daß der zu diesem Tempel führende Weg recht gefährlich sein müsse, wenn man von einem unvorhergesehenen Sandsturm überrascht würde."

Hätte Strabon diesen Abschnitt nicht geschrieben, läge wahrscheinlich das Serapeum noch heute unter dem Sand der Nekropole von Saqqara begraben. Ich war 1850 von der französischen Regierung beauftragt worden, die koptischen Klöster in Ägypten zu besuchen und ein Verzeichnis aller Manuskripte in orientalischen Sprachen aufzustellen, die ich dort finden würde. In M. Zizinias Garten zu Alexandria sah ich mehrere Sphingen, bald darauf andere im Garten Clot-Bey's in Kairo. Ebenso besaß M. Fernandez in Gizeh eine Anzahl solcher Sphingen. Irgendwo mußte es offensichtlich eine Sphinx-Allee gegeben haben, die man ausgeplündert hatte. Als ich durch meine ägyptologischen Studien eines Tages nach Saqqara kam, sah ich den Kopf einer ganz gleichen Sphinx aus dem Sande ragen. Sie war offenbar unberührt und stand sicher noch an ihrem ursprünglichen Platz. Nahe dabei lag ein Trankopfertisch, auf dem in Hieroglyphen eine Inschrift an Osiris-Apis eingraviert war. Urplötzlich kam mir die Strabon-Stelle in den Sinn. Die Allee, die da zu meinen Füßen lag, mußte eine von denen sein, die zum Serapeum führten, nach dem man so lange vergeblich gesucht hatte! Aber ich war ja nach Ägypten geschickt worden, um nach Manuskripten zu forschen, nicht aber nach Tempeln. Trotzdem war mein Entschluß schnell gefaßt. Jedes Risiko außer acht lassend und ohne ein einziges Wort zu sagen, trommelte ich ein paar Arbeiter zusammen und begann zu graben. Zu Anfang war es recht hart, aber nach nicht sehr langer Zeit wurden Löwen, Pfauen und die griechischen Statuen des Zugangs sowie monumentale Tafeln oder Stelen des Nectanebo-Tempels aus dem Sand hervorgeholt, und ich sah mich in der Lage, der französischen Regierung meinen Erfolg zu melden; zugleich unterrichtete ich sie, daß die mir für die Suche nach Manuskripten zur Verfügung gestellten Mittel verbraucht und weitere Zuwendungen unerläßlich seien ... So begann die Entdeckung des Serapeums.

Dieses Unternehmen dauerte vier Jahre. Das Serapeum ist ein ohne genauen Plan erbauter Tempel, bei dem alles Vermutung blieb und der Boden Zoll für Zoll untersucht werden mußte. In gewissen Abschnitten ist der Sand sozusagen flüssig und macht die Grabungsarbeiten so schwierig, als sei er Wasser, das immer den gleichen Spiegel hält. Außerdem gab es Schwierigkeiten zwischen der französischen und der ägyptischen Regierung, die mich mehrmals zur Entlassung aller meiner Arbeiter zwangen. Von anderen Sorgen abgesehen, lag es an diesen Umständen, daß das Unternehmen so lange dauerte und ich vier Jahre in der Wüste zubringen mußte – vier Jahre freilich, die ich niemals bedauern werde.

Apis, das lebende Abbild des Osiris bei seinem Wiedererscheinen auf der Erde, war ein Stier, der während seiner Lebenszeit seinen Tempel in Memphis (Mitrahenny) besaß und, wenn er starb, in Saqquara begraben wurde. Der Palast, den der Stier zu Lebzeiten bewohnte, wurde *Apieum* genannt, während sein Grab den Namen *Serapeum* trug.

Soweit wir nach den im Verlauf unserer Ausgrabungen gefundenen Überresten urteilen dürfen, glich das Serapeum in seinem Äußeren den anderen ägyptischen Tempeln, sogar solchen, die ihrem Wesen nach nichts mit Bestattungsriten zu tun hatten. Eine Sphinx-Allee führte zu ihm hin; vor ihm erhoben sich zwei Pylonen, und es war von der üblichen Mauer umschlossen. Was es aber von allen anderen Heiligtümern unterschied, war der von einem seiner Räume ausgehende, geneigte Gang, der unmittelbar in den Felsen führte, auf dem der Tempel errichtet war. Er gewährte Zugang zu weiten unterirdischen Gewölben – dem Grabe des Apis.

Das eigentliche Serapeum ist nicht mehr vorhanden; wo es sich erhob, erblickt man heute nur eine ausgedehnte Sandfläche, über die Bruchstücke von Steinen in unbeschreiblichem Durcheinander verstreut sind. Dagegen kann man den schönsten und interessantesten Teil der unterirdischen Gewölbe noch besuchen.

Das Grab des Apis besteht aus drei miteinander nicht direkt verbundenen Teilen. Der erste und älteste führt uns bis in die 18. Dynastie und zu Amenophis III. zurück; er diente bis zum Ende der 20. Dynastie als Begräbnisplatz für die heiligen Stiere. Hier sind die einzelnen Gräber abgeteilt, jeder verstorbene Apis besaß seine eigene Bestattungskammer, die aufs Geratewohl hier und da in den Felsen gehauen, jetzt unter dem Sand verborgen und ohne besonderes Interesse sind. Der zweite Teil umfaßt die Apisgräber von der Zeit Scheschonks I. (22. Dynastie) bis zu der Taharkas, des letzten Königs der 25. Dynastie. Hier war ein neues System eingeführt: Anstelle der isoliert liegenden Gräber hatte man eine lange unterirdische Galerie angelegt und zu beiden Seiten Grabkammern ausgehauen, die man in Gebrauch nahm, wenn ein Stier in Memphis starb. Diese Galerie läßt sich heute ebenfalls nicht mehr besuchen, da die Decke an mehreren Stellen eingestürzt ist und auch der übrige Teil nicht mehr genügend Sicherheit bietet, um Reisenden den Zutritt zu gestatten.

Nähert man sich dem Eingang zum Apisgrab auf dem üblichen Weg, so sieht man zur Rechten, d. h. nach Norden hin, eine etwas größere, kreisförmige Höhle. Hier finden sich die Gewölbe, die denen, die wir besuchen wollen, voraufgingen. Diese Höhlung entstand beim Einsturz eines Teiles des Mauerwerks. Als wir den Schutt mit Schießpulver in die Luft sprengten, entdeckten wir keinen Apis, sondern eine menschliche Mumie. Ihr Gesicht war mit einer Goldmaske bedeckt, und

Edelsteine aller Art waren auf ihrer Brust angeordnet. Alle Inschriften lauteten auf den Namen von Ramses' Lieblingssohn, der lange Zeit Statthalter von Memphis war. Man hat deshalb wohl mit Recht vermutet, daß es sich hier um die Grabstätte dieses Prinzen handelt.

Der dritte Teil des Gewölbes ist heute wohlbekannt; seine Geschichte beginnt mit Psammetich I. (26. Dynastie) und endet bei den späteren Ptolemäern. Es herrscht hier das gleiche System des gemeinsamen gewölbten Ganges wie in der zweiten Abteilung, nur sind die Ausmaße viel größer. Die Gänge erstrecken sich über 350 m, und die große Galerie mißt von einem Ende zum anderen 195 m. Außerdem waren hier Granitsarkophage in Verwendung, von denen insgesamt 24 vorhanden sind. Nur drei von ihnen tragen eine Inschrift und weisen die Namen Amasis (26. Dynastie), Kambyses und Chebasch (27. Dynastie) auf. Ein vierter, mit Kartuschen ohne jede Namensbezeichnung, gehört wahrscheinlich zu einem der letzten Ptolemäer. Was den Umfang dieser Sarkophage betrifft, so sind sie durchschnittlich 2,3 m breit, 4 m lang und 3,3 m hoch und wiegen leer einer wie der andere 65 Tonnen.

Dies sind die drei Teile des Apisgrabes.

Es ist bekannt, daß die Entdeckung dieser Gräberanlage der Wissenschaft unverhoffte Ergebnisse brachte. Denn das, was der Reisende jetzt von ihr sieht, ist nicht mehr als ihr Rohbau. Bei der Freilegung aber besaß das Grab trotz seiner Plünderung durch die frühen Christen außer Gold und kostbaren Materialien noch alles, was es einst enthalten hatte. Infolge eines besonderen Brauches war es vor allem mit wertvollen Schriftzeugnissen versehen. An bestimmten Tagen des Jahres oder gelegentlich des Todes und der Begräbnisfeierlichkeiten eines Apis erschienen nämlich die Einwohner von Memphis zu einem Besuch bei dem Gotte an seinem Bestattungsplatz und hinterließen zur Erinnerung an diesen frommen Akt eine Stele, das heißt einen quadratischen, oben abgerundeten Steinpfeiler, der dann – nach vorheriger Beschriftung mit einer Huldigung an den Gott im Namen des Besuchers und seiner Familie – in einer der Mauern des Grabes eingelassen wurde. Man findet heute diese Weihtexte, an 500, meist noch an ihrem ursprünglichen Platz ... und da viele von ihnen zeitüblich, das heißt nach Jahr, Monat und Tag des regierenden Königs, datiert sind, ist ein Vergleich dieser Steininschriften von größter Bedeutung, insbesondere zur Festlegung der Chronologie.

3

GASTON MASPERO

Grabräuberei ist, wie ein Archäologe einmal sagte, „das zweitälteste Gewerbe der Welt" – und tatsächlich bezeugen zahlreiche ägyptische Papyri seine Verbreitung und Fortdauer während mehr als tausend Jahren vor Christi Geburt. Von wenigen Ausnahmen abgesehen, haben die prächtigen Grabbauten des alten Ägypten die sterblichen Überreste der Herrscher und der hohen Würdenträger, die in ihnen beigesetzt wurden, nirgends vor der Gier ihrer sie überlebenden Landsleute zu schützen vermocht. Gerade die Monumentalität und Pracht der Pyramiden gefährdeten die dort bestatteten Pharaonen besonders, und auch die Umbettung der Herrscher der 18. Dynastie in versteckte, insgeheim versiegelte Felsengräber des „Tales der Könige" machte den Räubern keinen Strich durch ihre Rechnung: Die Grabfledderei hielt unvermindert an und wurde wahrscheinlich durch Auskünfte seitens der Beamten, die für die Bestattungen verantwortlich waren, gefördert.

Die physische Konservierung der Verstorbenen hatte ihren Grund in den religiösen Anschauungen und war zu einer einzigartigen Technik entwickelt. Die grundlegenden Lehren waren in der Legende vom Rettergott Osiris symbolisiert; dadurch, daß seine treue Gemahlin Isis die verstreuten Stücke seines verstümmelten Körpers wieder zusammenbrachte, hatte sie seine Wiederauferstehung ermöglicht. Seltsamerweise war es das Schicksal der toten Pharaonen – die sich, wie später alle Ägypter, mit dem Gotte identifizierten –, das Martyrium des Osiris wiederholen zu müssen. Und wie der Körper des geliebten Gottes wiedergefunden wurde, so entdeckte man auch die Mumien vieler berühmter ägyptischer Herrscher, nachdem man lange zu der Annahme gelangt war, sie seien vernichtet.

In der Tat ist die Wiederauffindung von einigen dreißig Königsmumien, darunter mehrerer der berühmtesten Namen der ägyptischen Geschichte, eine der erregendsten Episoden in der Geschichte der ägyptischen Archäologie.

Im Jahre 1881 war über das Schicksal der Königsmumien nahezu nichts bekannt. Heute kann aus den Stück um Stück zusammengebrachten Belegen die seltsame Geschichte ihrer Wanderungen rekonstruiert werden. Offensichtlich um die Leichen vor den Räubern zu schützen, wurden sie mehrmals verlegt und neu bestattet. Sodann sammelte man sie, um einen noch höheren Grad der Sicherheit zu erreichen, in einigen wenigen Höhlen. Das bedeutendste dieser Massengräber befand sich im Schacht von Deir el-Bahri außerhalb des Tals der Könige. Dort endlich blieben die Mumien ungestört und vergessen, bis in den späten 1870er Jahren einige Objekte mit königlichen Insignien im Handel auftauchten. Unter dem Angebot befanden sich, obwohl ihr Verkauf ungesetzlich war, auch einige Mumien. Man erzählte sich, daß „Haupt, Hände und Füße abgetrennt und insgeheim verkauft wurden, während man die Reste der Körper in die Tempelruinen werfe und die Schakale sie dann wegschleppten". So erwarb ein amerikanischer Reisender einen Kopf und eine Hand von einem der notorischen Grabräuber, dem man dann schließlich die Ausplünderung der Königsgruft nachweisen konnte. Einem anderen Amerikaner wurde der „komplette" Leichnam Ramses' II. angeboten, dieser aber lehnte – schier unglaublich – den Vorschlag ab.

Endlich wurden die Räuber aufgespürt, und so entdeckte man die Leichname einiger der berühmtesten Pharaonen aus der 18., 19. und 20. Dynastie. Dieser Fund in den Felsen des entlegenen Deir el-Bahri faszinierte die Welt beinahe so stark wie fünfzig Jahre später die Entdeckung des Tutenchamun-Grabes. Der Mann, dem der Hauptanteil an dieser archäologischen Sensation des Jahres 1881 zukam, war der Nachfolger Mariettes im Direktorat der ägyptischen Altertümer, Gaston Maspero. Unterstützt von dem deutschen Museumsassistenten Emil Brugsch, leitete Maspero diese berühmte Ausgrabung im ersten Jahre seiner Bestallung.

Mit Maspero lernen wir den bedeutendsten unter den französischen Beamten des archäologischen Sektors in Ägypten kennen. Er kehrte als Professor für Ägyptologie nach Paris zurück, konnte aber 1899 bestimmt werden, seinen alten Posten als Direktor der Altertümer in Ägypten erneut zu übernehmen. Unter seiner Leitung wurde das Ägyptische Nationalmuseum enorm erweitert. 1902 siedelte es nach Kairo über, wo die Sammlungen mit peinlicher Genauigkeit katalogisiert wurden. Abgesehen von seinem großen, heute freilich vergriffenen Führer durch das Kairoer Museum verfaßte Maspero mehrere hervorragende Werke über das alte Ägypten und den Nahen Osten. Schon vor der Entdeckung der Königsmumien hatte er den skeptischen Mariette davon unterrichten können, daß die Pyramiden der 5. Dynastie bei Saqqara lange Inschriften in den archaischen Hieroglyphen des 3. Jahrtausends – die heute berühmten Pyramidentexte des Alten Reiches – enthielten. Maspero starb 1916, zwei Jahre nach Aufgabe seines Kairoer Postens, in Paris.

Die Wiederauffindung der Königsmumien

Schon seit einigen Jahren war bekannt, daß die Araber von el-Qurna ein oder zwei Königsgräber ausgegraben hatten, Angaben über ihre Lage aber verweigerten. Im Frühjahr 1876 hatte mir ein englischer General namens Campbell das hieratische Ritual des Hohenpriesters Pinotem gezeigt, das er für hundert Pfund in Theben erworben hatte. 1877 sandte mir M. de Saulcy im Auftrage eines Freundes in Syrien Photographien eines langen Papyrus aus dem Besitz der Königin Notemit, der Mutter des Hrihor (der Schlußteil des Textes befindet sich jetzt im Louvre, der Anfang in London). M. Mariette hatte ferner den Ankauf zweier weiterer Papyri aus Suez veranlaßt, die im Namen einer Königin namens Tiuhathor Henttaui abgefaßt worden waren. Etwa gleichzeitig erschienen die Grabstatuetten des Königs Pinotem – einige in wundervoller Arbeit, andere gröber – auf dem Antiquitätenmarkt. Kurzum, es war nun ganz sicher, daß eine große Entdeckung gemacht worden war, und schon 1878 konnte ich von einer Tafel, die Rogers-Bey gehörte, feststellen, daß sie „aus einem Grabe in der Nähe der bis jetzt unbekannten Hrihor-Familiengräber stamme". Tatsächlich kam sie aus dem Versteck von Deir el-Bahri, und wir fanden dann dort auch die Mumie, für die sie geschrieben war.

So war es denn, wenn nicht der erste, so doch der hauptsächlichste Zweck einer von mir im März/April 1879 nach Oberägypten unternommenen Reise, nach der Lage dieser königlichen Grabgewölbe zu forschen. Ich hatte nicht vor, in der Totenstadt von Theben Bohrungen zu veranstalten oder Grabungen durchzuführen; das Problem war anderer Art: es galt, den Fellachen das Geheimnis zu entlocken, das sie bis dahin so strikt gewahrt hatten. Ich besaß nur einen einzigen Anhaltspunkt. Die führenden Antiquitätenhändler waren ein gewisser Abd-er-Rassul Ahmed aus El-Sheik Abd-el-Qurna und ein gewisser Mustapha Aga Ayad, englischer und belgischer Vicekonsul in Luxor. An den letzteren war schwer heranzukommen, denn da er den Schutz diplomatischer Immunität besaß, konnte er seitens der Ausgrabungsverwaltung nicht belangt werden. So schickte ich denn am 4. April dem Polizeichef von Luxor die Weisung, Abd-er-Rassul Ahmed zu verhaften, und bat telegraphisch sowohl Seine Exzellenz Daud Pascha, Mudir (Gouverneur) von Qena, als auch den Minister für Öffentliche Arbeiten um die Befugnis, eine unverzügliche Untersuchung seiner Geschäfte vorzunehmen. Er wurde an Bord zunächst von M. Emil Brugsch, sodann von M. Rochemonteix, der mir außerordentlich freundlich mit seinen Erfahrungen diente, verhört, leugnete aber alles, was ich ihm auf Grund der fast übereinstimmenden Zeugenaussagen europäischer Reisender zur Last legte – die Entdeckung des Grabes, den Verkauf der Papyri und der Grabstatuetten und das Aufbrechen der Särge. Ich nahm seinen Vorschlag an, sein Haus durchsuchen zu lassen; zwar hoffte ich nicht, dort etwas Belastendes zu finden, doch wollte ich ihm die Möglichkeit geben, die Angelegenheit zu überdenken und gegebenenfalls mit uns zu einem Vergleich zu kommen. Aber weder gutes Zureden noch Drohungen halfen, und so sandte ich denn am 6. April nach Eingang der Weisung, die offizielle Untersuchung einzuleiten, Abd-er-Rassul Ahmed und seinen Bruder Hussein Ahmed nach Qena, wo der Mudir ihre Anwesenheit zur Gerichtsverhandlung verlangte.

Die Untersuchung wurde energisch betrieben, verfehlte aber völlig ihren Zweck. Verhör und Beweisführung durch die Beamten der Mudiria (Provinz) in Gegenwart unseres Vertreters, Ali-Effendi Habib, des Amtsinspektors von Dendera, erbrachten vielmehr gewichtiges Entlastungsmaterial für den Angeklagten. Die Notabeln und Ältesten von el-Qurna erklärten mehrmals, Abd-er-Rassul Ahmed sei der redlichste und uneigennützigste Bürger in diesem Landesteil, habe niemals etwas ausgegraben, werde das auch künftig niemals tun und bringe es nicht über sich, auch nur die unscheinbarste Antike wegzunehmen – von der Antastung eines Königsgrabes ganz zu schweigen. Der einzig interessante Punkt, der sich beim Verhör ergab, war die Tatsache, daß Abd-er-Rassul Ahmed mit Nachdruck betonte, er sei der Diener des

Vizekonsuls von England und lebe in dessen Hause. Indem er sich als zur Dienerschaft des Vizekonsuls gehörig hinstellte, glaubte er nämlich, die Vorteile diplomatischer Privilegien zu erlangen und auf eine Art Protektion von Seiten Englands und Belgiens rechnen zu können. In dieser irrigen Annahme hatte Mustapha Aga, der Vizekonsul von England, ihn und alle seine Spießgesellen bestärkt und ihnen eingeredet, sie seien, von ihm gedeckt, vor den Vertretern der einheimischen Verwaltung sicher. Nur durch diesen Trick hatte er es erreicht, den gesamten illegalen Antiquitätenhandel der thebanischen Ebene in seine Hand zu bekommen.

So wurde Abd-er-Rassul Ahmed auf Grund der Bürgschaft zweier seiner Freunde, Ahmed Serur und Ismaïl Sagid Nagib, vorläufig aus der Haft entlassen und kehrte mit dem ihm von den führenden Persönlichkeiten Qurnas verliehenen Zertifikat makelloser Ehrenhaftigkeit nach Hause zurück. Aber seine Verhaftung, die zwei im Kerker verbrachten Monate und die Energie, mit der Seine Exzellenz Daud Pascha die Untersuchung durchführte, hatten eindeutig erwiesen, daß Mustapha Aga nicht einmal seine treuesten Agenten zu schützen in der Lage war; ferner wurde bekannt, daß ich selbst im Verlauf des Winters nach Theben zurückkehren werde und entschlossen sei, die Angelegenheit eigenhändig wiederaufzurollen, während auch die Mudiria weitere Untersuchungen durchzuführen beabsichtigte. Einige aus Angst veranlaßte Beschuldigungen erreichten nun das Museum, wir erfuhren von draußen ein paar Einzelheiten, und – was wichtiger war – zwischen Abd-er-Rassul und seinen vier Brüdern kam es zu Meinungsverschiedenheiten. Einige von ihnen hielten die Gefahr für endgültig gebannt und das Direktorat des Museums für geschlagen, andere dagegen hielten es für das klügste, sich mit den Direktoren zu einigen und ihnen das Geheimnis zu offenbaren. Nach Erörterungen und Zänkereien, die einen ganzen Monat währten, entschloß sich der älteste der Brüder, Mohammed Ahmed Abd-er-Rassul, unversehens, reinen Tisch zu machen. Er begab sich heimlich nach Qena und gestand dem Mudir, er kenne den Platz, den man seit Jahren ohne Erfolg suche; das Grab enthalte nicht nur zwei oder drei Mumien, sondern ungefähr vierzig, und die meisten Särge seien mit einer Schlange, gleich der am Kopfputz der Pharaonen, bezeichnet. Seine Exzellenz Daud Pascha gab die Nachricht umgehend an das Innenministerium weiter, das die Depesche Seiner Hoheit dem Khediven übermittelte. Seine Hoheit, dem ich nach meiner Rückkehr aus Oberägypten von der Angelegenheit berichtet hatte, erkannte sofort die Wichtigkeit dieser unerwarteten Erklärung und befahl, einen Vertreter des Museumsstabes nach Theben zu entsenden. Ich selbst war gerade nach Europa zurückgekehrt, hatte aber Herrn Emil Brugsch, dem Hilfskurator, die notwendigen Vollmachten erteilt, an meiner Stelle zu handeln.

Sobald der Befehl eintraf, begab sich dieser am 1. Juli in Begleitung eines verläßlichen Freundes und des Dolmetscher-Sekretärs Ahmed Effendi Kemal nach Theben. Als er in Qena ankam, erwartete ihn eine Überraschung: Daud Pascha hatte bei den erstgenannten von Abd-er-Rassuls Brüdern Haussuchung halten lassen und mehrere kostbare Stücke beschlagnahmt, darunter drei Papyri der Königin Maekere, der Königin Isimcheb und der Prinzessin Neschonsu. Das war ein vielversprechender Anfang! Um den Erfolg des delikaten Vorhabens zu sichern, stellte Seine Exzellenz unserem Vertreter seinen *Wekil* und mehrere Beamte der Mudiria zur Verfügung, deren Eifer und Erfahrung sich als äußerst nützlich erwiesen.

Am Mittwoch, 6. Juli, wurden die Herren Emil Brugsch und Ahmed Effendi Kemal von Mohammed Ahmed Abd-er-Rassul geradewegs zu der Stelle geführt, an der sich das Grabgewölbe öffnete. Der ägyptische Baumeister, der es vor langer Zeit ausgehauen hatte, war mit dem größtmöglichen Geschick zu Werke gegangen; niemals ist ein Versteck wirksamer verborgen worden. Die Hügelkette, die hier das Biban el-Muluk von der thebanischen Ebene trennt, bildet zwischen dem Asasif und dem „Tal der Königinnen“ eine Reihe natürlicher Mulden. Von diesen Senkungen war bisher diejenige am besten bekannt, in der das Monument von Deir el-Bahri steht. In der Felswand, die Deir el-Bahri von der nächsten Senke trennt, unmittelbar hinter dem Hügel El-Sheik' Abd el-Qurna und einige 60 m über dem Niveau des bebauten Tales, war ein vertikaler Schacht von 2 m Durchmesser bis zu einer Tiefe von 11,5 m hinabgeführt worden. Auf seinem Boden hatte man 1,4 m breit und 80 cm hoch den Eingang in einen Korridor ausgehauen. Dieser geht 7,4 m geradeaus, biegt dann plötzlich nordwärts ab und führt etwa 60 m weiter, ohne übrigens überall die gleichen Ausmaße zu behalten; an manchen Stellen ist er bis zu 2 m, an anderen nur 1,3 m breit. Ungefähr in der Mitte weisen 5 oder 6 roh behauene Stufen auf einen merklichen Niveauunterschied hin, und so etwas wie eine unvollendete Nische rechts zeigt an, daß der Architekt hier einst einen nochmaligen Wechsel in der Richtung der Galerie geplant hatte. Sie führt schließlich in eine Art Kammer von unregelmäßiger Rechteckform und etwa 8 m Länge.

Das erste, was Brugsch erblickte, als er den Schachtboden erreichte, war ein weiß-gelber Sarg mit dem Namen der Neschonsu. Er stand ungefähr 60 cm vom Eingang entfernt im Korridor; etwas weiter weg war ein zweiter Sarg zu sehen, dessen Form dem Stil der 17. Dynastie etwa zur Zeit Tiuhathor Henttauis oder Sethos' I. entsprach. Zwischen den Särgen lagen über den Boden verstreut Grabstatuetten, Kanopenkrüge (Eingeweide-Gefäße) und bronzene Libationsbecher. Etwas weiter weg, in dem Winkel, wo der Gang nordwärts abbog, fand sich das Grabzelt der Königin Isimcheb, wie ein wertloses Ding zusammengefaltet und zerknüllt; in der Eile hinauszukommen, hatte es ein Priester achtlos in eine Ecke geworfen. Überall längs des Hauptganges war eine gleiche Fülle von Objekten in ähnlicher Unordnung. Brugsch mußte kriechen und wußte nicht, worauf er manchmal Hand oder Fuß stützte. Die Särge und Mumien, die da im Schein einer Kerze flüchtig auftauchten, trugen historische Namen – Amenophis I., Thutmosis II., in der Nische bei der Treppe Ahmose I. und sein Sohn Siamun, dann Soqnunrī, Königin Ahhotpu, Ahmose Nefertari und andere. In der Kammer am Gangende erreichte das Durcheinander sein größtes Ausmaß, und doch war auf den ersten Blick zu erkennen, daß hier der Stil der 20. Dynastie vorherrschte. Mohammed Ahmed Abd-er-Rassuls erste Aussage, die man zunächst für übertrieben gehalten hatte, kam der Wahrheit wirklich sehr nahe. Wo ich einen oder zwei unbekannte, bedeutungslose Könige zu finden erwartet hatte, war von den Arabern eine ganze Gruft voller Pharaonen aufgedeckt worden. Und was für Pharaonen! Wohl die berühmtesten der ägyptischen Geschichte: Thutmosis III. und Sethos I., der Befreier Ahmose und der Eroberer Ramses II.! Brugsch, der unversehens in eine solche Versammlung geriet, glaubte das Opfer von Traumvorstellungen zu sein – und gleich ihm vermeine auch ich noch jetzt zu träumen, wenn ich die Körper so vieler berühmter Persönlichkeiten ansehen und berühren kann, von denen wir nie erwartet hätten, jemals mehr als ihre Namen zu kennen.

Zwei Stunden genügten für diese erste Untersuchung, dann begann das Unternehmen der Bergung. Schnell waren durch die Beamten des Mudir 300 Arbeiter zusammengebracht und angesetzt. Das eilig herbeibeorderte Museumsboot war zwar noch nicht eingetroffen; einer der Steuerleute, ein verläßlicher Mann namens Rais Mohammed, hatte sich aber bereits eingefunden. Er stieg in den Schacht hinab und übernahm es, seinen Inhalt heraufzuholen. Emil Brugsch und Ahmed Effendi Kemal nahmen die Gegenstände so, wie sie aus dem unterirdischen Raum herauskamen, in Empfang, trugen sie zum Fuß des Hügels und legten sie dort, ohne auch nur einen Augenblick in ihrer Wachsamkeit nachzulassen, Seite an Seite nieder. Es beanspruchte 48 Stunden angestrengter Arbeit, bis alles emporgeholt war – und damit war die Aufgabe erst zur Hälfte erfüllt. Nun galt es, das kostbare Bergungsgut durch die thebanische Ebene und über den Nil nach Luxor zu bringen; bei mehreren Särgen, die von 12 oder 16 Männern nur unter größter Anstrengung gehoben werden konnten, dauerte es sieben oder acht Stunden, ehe sie vom Berge zum Flußufer transportiert waren. Was das alles im Staub und in der Hitze des Monats Juli bedeutete, läßt sich unschwer vorstellen.

Aber endlich, am Abend des 11. Juli 1881, waren alle Mumien und Särge, sorgfältig in Matten und Tücher eingewickelt, in Luxor. Drei Tage später traf das Dampfboot des Museums ein, und sobald die Ladung an Bord gebracht war, fuhr es mit seiner königlichen Last nach Bulaq ab. Und nun geschah etwas ganz Seltsames. Von Luxor bis Qift folgten an beiden Nilufern Fellachenfrauen mit aufgelöstem Haar laut klagend dem Schiff, während die Männer, wie bei Beerdigungen üblich, Schüsse abfeuerten.

Mohammed Abd-er-Rassul erhielt eine Belohnung von 500 Pfund Sterling, und ich hielt es für angemessen, ihn zum *Raïs* der Ausgrabungen in Theben zu ernennen. Wenn er dem Museum mit dem gleichen Geschick dient, mit dem er es so lange schädigte, können wir auf weitere schöne Entdeckungen hoffen ...

4

WALLIS BUDGE

Nach den Mumien von Königen, verborgenen Gräbern und den wunderbaren Werken der ägyptischen Kunst erscheint der Zufallsfund von ein paar Tontafeln mit Keilschrift – einer nicht ägyptischen Schrift – nicht gerade bedeutend. Aber es ist für den Fortschritt in Methode und Wertmaß der Archäologie seit den Tagen Belzonis bezeichnend, daß ein jedes künstlerischen Wertes barer Fund als die vielleicht wichtigste aller Entdeckungen bewertet wurde. Sie gelang auf einem Schutthaufen in Tell el-Amarna, 145 km oberhalb von Memphis am Nil – dem Platz, wo der Ketzerkönig Echnaton seine kurzlebige Residenz errichtet hatte. Denn diese Tafeln boten die diplomatische Korrespondenz aus den königlichen Archiven der Pharaonen Amenophis III. und IV. (alias Echnaton), sie stammen aus einer verworrenen und kritischen Periode des ägyptischen Neuen Reiches während des späten 15. und des frühen 14. Jahrhunderts vor Christus. Nicht nur fällt durch diese Urkunden Licht auf Ägypten selbst, sondern ebenso auf die internationalen Beziehungen jener Tage; denn sie bieten überraschende Auskünfte über Syrien-Palästina, über das damals praktisch unbekannte Königreich Mitanni, über die Hethiter und vielleicht sogar über die Hebräer. Unser Wissen von jenem Zeitraum, der für Ägypten unter seinem ketzerischen König einen Abstieg bedeutete, bereicherten diese Texte in so hohem Maße, daß die Historiker heute von einer „Amarna-Zeit" sprechen.

Als eine ägyptische Bauersfrau 1887 im Schutt von Tell el-Amarna nach einem *sebach* genannten und als Düngemittel verwendeten salzhaltigen Stoff wühlte, stieß sie auf mehrere hundert Tontafeln mit fremdartigen Zeichen. Ohne zu ahnen, worum es sich bei ihnen handelte, verkaufte sie sie für 2 Schilling an einen Nachbarn. Dieser erhielt, als er sie an Antiquitätenhändler veräußerte, 10 Pfund. Als dann auf den gebrannten Tontafeln einwandfreie Keilschrift festgestellt wurde, erhoben sich schwere Zweifel an ihrer Echtheit. Denn wie war es denkbar, daß babylonische Inschriften in altägyptischen Trümmerhügeln auftauchten? Mehrere Sachverständige nahmen sie in Augenschein: zwar M. E. Grébaut, damals Direktor der Altertümer, wollte sich nicht festlegen, der berühmte deutsch-französische Assyriologe Jules Oppert jedoch erklärte die Tafeln als Fälschungen – denn noch nie hätten sich Keilschrifttexte in Ägypten gefunden. Dann aber erschien der englische Orientalist Sir Wallis Budge, ein gründlicher Keilschriftkenner, während einer seiner zahlreichen Reisen im Dienste des Britischen Museums auf dem Schauplatz. Und Budge identifizierte die Tafeln als diplomatische Dokumente von einzigartigem Wert.

Hier lagen also zweifellos echte, in der babylonischen *Lingua franca* abgefaßte Schreiben palästinischer und syrischer Vasallen an die Pharaonen vor; andere hatten die Kassitenkönige Babylons, die Herrscher Assyriens und der Hethiter zu Verfassern – und weniger bedeutende Fürsten erbaten ägyptisches Gold. Die Briefe wiesen auf eine zunehmend schwierige Lage im vorderasiatischen Raum hin; sie war durch das Eindringen räuberischer Stämme aus Kleinasien und dem wüstenhaften Hinterland des „Fruchtbaren Halbmonds" bedingt. Die Hethiter befanden sich offenbar im Vormarsch auf Nordsyrien und hatten die Mitanni überrannt, während die Chapiru – nach einigen Forschern identisch mit den „Hebräern" des 2. Buchs Mose – den Süden eroberten. Die Vasallenfürsten und ägyptischen Gouverneure so bekannter Städte wie Byblos, Askalon, Megiddo und Jerusalem baten um ägyptische Hilfe gegen die Angreifer: Loyalitätsschwüre gegenüber dem Ägypterkönig, verbunden mit Anklagen gegen rivalisierende Städte und ihre Fürsten, beschrieben eine Welt des Aufruhrs und Zerfalls. Der Pharao aber kümmerte sich, in der neuen Hauptstadt offensichtlich nur mit seinen religiösen Reformen beschäftigt, kaum um das Schwinden seiner Macht in den asiatischen Randgebieten des Reiches.

Im Licht der Amarna-Tafeln mußte ein großer Teil der Geschichte des 2. Jahrtausends v. Chr. neu geschrieben werden. So wie in unserem Jahrhundert die großen Archive von Mari, Boghazköy und Ras Schamra, erweiterten damals die Dokumente aus Amarna unsere Kenntnis der Zustände im alten Vorderasien außerordentlich. Seither wurden mehrere große Ausgrabungen auf der Stätte von Echnatons Hauptstadt durchgeführt. Einer der ersten, der eine solche unternahm, war Flinders Petrie, und ihm folgten später so berühmte Archäologen wie Leonard Woolley, Henry Frankfort oder J. D. S. Pendlebury. Vor dem ersten Weltkrieg gelang dem Ausgrabungsstab der Deutschen Orientgesellschaft hier die Bergung der wunderbaren Büste Nofretetes, der Gemahlin Echnatons, die nach Berlin gebracht wurde und sich jetzt in Westberlin (Dahlem) befindet.

Sir Wallis Budge war einfacher Herkunft und stammte aus Cornwall; er gewann Gladstone als Gönner und wurde *keeper* der ägyptischen und assyrischen Altertümer im Britischen Museum. Er unternahm mehrere archäologische Ausgrabungen in Mesopotamien, Oberägypten und dem Sudan. Von 1886 an reiste er siebenmal nach Ägypten und verschaffte dem Museum eine einzigartige Sammlung griechischer Papyri und Hieroglyphentexte, unter ihnen die wiederaufgefundene „Verfassung von Athen" des Aristoteles und die Oden des Bakchylides. Seine Fähigkeit, gute Beziehungen zu Händlern und eingeborenen Ausgräbern herzustellen, brachte ihm und dem Museum großen Gewinn, verwickelte ihn aber auch in unerfreuliche Streitigkeiten mit anderen Archäologen und sogar in einen Verleumdungsprozeß. Seine Methoden, archäologisches Material auf ungesetzlichen Wegen aus dem Lande der Entdeckung zu entführen, sind von Seton Lloyd, einem der namhaftesten Ausgräber unserer Zeit, als „üble Kniffe" bezeichnet worden. Budge seinerseits suchte seine mesopotamischen Erwerbungen mit der Unfähigkeit der türkischen Regierung zu rechtfertigen, ihren eigenen Gesetzen Geltung zu verschaffen und die Objekte für das Kaiserlich-Ottomanische Museum zu erwerben.

Abgesehen von dieser Art des Vorgehens, war Budges Ausbeute selbst enorm. Seine unmittelbare Forschungsarbeit galt syrischen, koptischen und äthiopischen Texten; er war ein gewandter, wenn auch nicht immer genauer Übersetzer und leistete sein Bestes in der Entzifferung hieratisch geschriebener ägyptischer Papyri. Darüber hinaus widmete er sich einer umfänglichen archäologischen Berichterstattung für die breite Leserschaft.

Die Tafeln von Tell el-Amarna

Wenige Stunden in Kairo genügten für die Feststellung, daß die in Oberägypten gemachte Entdeckung Tagesgespräch war und daß die wildesten Geschichten über sie umgingen. In alle großen Städte Europas war das Gerücht von den „Funden" gedrungen, und die Kairoer Vertreter mehrerer Museen des Kontinents taten, wie recht und billig, alles, um das Fell des Löwen zu teilen. Die britischen Beamten hingegen, mit denen ich Kontakt aufnahm, vertraten den Standpunkt – oder schützten jedenfalls diese Meinung vor –, daß die gefundenen Stücke, welcher Art sie auch seien, ins Bulaq-Museum gehörten und jeder Versuch, etwas von ihnen für das Britische Museum zu sichern, unverzüglich zu unterbinden sei. Die ägyptischen Beamten des *Service of Antiquities* verhielten sich in der wohlbekannten Weise. Kein Beamter des Bulaq-Museums hatte eine Ahnung davon, wo die „Funde" gemacht worden seien und woraus sie beständen, und M. Grébaut (Masperos Nachfolger als Direktor der Altertümer) und seine Assistenten setzten jeden Einheimischen in der Stadt, den sie im Besitz von Informationen über die Entdeckung glaubten, unter Druck. Statt der Tatsache Rechnung zu tragen, daß die „Funde" – ob zu Recht oder zu Unrecht – im Augenblick in den Händen eingeborener Händler waren, und statt Anstalten zu treffen, sie käuflich zu erwerben, begnügten sie sich mit der Erklärung, daß die Regierung sie zu erwerben beabsichtige und jeden ins Gefängnis stecken werde, der die Hand im Spiele habe. M. Grébaut war so unklug, in aller Offenheit anzudeuten, daß die in Qena sanktionierten Folterungen aufs neue angewendet werden könnten. Dabei hatten doch die Folterungen und Verfolgungen von 1880 den Eingeborenen zur Genüge gezeigt, wie wenig den Regierungsbeamten zu trauen sei – weshalb diese ihm denn auch samt und sonders jegliche Auskunft verweigerten. Jeder Schritt, den er unternahm, löste nur Gegenschritte bei den Eingeborenen aus, und letztere hatten durchgehend Erfolg.

Inzwischen verdichteten sich die Gerüchte über die „Funde" in Oberägypten, die flußabwärts bis nach Kairo durchsickerten, immer mehr. Seitens gewisser Regierungsmitglieder begann man M. Grébaut zu drängen, er solle nun energische Schritte unternehmen, um einen Teil der aufgefundenen Schätze sicherzustellen. Er erhielt die Weisung, nach Oberägypten zu reisen und sich selbst ein Bild zu machen, was dort vorgehe. Man stellte ihm einen von Ismaïl Paschas Vergnügungsdampfern zur Verfügung und gab ihm eine angemessene Polizeieskorte bei. Vor seiner Abreise gen Süden machte er mir im Royal Hotel einen Besuch – und wenn er mir auch Inhaftierung und anschließende gerichtliche Verfolgung androhte für den Fall, daß ich mit den Eingeborenen zu verhandeln versuchte, fand ich in ihm doch einen sehr sympathischen und wohl unterrichteten Mann, und wir unterhielten uns aufs angenehmste miteinander. Es sei, so sagte er, sein größter Ehrgeiz, als würdiger Nachfolger Masperos zu gelten, und es gebe da einen Grad der öffentlichen Anerkennung, zu dessen Erreichung ich ihm helfen könne. Das Kuratorium des Britischen Museums habe, so erinnerte er mich, Maspero eine Reihe seiner prachtvollen ägyptischen Veröffentlichungen überreicht, was eine einzigartige Ehrung und die öffentliche Bestätigung seines wissenschaftlichen Ranges bedeute; er hoffe, das Kuratorium werde ihm die gleiche Ehrung zuteilwerden lassen. Meine Antwort lautete, er werde einer solchen Anerkennung einen großen Schritt näherkommen, wenn er sich im Umgang mit dem Repräsentanten des Britischen Museums in Ägypten etwas großzügiger gebe – und jedenfalls würde ich den Chefbibliothekar angemessen über unsere Unterhaltung unterrichten. Am Abend stellte ich fest, daß er einige seiner Polizisten dazu abgeordnet hatte, das von mir bezogene Hotel zu überwachen; sie waren von ihm beauftragt, ihm jeden meiner Schritte sowie die Namen aller Antiquitätenhändler, mit denen ich spräche, zu melden.

Am gleichen Abend begab ich mich von Kairo nach Assiut. Kaum hatte ich Bulaq vom Bahnhof ad-Dakrûr verlassen, als ich im Zuge einen Franzosen und einen Malteser traf; sie sagten mir, sie seien an Antiken „interessiert“ und im Zuge befänden sich Polizisten mit dem Auftrag, sowohl sie als auch mich zu überwachen. In Dēr Mawās, dem Bahnhof für Hadschi Qandîl oder Tell el-Amarna, stieg der Franzose aus und erklärte, er wolle versuchen, einige der angeblich in Tell el-Amarna gefundenen Tafeln zu kaufen; als er die Station verließ, folgten ihm einige der Polizisten aus dem Zuge. In Assiut bestiegen der Malteser und ich den Dampfer, gefolgt von den restlichen Polizisten. Als der Dampfer während der Nacht in Achmīm und Qena anlegte, hatte ich in beiden Orten reichlich Zeit zur Besichtigung der Antiquitäten, die die Händler in ihren Häusern aufbewahrten, und konnte mit ihnen um die feilschen, die ich erwerben wollte. In Achmīm sah ich bei einem Franzosen – dem Besitzer einer Mühle in Kairo – eine sehr schöne Sammlung. Während er die Polizisten mit einem Abendbrot bewirten ließ, machte ich mit ihm einen Abschluß über koptische Manuskripte. Dabei erzählte er mir, daß er es sei, von dem Maspero alle in den letzten Jahren vom Louvre erworbenen koptischen Papyri und Manuskripte erhalten habe. Wäre er von Masperos Absicht unterrichtet gewesen, diese Stücke teilweise weiterzuverkaufen – so fügte er hinzu – dann hätte er sie ihm nicht zu einem so niedrigen Preise überlassen. Damit erfuhr ich aus erster Quelle, daß der Direktor des Altertumsdienstes Antiquitäten gekauft, verkauft und exportiert hatte – Handlungen, die die britischen Behörden in Kairo als den Landesgesetzen widersprechend bezeichneten.

Da ich in Assuan zu tun hatte, beschloß ich, auf meiner Fahrt nilaufwärts in Luxor nicht Station zu machen, erfuhr aber während des vierstündigen Dampferaufenthalts von einigen Händlern und dem mir befreundeten Reverend Chauncey Murch aus der amerikanischen Mission einige Einzelheiten über die „Funde". Ich benutzte die Gelegenheit ferner dazu, ein paar Eingeborene über den Fluß zu schicken; sie sollten mir einige Schädel für Professor Macalister holen, der immer neue Exemplare haben wollte. Während eines meiner Besuche, die ich im Jahr zuvor dem westlichen Theben abgestattet hatte, war ich nämlich auf der Rückseite der zweiten Hügelreihe nach der Wüste zu in eine riesige Höhle geraten, die von den alten Ägyptern als Friedhof benutzt worden war. Dort sah ich buchstäblich Tausende nur dürftig hergerichteter Mumien und „Dörrleichen", die einen gegen die geneigten Höhlenwände gelehnt, die anderen zu Haufen verschiedenen Umfangs aufgetürmt. Wäre es mir, als ich die Höhle zum ersten Male sah, möglich gewesen, Schädel mitzunehmen, so hätte ich damals bestimmt einige herausgesucht.

In Armant war kaum etwas zu haben, aber in Dschabalēn, dem Platz des alten Krokodilopolis, sah ich eine Anzahl Gefäße von ungewöhnlicher Form und Machart sowie zahlreiche Feuersteine. Bei Ankunft in Assuan wurde ich von Captain W. H. Drage (jetzt Drage Pascha) und Doone Bey abgeholt; sie waren mir bei der Verpackung der restlichen kufitischen Grabsteine, die ich früher im Jahr hier hatte liegenlassen müssen, sehr behilflich. Mein Freund, der Ma'amûr, sorgte für einen weiteren Vorrat an Schädeln aus der Höhle jenseits des Flusses, und bei dieser Gelegenheit erfuhr ich durch Zufall, daß mir die Eingeborenen den Spitznamen Abû ar-ra'wûs, „Vater der Schädel", beigelegt hatten. Der Gesamteindruck der Stadt hatte sich erstaunlich gewandelt, denn die britischen Truppen waren nach Norden abgezogen, ihre verlassenen Lager und Baracken lagen in Grabesschweigen, und Assuan war nichts mehr als ein etwas größeres, verschlafenes Nildorf. Ebenso groß war die Veränderung auf der anderen Nilseite. Die Wege, die wir unter so großen Schwierigkeiten angelegt hatten, waren vom Sand versperrt, die große Steintreppe samt der Brüstung über ihr zeigte sich angefüllt mit Sand und Steinbrocken, die von der Spitze des Hügels herabgerutscht waren, und die Gräber waren praktisch unzugänglich.

Bald nach meinem Wiedereintreffen in Luxor begab ich mich mit einigen Eingeborenen zu dem Platz auf dem westlichen Ufer, wo die Papyrifunde gemacht worden waren. Hier stieß ich auf einen reichen Vorrat schöner und seltener Stücke, darunter die größte Papyrusrolle, die ich je gesehen hatte. Sie war mit einer dicken Papyrusschnur umwickelt und in bestem Erhaltungszustand; das Tonsiegel, das die Enden der Schnur zusammenhielt, war unerbrochen. Die Rolle lag in einer rechteckigen Nische in der Nordmauer der Sarkophagkammer zwischen einigen Amuletten aus hartem Stein. Es schien mir wie ein Sakrileg, das Siegel zu brechen und die Schnur zu lösen, aber nachdem ich den Namen auf dem Siegel kopiert hatte, tat ich es – war es doch sonst unmöglich, den Inhalt des Papyrus festzustellen. Wir rollten ungefähr einen Meter auf, immer nur etwa einen Zoll auf einmal, denn der Papyrus war sehr brüchig, und ich war verblüfft von der Schönheit und der Frische der Farben, in denen da Figuren von Menschen und Tieren erschienen; beim matten Schein der Lichter und in der heißen Luft des Grabes wirkten sie wie lebend. Das Auftauchen einer Gerichtsszene zeigte, daß es sich bei der Rolle um eine große und vollständige Handschrift des *Per-em-hru,* des „Totenbuches", handelte. Zeile um Zeile wurde der Name des Mannes wiederholt, für den diese prachtvolle Rolle geschrieben und gemalt worden war, nämlich „Ani, Wirklicher (im Gegensatz zu ehrenhalber) königlicher Schreiber, Registrator der Opferspenden für alle Götter, Aufseher über die Kornspeicher der Herren von Abydos und Opferschreiber der Herren von Theben". Als der Papyrus in London abgerollt wurde, ergab sich für den beschriebenen Teil eine Länge von 23,8 m; das leere Papyrusstück an jedem Ende war 60 cm lang. An einer anderen Stelle lag, ebenfalls in einer Nische der Mauer, eine weitere Papyrushandschrift des Totenbuches, in der zwar die schönen Vignetten des Ani-Textes fehlten, die aber offenbar wesentlich älter und daher philologisch bedeutsamer war. Der Name des Schreibers, für den sie abgefaßt war, lautete Nu, und die Namen seiner Verwandten ließen vermuten, daß er unter einem der ersten Könige der 18. Dynastie gewirkt hatte. An anderen Plätzen fanden wir noch mehr Papyri, darunter den der Priesterin Anhai in seinem bemalten Originalbehälter, der die Gestalt des dreieinigen Gottes der Wiederauferstehung Ptah-Seker-Asar hatte, sowie eine Lederrolle mit Kapiteln des Totenbuches und wunderbar ausgeführten Randzeichnungen. Auch sonstige Gegenstände von großem Interesse und hoher Bedeutung fielen uns in die Hand; ich nahm sie alle in Besitz, und wir kehrten, ehe es hell wurde, nach Luxor zurück. Da ich mir ungefähr vorgestellt hatte, was ich wohl erlangen würde, hatte ich mir von einem Klempner zylindrische Blechbüchsen machen lassen; als wir von unserer die ganze Nacht währenden Expedition zurückkamen, standen diese schon bereit. Jeder Papyrus wurde nun mit Lagen Baumwolle umwickelt und in den Behälter gesteckt; dann umschnürten wir die Futterale mit *gumāsch* – rauhem Leinenstoff –, und als alle verpackt waren, deponierten wir sie an einem sicheren Platz. Nach diesem nächtlichen Werk gingen wir alle kurz nach Sonnenaufgang zu einem Hause am Nilufer, das Mohammed Muhassib gehörte (jetzt übrigens eingestürzt ist), und stiegen aufs Dach, wo wir Kaffee trinkend die wunderbare Frische des frühen ägyptischen Morgens genossen.

Als wir da so saßen und über die Erlebnisse der letzten Nacht sprachen, kam Mursî, Muhassibs kleiner Sohn, aufs Dach herauf, lief zu seinem Vater und sagte ihm, daß mehrere Soldaten und Polizisten ins Haus gekommen und gerade unten im Hof seien. Als wir über die niedrige Mauer des Daches blickten, sahen wir tatsächlich im Hof einige Polizisten, während ein paar Soldaten draußen Posten standen. Wir stiegen die Treppe hinunter, und der dienstuende Polizeioffizier teilte uns mit, der Polizeichef von Luxor habe im Lauf der Nacht Weisung vom Direktor der Altertümer, M. Grébaut, erhalten, alle Häuser in Luxor, die Antiquitäten unter ihrem Dach hätten, zu besetzen und ihre Eigentümer festzunehmen – dazu auch mich, wenn ich mit ihnen in Verbindung stände. Ich verlangte den schriftlichen Haftbefehl zu sehen und erhielt zur Antwort, Grébaut werde ihn im Lauf des Tages nachbringen. Auf meine Frage, wo sich M. Grébaut befinde, nannte er mir das ungefähr 19 km nördlich von Luxor gelegene Dorf Negade und sagte uns, M. Grébaut habe von dort dem Polizeichef von Luxor einen Läufer mit den entsprechenden Weisungen geschickt; danach erklärte er Mohammed und mich für verhaftet. In diesem Augenblick gesellte sich der von M. Grébaut entsandte Läufer in der ungenierten Art der Orientalen zu uns und bat um Bakschisch, in der Überzeugung, er habe es sich verdient, da er so schnell nach Luxor gelaufen sei. Wir gaben ihm wirklich ein gutes Trinkgeld – und dann begannen wir ihn auszufragen. Auf diese Weise erfuhren wir, daß Grébaut am Vortage nicht bis Luxor hätte kommen können, da der *Raïs* oder Kapitän seinen Dampfer nördlich von Negade auf eine Sandbank gesetzt und dieser dort zwei Tage festgelegen habe. Dabei kam heraus, daß der Kapitän gerade die Hochzeit seiner Tochter ausgerichtet und zu ihr und dem anschließenden Fest viele Freunde eingeladen habe; das Fest sollte genau an dem Tage stattfinden, den Grébaut für sein Eintreffen in Luxor festgesetzt hatte. Da der Kapitän der Verheiratung seiner Tochter natürlich unbedingt beiwohnen wollte und seine Mannschaft ebenfalls an dem Fest teilzunehmen wünschte, blieben verständlicherweise alle Versuche, den Dampfer wieder flott zu machen, vergeblich. Unser Berichterstatter, der ganz genau wußte, daß die Antiquitätenhändler von Luxor auf einen Besuch Grébauts nicht sehr erpicht waren, klärte uns weiter darüber auf, daß seiner Ansicht nach der Dampfer nicht vor heute Abend oder morgen eintreffen werde. Seiner Erzählung nach entschloß sich Grébaut dann, den Dampfer zu verlassen und nach Luxor zu reiten, und seine Begleitung pflichtete ihm bei, daß das unter den gegebenen Umständen das Richtigste sei. Als er aber nach einem Esel schickte, stellte sich heraus, daß es im ganzen Dorf keinen einzigen Esel gab; wie durchsickerte, hatten die Einwohner bei der Kunde, er wolle nach Luxor reiten, ihre Esel in die Felder und benachbarten Dörfer getrieben, so daß Grébaut keinen mieten konnte.

Was der Läufer da erzählte, war uns sehr dienlich, denn wir hatten den ganzen Tag viel zu tun, legten auf Unterbrechungen keinen Wert und konnten nun so gut wie sicher sein, von Grébaut nicht gestört zu werden. Mittlerweile sehnten wir uns alle nach einem Frühstück – und Mohammed Muhassib hatte denn auch ein sehr beachtliches Essen vorbereitet, zu dem er die Polizisten und Soldaten mit einlud. Sie nahmen das erfreut an, und während der Mahlzeit verabredeten wir mit ihnen, daß wir den ganzen Tag unseren Geschäften frei nachgehen könnten. Da ich keinen Grund hatte, Luxor an diesem Tage zu verlassen, erklärte ich dem Polizeioffizier, daß ich die Stadt bis zum Eintreffen des Dampfers von Assuan nicht verlassen, dann diesen nehmen und nach Kairo zurückkehren werde. Nach Beendigung unseres Mahles besetzte der Polizeioffizier das Haus, placierte Posten aufs Dach und eine Wache an jeder Hausecke und begab sich dann zu den anderen Händlern, um ihre Häuser zu versiegeln und sie unter Bewachung zu stellen.

Im Lauf dieses Tages erschien ein Mann aus Hadschi Qandil, der etwa ein halbes Dutzend jener zufällig von einer Frau in Tell el-Amarna gefundenen Tontafeln bei sich hatte. Er bat mich, sie zu prüfen und ihm zu sagen, ob sie *qadim,* d. h. „alt“ oder *dschadid,* d. h. „neu“ seien – womit er „echt“ oder „gefälscht“ meinte. Der Frau, die sie gefunden hatte, waren sie als nutzlose Stückchen aus „altem Ton“ erschienen, und sie hatte den ganzen „Fund“ von über 300 Tafeln für 10 Piaster (2 Schilling, etwa 1,20 DM) einem Nachbarn verkauft. Der Käufer brachte sie ins Dorf Hadschi Qandil, wo sie für 10 ägyptische Pfund erneut den Besitzer wechselten. Aber auch die neuen Käufer wußten nicht, was sie da erworben hatten, und schickten deshalb einen Mann nach Kairo, der einige der Tafeln sowohl eingeborenen als auch europäischen Händlern vorlegen sollte. Von den europäischen Händlern erklärten die einen sie für „alt“, die anderen für „neu“, einigten sich aber schließlich dahin, die Tafeln für Fälschungen zu erklären, um sie dann als „Proben moderner Imitation“ zu ihrem eigenen Preis anzukaufen. Die oberägyptischen Händler hielten sie im Gegensatz dazu für echt und lehnten einen Verkauf ab; als sie hörten, daß ich etwas von Keilschrift verstände, schickten sie mir nun den oben erwähnten Mann zu, baten mich um Auskunft, ob echt oder falsch, und boten mir für meine Prüfung Bezahlung an.

Als ich daraufhin die Tafeln untersuchte, fand ich die Sache nicht so einfach, wie sie aussah. Nach Art und Form, Farbe und Material sahen die Tafeln anders aus als alle, die ich je in London oder Paris gesehen hatte, und auch ihre Schrift war von sehr ungewöhnlichem Charakter und gab mir für Stunden Rätsel auf. Schrittweise aber kam ich zu dem Schluß, daß die Tafeln unter keinen Umständen Fälschungen seien, aber ebensowenig Königsannalen oder historische Inschriften im üblichen Sinne des Wortes und schließlich auch keine Geschäfts- oder

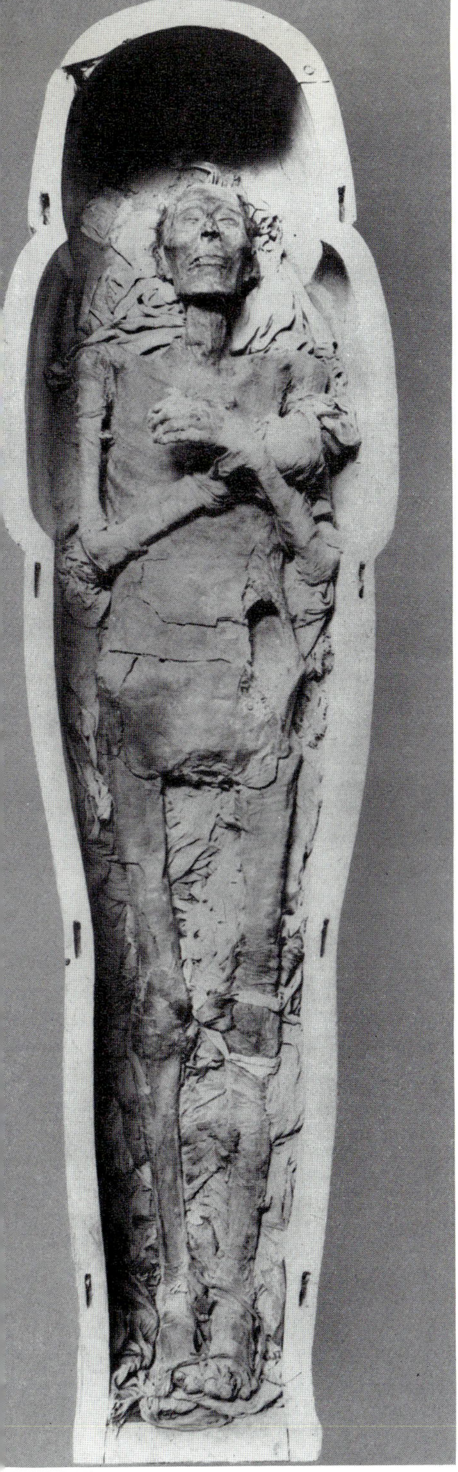

4. *Mumie Ramses' II. in ihrem Sarg*

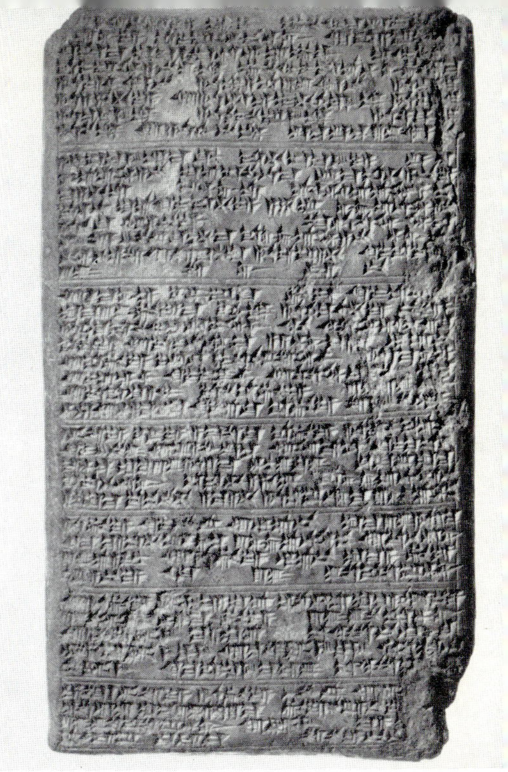

5. *Keilschrifttafel aus Tell el-Amarna*

6. *Pyramide von Medūm*

7. *Papyrus aus Oxyrhynchos mit Versen Sapphos*

8. *Vorkammer des Grabes Tutenchamuns*

Handelsurkunden. Während ich noch bei der Prüfung des mir überbrachten halben Dutzends Tafeln war, kam bereits ein zweiter Bote aus Hadschi Qandil mit 76 weiteren Tafeln, von denen einige ziemlich groß waren. Auf der umfangreichsten und am besten erhaltenen dieser zweiten Sendung entzifferte ich endlich die Worte: „A-na Ni-ib-mu-a-ri-ja", d. h. „An Nibmuarija", und auf einer zweiten: „[A]-na Ni-im-mu-ri-ja schar matu Mi-is-ri", d. h. „An Nimmurija, König des Landes Ägypten". Diese zwei Tafeln waren also offenbar Briefe an einen ägyptischen König namens „Nib-muarija" oder „Nimmurija". In einem weiteren Text erkannte ich eindeutig die Anfangsworte „A-na Ni-ip-chu-ur-ri-ri-ja schar matu [Misri]", d. h. „An Nipchuririja, den König des Landes [Ägypten]" – und es konnte kein Zweifel bestehen, daß dies ein an einen anderen ägyptischen König gerichteter Brief war. Die Einleitungsworte fast aller Tafeln erwiesen sie als Briefe oder Depeschen, und damit wurde es mir zur Gewißheit, daß die Tafeln ebenso sicher echt wie von außerordentlichem historischen Wert waren.

Bis zu dem Augenblick, in dem ich zu diesem Schluß gelangte, hatte mir noch keiner der Leute aus Hadschi Qandil die Tafeln zum Kauf angeboten. Ich mußte vielmehr annehmen, daß sie nur auf mein Urteil über ihre Echtheit warteten und sie darauf wieder mitnehmen wollten. Dann aber würden sie einen sehr erheblichen Preis für sie fordern – von einer Höhe, die weit über ein mir mögliches Angebot hinausginge. Deshalb kam ich mit den Händlern, noch ehe ich ihnen meine Meinung über die Tafeln mitteilte, dahin überein, daß ich für meine Untersuchung nichts von ihnen verlangen wolle, sie mir dafür aber die 82 Tafeln sofort käuflich überlassen sollten. Nun wollten sie den genauen Preis wissen, den zu zahlen ich bereit sei; ich nannte ihn – und obwohl sie ein halbes Jahr auf ihr Geld warten mußten, machten sie keinen Versuch, mehr zu verlangen als die mit ihnen vereinbarte Summe.

Danach versuchte ich mit den Leuten in Hadschi Qandil wegen des Erwerbs der übrigen Tell el-Armana-Tafeln Abmachungen zu treffen; indes waren diese, wie sie mir erzählten, im Besitz anderer Händler, die ihretwegen mit dem Kairoer Vertreter des Berliner Museums Kontakt aufgenommen hatten. Eine der Tafeln war sehr groß, nämlich etwa 50 cm lang und breit. Wie wir heute wissen, enthielt sie die Aufstellung der Mitgift einer mesopotamischen Prinzessin, die einen Ägypterkönig heiraten sollte. Der Mann, der die Tafel nach Kairo brachte, hatte sie in seiner Unterkleidung versteckt und trug darüber einen weiten Mantel. Als er in den Eisenbahnwagen stieg, glitt die Tafel aus seinen Kleidern, fiel zwischen die Gleise und zerbrach in Stücke. Viele Eingeborene im Zug und auf dem Bahnsteig sahen das mit an und unterhielten sich ungeniert darüber, und so kam die Nachricht von der Entdeckung dem Direktor der Altertümer zu Ohren. Sofort telegraphierte er an den Mudir von Assiut, er solle jeden, der im Besitz von Tafeln angetroffen werde, festnehmen und ins Gefängnis stecken; er selbst machte sich, wie wir sahen, nach Oberägypten auf, um sich aller Tafeln zu bemächtigen, die er auffinden konnte. Unterdessen zeigte ein Kairoer Herr, der vier der kleineren Tafeln für 100 ägyptische Pfund erworben hatte, diese einem englischen Professor, der darauf prompt einen Artikel über sie schrieb und ihn in einer ägyptischen Zeitung veröffentlichte. Er datierte sie rund 900 Jahre zu spät und mißverstand ihren Inhalt völlig. Die einzige Wirkung dieses Berichtes bestand darin, daß die Händler den Wert der Tafeln besser einschätzten und dementsprechend ihre Preise erhöhten; die Erwerbung des restlichen „Fundes" wurde auf diese Weise für jedermann schwieriger.

5

FLINDERS PETRIE

Wenn die Ägyptologie mit Mariette zu Ansehen kam, so wurde sie mit Petrie mündig. Mariette arbeitete noch mit Dynamit, und seine Methoden mußten in den Augen späterer Ausgräber recht primitiv wirken; indes nahm er später selbst mehr und mehr von ihnen Abstand. Einen durchdachten Ausgrabungsplan hatte er nicht, widmete der Konservierung wenig Aufmerksamkeit, versäumte es, durch angemessene Veröffentlichungen über seine Forschungen zu unterrichten, und legte in erster Linie Wert auf glänzende Fundstücke, um die er die Sammlungen seines geliebten Museums bereichern könnte. Von seinen Methoden bis zur wissenschaftlichen Archäologie war noch ein weiter Weg. Nachdem aber Petrie seine gewissenhafte Technik ausgebildet hatte, gab es für derlei rauhe Prozeduren keine Entschuldigung mehr.

Als Petrie 1881, wenige Monate vor Mariettes Tod, in Ägypten zu arbeiten begann, hielt er mit seiner Verurteilung der dort vorherrschenden Methoden nicht zurück. Im vollen Bewußtsein, damit die Archäologie auf neue Grundlagen zu stellen, offenbarte er die Zielstrebigkeit des genialen Bahnbrechers, der für das Vorgehen seiner Kollegen nur Verachtung hatte. Bei seiner Arbeit an den Pyramiden von Gizeh entsetzte ihn der Anblick der Trümmer eines Tempels nahe der Sphinx, den man gesprengt hatte, statt ihn mit aller Sorgfalt wiederherzustellen. Über Mariettes Tätigkeit schrieb er einmal: „Alles geschah ohne einheitlichen Plan, angefangene Arbeiten blieben unvollendet, man achtete nicht darauf, die Grundlagen für späteres Weiterforschen zu erhalten, und ging ohne Vernunft und Schonung vor. Das allenthalben ins Auge springende Maß der Zerstörung und die mangelnde Fürsorge für die Erhaltung ist widerwärtig." Gemessen an den Maßstäben des 20. Jahrhunderts, die Petrie mehr als irgendein anderer aufstellen half, waren die Verhältnisse in Ägypten tatsächlich furchtbar. Da wurden Fresken zerschnitten und nur ihre farbenprächtigsten Teile ins Museum gebracht. Was ohne materiellen Wert war oder die

Raritätensucher in den Museen nicht reizen konnte, warf man einfach weg. Die Ausgräber suchten ausschließlich große, auffallende und kostbare Stücke. Völlig außer acht ließ man zerbrochenes Gerät, insbesondere die allgegenwärtigen Tonscherben, die sich auf jedem alten, einst bewohnten Siedlungsplatz massenhaft finden. Der Wandel, den Petrie hier schuf, war revolutionierend. Kein altes Bruchstück, das nun nicht nach Farbe, Herstellungsart, Form, Dekoration usw. auf wesentliche Auskünfte hin überprüft werden mußte. Aus diesen verstreuten Beweisstücken – wenn möglich unterbaut durch Inschriften oder sonstige „Belege, Lagen und Gegebenheiten" – ließ sich eine zuverlässige Beurkundung der Vergangenheit erreichen. All das schuf jene peinlich genaue, geduldige Beachtung jeder Einzelheit, die den neuen Geist der Archäologie kennzeichnet.

Dieses Einsammeln jedes wesentlichen Zeugnisses entwickelte sich zu einer verfeinerten Kunst, „alle notwendigen Auskünfte sicherzustellen, die Bedeutung eines jeden Fundes zu erkennen und ein Versehen auszuschließen, Hypothesen mit dem Fortschreiten der Arbeit ständig zu überprüfen und zu erproben und jedes Ding von Wichtigkeit zu sichern" – nicht nur für den Ausgräber selbst, sondern ebenso für andere Forscher. Um als bedeutsames kulturelles Zeugnis dienen zu können, mußte jedes alte Objekt innerhalb derjenigen Schicht identifiziert werden, in der es ursprünglich gelegen hatte. Zur systematischen und möglichst erschöpfenden Untersuchung hatte die peinlich genaue und regelmäßige Berichterstattung durch Bild und Wort zu treten. In dieser Weise wurde durch Petrie das Prinzip der wissenschaftlichen Akribie, die der Arbeit Mariettes in Ägypten und der seines Zeitgenossen Layard in Mesopotamien noch fast völlig fehlte, in die Archäologie eingeführt. Indes betrachtete Petrie trotz dieser strengen Grundsätze die Archäologie niemals als bloßes Sammeln, Einordnen und Analysieren dessen, was vergangen und für immer tot war. Ihre Aufgabe, so formulierte er, sollte nicht so sehr darin bestehen, „Mumien vorzuzeigen, als vielmehr darin, die alten Ägypter darzustellen, so wie sie lebten, ehe man sie zu Mumien machte".

Neben seiner Formulierung der Grundprinzipien archäologischer Grabungsarbeit ging Petrie aber auch in seiner Technik und seinen spezifischen Methoden neue Wege. Seine ergiebigste Neuerung – heute eine unabdingbare Voraussetzung für die Untersuchung vorgeschichtlicher oder zeitlich unsicherer Siedlungsplätze – ist die Schichtendatierung. Dieses umwälzende Prinzip basiert auf Petries Beobachtung des Stilwandels der örtlichen Tonware in einer Abfolge, die der physikalischen Schichtenfolge menschlicher Besiedlung entspricht. Damit ermöglichen schlichte Bruchstücke auf verschiedenen Siedlungsplätzen eines kulturell gut bestimmten Bezirks die Aufstellung einer relativen Chronologie, deren Glieder nicht Jahre, sondern Keramiktypen sind. „Dieses System setzt uns in die Lage, mit sonst völlig undatierbarem Material zu arbeiten; je größer die Menge, desto zuverlässiger das Ergebnis." Findet sich einmal historisch datierbares Material in Verbindung mit dieser Art von Belegstücken, so läßt sich die relative in eine absolute Chronologie verwandeln.

Von da an wurden die scheinbar so belanglosen Tonscherben zu wertvollsten archäologischen Hilfsmitteln. Petrie selbst wandte diese Methode hauptsächlich für das vor- und frühgeschichtliche Ägypten und Palästina an. Im letzteren Land gelang es Petrie zum ersten Male bei der Ausgrabung von Tell el - Hasy 1890, durch das Sammeln von Gefäßen aus den verschiedenen Schichten eine zusammenhängende – wenn auch natürlich relative – Chronologie aufzustellen. Dadurch, daß einige Tonscherben mit ägyptischen Skarabäen oder anderen historisch datierbaren Stücken zusammenlagen, konnte sodann der Gang der Entwicklung in Palästina in eine Abfolge „historischer" Epochen eingereiht werden.

Durch solche sich überschneidende Daten verschiedener Kulturen begründete Petrie mit Hilfe datierbarer Objekte die vergleichende Archäologie. Als erster richtete er das Augenmerk auf die kretische und mykenische Keramik, die in gewissen Schichten des ägyptischen Mittleren und Neuen Reiches vorkam. Auf der Grundlage dieser auswärtigen Fundstücke im Boden Ägyptens, die man sorgfältig verzeichnet und datiert hatte, war Petrie in der Lage, einen chronologischen Abriß der großen, durch die Entdeckungen Schliemanns und Evans' ans Licht gebrachten ägäischen Zivilisation aufzustellen.

Heute erscheint es kaum mehr glaubhaft, daß Petrie aus anderen als nüchtern-wissenschaftlichen Impulsen heraus nach Ägypten kam. Tatsächlich aber lag die Ursache in seines Vaters Leidenschaft für die mystischen Theorien über die Große Pyramide, deren Maßverhältnisse magische und prophetische Bedeutung haben sollten. Die genauen mathematischen Untersuchungen an Ort und Stelle heilten den Sohn indes bald von allen Phantasien dieser Art. „Die häßliche kleine Tatsache war", so bekannte er später einmal, „der Tod der schönen Theorie." Zuerst an Ausgrabungen kaum interessiert, ging er bald völlig im Studium der Frage auf, in welcher Weise die Pyramiden errichtet worden seien. Als Ergebnis dieser Untersuchungen veröffentlichte er 1883 sein Buch „Pyramids and Temple of Gizeh", das für lange Zeit ein Standardwerk blieb. Durch seinen Vater, der Ingenieur war, von Jugend an dazu ermuntert, sah er auch später im Prüfen und Messen seine liebste Tätigkeit. Durch das Interesse seiner Eltern und seine eigene, früh entwickelte Neigung für Sprachen, Mathematik und fremde Kulturen war Petrie für seine Laufbahn auf dem Gebiet der vorderasiatischen Archäologie glänzend vorbereitet.

Über Petries archäologischem Werk liegt weder der Zauber noch die Spannung, die einige der berühmten Entdeckungen seiner Zeitgenossen so attraktiv machen. Dennoch ist es von hohem Rang und in seiner methodischen Vollendung von bleibendem Wert. Es erstreckte sich über 60 Jahre und bezieht sich auf alle Abschnitte der ägyptischen Geschichte. Seinen Forschungen ist es in erster Linie zu verdanken, daß die beiden ersten ägyptischen Dynastien als historisch erkannt wurden und die prädynastische Epoche überhaupt erst ins Blickfeld trat. Zu seinen anderen Leistungen gehört die Entdeckung der jonischen Handelskolonie Naukratis im Delta aus dem 6. Jahrhundert v. Chr.; er forschte im Faijum, führte Grabungen durch, die sich auf die Hyksos sowie das koptische und römische Ägypten bezogen, und öffnete in Lahun ein Grab, das mit die schönsten jemals in Ägypten gefundenen Edelsteine und Schmuckstücke barg. Durch eine einzige Grabung in Palästina förderte er die Neuorientierung der Archäologie des Heiligen Landes wesentlich. Neben seiner aktiven Ausgräbertätigkeit und zahlreichen Veröffentlichungen wirkte er von 1893 an als Professor für Ägyptologie in London. Als Petrie 1926 Ägypten verließ, konnte er auf ein erfülltes Lebenswerk zurückblicken. Danach lebte er in Palästina und starb hier im Jahre 1942.

Petries weltbekannter Bericht über seine Arbeit in Medūm spiegelt das lebenslange Interesse wider, das er den Pyramiden als den bedeutendsten Denkmälern der ägyptischen Kultur entgegenbrachte. Hier in Medūm konnte er seinen Neigungen zu Vermessung und Berechnung frönen, aber ebenso die Entwicklung der Architektur und die Ursprünge der Kultur verfolgen. Der teilweise seiner Ummantelung beraubte Bau in Medūm, der mehr durch die Entnahme von Baumaterial als durch die Zeit gelitten hatte, enthüllte die Kunst des Pyramidenbaus in ihren einzelnen Stufen. Er war ursprünglich als eine Mastaba-Stufenpyramide geplant, auf die später eine – heute kaum noch vorhandene – entwickeltere Pyramide aufgesetzt wurde. Unter den einigen siebzig ägyptischen Pyramiden ist dieser von Cheops' Vater Snofru errichtete Bau die älteste echte; durch sein Alter und seine allmähliche Vergrößerung gehört dieser Bau zu den interessantesten.

Das „Missing Link" der Pyramiden

Nachdem ich mich bis zur 12. Dynastie zurück mit allen wichtigen Perioden der ägyptischen Geschichte beschäftigt hatte ..., drängte es mich mehr denn je dazu, ihre Ursprünge zu entdecken. Medūm bot die beste Möglichkeit zurückzugelangen. Wie man annahm, gehörte es in die 4. Dynastie. Hier konnte man vielleicht zum Anfang der Entwicklung vordringen und den Weg ins Unbekannte einschlagen. Konnten wir hier Anfangsstufen oder wenigstens ihre Spuren erkennen? Ließ sich herausfinden, wie sich die konventionellen Formen und Vorstellungen bildeten? Trafen wir dort vielleicht Ägypten nicht voll erwachsen, sondern noch im Stadium der Kindheit an?

Nachdem ich eine ausgewählte Gruppe meiner Arbeiter aus Lahun zusammengestellt hatte, machten wir uns auf und errichteten beim Friedhof von Medūm ein Lager, in dem wir mehr als vier Monate lebten. Ich trug zusammen, was betreffs der vor uns liegenden Fragen festzustellen war. Offen gesagt, kam dabei mehr unsere Unkenntnis zutage als unser Wissen; da sich fast alle später üblichen Techniken hier bereits ausgebildet zeigten, rückten ihre Anfänge in weitere Ferne denn je. Doch ergaben sich viele neue Fragestellungen, und schließlich wurde uns, wenn auch das Ziel noch außer Sicht war, doch der Gang der Entwicklung deutlicher.

Als erstes war das Alter der Pyramide und des Friedhofs festzustellen. Alle Anzeichen deuteten auf die früheste uns bekannte Zeit hin, die aber nicht vor Snofru, dem ersten König der 4. Dynastie und Vorgänger des Cheops, lag. Die Theorie, daß die Pyramiden in zeitlicher Reihenfolge, von Norden nach Süden, erbaut worden seien, hatte jedoch zu der Annahme geführt, daß sie in die 12. Dynastie gehöre.

Am ehesten versprach für die Ermittlung ihres Alters die Suche nach dem Pyramidentempel Erfolg, denn es bestand dort die leise Hoffnung auf Inschriften – wie ich solche des Chefren in Gizeh und des Usertesen in Lahun gefunden hatte. Aber wo lag dieser Tempel? Östlich der Pyramide war nirgends die Spur eines solchen Bauwerks zu entdecken, und einige Schächte, die ich innerhalb der Einfriedigung der Pyramide in den Boden trieb, erbrachten nichts. Einige Tage, während derer andere Arbeiten in Gang kamen, zögerte ich und betrachtete die große Schutthalde, die sich an der Seite der Pyramide durch die Zerstörung des oberen Teils angehäuft hatte. Schließlich wurde mir die Notwendigkeit einer großangelegten Ausgrabung deutlich, denn ich wollte die Frage so gut wie möglich klären. So steckte ich ein Terrain von der guten Größe dreier Londoner Hausgrundstücke ab und begann – wohl wissend, daß wir auch haustief graben müßten, ehe wir Resultate erwarten durften – eine mehrwöchige Kampagne mit so viel Leuten, wie in dem Areal nutzbringend arbeiten konnten. Erst ging es recht leicht, dann aber stießen wir auf große Blöcke, die wir kaum bewegen konnten; sie rutschten uns ab und rollten auf die Absätze unserer Grabung herunter, wobei sie unseren regulären Schnitt völlig durcheinander brachten. Sie mußten alle heraufgehoben werden. Schließlich hatten wir eine Grube ausgehoben, die kilometerweit im Tal zu sehen war; stand man auf ihrem Boden, reckten sich ihre Wände an allen Seiten gefährlich in die Höhe. Aber wir hatten die Pflasterung erreicht, fanden an dem einen Ende unserer Ausgrabung eine Mauer und, mit einer Seite gerade hervorscheinend, eine große Stele.

Wir mußten also die Grube verlängern – und bald hatte das, was bei der neuen Arbeit herabstürzte, alles bisher Gefundene wieder zugedeckt. Ein starker Wind brachte weitere Schwierigkeiten; es gab Sandverwehungen, und von dem Schutt, der die Seiten unseres Schachtes bildete, gingen prasselnd lose Steine nieder. Ein besonders großer Absturz hätte uns auf der Sohle unseres Arbeitsplatzes fast verschüttet. So dauerte es drei Wochen, bis ich den Bau aufs neue vor Augen hatte. Dann aber konnten wir den Hof freilegen, fanden zwei Stelen – und es blieb nicht bei dem simplen Hof: an der Ostseite erschien ein Türeingang, in den ich hineinkriechen konnte. Ich fand eine Kammer und einen noch überdachten, fast intakten Gang. Wir hatten wirklich einen vollständigen, wenn auch kleinen Tempel gefunden; es fehlte kein Stein, und kein Stück war abgeschlagen. Die Stelen und der Altar zwischen ihnen standen, als seien sie soeben aufgerichtet; das älteste datierbare Bauwerk des Landes hatte sich aller späteren Bautätigkeit und allem Verfall im Auf und Ab der langen ägyptischen Geschichte zum Trotz unberührt erhalten.

Die Frage nach seinem Alter ließ sich nicht unmittelbar beantworten. Aber zahlreiche Erwähnungen Snofrus sowohl aus ungefähr seiner Zeit als auch aus der 18. Dynastie ergaben, was die Ägypter über den Bauherrn wußten.

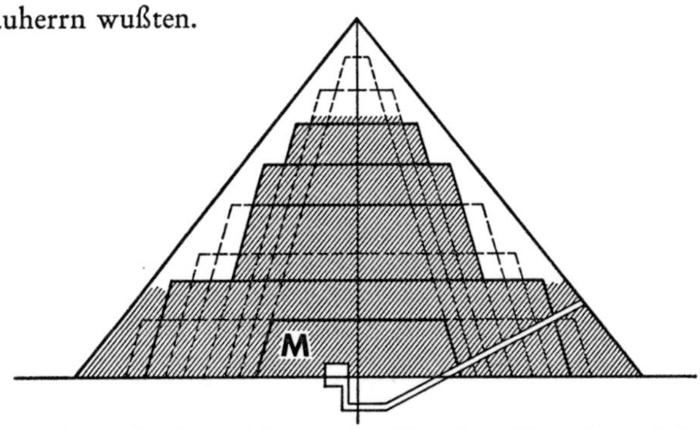

Entstehung der Pyramide aus der Mastaba M = Mastabakern

Die Pyramide von Medūm unterscheidet sich von allen anderen. Sie stellt an sich den einfachen Grabbau oder die Mastaba dar, wie er mit nach und nach hinzugefügten Ummantelungen oft auf dem Friedhof hier gefunden wird. Sie aber war um sieben Mauerschichten vermehrt worden und wuchs so an Umfang und Höhe immer weiter, bis eine letzte Schicht die Schrägung von der Spitze bis zur Basis in gleichem Winkel überzog. Sie zeigt damit zugleich das Endstadium der Mastaba-Entwicklung und den Grundtyp der Pyramide. Spätere Könige bewahrten die dazwischenliegenden Stufen, indem sie Pyramiden ohne alle Zusätze nach einem einheitlichen Plan bauten. Diese frühe Form der Pyramide von Medūm ist ein weiterer Beweis für ihr Alter, und ihre Verwandtschaft mit der ihr zeitlich folgenden Pyramide des Cheops ist bemerkenswert. Beide weisen den gleichen Winkel auf, und daher entspricht sich bei beiden das Verhältnis von Höhe zu Umfang, d. h. vom Radius zum Umkreis. Das etwa angenommene Verhältnis war 7 : 44; die Abmessungen der Snofrupyramide sind 7 bzw. 44 : 12,7 m, die der Cheopspyramide 7 bzw. 44 : 20,32 m. Sonach folgte Cheops bei seiner Planung der großen Pyramide von Gizeh der der Pyramide von Medūm, die sein Vorgänger erbaut hatte. Reste von Snofrus Holzsarg wurden im Innern der Pyramide gefunden, sonst aber war alles schon vor langer Zeit geplündert worden.

Die Gräber von Medūm boten viel Interessantes. Eins der größten war über einem sehr unregelmäßigen Grundriß errichtet; unter der Grundfläche fand ich die Mauern, durch die die Baumeister ihre Anlage festgelegt hatten. Außerhalb jeder Ecke war eine Mauer bis zur Grundfläche aufgeführt, das schräge Seitenprofil war an ihr hochgezogen, dann die Mauer gerade zwischen den Profilen fundamentiert und aufgebaut. Aber das Anziehendste war das Studium der Grabinschriften, die die älteste bis jetzt bekannte Form der Hieroglyphen zeigten. Um diese Urkunden zu bewahren und ihr Studium zu ermöglichen, machte ich von allen eine vollständige Kopie und veröffentlichte diese dann in Photolithographien. Ihr Inhalt ist das Wertvollste, was wir bis jetzt über die älteste Kultur der Ägypter besitzen. Es gibt keine sicher datierbaren älteren Überreste als diese – und die Gegenstände, die die Hieroglyphen hier abbilden, mußten bereits seit langem in Gebrauch gewesen sein, ehe sie als Zeichen dienen konnten. Somit führen sie bis zur 3. Dynastie und vielleicht noch weiter zurück. Sie zeigen verschiedene Gegenstände, die uns bisher erst aus weit späterer Zeit bekannt waren.

Wir können nunmehr die Architektur der Vor-Pyramidenzeit beurteilen. Sie kannte Säulen mit sich verbreiternden Kapitellen und *abaci* (Deckplatten), die in Reihen gesetzt das Dach stützen. Es gab Papyrus-Säulen mit einer seltsamen Glockenspitze in der Blüte, aus denen sich die massigere, später übliche Form entwickelte; wahrscheinlich waren sie aus Holz geschnitzt und aus der hölzernen Zeltstange entwickelt. Weiter kannte man achteckige, kannelierte und nach oben spitz zulaufende Säulen, die mit schwarzen Würfeln, weißem Schmuckband und darüber rot bemalt waren, und es findet sich ferner bereits der Sims aus Uräusschlangen, der in späterer Zeit so beliebt war. Die Kornspeicher baute man schon mit Schrägwänden – so, wie man es an späteren Gräbern sieht. Kurz gesagt, die Ägypter verfügten bereits in dieser so frühen Zeit über alle wesentlichen Züge einer entwickelten Architektur, und wir dürfen von der Kargheit der uns bekannten alten Kultbauten, etwa dem Granittempel von Gizeh oder dem Kalksteintempel von Medūm, nicht auf die Baukunst der 4. und 3. Dynastie zurückschließen. Vom tatsächlichen Beginn scheinen wir so fern zu sein wie nur je.

Aus den hier dargestellten Tieren ergibt sich, daß die Domestizierung verschiedener Arten bereits fortgeschritten war. Zwei Affen- und mehrere Hornvieharten, Steinböcke usw. sowie allerlei Vögel waren dieser Epoche wohlbekannt. Von den Wildvögeln sind Adler, Eule und Bachstelze wundervoll und fast besser als in späterer Zeit porträtiert. Die Libyer waren bereits zivilisiert und standen mit den Ägyptern in Verbindung; sie handhabten Pfeil und Bogen offenbar genau so eifrig, wie wir das später sehen. Die Geräte, die man benutzte, zeigen eine entwickelte Form. Breitbeil und Meißel aus Bronze, die Säge aus in Holz eingesetzten Feuersteinzähnen, Steinaxt und der Kopf des Drillbohrers erscheinen vor uns. Auf die Genauigkeit genormter Maße legte man sorgfältig Wert; die hier gebrauchte Elle unterscheidet sich vom späteren Normalmaß um nicht mehr als die Dicke einer Spielkarte. Das Spielbrett war genau das gleiche, wie man es bis in die griechische Zeit findet.

Einige Dinge allerdings markieren eine Stufe, die bald danach verlassen wurde. Das Zeichen für ‚Siegel' ist nicht ein Skarabäus oder ein Ring, sondern ein Jaspiszylinder mit goldenen Enden; er drehte sich um einen Stift, der an einem Halsband aus Steinperlen befestigt war. Solche Zylindersiegel werden in der alten Zeit oft angetroffen, kamen aber während der 18. Dynastie ganz außer Gebrauch. Das Auftreten der Rollsiegel weist für diese frühe Zeit auf Kontakte mit Babylonien hin. Die Zahlzeichen sind sämtlich von verschieden langen Seilstükken hergeleitet, was auf eine ursprüngliche Rechenart mit Schnurknoten, wie in manchen anderen Ländern, hindeutet. Einen gewissen Hinweis auf die Urheimat der ägyptischen Kultur nahe dem Meer geben die Zeichen für „Wasser", die alle in schwarzer oder dunkel blaugrüner Farbe ausgeführt sind. Kein Mensch würde angesichts des schlammig-trüben Nils diese Tönung mit dem Begriff Wasser verbinden; eher möchten wir vermuten, daß sie von den klaren Fluten des Roten Meeres herrührt.

Ein anderes Schlaglicht werfen die Bestattungen von Medūm auf Ägyptens prähistorische Zeit. Die spätere Bevölkerung beerdigte ihre Toten ausgestreckt und sorgte durch gewisse Vorkehrungen wie Totenspeise, Kopfstütze usw. für ihr Wohl. Solche Bestattungen gibt es in der Tat für die Vornehmen von Medūm; meistens aber legte man die Toten hier in gekrümmter Haltung zur Ruhe, die Knie nahe an der Nase oder wenigstens die Schenkel angewinkelt und die Hacken angezogen. Außerdem fehlen Speiseschalen und andere Beigaben. Dennoch gewinnt man nicht den Eindruck von Gleichgültigkeit: die Toten ruhen in tiefen, schönen Gräbern und oft in großen hölzernen Kästen, die in Ägypten gewiß wertvoll waren, und immer liegen sie mit dem Kopf nach Norden, das Gesicht gen Osten gewendet. Offensichtlich zeigt sich hier ein starker Unterschied in den Glaubensvorstellungen und wahrscheinlich auch in der Rasse. Wie wir wissen, lassen sich in der Frühzeit zwei Rassen, eine krumm- und eine geradnasige, unterscheiden, und es hat den Anschein, daß die Ureinwohner die Bestattung in gekrümmter Haltung, die Angehörigen der Herrscherschicht die in ausgestreckter Stellung bevorzugten – welch letztere Sitte dann samt den dazugehörigen Bräuchen landesüblich wurde.

Kann man annehmen, daß die Masse des Volkes sich 800 Jahre diesem Wechsel widersetzte, ihn dann aber plötzlich, im Verlauf zweier oder dreier Generationen, annahm? Führt diese schnelle Angleichung an die Sitte der Oberschicht während der 4. Dynastie und der unmittelbar auf sie folgenden Zeit nicht eher zu der Annahme, daß die Herrscherrasse erst kurz vor dem Erscheinen ihrer Monumente nach Ägypten kam? Die Annahme, daß die den bekannten Denkmälern vorausgehende Zeit in außerägyptisches Gebiet verweist und die Dürftigkeit der Funde vor der 4. Dynastie sich auf diesem Wege erklärt, wird außerdem durch den Wechsel in Sitte und Glauben bekräftigt, dem wir danach begegnen.

Die Verletzungen und Krankheiten, die bei den Ausgrabungen an den freigelegten Skeletten festgestellt werden konnten, sind auffallend. Einem Mann fehlte der linke Unterschenkel, die Hand eines anderen war abgetrennt und mit ins Grab gelegt, bei weiteren schienen Knochen herausgeschnitten und gesondert neben dem Körper beigesetzt. In einem Falle ließ sich am Rücken eine akute und chronische Entzündung rheumatischer Art feststellen, die die meisten Rückenwirbel an der Innenseite zu einer zusammenhängenden festen Masse verhärtet hatte; ein andermal zeigte sich eine rachitische Rückgratverkrümmung. Bei nur etwa 15 Skeletten, die ich sammelte, so viel Außergewöhnliches anzutreffen, nimmt wunder.

Alles in allem hat uns Medūm in der Erforschung der ägyptischen Zivilisation ein gutes Stück über den Punkt hinausgeführt, bis zu dem wir vorher gekommen waren, aber auch gezeigt, um wieviel unsere Kenntnisse bis zur Lösung der Probleme noch wachsen müssen.

6

BERNARD GRENFELL

Das kleine ägyptische Dorf Behnesa übertrifft an Unscheinbarkeit noch die Sandflächen von Tell el-Amarna, war aber in hellenistischer Zeit unter dem Namen Oxyrhynchos die Hauptstadt des Distriktes (*nome*). In einem Lande, das so reich an noch erhalten gebliebenen Denkmälern seiner großen Vergangenheit ist, würde man Oxyrhynchos wohl für den letzten Platz halten, der den Spaten des Ausgräbers anlocken könnte. Was gegen Ende des vorigen Jahrhunderts englische Gelehrte hier zu Ausgrabungen veranlaßte, war das neuerwachte Interesse an Papyri-Schriftdokumenten, die sich ausschließlich im Trockenklima Ägyptens erhalten hatten. Dieses Interesse führte zu einer neuen archäologischen Disziplin streng philologischer Richtung, die bald zu einer eigenen Wissenschaft mit speziellen Voraussetzungen und Forderungen wurde: zur Papyrologie.

Nach ihrer verbreitetsten Definition beschränkt sich die Papyrologie auf die Wiederauffindung und Erforschung von Texten in den alten klassischen Sprachen, insbesondere auf griechische Urkunden vom Beginn der Ptolemäerherrschaft bis zum Eindringen der Araber. Die meisten dieser Texte sind auf Papyrus geschrieben, doch schließt man heute auch die an Zahl geringen Inschriften auf Pergament, Leder, Knochen, Holz oder Tonscherben mit ein, während Steininschriften Objekt der Epigraphik sind.

Daß sich die Papyrologie fast ausschließlich mit Texten ägyptischen Ursprungs zu beschäftigen hat, rührt von der einfachen Tatsache her, daß mit sehr wenigen Ausnahmen – ihre bemerkenswertesten sind die Schriftrollen vom Toten Meer – alte Texte auf verderblichem Material und aus etwa der gleichen Periode, in der jene ursprünglich abgefaßt wurden, anderswo kaum auftauchen können. Das ist tatsächlich der Fall – obwohl Papyrus, ein aus den Fasern einer bestimmten ägyptischen Rohrart hergestelltes Schreibmaterial, bis zum frühen Mittelalter auch in Europa benutzt wurde.

In der Neuzeit fanden sich die ersten griechischen Papyri, die entdeckt wurden, 1753 bei der Ausgrabung des Landhauses eines unbedeutenden Philosophen der epikureischen Schule namens Philodemos in Herkulaneum. Die schwer verkohlten Papyri wurden mit großem Geschick von dem Franziskaner Antonio Piaggio entrollt. Obwohl sie von sehr unterschiedlichem literarischen Wert waren, erregten sie, als Winckelmann sie 1762 in seinen „Offenen Briefen" besprach, in den gelehrten Zirkeln Europas doch beträchtliche Aufmerksamkeit. Die ersten griechischen Papyri ägyptischen Ursprungs wurden dann in den 1770er Jahren im Faijum entdeckt, und dieser Bezirk südwestlich von Kairo blieb seither einer ihrer Hauptlieferanten. Von den etwa 50 Rollen, die Eingeborene damals in einem irdenen Topf fanden, wurden alle bis auf eine verbrannt – angeblich wegen ihrer aromatischen Eigenschaften. Die einzige, die übrig geblieben war, erwarb der Kardinal Stefano Borgia, der sie 1778 veröffentlichte; sie handelt von Verwaltungsangelegenheiten der hellenistischen Zeit.

Es lag vor allem am Verharren der Archäologie bei ihren traditionellen Arbeitsgebieten, daß die Papyrusjagd den Zufallsentdeckungen und Plünderungen der Fellachen überlassen blieb. Nur mit Bedauern kann man sich vorstellen, wie viele Papyri wohl durch die Eingeborenen vernichtet worden sind, ehe diese ihren Wert begriffen hatten. Als dann aber die seltsame Sucht der Europäer nach diesem „Plunder" bekannt wurde, da stürzten sich die wilden Ausgräber in „zügelloser Räuberei", wie es Maspero nannte, genau so auf die Papyri, wie ihre Gier sie vorher zu den Mumien getrieben hatte. Wallis Budge bringt in seiner Selbstbiographie einige grausige Geschichten zu diesem Thema. Als Vertreter des Britischen Museums konnte er aus mehr oder weniger verbotenen Quellen einige der allerkostbarsten Papyri erwerben, so die schon einmal genannte Abhandlung des Aristoteles über die „Verfassung von Athen". Schon früher, in der Mitte des Jahrhunderts, war als erster literarischer Papyrus das 24. Buch der Ilias aufgetaucht, und ihm folgten bald die letzten Reden des Hyperides, eines Zeitgenossen des Demosthenes. Der Angabe Frederic Kenyons, eines früheren Direktors des Britischen Museums, zufolge stieg die Zahl aller bekannten Papyrusmanuskripte literarischen oder sonstigen Charakters bis zum Jahre 1877 auf etwa 200 an.

Etwa zu dieser Zeit nahmen die Papyrusfunde stark zu; die Eingeborenen begannen nämlich damals auch in den Ruinen des Faijum nach jenem stickstoffhaltigen Düngemittel zu wühlen, das zur Entdeckung der Tell el-Amarna-Tafeln geführt hatte. Dann gelang Flinders Petrie während der Kampagne von 1889/90 auf dem ptolemäischen Friedhof der Stadt Gurob im Faijum ein bedeutender Fund. Zuerst enttäuschten ihn die Gegenstände, auf die er stieß, vor allem die Särge; er beschrieb sie „als auffallend roh gearbeitet; einige kann man wenigstens als grotesk bezeichnen, andere aber sind so, daß sich ein Südseeinsulaner ihrer schämen würde". Diese Särge aber, die den jammervollen Abstieg der ägyptischen Kunst nach dreitausendjähriger Blüte offenbarten, hatten als Innenschicht eine „vergleichsweise gute Pappe". In vielen Fällen war diese nichts anderes als eine Art Papiermaché aus abgelegten Papyri, die angefeuchtet, zusammengeklebt und dann in die gewünschte Form gepreßt worden waren. Einige dieser Papyri, die von den alten Sargfabrikanten zu so seltsamem Zweck verwendet worden waren, befanden sich noch in recht gutem Zustand und boten völlig lesbare Texte, die in den Jahren 1890 bis 94 von Oxforder Gelehrten entziffert wurden. Die meisten enthielten juristisches und amtliches Material, einige aber boten ein Stück der *Antiope* des Euripides und – in einer wohl zu Platons Zeit selbst abgefaßten Kopie – einen Teil des Dialogs *Phaidon.*

Ermutigt durch Petries Funde und den Widerhall, den sie in der ganzen gelehrten Welt ausgelöst hatten, begann man 1895 ein erstes, wissenschaftlich geplantes und geleitetes Unternehmen mit dem ausschließlichen Ziel, Papyri auszugraben. Die Arbeit wurde zunächst gemeinschaftlich von Petrie und David Hogarth begonnen, ging aber bald gänzlich auf zwei junge Gelehrte aus Oxford, Bernard Grenfell und Arthur S. Hunt, über, die im Namen des *Egypt Exploration Fund* zehn Jahre lang regelrechte Grabungskampagnen durchführten. Die beiden Freunde bildeten ein sehr produktives Team; in der ganzen wissenschaftlichen Welt wurden die „Dioskuren von Oxford" das Schlagwort für ertragreiche papyrologische Forschung. Ihre erste Grabung im nördlichen Faijum hatte gute Erfolge, wurde aber von einer anderen übertroffen, die sie 1897 außerhalb des Faijum in Oxyrhynchos begannen. Auf diesem Platz, der im Altertum für seine beträchtliche griechische Bevölkerung und später als blühendes christliches Zentrum bekannt war, wurden Grenfells und Hunts Erwartungen durch die Entdeckung einer so großen Anzahl faszinierender und kostbarer Dokumente bestätigt, daß allein ihre manuelle Bewältigung „recht unbequem" war. Doch diese beiden Männer waren den wissenschaftlichen Anforderungen, die dieser urkundliche und literarische Glücksfund an sie stellte, gewachsen. Ihre genauen Entzifferungen, stichhaltigen Identifizierungen, kritischen Anmerkungen und guten Übersetzungen erwarben ihnen bei anderen Gelehrten großes Ansehen, zu dem noch die schnelle Veröffentlichung eines Großteiles der Texte beitrug. 1908 erhielt Grenfell die Ernennung zum Professor für Papyrologie in Oxford; Hunt wurde Dozent für das gleiche Fach. Als ersterer schwer erkrankte, wurde Hunt sein Nachfolger. Nach Grenfells Wiedergenesung konnten sie ihre Zusammenarbeit weiter fortsetzen.

Die erste Kampagne in Oxyrhynchos 1897 erbrachte einige Funde, die unübertroffen blieben. Der berühmteste von allen ist ein Dokument, das eine Sammlung von Aussprüchen Jesu enthält und von Hunt mit „Logia" bezeichnet wurde – einem wegen seiner Verwendung in der urchristlichen Literatur etwas umstrittenen Begriff. Über die Probleme, die dieser Text und andere später von ihnen entdeckte Dokumente – einschließlich weiterer Jesusworte (1903) und der Fragmente eines unbekannten Evangeliums – aufwarfen, streiten sich die Theologen noch heute. Einige halten die „Logia" zusätzlich zu Markus für eine Quelle der synoptischen Evangelien des Matthäus und Lukas, obwohl die in Oxyrhynchos gefundenen Sprüche eine unbekannte, nicht kanonische Fassung zeigen.

Andere Entdeckungen der ersten Oxyrhynchos-Grabung reichen in ihrem Wert an die theologischen Fragmente fast heran. Unter ihnen finden sich schöne dem Alkman und der Sappho zugeschriebene Stücke. Ein umfangreiches Gedicht, das eine Bitte der Dichterin an ihren ihr fremd gewordenen Bruder enthält, gilt heute allgemein als echt.

Von 1898 bis 1962 fanden weitere Ausgrabungen im Faijum statt. Einige dieser Unternehmen standen unter der Patenschaft der Universität von Kalifornien und galten hauptsächlich der Stadt Tebunis. Man fand dort einen Krokodilfriedhof und stellte durch einen Zufall fest, daß die Mumien der Reptile mit Papyri ausgestopft waren. Diese seltsamen Aufbewahrungsplätze förderten interessante amtliche Dokumente über ptolemäische Familiengesetze zutage.

Derlei Papyri mit nichtliterarischen Texten haben natürlich nicht den Zauber von Urkunden aus dem Bereich der Dichtkunst oder der Theologie. Dennoch ist ihre Bedeutung kaum geringer, denn sie führen mitten ins wirtschaftliche, administrative und soziale Leben hinein. Sie sind nach Hunts Worten „nicht für Öffentlichkeit und Nachwelt bestimmt ... sondern mehr von ephemerem und persönlichem Charakter. Ihr Wert liegt vor allem darin, daß sie in den normalen Ablauf und Betrieb des täglichen Lebens, vom Beamten in seinem Büro bis hinab zum Arbeiter auf seinem Feld, Einblick geben. Sie schieben gleichsam einen Vorhang zur Seite und zeigen uns die Menschen wirklich bei ihrer Tätigkeit – unbewacht und ohne Künstelei und Pose."

Als Grenfell und Hunt im Januar 1906 nach Oxyrhynchos zurückkehrten, hatten sie sofort wieder so einzigartige Erfolge, daß bald ein Heer von anderen Expeditionen – Deutsche, Franzosen, Italiener – auf dem Plan erschien. Und tatsächlich kamen hier „neben Hunderten von kleineren Fragmenten in ununterbrochener Folge Teile von Papyrusrollen mit zehn oder zwölf Kolumnen oder von solchen mit fünf oder sechs Spalten und noch viele mehr, die eine oder zwei Kolumnen enthielten, ans Licht". Die wichtigsten Entdeckungen betrafen klassische Texte griechischer Meisterwerke. So fand man z. B. zwei große Fragmente von Pindars *Päanen,* den *Hypsipylos* des Euripides, ein erstklassiges Manuskript von Platons *Symposion* und die berühmrühmten *Hellenika,* ein Geschichtswerk über das alte Griechenland aus der Feder eines unbekannten griechischen Historikers von höchstem Rang.

Etwa 1907 hatten die „Dioskuren von Oxford" ihre Außenarbeit getan. Herausgabe und Veröffentlichung ihres riesigen Materials nahmen sie für die nächsten Jahre voll in Anspruch. Trotz ihres erstaunlichen Arbeitstempos, das Hunt während Grenfells langer Krankheit aufrecht erhielt, war es ihnen unmöglich, das Werk in ihrer Lebenszeit zu vollenden. Was noch zur Herausgabe und Veröffentlichung ansteht, mag manche weitere Überraschung enthalten.

Manuskripte aus Ägyptens Sand

Schon lange ahnte ich, daß einer der verheißungsvollsten Plätze Ägyptens für die Auffindung griechischer Manuskripte die Stadt Oxyrhynchos sein mußte – das heutige Behnesa im Winkel der westlichen Wüste, 193 km südlich von Kairo. Als Hauptstadt der *Nome* mußte es viele reiche Leute beherbergt haben, die sich den Besitz einer Sammlung von Werken der Literatur leisten konnten. Obwohl die Ruinen der alten Siedlung als ziemlich umfangreich bekannt waren und wahrscheinlich in der Hauptsache aus der griechisch-römischen Zeit stammten, schienen weder Stadt noch Friedhof in moderner Zeit durch Antiquitätensucher ausgeplündert worden zu sein. Überdies durfte Oxyrhynchos als ein Platz gelten, in dem sich Fragmente der christlichen Literatur erwarten ließen, und zwar aus der Zeit vor dem 4. Jahrhundert, in das unsere ältesten Manuskripte des Neuen Testaments gehören. War doch dieser Ort im 4. und 5. Jahrhundert wegen seiner zahlreichen Kirchen und Klöster berühmt; die schnelle Verbreitung des Christentums alsbald nach der offiziellen Anerkennung der neuen Religion ließ annehmen, daß er schon in den vorausgegangenen Jahrhunderten der Verfolgung große Bedeutung gehabt hatte.

Die erwünschte Gelegenheit zu Ausgrabungen in Oxyrhynchos kam im vergangenen Herbst, als Professor Flinders Petrie und ich die Genehmigung erhielten, in dem 145 km langen Wüstenstreifen zwischen Faijum und Minjeh beliebig zu graben. Unser Hauptquartier wurde Behnesa, und Anfang Dezember 1896 begann Professor Petrie mit der Arbeit. Nach Vermessung des Platzes und einwöchiger Grabung stellte er fest, daß Stadt und Gräber der römischen Periode angehörten. Als ich dann am 20. Dezember mit meinem Kollegen A. S. Hunt eintraf, übertrug uns Prof. Petrie sogleich die Ausgrabung, um sich selbst an die sonstige Erforschung des uns konzessionierten Wüstensaumes zu machen. Er blieb dann endgültig auf dem altägyptischen Friedhof von Desbascheh, 65 km weiter nördlich, und hat von seinen dortigen Erfolgen an anderer Stelle berichtet.

Die Ruinen von Oxyrhynchos liegen 11 km westlich von Beni Mazar, einer Bahnstation am Nil, und befinden sich gerade innerhalb des Wüstengebietes, im Osten vom Bahr Jussuf durch einen schmalen Streifen bebauten Landes getrennt. An einem etwa 24 km nördlich gelegenen Punkt treten die libyschen Berge weit in die Wüste zurück, um erst ein gutes Stück oberhalb von Behnesa wieder näher zu kommen. Sie bilden auf diese Weise eine Bucht ähnlich der des Tales von Hammamat bei Koptos, so daß sich westlich von Oxyrhynchos in 10 km Länge eine breite, flache Ebene erstreckt; diese zieht sich bis zu einer Kette niedriger Basalthügel hin, durch die der Weg zu der kleinen Oase Bahrijeh verläuft.

Das Gebiet der alten Stadt ist in größter Ausdehnung etwa 2,5 km breit; das heutige Dorf Behnesa bedeckt nur einen kleinen Teil von ihm an der Ostseite. Jetzt nur noch aus wenigen ärmlichen Hütten und vier pittoresken, aber ihres Steinmaterials beraubten Moscheen bestehend, lag hier bis zum Mittelalter ein bedeutender Ort, und die Schuttmassen, die sich über fast die Hälfte der alten Siedlung erstrekken, sind überall mit Scherben arabischer Keramik bedeckt. Ihr Verfall ist ohne Zweifel auf ihre ungeschützte Lage an der Wüstenseite des Bahr Jussuf zurückzuführen; war sie doch den ständigen nächtlichen Raubüberfällen der Beduinen ausgesetzt, die zahlreich in diesem Wüstenrandgebiet hausten. Einer dieser Angriffe spielte sich noch während unserer Anwesenheit ab – einschließlich des vergeblichen Versuchs, in unsere Hütte einzubrechen. Ein nach Kairo gerichteter Antrag hatte prompte Maßnahmen gegen eine Wiederholung solcher Störungen zur Folge; indes kann nicht überraschen, daß die Bauern von Behnesa immer mehr in das wachsende Dorf Sandafa auf dem gegenüberliegenden Ufer des Bahr Jussuf abwandern.

Behnesa hat aber trotzdem noch einen gewissen Namen durch seinen arabischen Friedhof, der der größte ringsum und besonders heilig ist; denn hier liegen eine Anzahl Scheichs begraben, unter ihnen ein örtlicher Heiliger von großem Ansehen namens Dakruri, dessen Grab als bemerkenswertes Denkmal 2,5 km weiter westlich in der Wüste liegt. Diese Kuppelgräber gibt es, meist auf Erhöhungen, überall im zentralen Teil des Ruinenfeldes, und viele von ihnen weisen Säulen auf, die aus der alten Stadt stammen. Die meisten arabischen Trümmerhügel unmittelbar westlich und südwestlich des Dorfes sind für Bestattungen benutzt worden.

Der erste Eindruck, den ich bei der Besichtigung der Örtlichkeit gewann, war nicht sehr vielversprechend. Ungefähr die Hälfte der alten Siedlung war, wie schon gesagt, arabisch, und was die andere Hälfte betraf, so hatte sie tausend Jahre als Steinbruch für Kalkstein und Ziegel gedient; die Häuser und sonstigen Bauwerke waren dadurch völlig in Ruinen verwandelt worden. An vielen Stellen, vor allem im Nordwesten, die nicht zum Ablagern von Schutt gedient hatten, bezeichneten von Kalksteinsplittern gebildete Linien und Sandwälle die Lage von Gebäuden, deren Mauersteine ausgegraben worden waren. Von den Mauern selbst war – abgesehen von einem Teil der Stadtumwallung im Nordwesten – kaum etwas übriggeblieben, da man die Häuser bis hinab zu den Fundamenten oder wenigstens bis fast zu den letzten Schichten abgebrochen hatte. Es war also von vornherein klar, daß die Ruinen der Römersiedlung viel schlechter erhalten waren als die der Städte des Faijum, die wir im Vorjahr ausgegraben hatten und in denen meist noch Teile der Hausmauern standen. Ebenso lag auf der Hand, daß, wenn hier überhaupt Papyri zu finden waren, diese nicht in den flachen Hausresten, sondern in den Schutthügeln gesucht werden müßten. Natürlich war es möglich, daß unter ihnen Häuser lagen, aber die Wahrscheinlichkeit sprach nicht dafür. Es besteht ein erheblicher Unterschied zwischen dem Ausgraben von Häusern, die nach ihrem Verlassen einfach zusammenstürzten und vom Sand bedeckt wurden, und dem von Schutthügeln. Im ersten Falle gibt es immer die Möglichkeit, wertvolle Dinge zu finden, die von den letzten Bewohnern zurückgelassen oder versteckt worden waren – etwa ein Schatz von Münzen oder ein in ein Gefäß gestecktes Bündel Papyrusrollen. Was in einer Schutthalde zu finden war, mußte absichtlich weggeworfen worden sein und war somit ohne großen Wert und fast sicher in sehr schlechtem Zustand. Die Ergebnisse unserer Grabungen gaben mir insofern recht, als sich die Schutthügel tatsächlich nur als solche erwiesen. Die mannigfachen kleinen Antiken, die wir fanden, sind von geringem Interesse, und die Zahl der nach ihrem Erhaltungszustand noch verwertbaren Papyri war im Vergleich zu der Masse hoffnungslos fragmentarischer oder unleserlicher Texte ganz geringfügig. Zum Glück aber war die Gesamtmenge der aufgefundenen Papyri riesig, und der im Vergleich zu ihr geringe Rest wertvoller Urkunden erwies sich nicht nur größer als alles, was bisher ein Trümmerhügel gespendet hatte, sondern erreicht wahrscheinlich jede zur Zeit vorhandene andere Sammlung griechischer Papyri ...

Wir begannen unsere Arbeit am 11. Januar (1897), indem wir etwa 70 Männer und Jungen Gräben durch einen niedrigen Hügel am Außenrand der alten Siedlung, etwas nördlich des vermuteten Tempels, ziehen ließen. Unsere Wahl erwies sich als sehr glücklich, denn alsbald kamen Papyrusfetzen in beträchtlicher Anzahl zutage, abwechselnd Fragmente in Unzialschrift und gelegentlich vollständige oder fast vollständige offizielle und private Dokumente. An einem späteren Tage der gleichen Woche bemerkte Mr. Hunt beim Sortieren der am zweiten Tag gefundenen Papyri auf einem zerknitterten, beiderseitig mit Unzialbuchstaben beschriebenen Papyrusstück das griechische Wort ΚΑΡΦΟΣ („Splitter"), und sofort fiel ihm der Vers des Evangeliums vom Balken im eigenen Auge und vom Splitter in dem des Nächsten ein. Eine genaue Prüfung ergab, daß der Text auf dem Papyrus wirklich den Schluß des betreffenden Verses enthielt, der Rest des Textes aber beträchtlich von dem der Evangelien abwich. In der Tat handelte es sich um das Blatt eines Buches, das eine Sammlung von – zu einem Teil unbekannten – Aussprüchen Christi enthielt. Am Tag darauf identifizierte Mr. Hunt ein weiteres Unzialfragment, das den Hauptteil des 1. Kapitels aus dem Matthäusevangelium enthielt. Der Augenschein der Handschriften und der datierten Papyri, mit denen zusammen sie gefunden worden waren, ergab mit Sicherheit, daß weder die „Logia" noch das Matthäusfragment später als im 3. Jahrhundert n. Chr. geschrieben sein konnten; damit sind sie hundert Jahre älter als das früheste Manuskript des Neuen Testaments. Es ist nicht unwahrscheinlich, daß sie einst zu der Bibliothek von Christen gehörten, die durch die Verfolgungen während der Regierung Diokletians umkamen und deren Bücher dann weggeworfen wurden. Dank einer glücklichen Laune der Schicksalsgöttin waren wir schon in der ersten Ausgrabungswoche auf zwei Musterstücke der Art von Papyri gestoßen, wie wir sie am stärksten zu finden begehrten!

Da sich dieser Schutthügel so ergiebig gezeigt hatte, vermehrte ich die Zahl der Arbeiter nach und nach auf 110. Als wir weiter nordwärts in andere Stadtteile vordrangen, schwoll der Strom der Papyri bald so an, daß wir ihn kaum noch bewältigen konnten. Jedes Bündel, das von dem einen der üblichen Arbeiterpaare – immer je einem Mann und einem Jungen – geborgen wurde, mußte für sich aufbewahrt werden; denn die Feststellung, daß Papyri zusammen aufgefunden werden, ist für ihre Datierung von größter Bedeutung. Es läßt sich nicht vermeiden, daß so zartes Material wie Papyrus beim Herausholen aus dem harten Erdboden manchmal in Stücke geht; Bruchstücke derselben Urkunde müssen natürlich, soweit möglich, beieinander bleiben. Wir stellten zwei Leute zur Herstellung von Blechbüchsen für die Aufbewahrung der Papyri an; sie konnten in den folgenden zehn Wochen kaum mit uns Schritt halten.

Wie ich erwartet hatte, waren die Hausreste auf dem ebenen Grund zwischen und außerhalb der Schutthügel zu flach und lohnten keine Grabung, aber auch unter den Schutthaufen zeigten sich nur sehr geringe Spuren von Mauerwerk, von vollständigen Bauwerken ganz zu schweigen. Die Papyri lagen in der Regel nicht sehr tief unter der Oberfläche. In einem bestimmten Abschnitt brauchte man tatsächlich die Erde nur mit dem Stiefel aufzugraben, um eine Schicht Papyri freizulegen. Selten fanden wir einigermaßen gut erhaltene Dokumente in größerer Tiefe als 3 Meter. Dies erklärt sich daraus, daß das durch die Hebung des Nilbettes veranlaßte Emporsteigen der Bodenfeuchtigkeit alle etwa in tieferen Lagen vorhandenen Papyri verdorben hat. Es war nicht ungewöhnlich, daß man in den unteren Schichten der Schutthügel, 60–90 cm unter der Oberfläche, durch Nässe hoffnungslos zerstörte Rollen fand.

Bei den Schutthügeln ließen sich grob drei Gruppen unterscheiden: die an der Außenseite der alten Siedlung befindlichen, die Papyri vom ersten bis zum frühen vierten Jahrhundert n. Chr. bargen, dann die nahe am Dorf gelegenen mit solchen aus dem arabischen Mittelalter und schließlich die zwischen diesen liegenden Hügel, die vorwiegend Papyri aus der byzantinischen Zeit – gelegentlich untermischt mit älteren oder mit arabischen Texten aus dem 8. oder 9. Jahrhundert – spendeten. Die alte Stadt, wahrscheinlich am Flußufer auf der Stelle des heutigen Dorfes gegründet, erreichte somit in der römischen Zeit ihre größte Ausdehnung, um danach immer mehr einzuschrumpfen. Durchschnittlich umfaßten die Papyri eines Schutthügels den Zeitraum von ein bis zwei Jahrhunderten; hatte ein Hügel mehrere Schichten Papyri in verschiedener Tiefe, so war der Unterschied zwischen der obersten und der untersten im allgemeinen nicht sehr auffällig. Zwei der höchsten Schutthügel bargen allerdings eine Lage byzantinischer Papyri an der Spitze, und weiter unten eine zweite aus dem 2. bis 3. Jahrhundert. Zuweilen bestand ein Hügel aus mehreren Ablagerungen, das heißt er enthielt zwei oder drei kleinere Halden aus verschiedener Zeit, die von noch späterem Schutt überdeckt waren; dann ließen sich recht ungewöhnliche Entdeckungen machen. Einer dieser „zusammengesetzten“ Hügel hatte an einer Stelle ganz nahe an der Oberfläche Papyri des frühen ersten Jahrhunderts n. Chr., wenige Meter entfernt, aber auf der gleichen Halde, fanden sich in viel größerer Tiefe fünf bis sechs Jahrhunderte jüngere Texte.

Die Papyri lagen viel häufiger in Schichten zusammen, als daß sie durch einige Fuß Schutt voneinander getrennt waren; sie traten regelmäßig in Verbindung mit jener besonderen, hauptsächlich aus Stroh und Zweigwerk bestehenden Schuttart auf, die die Eingeborenen *afsch* nennen. Nicht selten fanden sich große Mengen Papyri beieinander, vor allem in drei Hügeln; hier waren es so viele, daß diese Funde sehr wahrscheinlich die zu verschiedenen Zeiten weggeworfenen Teile der örtlichen Archive darstellen. Es war ägyptischer Brauch, in den staatlichen Archiven der einzelnen Städte die amtlichen Dokumente jeder Form betreffs Verwaltung und Besteuerung sorgfältig aufzubewahren; auch Privatleute bedienten sich dieser Archive, um in ihnen wichtige Briefe, Kontrakte usw. zu hinterlegen. Von Zeit zu Zeit, wenn die Urkunden nicht mehr benötigt wurden, war eine Sichtung notwendig; viele der alten Papyrusrollen wurden dann in Körbe oder auf geflochtene Tragen gepackt und als Müll weggeworfen. Im ersten dieser „Archivhügel", dessen Papyri vom Ende des 1. bis zum Anfang des 2. Jahrhunderts stammten, fanden wir manchmal nicht nur den Inhalt solcher Körbe beieinander, sondern auch die mit Papyri gefüllten Behälter selbst. Unglücklicherweise war es üblich, die meisten Rollen vorher zu zerreißen; das übrige war natürlich beim Wegwerfen oft zerfetzt oder zusammengeknüllt worden, oder es wurde nach und nach durch Nässe zerstört. Die entdeckten Bestände verwertbaren Gutes, an sich umfangreich genug, bildeten so nur einen kleinen Teil der Gesamtmasse. Die Papyri des zweiten Archivfundes stammen aus dem Ende des 3. oder dem Anfang des 4. Jahrhunderts; mehrere dieser Urkunden sind umfangreiche amtliche Dokumente von wahrscheinlich außergewöhnlichem Interesse. Der dritte und weitaus größte Fund, der byzantinische Archive erbrachte, erfolgte am 18. und 19. März (1897), und ich möchte annehmen, daß er seinem Umfang nach ein „Rekord" ist. Am ersten dieser zwei Tage stießen wir auf einen Schutthügel mit einer dicken, fast gänzlich aus Papyrusrollen bestehenden Schicht. Sechs Paar Männer und Jungen hatten an diesem Stapelplatz Raum genug, gleichzeitig zu arbeiten, und es machte Schwierigkeiten, in ganz Behnesa genügend Körbe für die Papyri aufzutreiben. Am Ende des Tagwerks waren nicht weniger als 36 hochgefüllte Körbe von diesem Platz eingebracht. Mehrere der Behälter bargen dicht an dicht schöne Rollen von 1–3 m Länge, darunter einige der größten griechischen Rollen, die ich je gesehen habe. Da die Körbe für die Arbeit des nächsten Tages benötigt wurden, fingen Mr. Hunt und ich nach dem Dinner abends um 9 Uhr damit an, die Papyri in einige leere Packkisten zu verstauen, die wir glücklicherweise zur Hand hatten. Wir wurden erst um 3 Uhr morgens damit fertig und hatten in der folgenden Nacht die gleiche Beschäftigung; denn bis die Stelle ausgeschöpft war, füllten sich noch weitere 25 Körbe.

Das war unser letzter großer Papyrusfund ...

7

HOWARD CARTER

Die Auffindung des Tutenchamun-Grabes ist noch immer die größte Romanze in den Annalen der Archäologie. Alle Elemente einer packenden Abenteuergeschichte sind mit ihr verbunden: die Spannung einer langen Suche, nagender Zweifel, aufflackernde Hoffnung und – im Augenblick des Verzweifelns – die nicht mehr erwartete Entdeckung. Sie ist der Triumph der festen Überzeugung über vorgefaßte Meinungen und Voraussagen der Fachexperten, und sie wird endlich gekrönt durch die Bergung eines phantastischen Schatzes, der auch heute noch nichts von seinem Glanz verloren hat. Wie die berühmtesten Abenteuer ist dieses durch und durch unwahrscheinlich und gleicht darin einem Märchen.

Wer hätte an das Vorhandensein eines verschwenderisch ausgestatteten, völlig unberührten Pharaonengrabes geglaubt, das in einem goldenen Sarge noch die vor 3500 Jahren bestatteten sterblichen Überreste des Königs enthielt? Als die unerhörte Kunde aus Ägypten nach den fünf Kontinenten gefunkt wurde, gehörten der Ägyptologie alsbald die Schlagzeilen aller Zeitungen. Die Spatenarbeit der Archäologen hatte gerade mühsam den Ruf einer nüchternen Wissenschaft errungen – nun schien sie, mindestens in den Augen des breiten Publikums, zu ihrer Tätigkeit im 19. Jahrhundert, der Jagd nach Schätzen, zurückgekehrt zu sein. Und doch war der Fund nur durch die rein wissenschaftlichen Methoden Howard Carters möglich geworden, dessen größte Gabe nach dem Urteil eines seiner Fachgenossen in Geduld bestand.

Wer war dieser König, den Carter zu einem der berühmtesten unter allen Pharaonen Ägyptens machte? Er hatte, ein Kind auf dem Thron, geringe Bedeutung und war, als er starb, erst ungefähr achtzehn Jahre alt. Seine belanglose Regierungszeit von etwa 6 Jahren stand im Schatten der zu neuer Macht gelangten Priesterschaft Thebens, die soeben über den ketzerischen Echnaton triumphiert hatte. Praktisch war Tutenchamun das letzte Glied der einst so berühmten 18. Dynastie, unter der sich Ägypten im 16. Jahrhundert v. Chr. von der Fremdherrschaft der Hyksos befreit und kämpferischen Geist entwickelt hatte. Offensichtlich war er als Tutenchaton und Nachfolger Echnatons in der neuen Hauptstadt auf den Thron gestiegen, nachdem ein anderer Prinz, Gatte einer der Töchter des Pharao, gestorben war. Die zahlreichen Bilder des Tutenchamun in seinem Grabe machen es sehr wahrscheinlich, daß er eng mit Echnaton verwandt war, wenn er auch – da die Thronfolge in Ägypten nach der weiblichen Linie ging – durch Heirat zur Herrschaft kam. Seine Züge zeigen mit ihrem leichten negroiden Einschlag die gleiche müde, durch Inzucht bewirkte Verfeinerung wie die seines Vorgängers. Wir wissen wenig von diesem König. Wahrscheinlich wurden wegen seiner Verwandtschaft mit dem häretischen Monotheisten Echnaton alle Hinweise auf Tutenchamun systematisch aus den Urkunden entfernt. Howard Carter sagt dazu: „Von dem Manne selbst – wenn er überhaupt das Mannesalter erreichte – und seinem persönlichen Wesen wissen wir nichts ... Nach dem gegenwärtigen Stand unserer Kenntnis können wir mit Sicherheit lediglich sagen, daß er starb und begraben wurde."

Tatsächlich ist sein Grab nach Anlage und Maßen alles andere als eindrucksvoll, vergleicht man es mit den darübergelegenen Grüften des Sethos oder Ramses VI. Ihre Anlage in späterer Zeit dürfte den Eingang zum Grabe Tutenchamuns verschüttet haben – und so erklärt sich wohl, wieso dieses drei Jahrtausende unangetastet blieb. In gewissem Sinne spiegelt es die geringe Bedeutung des Königs wider. Aller Wahrscheinlichkeit nach war die Pracht seiner Einrichtung in keiner Weise außergewöhnlich, sondern wurde von anderen Gräbern weit übertroffen. Da diese aber unglücklicherweise durchweg geplündert wurden, werden wir über die Art ihrer Ausstattung kaum jemals noch etwas erfahren. Dies verringert indes nicht im geringsten den künstlerischen Wert und die historische Bedeutung des reichen Fundes, den Carter und seine Assistenten im Verlauf mehrerer Kampagnen bergen konnten. Was die Köstlichkeit seiner Kunstwerke betrifft, wird er von nur wenigen ägyptischen Entdeckungen übertroffen. Mögen einige Alabastervasen und sonstige Stücke von etwas fragwürdigem Geschmack sein – das meiste ist wunderschön und beleuchtet in gewissem Maße die nur kurzlebige Freiheit des künstlerischen Schaffens in der Amarnazeit.

Der Schatz enthält viele großartige Stücke, so die Pektorale, Teppiche, Amulette, Dolche, Diademe, Wagen, Lampen und Fächer sowie das Bestattungsgerät. Zum Schönsten gehören wohl einmal der prachtvolle goldene Thron in reinem Amarna-Stil und dessen Symbolik, mit dem Cloisonné-Dekor aus Fayence und Edelsteinen, sodann der dritte, rein goldene Sarg, dessen bloßer Materialwert Hunderttausende von Mark beträgt, ferner die wunderbare Goldmaske des Königs und der mächtige Kanopenschrein für seine Eingeweide, den die Statuetten von vier reizenden Göttinnen bewachen. Der Hauptteil aller dieser Schätze befindet sich jetzt im Kairoer Nationalmuseum, wo zu einigem Bedauern seiner Kuratoren Tutenchamun die große Attraktion geworden ist – in einem Maße, daß viele Touristen alle anderen großartigen Sehenswürdigkeiten vergessen.

Howard Carters Suche nach Tutenchamun ist sehr oft, jedoch nirgends besser als in seinem eigenen Buch beschrieben worden. Er kam ursprünglich, noch nicht zwanzigjährig, als Zeichner des Ägyptologen P. E. Newberry nach Ägypten und wurde dann 1892 Petries Assistent. Während Masperos zweiter Amtsperiode als Direktor der Altertümer hatte er die Aufsicht über die Denkmäler Oberägyptens und Nubiens, und in dieser Zeit war es, daß er die ersten Grabungen im Tal der Könige unternahm. Die Entdeckung der Tutenchamun-Gruft war keineswegs sein erster archäologischer Erfolg. Vorher hatte er die Königsgräber Thutmosis' IV., der Hatschepsut und Amenophis' I. geöffnet bzw. ausgeräumt. Wiederum auf Masperos Veranlassung wurde Carter von George Herbert, Fünftem Lord of Carnarvon – einem reichen englischen Sportsmann, der sich 1907 der ägyptischen Archäologie zuwandte – als Grabungsleiter engagiert. Die Grabungskonzession für das Tal der Könige lag damals in den Händen eines Amerikaners namens Theodore Davis; etwa 1914 aber war dieser – wie früher Belzoni – fest davon überzeugt, daß das Tal endgültig ausgeschöpft sei und keine weiteren Gräber berge. So war Carnarvon in der Lage, Davis' Lizenz zu erwerben.

Trotz Masperos Warnungen waren Carter und Carnarvon hoffnungsvoll. Carter fühlte sich durch mehrere kleine Einzelfunde ermutigt, die vorher Davis gemacht hatte; sie trugen nämlich die Inschrift eines unbekannten Königs, von dessen Grab noch nie die Rede gewesen war. Sein Name lautete Tutenchamun. Carter vermutete das Grab dieses Königs irgendwo in der Nähe, und mit Hilfe einer Karte engte er systematisch das Gebiet ein, in dem Suchgrabungen durchgeführt werden sollten. Sechs Jahre lang – mit teilweiser Unterbrechung durch den ersten Weltkrieg – blieb diese Suche ohne Ergebnis, obwohl Carter bei zwei Gelegenheiten den Eingang zu Tutenchamuns Grab nur um Haaresbreite verfehlte. In einem Falle versagte er es sich, dort noch ein Stück weiterzugraben, um die Besucher des Grabes Ramses' VI. – eines der bekanntesten im Tal – nicht zu stören.

1917 wurde die Arbeit in vollem Umfang wiederaufgenommen, indes wiederum ohne Erfolg. Etwa 1921 war Carnarvon geneigt, sich Davis' und Masperos negativer Auffassung anzuschließen. Als aber Carter ihm anbot, die Kosten einer weiteren Ausgrabungskampagne aus eigener Tasche zu bestreiten, stellte er die Geldmittel auch noch für das folgende Jahr zur Verfügung. Nur eine Woche nach Wiederaufnahme der Grabungsarbeiten am 28. Oktober 1922 wurde eine Treppenflucht freigelegt. Carter wies die Versuchung, der Neugier Raum zu geben, von sich und ging langsam und methodisch vor – wobei er sich gewisser Störungen seitens der ägyptischen Regierung erwehren mußte. Erst im Jahre 1928, fünf Jahre nach Carnarvons Tod, drang er bis zum Sarkophag des Pharao vor und öffnete seinen aus reinem Gold bestehenden Sarg.

Das Grab des Tutenchamun

Seit meinem ersten Aufenthalt in Ägypten 1890 war es stets mein Wunsch gewesen, im Tal der Könige zu graben, und als ich auf den Vorschlag von Sir William Garstin und Sir Gaston Maspero hin 1907 meine Grabungen für Lord Carnarvon begann, war es unser aller Hoffnung, dort eine Konzession zu erlangen. Tatsächlich hatte ich als Inspektor der Altertümerverwaltung für Mr. Theodore Davis bereits zwei Gräber im Tal geöffnet und ihre Ausräumung überwacht – wodurch mein Wunsch, dort mit einer regulären Konzession zu arbeiten, nur verstärkt worden war. Das erwies sich freilich zur Zeit als unmöglich, und sieben Jahre gruben wir mit wechselndem Erfolg an anderen Stellen der Nekropole von Theben ...

Unsere Entdeckung des Grabes Amenophis' I. auf einer Vorhöhe der Hügel von Drah abu'l Negga im Jahre 1914 lenkte unseren Blick neuerdings auf das Tal der Könige, so daß wir mit wachsender Ungeduld auf eine Chance warteten. Davis, der die Konzession noch besaß, hatte bereits öffentlich seine Überzeugung ausgesprochen, daß das Tal ausgeschöpft sei und keine Gräber mehr enthalte. Er unterstrich diese Feststellung dadurch, daß er in seinen letzten beiden Kampagnen kaum noch im eigentlichen Tal arbeitete. Die meiste Zeit verwandte er für Ausgrabungen an seinem Zugang, dem benachbarten Nordtal, wo er die Gräber der Priesterkönige und der Königinnen aus der 18. Dynastie zu finden hoffte, sowie in den Hügeln rings um den Tempel von Medinet Habu. Trotzdem zeigte er sich noch immer keineswegs geneigt, das Feld zu räumen, und so wurde es Juni 1914, ehe wir die langersehnte Konzession tatsächlich erhielten. Sir Gaston Maspero, der als Direktor der Altertümerverwaltung die Genehmigung unterzeichnete, teilte Davis' Auffassung, daß das Tal erschöpft sei, und sagte uns offen, daß sich seiner Meinung nach dort weitere Untersuchungen nicht lohnen würden. Das konnte uns indes nicht überzeugen; erinnerten wir uns doch daran, daß Belzoni schon fast hundert Jahre früher das gleiche Urteil gefällt hatte. Das Gebiet war von uns gründlich untersucht worden, und wir hatten die feste Überzeugung, daß gewisse, vom Schutt früherer Grabungen überlagerte Abschnitte noch nie genau überprüft worden waren.

Über das Ausmaß der vor uns liegenden Arbeit machten wir uns keine Illusionen. Viele tausend Tonnen abgelagerten Schutts mußten abgeräumt werden, ehe wir auf irgendeinen Fund hoffen konnten. Aber die Möglichkeit, daß uns danach die Entdeckung eines Grabes belohnen würde, bestand durchaus – und wenn auch sonstige Anhaltspunkte fehlten, waren wir gewillt, uns an diese Chance zu halten. Tatsächlich lagen aber die Dinge so, daß wir ein wenig mehr in der Hand hatten, und auf die Gefahr hin, eines *post actum*-Vorherwissens beschuldigt zu werden, möchte ich feststellen, daß wir sicher mit dem Grabe eines bestimmten Königs rechneten. Dieser König war Tutenchamun.

Auf die Frage nach den Gründen dieser unserer Zuversicht müssen wir auf Davis' Grabungsberichte zurückgreifen. Gegen Ende seiner Arbeit im Tal der Könige hatte er, versteckt unter einem Felsen, einen Fayence-Becher mit dem Namen Tutenchamun gefunden. Im gleichen

Gebiet stieß er auf ein kleines Schachtgrab, das eine namenlose, aber wohl Eje gehörige Alabasterstatuette und einen zerbrochenen Holzbehälter spendete; in letzterem lagen Stücke von Goldfolie, die die Bilder und Namen Tutenchamuns und seiner königlichen Gemahlin zeigten. Auf Grund dieser Fragmente aus Gold erklärte er, die Ruhestätte Tutenchamuns entdeckt zu haben. Diese These war indes völlig unhaltbar. Das genannte Schachtgrab war klein, belanglos und von der Art, wie es vielleicht zu einem Palastbeamten der Ramessidenzeit gepaßt hätte; für eine Königsgruft der 18. Dynastie war es lächerlich. Offensichtlich hatte man das in ihm geborgene Gerät später dort abgelegt; mit dem Grabe Tutenchamuns selbst hatte es sicher nichts zu schaffen.

Etwas weiter östlich von dieser Stelle hatte Davis schon früher (1907/08) in einem unregelmäßig aus dem Stein gehauenen Loch ein Depot großer, an den Öffnungen versiegelter Tonkrüge mit hieratischer Beschriftung gefunden. Ihr Inhalt war flüchtig untersucht worden; da er aber nur aus Scherbenbruch, Leinenbündeln und anderen Überbleibseln zu bestehen schien, kümmerte Davis sich nicht weiter um sie. Der Fund wurde beiseite gestellt und im Lagerraum von Davis' Haus im Tal aufbewahrt. Dort bemerkte ihn einige Zeit später Mr. Winlock, der alsbald seine Bedeutung erkannte. Mit Davis' Genehmigung wurde daraufhin die ganze Sammlung von Krügen verpackt und ans Metropolitan Museum of Art nach New York gesandt, wo Winlock ihren Inhalt genau untersuchte. Er erwies sich nun als sehr bedeutsam. Denn er enthielt Tonsiegel mit Tutenchamuns Namen oder dem Stempel der Königsnekropole, Bruchstücke herrlich bemalter Tongefäße, linnene Kopftücher – eines mit dem spätesten uns bekannten Datum der Regierung Tutenchamuns – und Halsketten aus Blumen, wie sie auf den Darstellungen von Bestattungsszenen die Trauernden tragen. All das war augenscheinlich bei der Begräbniszeremonie Tutenchamuns gebraucht, danach eingesammelt und in den Krügen verwahrt worden.

Wir waren damit im Besitz dreier deutlicher Beweisstücke – des unter dem Felsen gefundenen Fayence-Bechers, der Goldblättchen aus dem kleinen Schachtgrab und des bedeutsamen Depots mit dem Bestattungsmaterial –, die Tutenchamun einwandfrei mit diesem besonderen Teil des Tales in Zusammenhang zu bringen schienen. Ein viertes trat noch hinzu. In unmittelbarer Nachbarschaft jener Funde hatte

Davis das berühmte Versteck Echnatons entdeckt, das die Reste der Grabausstattung der ketzerischen Königsfamilie barg. Man hatte sie in aller Eile aus Tell el-Amarna fortgeschafft und zu ihrer Sicherheit hier verborgen – und aus der Auffindung einiger Tonsiegel Tutenchamuns an Ort und Stelle ergab sich so gut wie sicher, daß dieser selbst ihre Auslagerung veranlaßt hatte.

Angesichts aller genannten Hinweise hatten wir die Überzeugung gewonnen, daß Tutenchamuns Grab noch aufzufinden sei und nicht weit von der Mitte des Tales liegen müsse. In jedem Falle – ob wir nun Tutenchamun fanden oder nicht – schien uns eine systematische und erschöpfende Erforschung des inneren Tales beachtliche Erfolgsmöglichkeiten zu bieten. Gerade aber, als wir mit der vorbereitenden Planung einer solchen sorgfältigen Unternehmung in der Saison 1914/15 fertig waren, brach der Krieg aus, und so blieb unser gesamtes Vorhaben vorerst in der Schwebe.

Während der folgenden Jahre nahm der Kriegsdienst fast meine ganze Zeit in Anspruch; nur während gelegentlicher Pausen konnte ich kleinere Grabungsarbeiten unternehmen. So führte ich zum Beispiel im Februar 1915 eine völlige Ausräumung des Grabes Amenophis' III. durch, das teilweise 1799 von einem Mitglied der „Commission d'Égypte" Napoleons namens Devilliers ausgegraben und sodann von Theodore Davis freigelegt worden war. Im Verlauf dieser Untersuchung machten wir auf Grund der Entdeckung unversehrter Gründungsdepots außerhalb des Eingangs und anderer im Grab gefundener Objekte die interessante Feststellung, daß diese Gruft ursprünglich von Thutmosis IV. geschaffen, daß aber tatsächlich Königin Teje dort bestattet worden war ...

Im Herbst 1917 begann unser Unternehmen im Tal wirklich. Die Schwierigkeit lag in der Frage, wo wir anfangen sollten.

Nach allen Seiten hin füllten Schuttberge, die noch von den früheren Ausgrabungen herrührten, den Talgrund, und es gab keinerlei Aufstellung darüber, wo nun eigentlich gegraben worden war und wo nicht. Die einzig befriedigende Lösung war hier offenbar, systematisch bis auf den gewachsenen Fels hinunterzugraben, und ich schlug Lord Carnarvon als Ausgangspunkt ein Areal von der Form eines Dreiecks vor, das durch die Gräber Ramses' II., Merenptahs und Ramses' VI. bestimmt wurde und in dem wir auch das Grab Tutenchamuns vermuteten.

Da sich auf diesem Terrain riesige Schutthaufen hoch hinauf auftürmten, war das freilich ein verzweifeltes Unterfangen; indes hatte ich Grund zu der Annahme, daß der Boden darunter noch völlig unberührt war, und die Überzeugung, daß wir hier auf ein Grab stoßen würden. Im Verlauf dieser Grabungskampagne räumten wir einen beträchtlichen Teil der oberen Schichten in unserem Abschnitt weg und drangen bis zum Fuß des Grabes Ramses' VI. vor. Hier stießen wir auf eine Reihe von Arbeiterhütten, die auf Massen von Feuersteinbrocken errichtet worden waren; sie zeigen im Tal meistens die unmittelbare Nähe eines Grabes an. Zuerst waren wir natürlich darauf erpicht, den Schutt weiter in dieser Richtung wegzuräumen. Damit aber hätten wir jeden Zugang zum oberhalb gelegenen Grab des Ramses, einer der Hauptattraktionen für die Besucher im ganzen Tal, abgeschnitten. So kamen wir zu dem Beschluß, eine günstigere Gelegenheit abzuwarten. Die einzigen Ergebnisse unserer Arbeit waren bisher einige zwar interessante, doch nicht aufregende Ostraka.

Mit dem Winterhalbjahr 1919/20 nahmen wir unsere Arbeit in diesem Gebiet wieder auf. Es galt dabei zunächst, Raum für die Ablagerung des Schuttes zu schaffen; im Verlauf dieser vorbereitenden Arbeiten legten wir einige kleine Deposita Ramses' VI. nahe beim Eingang zu seinem Grabe frei. Unser Ziel war in diesem Jahr, den gesamten noch verbliebenen Rest des schon genannten Dreiecks abzuräumen, weshalb wir einen ziemlich großen Trupp Arbeiter ansetzten. Als im März Lord und Lady Carnarvon eintrafen, war die gesamte obere Schuttschicht entfernt und das Werk damit so weit fortgeschritten, daß wir nun den nach unserer Meinung unberührten Boden darunter angehen konnten. Bald erwies sich die Berechtigung unserer Annahme; denn gleich darauf stießen wir auf ein kleines Versteck, das 13 Alabastervasen mit dem Namen Ramses' II. und Merenptahs – wahrscheinlich aus dem Grabe des letzteren – enthielt. Damit waren wir einem wirklichen Fund so nahegerückt wie noch nie seit Beginn unserer Arbeit im Tal und gerieten verständlicherweise in einige Aufregung. Ich weiß noch wie heute, daß Lady Carnarvon darauf bestand, diese Krüge – übrigens sehr schöne Stücke – eigenhändig auszugraben.

Abgesehen von dem Teil, auf dem die Arbeiterhütten standen, hatten wir nun das ganze Dreieck abgesucht, waren aber auf kein Grab gestoßen. Ich war weiterhin hoffnungsvoll, doch beschlossen wir, mit jenem besonderen Abschnitt jetzt nicht mehr anzufangen, sondern ganz früh im Herbst dort zu beginnen: Wir konnten dann nämlich die Arbeit zu Ende führen, ohne den Besuchern Ungelegenheiten zu machen.

Unseren nächsten Versuch machten wir in dem kleinen Seitental, das das Grab Thutmosis' III. barg, und blieben damit während der nächsten beiden Winter vollauf beschäftigt. Zwar fanden wir nichts von wesentlichem Wert, doch gelang uns eine interessante archäologische Entdeckung:

Das Grab, in dem Thutmosis tatsächlich beigesetzt worden war, hatte 1898 Loret an einer unzugänglichen Stelle in halber Höhe der Felsenfront, in einer Spalte versteckt, aufgefunden. Bei unserer Grabung im Talboden darunter stießen wir auf den Anfang eines Grabes, das nach den Gründungsbeigaben ursprünglich für diesen König bestimmt gewesen war. Als aber die Arbeit an dieser tiefer gelegenen Gruft bereits im Gange war, gewann Thutmosis oder sein Baumeister vermutlich den Eindruck, daß die weiter oben gelegene Spalte sich besser eigne. Tatsächlich ließ sie sich leichter verbergen – wenn dies der Grund für die Abänderung war; eine bessere Erklärung ist freilich die, daß ein in Luxor gelegentlich fallender Platzregen das untere Grab überflutete und Thutmosis danach die höher gelegene Stelle als sicherere Ruhestätte für seine Mumie erkannte.

Nahe dabei, am Eingang eines anderen verlassenen Grabes, trafen wir auf die Gründungsdepots seiner Frau Meritrē-Hatschepsut, der Schwester der gleichnamigen großen Königin. Ob wir annehmen können, daß sie tatsächlich hier bestattet wurde, ist strittig, denn es widerspräche allem Brauch, eine Königin im Tal zu finden. Jedenfalls belegte später ein Beamter aus Theben namens Sennefer das Grab für sich mit Beschlag.

Wir hatten nun mehrere Kampagnen mit äußerst mageren Ergebnissen im Tal durchgeführt, und es gab lange Debatten darüber, ob wir die Arbeit noch weiter fortsetzen oder anderswo einen verheißungsvolleren Grabungsplatz suchen sollten. War es nach so unfruchtbaren Jahren richtig, das Werk noch weiterzuführen? Meine eigene Empfindung ging dahin, daß sich das Wagnis lohne, so lange noch ein einziges Stück undurchforschten Bodens vorhanden war. Es ist schon wahr, daß man eine lange Zeit im Tal weniger finden kann als an irgendeinem anderen Platz Ägyptens; ein glücklicher Fund aber vermag andererseits für viele Jahre langweiliger und nutzloser Arbeit zu entschädigen.

Zudem wartete noch immer die Stelle mit der Kombination von Feuersteinbruchstücken und Arbeiterhütten unterhalb des Grabes Ramses' VI. auf ihre Untersuchung, und ich hatte weiterhin die fast an Aberglauben grenzende Überzeugung, daß gerade in dieser Ecke des Tales einer der noch fehlenden Könige, womöglich Tutenchamun, zu finden sei. Die Schichtenlage des Schutts schien mit Sicherheit auf ein Grab hinzudeuten. Schließlich entschlossen wir uns, dem Tal noch eine letzte Kampagne zu widmen, diese frühzeitig zu beginnen und nötigenfalls den Zugang zum Grabe Ramses' VI. zu einem die Besucher möglichst wenig störenden Zeitpunkt zu sperren ...

Niemals hat es in der Geschichte des Tales an dramatischen Geschehnissen gefehlt – und es blieb auch mit dieser letzten Episode seiner Tradition getreu. Vergegenwärtigen wir uns die Umstände! Unsere letzte Grabungssaison im Tal der Könige sollte beginnen. Sechs volle Kampagnen hatten wir in ihm durchgeführt und Winter für Winter nichts als Nieten gezogen. Monat nach Monat war die anstrengende Arbeit vorangetrieben worden, aber wir hatten nichts gefunden; nur ein Ausgräber kann ermessen, wie verzweifelt niederdrückend das war. Fast hielten wir uns für geschlagen und bereiteten uns darauf vor, das Tal zu verlassen, um anderswo unser Glück zu versuchen. Nun aber – beim letzten verzweifelten Versuch – setzten wir nur die Hacke an und machten sofort eine Entdeckung, die alle unsere Träume weit übertraf. In der gesamten Ausgrabungsgeschichte ist es wohl noch niemals vorgekommen, daß eine volle Kampagne in fünf kurzen Tagen kulminierte.

Ich will versuchen, die Geschichte genau zu erzählen. Ganz leicht wird das nicht sein – denn die dramatische Plötzlichkeit der Anfangsentdeckung versetzte mich in einen Zustand der Betäubung, und die Monate, die ihr folgten, waren derart ereignisreich, daß ich kaum zur Besinnung kam. Vielleicht gewinne ich, indem ich all das nun niederschreibe, selbst Klarheit darüber, was sich ereignete und welche Bedeutung es in sich schloß.

Ich traf am 28. Oktober 1922 in Luxor ein, warb bis zum 1. November meine Arbeiter an und war nun bereit zu beginnen. Unsere früheren Ausgrabungen waren an der Nordostecke des Grabes Ramses' VI. zum Stillstand gekommen. Wie erinnerlich, befand sich an dieser Stelle eine Anzahl roh aufgerichteter Arbeiterhütten, die wahrscheinlich den Bauleuten am Ramsesgrab gedient hatten. Diese Hütten standen ungefähr 1 m über dem gewachsenen Felsboden, nahmen das ganze Areal vor dem Grabe des Ramses ein und setzten sich nach Süden fort. Sie trafen dort mit ähnlichen Baracken auf der gegenüberliegenden Talseite zusammen, die von Davis bei seiner Arbeit am Versteck Echnatons entdeckt worden waren. Am Abend des 3. November hatten wir eine für unsere Untersuchung ausreichende Zahl dieser Hütten aufgedeckt; nachdem wir die Grundrißzeichnungen hergestellt hatten, entfernten wir die Hütten und konnten nun die 1 m dicke Schuttschicht unter ihnen abräumen.

Sofort als ich am nächsten Morgen, dem 4. November 1922, zur Grabungsstelle kam, sagte mir die ungewohnte Stille, die durch das Ablassen von der Arbeit entstanden war, daß etwas Außergewöhnliches vorgefallen sein mußte. Ich wurde mit dem Zuruf begrüßt, daß unter der ersten in Angriff genommenen Hütte eine in den Felsgrund eingehauene Stufe entdeckt worden sei. Diese Nachricht schien zu schön, um wahr zu sein; indes bestätigten einige weitere Spatenstiche, daß wir tatsächlich am Anfang einer in den Fels geschnittenen Treppe standen, die etwa 4 m unter dem Eingang zum Grabe Ramses' VI. in der ungefähren Tiefe des jetzigen Talgrundes angelegt worden war. Die Art des Einschnittes entsprach den im Tal üblichen, in die Tiefe führenden Eingangstreppen – und bereits keimte in mir die Hoffnung, daß wir am Ende doch noch „unser" Grab gefunden hatten. Den ganzen Tag hindurch und am nächsten Morgen wurde fieberhaft weitergearbeitet, aber erst am Nachmittag des 5. November hatten wir die Schuttmassen, die über dem Eingang lagerten, fortgeräumt und konnten nun die Oberkanten der Treppe an allen vier Seiten abgrenzen.

Es stand außer Frage, daß wir tatsächlich den Eingang zu einem Grabe vor uns hatten, aber auf Grund früherer Enttäuschungen behielten die Zweifel immer noch die Oberhand. Nach wie vor gab es da nach unseren Erfahrungen im Tal Thutmosis' III. die Möglichkeit, daß das Grab nicht fertiggestellt und niemals benutzt worden war; und wenn man es vollendet hatte, so blieb immer noch die bedrückende Wahrscheinlichkeit, daß es schon in alter Zeit vollständig ausgeplündert worden war. Andererseits schien es immerhin möglich, daß wir ein unberührtes oder nur teilweise beraubtes Grab vor uns hatten. Mit nur mühsam unterdrückter Erregung wartete ich ab, wie eine der abwärts führenden Stufen nach der anderen zum Vorschein kam. Der Einschnitt war an der Seite eines niedrigen Hügels ausgehauen worden; mit dem Fortschreiten der Arbeit wich seine westliche Kante unter die Abdachung des Felsens zurück, so daß er erst teilweise, dann vollständig überdacht war. Er stellte nun einen Gang von 3 m Höhe und 2 m Breite dar. Jetzt ging die Arbeit schneller vorwärts, eine Treppenstufe folgte der anderen. Als die Sonne sank, enthüllte sich am Fuße der zwölften Stufe der obere Teil einer Tür. Sie war geschlossen, vermörtelt und versiegelt.

Eine versiegelte Tür! So war es also wirklich wahr! Endlich sollten die Jahre geduldiger Arbeit belohnt werden! Mein erstes Gefühl war, glaube ich, freudige Genugtuung, daß mein Zutrauen zum Tal sich als berechtigt erwiesen hatte. In zunehmender, fieberhafter Erregung prüfte ich die Siegelabdrücke an der Tür, um die Person des Inhabers ausfindig zu machen, konnte aber keinen Namen feststellen. Die einzigen, die sich entziffern ließen, waren die wohlbekannten Siegel der Königsnekropole mit dem Schakal über den neun Gefangenen. Zweierlei aber war nun sicher: Erstens ergab der Gebrauch des königlichen Siegels einwandfrei, daß das Grab für eine Persönlichkeit höchsten Ranges geschaffen worden war; zweitens bewies die Tatsache, daß der versiegelte Eingang von oben her durch die Arbeiterhütten der 20. Dynastie vollständig geschützt war, mit genügender Sicherheit, daß man ihn mindestens seit dieser Zeit nie mehr betreten hatte. Damit mußte ich mich für den Augenblick zufrieden geben.

Bei der Prüfung der Siegelabdrücke entdeckte ich am oberen Rand des Eingangs, wo etwas Mörtel abgefallen war, einen starken hölzernen Querbalken. Um zu klären, in welcher Weise der Eingang verschlossen worden war, bohrte ich unter ihm ein kleines Guckloch, groß genug, um eine elektrische Taschenlampe einführen zu können. Auf diese Weise stellte ich fest, daß der hinter der Tür befindliche Gang vom Boden bis zur Decke mit Steinen und Geröll gefüllt war – ein neuer Beweis für die außergewöhnliche Sorgfalt, mit der man das Grab gesichert hatte.

Es war ein Augenblick, der einen Ausgräber erschauern machen konnte. Nach Jahren verhältnismäßig ergebnisloser Mühen fand ich mich ganz allein – wenn ich von den eingeborenen Arbeitern absehe – an der Schwelle einer womöglich grandiosen Entdeckung. Alles – ja, wirklich alles konnte hinter diesem Gang liegen! Ich mußte wahrhaftig meine ganze Selbstbeherrschung aufbieten, um nicht den Eingang aufzubrechen und sofort weiterzusuchen.

Etwas machte mir Kopfzerbrechen: die im Vergleich zu den anderen Gräbern im Tal geringen Ausmaße des Zugangs. Die Art der Anlage war einwandfrei die der 18. Dynastie. Konnte es sich bei dem Grab um das eines Vornehmen handeln, der mit königlicher Genehmigung hier beigesetzt worden war? War es ein Königsversteck – ein geheimer Schlupfwinkel, in den man eine Mumie und ihre Ausstattung gebracht hatte, um sie auf diese Weise zu schützen? Oder lag vor mir wirklich das Königsgrab, für dessen Auffindung ich so viele Jahre geopfert hatte?

Aufs neue untersuchte ich die Siegelabdrücke nach einem Hinweis, aber soweit die Tür bis jetzt freigelegt war, ließen sich nur die schon erwähnten Siegel der Königsnekropole deutlich lesen. Hätte ich nur geahnt, daß sich ein paar Zentimeter tiefer ein klar geprägter Abdruck des Siegels Tutenchamuns befand – jenes Königs, den ich am heftigsten zu finden begehrte –, so hätte ich weiter abräumen lassen, in der folgenden Nacht sehr viel besser geschlafen und mir fast drei Wochen Ungewißheit erspart! Aber es war schon sehr spät geworden und fast ganz dunkel. Nicht ohne Widerstreben verschloß ich deshalb das kleine Loch, das ich gebohrt hatte, ließ zur Sicherheit während der Nacht die ausgehobene Grube wieder zuschütten, beorderte die zuverlässigsten meiner Arbeiter, die fast genau so aufgeregt waren wie ich, als Wache für die ganze Nacht ans Grab und ritt dann im Mondschein das Tal hinunter nach Hause.

Natürlich drängte es mich, ohne Verzug mit dem Ausräumen fortzufahren und so die ganze Reichweite der Entdeckung festzustellen, jedoch befand sich Lord Carnarvon in England, und ich war es ihm schuldig, alles weitere bis zu seiner Ankunft zu verschieben. Also ließ ich am Morgen des 6. November folgendes Telegramm an ihn abgehen: „Endlich wunderbare Entdeckung im Tal gemacht; großartiges Grab mit intakten Siegeln; bis zu Ihrem Eintreffen alles wieder zugeschüttet. Glückwünsche!“

Meine nächste Aufgabe mußte sein, den Eingang bis zum Zeitpunkt seiner endgültigen Öffnung gegen Eindringlinge zu sichern. Wir taten das, indem wir unsere Ausgrabungen bis zur Oberfläche wieder anfüllten; darüber rollten wir die großen Feuersteinbrocken, auf denen die Arbeiterhütten gestanden hatten. Am selben Abend, genau 48 Stunden nach der Freilegung der obersten Stufe, war das erledigt. Verschwunden war das Grab; so wie der Boden jetzt aussah, konnte es da nie eine Gruft gegeben haben; zuweilen kostete es mich Mühe, zu glauben, daß alles, was sich ereignet hatte, mehr als ein Traum gewesen war.

In diesem Punkt sollte ich bald beruhigt werden. Neuigkeiten werden in Ägypten schnell bekannt, und nach der Entdeckung vergingen nicht mehr als zwei Tage, bis von allen Seiten ein ununterbrochener Strom von Glückwünschen, Anfragen und Hilfeanerbieten über mich hereinbrach. Schon in dieser frühen Stunde erkannte ich, daß die vor mir liegende Aufgabe für mich allein zu groß war; ich schickte deshalb an Callender, der mich schon bei früheren Gelegenheiten unterstützt hatte, ein Telegramm mit der Bitte, möglichst ohne Verzug zu mir zu kommen, und war sehr erleichtert, als er schon am nächsten Tage erschien. Am 8. November hatte ich als Antwort auf mein Telegramm zwei Nachrichten von Lord Carnarvon erhalten; die erste lautete: „Komme so bald wie möglich", die zweite, etwas spätere: „Beabsichtige 20. Alexandria einzutreffen."

Wir hatten also fast 14 Tage Zeit, und wir nutzten sie für alle möglichen Vorbereitungen, um am Termin der Wiedereröffnung des Grabes mit geringstmöglichem Verzug für jede Situation gewappnet zu sein. Am 18. abends fuhr ich nach Kairo, wo ich mich mit Lord Carnarvon traf und einige notwendige Einkäufe machte; am 21. war ich wieder in Luxor. Zwei Tage später kam auch Lord Carnarvon in Begleitung seiner Tochter Lady Evelyn Herbert – der treuen Mitarbeiterin bei allen seinen Arbeiten in Ägypten – in Luxor an. Damit war alles bereit, das zweite Kapitel der Entdeckung des Grabes konnte beginnen. Callender hatte den ganzen Tag darauf verwandt, die obere Schuttschicht wegzuräumen, so daß wir am folgenden Morgen sofort an die Treppe herankonnten.

Am 24. November lag diese mit insgesamt 16 Stufen völlig frei, so daß wir nun eine genaue Untersuchung der versiegelten Tür vorzunehmen vermochten. An der unteren Hälfte waren die Siegelabdrücke wesentlich klarer – und wir konnten ohne Schwierigkeiten auf mehreren von ihnen den Namen Tutenchamuns erkennen. Damit gewann die Entdeckung außerordentlich an Bedeutung. Es schien nun so gut wie sicher, daß wir das Grab dieses schattenhaften Königs gefunden hatten – eines Pharao, dessen Herrschaft in einen der wichtigsten Abschnitte der gesamten ägyptischen Geschichte fiel –, und wir hatten wahrscheinlich allen Grund, uns zu beglückwünschen.

Mit womöglich noch erhöhter Sorgfalt setzten wir die Untersuchung des Eingangs fort. Und dabei ergab sich zum ersten Mal etwas Beunruhigendes. Da nun auf die ganze Tür Licht fiel, ließ sich eine Feststellung machen, die uns bisher entgangen war: Ein Teil ihrer Fläche war nacheinander zweimal geöffnet und wieder verschlossen worden, und die zuerst entdeckten Siegel – der Schakal und die neun Gefangenen – waren an dem zum zweiten Mal geschlossenen Teil der Tür angebracht, während die Tutenchamun-Siegel sich auf dem unberührten Stück des Eingangs befanden und somit seine ursprüngliche Sicherung bezeichneten. Vollständig intakt, wie wir gehofft hatten, war das Grab somit nicht. Plünderer hatten sich Eingang verschafft, und zwar mehr als nur einmal! Nach Ausweis der über dem Grab errichteten Hütten mußten diese Plünderer in eine Zeit gehören, die nicht später lag als die Regierung Ramses' VI. Die Tatsache, daß man die Gruft neu versiegelt hatte, bewies jedoch, daß sie nicht völlig ausgeraubt sein konnte. (Aus späteren Anzeichen konnten wir dann erschließen, daß die Neuversiegelung nicht später als in Haremhebs Regierung, d. h. nur 10–15 Jahre nach der Bestattung, vorgenommen worden war.)

Ein anderes Rätsel folgte. In den tieferen Schichten des die Treppe anfüllenden Schutts fanden wir in Menge Bruchstücke von Tonware und Kästen; die letzteren trugen die Namen Echnatons, Semenchkarēs und Tutenchamuns.

Wir entdeckten ferner – noch weit aufregender – einen Skarabäus Thutmosis' III. und ein Bruchstück mit dem Namen Amenophis' III. Woher rührte dieses Namengemisch? Man konnte hiernach eher ein Versteck erwarten als ein Grab – und an diesem Punkt unserer Untersuchung festigte sich in uns tatsächlich mehr und mehr die Annahme, daß wir eine Sammlung verschiedener Objekte der 18. Dynastie finden würden, die von Tutenchamun aus Tell el-Amarna hierher gerettet worden war.

Das war der Stand der Dinge am Abend des 24. November. Für den nächsten Tag stand die Entfernung der versiegelten Tür auf dem Plan, für deren Ersatz Callender von den Zimmerleuten ein schweres hölzernes Gitter anfertigen ließ. Am Nachmittag machte uns Mr. Engelbach, der Generalinspektor der Altertümerverwaltung, seinen Besuch und war zugegen, als ein letzter Teil des Schutts vom Eingang weggeräumt wurde.

Am Morgen des 25. November wurden die Siegelabdrücke des Eingangs sorgfältig kopiert und photographiert, worauf wir die wirkliche Türfüllung entfernten. Sie bestand aus rohen, sorgsam von der Schwelle bis zum Oberbalken aufgetürmten Steinen und war an der Außenseite dick mit Mörtel überzogen, um die Siegel aufnehmen zu können.

Damit wurde der Blick auf einen abwärts geneigten Gang – keine Treppe – frei, der etwa 2 m hoch und so breit wie die Eingangstreppe war. Wie ich bereits durch das Loch in der Tür festgestellt hatte, war er ganz mit Steinen und Geröll gefüllt, das wahrscheinlich von seiner eigenen Ausschachtung stammte. Dieser Füllschutt zeigte ebenso wie der Eingang deutlich an, daß das Grab mehrfach geöffnet und wieder geschlossen worden war: Sein intakt gebliebener Teil setzte sich nämlich aus ganz weißen, mit Staub vermischten Stücken zusammen, während der aufgerührte Teil hauptsächlich aus dunklem Feuerstein bestand. Es ließ sich deutlich erkennen, daß durch die ursprüngliche Füllmasse oben auf der linken Seite ein unregelmäßiger Tunnel gewühlt worden war, dessen Lage dem Loch im Eingang entsprach. Als wir den Gang ausräumten, fanden wir, vermischt mit dem Schutt der unteren Schicht, Scherben, Königssiegel, heile oder zerbrochene Alabasterkrüge und bemalte Gefäße, viele Fragmente von kleineren Objekten sowie von Wasserschläuchen; in letzteren hatte man offenbar das nötige Wasser heruntergebracht, um die Türen wieder vermörteln zu können. Alle diese Dinge waren eindeutige Zeugen einer Plünderung, die wir voller Mißtrauen betrachteten. Am Abend hatten wir gangabwärts ein beträchtliches Stück ausgeräumt; noch aber ließ sich keine Spur einer zweiten Tür oder einer Kammer erkennen.

Der nächste Tag – es war der 26. November – wurde zum „Tag der Tage", wie ich ihn schöner niemals erlebt habe und gewiß auch nie wieder erleben werde. Der Morgen verging im weiteren Ausräumen, das wegen der mit dem Schutt vermischten, empfindlichen Fundstücke gezwungenermaßen langsam durchgeführt werden mußte. Dann, mitten am Nachmittag, gelangten wir, fast 10 m von der äußeren Tür entfernt, zu einem zweiten versiegelten Eingang, der fast genau dem ersten entsprach. Hier waren die Siegeleindrücke weniger scharf, ließen sich aber noch als solche Tutenchamuns und der Königsnekropole erkennen, und wiederum waren auch Anzeichen der Wiedereröffnung und des Neuverschließens sichtbar. In dieser Stunde waren wir fest davon überzeugt, daß wir kein Grab, sondern ein Versteck vorfinden würden. Treppe, Gang und Türen erinnerten uns nach ihrer Anlage sehr stark an das in unmittelbarer Nachbarschaft unserer gegenwärtigen Ausgrabung von Davis entdeckte Versteck des Echnaton und der Teje. Daß auch dort Tutenchamun-Siegel aufgetreten waren, schien unsere Annahme fast mit Sicherheit als richtig zu erweisen. Bald würden wir Gewißheit haben: dort war die versiegelte Tür und hinter ihr die Antwort auf unsere Frage.

Es brachte uns, als wir so warteten, fast zur Verzweiflung, wie langsam der restliche Schutt des Ganges, der den unteren Teil der Tür versperrte, weggeräumt wurde. Endlich aber hatten wir die ganze Tür frei vor uns. Der Augenblick der Entscheidung war da. Meine Hände zitterten, als ich in die obere linke Türecke eine kleine Öffnung machte. Drin war es dunkel und, soweit eine eingeführte Eisenstange reichte, leer: also war der dahinter liegende Raum, welcher Art er auch sein mochte, nicht wie der eben ausgeräumte Gang ausgefüllt. Wir machten wegen der möglicherweise vorhandenen giftigen Gase die Probe mit einer brennenden Kerze, dann erweiterte ich das Loch etwas, führte die Kerze ein und spähte hindurch, während Lady Evelyn, Lord Carnarvon und Callender voller Spannung neben mir standen und auf meinen Urteilsspruch warteten.

Zuerst konnte ich nichts erkennen, da die der Kammer entströmende heiße Luft die Kerzenflamme flackern machte. Dann aber, als sich meine Augen allmählich an das Licht gewöhnten, tauchten langsam Einzelheiten des Raumes da drinnen aus dem Dämmer hervor – fremdartige Tiere, Statuen und Gold, überall schimmerndes Gold! Im ersten Augenblick – der für die neben mir Stehenden eine Ewigkeit gedauert haben mag – war ich starr und stumm vor Staunen. Dann konnte Lord Carnarvon die Ungewißheit nicht mehr ertragen und fragte ängstlich: „Können Sie etwas sehen?“ Alles, was ich zu antworten vermochte, war: „Ja, wunderbare Dinge!“ Dann erweiterten wir das Loch noch ein wenig mehr, so daß wir beide hindurchsehen konnten, und führten eine elektrische Taschenlampe ein.

Wohl fast jeder Ausgräber wird zugeben, daß ihn beim Eindringen in eine von frommer Hand vor so vielen Jahrhunderten verschlossene und versiegelte Kammer Scheu, ja, fast Scham ergreift. In einem solchen Augenblick scheint die Zeit, jener entscheidende Faktor des Menschenlebens, ihre Bedeutung verloren zu haben. Drei- oder viertausend Jahre mögen dahingegangen sein, seit eines Menschen Fuß den Boden betrat, auf dem man steht – und dennoch vermeint man, es sei erst gestern gewesen, wenn man die noch frischen Spuren des Lebens ringsum sieht: vor der Tür den noch halb gefüllten Eimer mit Mörtel, eine berußte Lampe, den Abdruck von Fingern auf der frisch gemalten Wand oder ein als letzter Gruß auf die Schwelle gelegtes Blumengewinde. Sogar die Luft, die man einatmet, blieb durch all die Jahrhunderte die gleiche; man hat sie mit denen gemein, die einst die Mumie zu ihrer letzten Ruhe bestatteten. Derlei kleine, intime Einzelheiten schalten den Begriff der Zeit aus und zwingen uns das Gefühl auf, Eindringlinge zu sein.

Dies ist wohl der erste und beherrschende Eindruck, dem aber alsbald viele andere folgen – die triumphale Freude an der Entdeckung, die fieberhafte Erwartung, der fast nicht bezähmbare, von Neugier gestachelte Drang, Siegel aufzubrechen und Deckel von Kästen zu heben, die mit reinster Forscherfreude verbundene Gewißheit, der Geschichte in diesem Augenblick ein neues Blatt hinzuzufügen oder ein historisches Problem zu lösen, und schließlich – warum es verschweigen? – die gespannte Erwartung des Schatzsuchers. Schoß mir all das damals tatsächlich durch den Kopf, oder bilde ich es mir nachträglich ein? Ich kann es nicht sagen. Die Tatsache der Entdeckung ließ mein Gedächtnis aussetzen, so daß nicht der Wunsch nach einem dramatischen Abschluß Grund zu dieser Abschweifung war.

Denn ganz gewiß hat es niemals in der Entdeckungsgeschichte einen so wunderbaren Anblick gegeben wie den, den uns das Licht der Taschenlampe enthüllte ... Es ist kaum vorstellbar, was da vor uns auftauchte, als wir durch unser Guckloch in der vermauerten Tür blickten. Der Strahl der Lampe – das erste Licht, das nach dreitausend Jahren die Dunkelheit der Kammer durchdrang – wanderte von einer Gruppe von Gegenständen zur anderen, und vergeblich trachteten wir, den Schatz zu begreifen, der sich da vor uns ausbreitete. Der Anblick verwirrte und überwältigte uns ganz und gar. Wir hatten uns wohl nie genau klargemacht, was wir zu finden hofften. Gewiß aber war uns nicht einmal im Traum jemals derartiges erschienen, wie es da vor uns stand: ein ganzer Raum – wie es schien, ein vollständiges Museum – angefüllt mit Dingen, die zu einem Teil vertraut, aber auch von einer Art waren, wie wir sie noch niemals gesehen hatten. In einem Überfluß ohne Ende schienen sie hier übereinandergetürmt.

Allmählich wurde das Bild deutlicher, und wir vermochten einzelne Gegenstände zu unterscheiden. Zuerst standen da, genau uns gegenüber – schon die ganze Zeit hatten wir sie in unserem Bewußtsein registriert, konnten aber nicht daran glauben – drei große vergoldete Bahren, deren Seiten in der Form von Tiermonstren geschnitzt waren; wie es ihre Verwendung verlangte, waren ihre Körper merkwürdig langgezogen, während die Köpfe erstaunlich realistisch wirkten. Zu jeder Zeit hätte der Anblick dieser Tiere unheimlich gewirkt; so aber, wie wir sie sahen – als die Taschenlampe blitzlichtartig ihre goldglänzenden Umrisse aus der Finsternis hervorholte und ihre Häupter grotesk verzerrte Schattenbilder auf die Wand hinter ihnen warfen –, jagten sie Schrecken ein. Als nächstes erregten und fesselten zwei Statuen weiter rechts unsere Aufmerksamkeit, lebensgroße Figuren eines Königs in schwarz, die wie Schildwachen einander gegenüberstanden, mit goldenem Hüftschurz und goldenen Sandalen, bewaffnet mit Schlachtkeule und Stab und mit der schützenden heiligen Kobra über ihrer Stirn.

Das waren die wichtigsten Gegenstände, die zuerst unseren Blick einfingen. Ungezählte andere lagen zwischen ihnen, um sie herum, über sie gestapelt: Eingelegte Kästen mit wunderbarer Bemalung; Alabastervasen, schön geschnitten und zum Teil mit durchbrochenen Mustern; merkwürdige schwarze Schreine, bei deren einem aus der offenen Tür eine große vergoldete Schlange herausschaute; Blumen- und Blättersträuße; Betten; herrlich geschnitzte Sessel; ein mit Gold eingelegter Thron; ein Haufen seltsamer weißer Schachteln in Eiform; Stäbe aller Art und in verschiedenen Mustern; dicht vor unseren Augen, unmittelbar auf der Kammerschwelle, ein schöner lotosförmiger Becher aus durchscheinendem Alabaster; auf der linken Seite ein wirres Durcheinander umgestürzter Streitwagen, von Gold und Einlagen glitzernd, und, über sie weg herschauend, ein anderes Bildnis des Königs.

Damit wären einige der Gegenstände genannt, die da vor uns auftauchten. Ich kann nicht sicher sagen, ob wir sie damals alle sofort sahen – denn wir waren viel zu aufgeregt und verwirrt, um genau zu registrieren. Dann aber kam uns in all unserer Verwirrung zum Bewußtsein, daß es in diesem ganzen Durcheinander von Gegenständen vor uns weder einen Sarg noch die Spur einer Mumie gab – und wiederum begann uns die vieldiskutierte Frage zu quälen, ob wir vor einem Grabe oder einem Versteck standen. Im Hinblick auf diese Frage durchmusterten wir aufs neue das Bild, das sich uns bot, und da bemerkten wir zum ersten Mal, daß sich zwischen den zwei schwarzen Wächterfiguren zur Rechten eine andere versiegelte Tür befand. Allmählich dämmerte uns, daß wir erst am Anfang unserer Entdekkung standen. Was da vor unseren Augen lag, war nichts weiter als eine Vorkammer! Hinter der bewachten Tür mußten sich noch andere Räume befinden, vielleicht eine ganze Reihe von solchen – und in einem von ihnen würden wir, das stand nun außerhalb jedes Zweifels, in seinem ganzen prachtvollen Totenschmuck den Pharao liegen sehen.

Wir hatten genug geschaut. Es schwindelte uns bei dem Gedanken an die Aufgabe, die sich vor uns erhob. Wir verstopften das Loch, verschlossen das vor der ersten Türöffnung angebrachte Holzgitter, stiegen auf unsere Esel und ritten in tiefen Gedanken und sehr schweigsam das Tal der Könige hinab heimwärts ...

MESOPOTAMIEN

8

AUSTEN LAYARD

Die Erinnerung an Ninive, die Hauptstadt des ebenso erbarmungslosen wie ruhmredigen assyrischen Kriegervolkes, war nach der Zerstörung der mächtigen Metropole schnell geschwunden. Bald gemahnten an sie nur noch die glutvollen Aussprüche der hebräischen Propheten, die über die gerechte Bestrafung der assyrischen Bedrükker frohlockten. Wie das übrige Zweistromland, auf das die Bibel mit Abraham, Ur, dem Turmbau zu Babel und der babylonischen Gefangenschaft so oft anspielt, so wurde auch die Existenz der einst glänzenden Hauptstadt vom Schleier der Jahrtausende verhüllt. Im weiten Lande an den zwei Strömen, mit dem es seit dem Einfall der Mongolen und danach unter der jahrhundertelangen Herrschaft der Türken immer weiter bergab gegangen war, kündete, anders als in Ägypten, nichts von seinem einstigen Ruhm. Die Geschichte selbst hatte, nachdem viele Völker und Eroberer gekommen und gegangen waren, Mesopotamiens farbenfrohe Pracht ausgelöscht. Nur einige wenige Trümmerhügel, die sich über die ausgedörrte, eintönige Schwemmlandschaft erhoben, waren noch durch die Sage mit so erinnerungsträchtigen Namen wie Babylon, Ur oder Ninive verknüpft.

Als zweihundert Jahre nach Ninives Zerstörung Xenophon mit seinen Zehntausend an den Ruinen vorüberzog, hielt er sie für eine verlassene Partherstadt. Und von dem gräkosyrischen Satiriker Lukian hören wir über Ninive: „Es ist völlig zerstört, daß niemand mehr weiß, wo es einst stand; nicht die geringste Spur blieb übrig.“ Als der deutsch-dänische Forscher Karsten Niebuhr um 1760 den Platz berührte, glaubte er, es handele sich um natürliche Erhebungen, bis ihn Eingeborene eines Besseren belehrten. Denn örtliche Traditionen haben eine lange Lebensdauer; arabische und jüdische Reisende des Mittelalters, die Mossul nahe beim Zusammenfluß von Tigris und Chosr besuchten, erkannten in den beiden Hügeln Kujundschik und Nebi Junus auf der gegenüberliegenden Tigrisseite richtig das alte Ninive, und ebenso tat das im 16. Jahrhundert der Deutsche Leonhard Rauwolff. Allmählich dämmerte die Erkenntnis, daß die aufragenden Hügel ringsum in Mesopotamien großartige Paläste und Denkmäler bargen. Stießen doch Eingeborene, die sich auf ihnen Bausteine ausgruben, ab und zu auf fremdartige Standbilder. Im Eifer ihrer nie endenden Suche nach dem Turm von Babel nahmen dann Reisende wie Pietro della Valle oder der Abbé de Beauchamp sonderbare „beschriebene Backsteine“ mit, die von manchen Gelehrten richtig als Schriftdokumente erkannt wurden, während andere, nicht weniger angesehene Forscher, sie nur als Schmuckmuster – als „Vogelspuren auf feuchtem Sand“ – erklärten.

Als Hauptantrieb für die Aufnahme der archäologischen Forschung im Tale des Tigris und Euphrat darf das Interesse an der Bibel gelten. Sie begann – ohne den Fanfarenstoß der Expedition Napoleons und ohne den Anreiz so auffallender Überreste wie der Pyramiden – kaum später als in Ägypten. In der Folge vollzog sich der Fortschritt der Erkenntnis auf beiden Gebieten in enger Parallele.

Die Erforschung der Vergangenheit Mesopotamiens setzte mit Untersuchungen ihrer zeitlich späteren Kulturen ein. Man beschäftigte sich zunächst mit den Assyrern, und das ist der Grund, weshalb noch heute – nur recht unzutreffend – die gesamte Wissenschaft vom alten Zweistromland als Assyriologie bezeichnet wird. Die Archäologen drangen dann weiter zu den Babyloniern und den bis dahin unbekannten Sumerern vor. Schließlich erreichten sie in unseren Tagen den Urboden der „Wiege der Menschheit“, nämlich die früh- und vorsumerischen Kulturen von el-Obed und Hassuna.

Die ersten Fundamente der assyrischen Archäologie wurden von Claudius James Rich (1787–1820) gelegt, einem – gleich vielen englischen Beamten des 19. Jahrhunderts – vielseitig interessierten Mann. Seit 1808 britischer Resident in Bagdad, erforschte er die Trümmerhügel von Babylon und Ninive, fertigte von den letzteren Ruinen einen Plan an und legte seine Erinnerungen in vielgelesenen Memoiren nieder. Wahrscheinlich führte er auch einige kleine Ausgrabungen durch. Er sammelte ein paar Tafeln und Zylinder, die nach seinem Tode (er starb in Schiras an der Cholera) ins Britische Museum gelangten.

Nach dem Erscheinen der Veröffentlichungen Richs kam Paul Emile Botta mit dem festen Vorsatz, Forschungen anzustellen, als französischer Vizekonsul nach Mossul. Sohn eines italienischen Historikers und von Haus aus Biologe, hatte es ihn schon lange zu archäologischer Ausgrabungsarbeit gedrängt. Einem Hinweis Richs folgend, begann er am Nebi Junus zu graben, wo der Überlieferung nach der Prophet Jona bestattet worden sein sollte, wurde hier aber durch den Widerstand der Moslems verdrängt und wandte sich daher nach Kujundschik, wo ihm indes nur wenige und bedeutungslose Funde gelangen. Durch vielversprechende Hinweise Eingeborener veranlaßt, richtete er im März 1843 seine Aufmerksamkeit auf Chorsabad, 22 km weiter nördlich. Hier fand er alsbald skulptierte Reliefs, Keilschrifttafeln und die Mauern eines großen assyrischen Palastes. Dieser glänzende Erfolg verführte ihn dazu, Richs Ansetzung von Ninive zu verwerfen und es mit seinem eigenen nördlichen Fundplatz zu identifizieren. Tatsächlich aber hatte er eine von dem Assyrerkönig Sargon II. (721–705 v. Chr.) neu erbaute, nach diesem Dūrscharrukin („Sargonsburg") genannte Stadt freigelegt. Da Botta Royalist war, wurde er 1848, als in Frankreich die Republikaner zur Macht kamen, auf einen geringeren Posten nach Nordafrika versetzt, womit seine archäologische Laufbahn ihr Ende fand. In seine Fußstapfen trat nun ein junger Engländer namens Austen Henry Layard, der Botta 1842 bei einem Aufenthalt in Mossul kennengelernt hatte.

Der lebensprühende Layard, ein englischer Reisender und Diplomat hugenottischer Herkunft, ist einer der größten Vertreter der Archäologie im 19. Jahrhundert. Von Jugend an liebte er die Unabhängigkeit, war jeder Konvention abhold, unternehmungslustig und schon als Schüler voller Ideen. Der Eintritt in einen bürgerlichen Beruf reizte ihn nicht im mindesten; als sein Vater starb, folgte er daher nur zu gern der Einladung eines Onkels, zu ihm auf seine Kaffeeplantage nach Ceylon zu kommen. Indes hatte er es nicht eilig, seinen Bestimmungsort zu erreichen – und sollte in der Tat nie dort ankommen. Da es schon immer sein „leidenschaftlicher Wunsch gewesen war, den Orient zu erforschen", machte er sich auf die Landreise, um möglichst viele orientalische Städte kennenzulernen. Über die Balkanländer gelangte er nach Konstantinopel. Da er sich vorgenommen hatte, jeder offiziellen Unterstützung zu entsagen und auf die Annehmlichkeiten „zivilisierter Reisen" zu verzichten, konnte er sich mit der größten Unabhängigkeit bewegen. Eine echte Liebe für die Gebräuche der Einheimischen und für die Wesensart jedes Volkes, das er aufsuchte, gab ihm die Fähigkeit, Freunde zu gewinnen, Sprachen zu erlernen und eine profunde Kenntnis des Orients zu erwerben. Er wurde mehrfach ausgeplündert, mußte als Sklave bei Beduinen leben und wurde von einer ganzen Reihe von Krankheiten befallen, ohne daß seine Leidenschaft abkühlte.

Von Bottas Funden in Chorsabad machte Layard, der ein begabter Zeichner war, einige Skizzen, die er mit dem Hinweis nach London sandte, er könne bei genügender finanzieller Unterstützung den Engländern ähnlich sensationelle Stücke verschaffen. 1845 erreichte er beim britischen Botschafter in Konstantinopel, Stratford Canning, die Finanzierung von Ausgrabungen in Nimrud, das etwa 32 km südlich von Mossul gelegen war. Später erhielt Layard Geldmittel des Britischen Museums mit der Maßgabe, er habe „öglichst viele gut erhaltene Kunstgegenstände bei geringstem Zeit- und Geldaufwand zu beschaffen". Nachdem er von Mossul aus zweimal die Hügel auf der anderen Tigrisseite besucht hatte, kam er wie Botta zu der Auffassung, daß hier Ninive nicht gelegen haben könne, sondern suchte es seinerseits in Nimrud – womit er sich ebenso irrte wie Botta betreffs Chorsabad. Dennoch erfüllte Nimrud, das alte Kalach, Layards Erwartungen in verschwenderischem Maße. In allerkürzester Zeit hob er hier Schätze aller Art, die noch heute den Grundbestand der assyrischen Sammlung im Britischen Museum bilden.

Natürlich waren Layards Methoden die damals üblichen, und seine Berichte enthalten genau so wie die anderer Archäologen seiner Zeit gelegentliche Hinweise auf Gegenstände, die durch Einwirkung der Luft zerfielen. Während seiner ersten Grabung scheint Layard Keilschrifttafeln keinerlei Beachtung geschenkt zu haben. Dennoch erregten seine Entdeckungen die viktorianische Phantasie, machten ihn berühmt und trugen ihm akademische Titel und andere Ehrungen ein. Zu seinen wichtigsten Funden gehörten der Königspalast Assurnassirpals (884–859 v. Chr.) mit seinen wunderbaren Wandreliefs, die berühmten Flügelstiere mit ihren bärtigen, „semitischen" Menschenhäuptern – die Cherubinen der Bibel – und der „Schwarze Obelisk" Salmanassars III. (859–824 v. Chr.). Auf letzterem ist Salmanassar und vor ihm im Staube liegend eine huldigende Gestalt dargestellt; Rawlinsons Entzifferung identifizierte letztere als König Jehu. Dieses – bisher einzige – Porträt eines israelitischen Königs ist ein unschätzbares Beweisstück für die von der Bibel bezeugten Beziehungen zwischen Assur und Israel.

Trotz Layards diplomatischem Geschick und seiner Liebenswürdigkeit geriet er dennoch in beträchtliche Schwierigkeiten mit dem örtlichen türkischen Gouverneur; dieser ließ auf dem Grabungsfeld Grabsteine errichten, um unter der Vorgabe, Ungläubige entweihten einen mohammedanischen Friedhof, seine Arbeit zu unterbinden. Die von Layard in Nimrud gefundenen Altertümer konnten dennoch nach Basra transportiert werden, von wo sie über Indien und das Kap der Guten Hoffnung nach England verschifft wurden. Dabei wurden die Kisten in Bombay von Kuriositätenjägern geöffnet, und einheimische Gelehrte hielten phantasievolle Vorträge über ihren Inhalt. Schließlich aber kamen sie im Britischen Museum an, und bald darauf wurden Teile der Sammlung im Kristallpalast ausgestellt.

Layards Glück blieb ihm auch bei seiner Rückkehr nach Kujundschik im Jahre 1849 treu. Hier entdeckte er den Palast Sanheribs (704–681 v. Chr.) und – nachdem er sich während eines Aufenthalts in England über den Wert von Keilschrifttafeln unterrichtet hatte – im Tempel des Gottes Nebo Teile einer großen Bibliothek. Neben der Wiederaufnahme der Arbeiten in Nimrud grub er kurze Zeit auch in Assur (dem heutigen Scherqat), Babylon und im südbabylonischen Nippur. 1851 hielt er seine assyrischen Forschungen für beendet und kehrte nach London zurück, um dort eine ganz neue Laufbahn zu beginnen. Er gehörte wiederholt als Liberaler dem Parlament an und war eine Zeitlang Unterstaatssekretär im Auswärtigen Amt sowie Ausschußmitglied. 1869 wurde er als Botschafter nach Spanien entsandt und hatte von 1877 bis 1880 den gleichen Posten an der Pforte inne. Hier konnte er einer neuen Generation von Archäologen, die innerhalb der Türkei Ausgrabungen durchführten, wesentliche Unterstützung gewähren. Mit 63 Jahren zog er sich nach Italien zurück, um venezianische Gemälde zu sammeln.

Die hohen Trümmerhügel Assyriens

Während des Herbstes 1839 und des Winters 1840 war ich durch Kleinasien und Syrien gewandert; ich ließ dabei kaum einen von der Tradition geweihten Platz, keine durch die Geschichte geheiligte Ruine aus. Mein Begleiter teilte meine Wißbegier und Begeisterung. Beide legten wir weder Wert auf Bequemlichkeit, noch kümmerten uns Gefahren. Wir ritten allein unter dem einzigen Schutz unserer Waffen; ein Mantelsack hinter dem Sattel barg unsere Garderobe, und wir versorgten unsere Pferde selbst – es sei denn, daß die gastfreundlichen Bewohner eines Turkmenendorfes oder eines Araberzeltes uns dieser Pflicht enthoben. Frei von unnötigem Luxus und unbeeinflußt von vorgefaßten Meinungen und Urteilen mischten wir uns unter das Volk, nahmen mühelos seine Gewohnheiten an und genossen auf diese Art ungeteilt jene Gefühle, die neuartige Schauplätze und ständig wechselnde Umgebung zu erregen pflegen.

Mit dankbarer Freude denke ich an jene glücklichen Tage zurück, da wir frei und sorglos in der Morgenfrühe die schlichte Hütte oder das freundliche Zelt verließen und uns – nach Belieben verweilend und ohne uns um Zeit und Entfernungen zu kümmern – bei Sonnenuntergang an irgendeiner mächtigen, von wandernden Arabern bewohnten Ruine oder in einem verfallenen Dorf mit noch wohlbekanntem Namen einfanden. Kein kundiger Dragoman vermaß die Reiseroute oder setzte die Zwischenstationen fest. Kein Pascha beehrte uns mit seiner Unterhaltung, kein Gouverneur bot uns Erleichterung an; dafür brachten wir die Dörfler weder zum Weinen noch zum Fluchen, da wir ihnen nicht die Pferde wegnahmen und keine Nahrungsmittel aus ihren Hütten holten. So war ihr Willkommen aufrichtig, sie boten uns ihr bescheidenes Mahl, das wir mit ihnen teilten, und wir kamen und gingen in Frieden.

In dieser Weise war ich durch Kleinasien und Syrien gezogen und hatte die Stätten alter Kultur und die durch die Religion geheiligten Orte besucht. Nun spürte ich das unwiderstehliche Verlangen, in die Länder jenseits des Euphrats vorzudringen, die Geschichte und Überlieferung als den Ursprung westlicher Weisheit bezeichnen. Die meisten Reisenden fühlen nach einer Wanderung durch die vielbesuchten Gebiete des Orients den gleichen Drang, den großen Strom zu überqueren und jene Länder zu erforschen, die auf der Karte ein weites, von

Aleppo bis zum Tigrisufer reichendes Ödland von den Grenzen Syriens trennt. Tiefes Geheimnis schwebt über Assyrien, Babylonien und Chaldäa. Mit ihren Namen sind die von großen Völkern und gewaltigen Städten verbunden, von denen uns die Geschichte nur noch dunkle Kunde gibt; riesige Ruinen mitten in der Wüste trotzen in ihrer absoluten Verlassenheit und mit dem Fehlen fester Umrisse der Beschreibung durch den Reisenden, und die letzten Überreste mächtiger Völker schweifen noch durch dieses Land, in dem sich Weissagungen erfüllten und das selbst die Prophezeiungen vollzog – Gefilde, die Juden wie Heiden als ihr Ursprungsland betrachten. Am Ende einer Syrienreise wenden sich die Gedanken mit Selbstverständlichkeit gen Osten; wer Ninive und Babylon nicht besucht hat, dem erscheint seine Pilgerfahrt unvollständig.

Am 18. März 1840 verließ ich mit meinem Begleiter Aleppo. Wieder reisten wir, wie wir es gewohnt waren – ohne Führer und Diener. Eine Durchquerung der Wüste ist immer nur mit einer großen, gutbewaffneten Karawane durchführbar und bietet nichts von Interesse; deshalb zogen wir den Weg über Bir und Urfa vor. Von der letzteren Stadt aus bereisten wir das Flachland am Fuß der Kurdischen Berge, ein wenig bekanntes und an seltsamen Ruinen reiches Land. Damals zog sich die ägyptische Grenze östlich von Urfa entlang, und da der Krieg zwischen dem Sultan und Mohammed Ali Pascha noch nicht beendet war, nutzten die Stämme das Durcheinander und gingen auf Raub aus, wo sie nur konnten. Dank unserem gewohnten Glück erreichten wir ungeschoren Nisibin, obwohl wir Tag für Tag in Gefahr waren, mehr als einmal mitten zwischen plündernde Abteilungen gerieten und oft an Zelten vorüberkamen, die erst eine Stunde zuvor von herumziehenden Araberbanden beraubt worden waren. Am 10. April kamen wir in Mossul an.

Hier hielten wir uns kurze Zeit auf und besichtigten die großen Ruinen am Ostufer des Flusses, die allgemein für die Überreste Ninives gehalten werden. Wir ritten auch in die Wüste hinein und erforschten den Hügel Kalah Scherghat, eine ausgedehnte Trümmerstätte am Tigris etwa 80 km unterhalb seines Zusammenflusses mit dem Großen Zab. Auf unserem Ritt dorthin machten wir für die Nacht in dem kleinen Araberdorf Hammun Ali Rast, das noch von den Spuren einer alten Stadt umgeben ist. Von der Spitze einer künstlichen Erhöhung blickten wir auf eine breite, durch den Fluß von uns getrennte

Ebene hinab. Nach Osten grenzte sie eine Reihe stattlicher Hügel ab, deren einer sich hoch über die anderen erhob und die Form einer Pyramide hatte. Jenseits ließ sich schwach das Wasser des Zab erkennen. Ihre Lage machte die Identifizierung leicht. Das dort war die von Xenophon beschriebene Pyramide, in deren Nähe die Zehntausend Lager bezogen hatten, und die Ruinen ringsum mußten die gleichen sein, die der griechische General vor 22 Jahrhunderten gesehen hatte und die bereits damals die Reste einer *alten* Stadt waren! Xenophon hatte ihren Namen, wie ihn das fremde Volk aussprach, mit einem ihm aus Griechenland bekannten verwechselt und den Ort Larissa genannt; die Überlieferung weist jedoch noch auf den Ursprung der Stadt hin, indem sie ihre Gründung auf Nimrod zurückführt – dessen Namen die Ruinen jetzt tragen – und sie so als eine der ältesten Ansiedlungen des Menschengeschlechts erweist.

Kalah Scherghat war wie Nimrud eine assyrische Ruine: eine weite, formlose Masse, die jetzt mit Gras bedeckt war und kaum eine Spur menschlicher Einwirkung zeigte. Eine Ausnahme bildeten lediglich die von den Winterregen aufgerissenen Schluchten an den fast senkrechten Abhängen, die ihr Inneres zeigten. Einige Tonscherben und beschriftete Ziegel, die wir nach mühsamem Suchen in dem am Fuß des großen Hügels angehäuften Schutt fanden, bewiesen, daß die Begründer dieser Stadt die gleichen wie die von Nimrud waren. Unter den Arabern hatte sich eine Überlieferung gehalten, nach der es noch fremdartige, aus schwarzem Stein gehauene Figuren in den Trümmern gäbe; aber die Hauptzeit des Tages, an dem wir die zahllosen Erd- und Ziegelhaufen im Gebiet am rechten Tigrisufer durchforschten, verwandten wir vergebens auf die Suche nach ihnen. Zur Zeit unseres Besuches waren die Beduinen aus dieser Gegend abgezogen, nur ein paar Beutesucher aus den Zelten der Schammar oder Aneyza tauchten gelegentlich einmal auf. Wir verbrachten die Nacht in dem Sumpfdickicht, das die Tigrisufer säumt, und zogen tagsüber, von den Stämmen unbelästigt, durch die Steppe. Ein Kawass (Ehrenwächter), den der Pascha von Mossul uns beigegeben hatte und den die Einsamkeit in Schrecken setzte, verließ uns in der Wildnis und trachtete heimzukommen, verfiel aber gerade der Gefahr, die er hatte vermeiden wollen: weniger glücklich als wir, lief er nicht weit von Kalah Scherghat einem berittenen Trupp in den Weg und wurde ein Opfer seiner Ängstlichkeit.

Wollte der Reisende nach Überschreitung des Euphrat in Mesopotamien und Chaldäa nach ähnlichen Ruinen wie in Kleinasien oder Syrien suchen, so würde er sich vergeblich bemühen. Die anmutige Säule, die dort aus dem üppigen Blattwerk von Myrte, Stechpalme und Oleander aufragt, die Sitzreihen der Amphitheater, die sich den sanften Hang hinaufziehen und über das tiefblaue Wasser einer binnensee-ähnlichen Bucht schauen, das reich behauene Gesims oder Kapitell, das halb von üppigem Pflanzenwuchs bedeckt ist – all das ist hier abgelöst durch den düsteren, gestaltlosen Trümmerhügel, der sich berggleich aus der vertrockneten Ebene erhebt, durch Tonscherben und riesige Ziegelmassen, wie sie die Winterregen ab und zu freilegen. Der Wanderer hat die Landschaft einer noch immer lieblichen Natur weit hinter sich gelassen, wo sein geistiges Auge die Tempel und Theater wiedererstehen lassen kann und dabei nicht einmal genau weiß, ob sie sein Gefühl mehr ansprechen würden als die Ruinen, die er tatsächlich sieht. Hier hingegen vermag er den formlosen Haufen, an denen seine Blicke haften, keine Gestalt zu geben. Es sind die Überreste von Bauwerken, deren Schöpfer anders als Römer und Griechen keine sichtbaren Spuren ihrer Kultur und Kunst hinterließen. Was sie wirkten, ist seit unendlichen Zeiten versunken; je mehr der Mutmaßungen, umso verschwommener werden die Ergebnisse. Der Schauplatz ringsum gleicht den Ruinen, die er betrachtet: Wüste Einöde überall. Ein Gefühl der Angst bricht sich Bahn; denn es gibt nichts, was das Gemüt erleichtern, Hoffnung einflößen oder davon Kunde geben könnte, was hier einst geschah. Die hohen Trümmerhügel Assyriens beeindruckten mich stärker, machten meine Gedanken feierlicher und führten mich zu ernsteren Überlegungen als Baalbeks Tempel und die Theater Joniens ...

Mein erster Schritt nach dem Eintreffen in Mossul war, daß ich dem Provinzgouverneur Mohammed Pascha meine Empfehlungsschreiben übermittelte. Da er aus Kreta stammte, wurde er meist Keritli Oglu („Sohn des Kreters") genannt, um ihn so von seinem berühmten Vorgänger gleichen Namens zu unterscheiden. Die Erscheinung Seiner Exzellenz war nicht eben anziehend, paßte aber zu seinem Wesen und Verhalten. Heuchelei lag ihm von Natur aus ganz fern. Er besaß nur ein Auge und ein Ohr, war kurz und dick, pockennarbig, von bäuerischem Benehmen und barscher Stimme. Sein übler Ruf war ihm nach seinem Amtssitz vorausgeeilt. Auf der Reise bereits hatte er viele gute alte Bräuche und Steuern zu neuem Leben erweckt, die durch den Reformgeist der Zeit außer Gebrauch gekommen waren. Insbesondere legte er auf *dischparasi* Wert; dies ist seitens aller Dörfer, in die ein Mann seines Ranges als Gast geladen wird, eine Geldentschädigung für die Abnutzung seiner Zähne beim Kauen der Mahlzeit, die er von den Einwohnern anzunehmen geruht. Nach seiner Ankunft in Mossul hatte er mehrere führende Aghas, die aus der Stadt vor ihm geflohen waren, zur Rückkehr in ihre Häuser überredet, um ihnen dann nach einer Scheinverhandlung die Gurgel durchschneiden zu lassen – wodurch es deutlich war, inwieweit man sich auf sein Wort verlassen konnte. Zur Zeit meines Eintreffens befand sich infolgedessen die Bevölkerung in Schrecken und Verzweiflung. Gerade aber das zufällige Auftreten eines Reisenden gab zu Hoffnungen Anlaß, und Gerüchte gingen heimlich von Mund zu Mund, daß der Despot in Ungnade gefallen sei. Als dem Pascha das zu Ohren kam, geriet er auf den Einfall, die Meinung des Volkes über ihn zu prüfen. Eines Nachmittags wurde er plötzlich krank, und man trug ihn beinah leblos in seinen Harem. Am anderen Morgen war der Palast geschlossen, und die Diener antworteten auf Erkundigungen mit geheimnisvollen Gesten, die nur in einem Sinne auszulegen waren. Die Zweifel der Leute von Mossul machten mehr und mehr allgemeinem Jubel Platz; am Mittag aber erschien Seine Exzellenz, der seine Spione über die ganze Stadt verteilt hatte, in voller Gesundheit auf dem Marktplatz. Die ganze Einwohnerschaft begann zu zittern. Seine Rache traf aber grundsätzlich nur die Besitzenden, die bereits seine Habgier gereizt hatten. Unter dem Vorwand, sie hätten sein Ansehen schädigende Gerüchte verbreitet, wurden sie ergriffen und ausgeplündert.

Die Dörfer und die Araberstämme hatten nicht weniger zu leiden als die Städter. Der Pascha gab denen, die er zum Einsammeln von Geld aussandte, seine Weisungen gewöhnlich mit den Worten: „Geht, zerstört und eßt!“ – und seine Leute waren keineswegs abgeneigt, diesem Befehl nachzukommen. Die derart angegriffenen und ausgeraubten Stämme nahmen Vergeltung an Karawanen und Reisenden oder verwüsteten die bebauten Ländereien im Gebiet des Paschas. Die Dörfer entvölkerten sich, die Straßen verödeten und wurden völlig unsicher.

Von solcher Art also war der Pascha, bei dem ich zwei Tage nach meiner Ankunft von Mr. Rassam, dem britischen Vizekonsul, eingeführt wurde. Er nahm Einblick in die Briefe, die ich ihm überreichte, und empfing mich mit der Höflichkeit, die ein Reisender im allgemeinen von einem türkischen Beamten hohen Ranges erwarten kann. Seine neugierige Besorgnis, den Zweck meiner Reise zu erfahren, war offenkundig, wurde aber vorerst nicht befriedigt.

Aus zahlreichen Gründen nämlich war es nötig, meine Pläne bis zum Zeitpunkt ihrer Durchführung zu verheimlichen. Zwar konnte ich mich stets M. Bottas freundlichster Unterstützung erfreuen, doch gab es genügend andere, die seine Gefühle nicht teilten, und bei den Behörden und den Einwohnern der Stadt mußte ich auf heftigen Widerstand gefaßt sein. Nachdem ich heimlich ein paar Geräte besorgt hatte und unmittelbar vor meinem Aufbruch einen Maurer in Dienst genommen hatte, gab ich – unter Mitführung einer Sammlung von Flinten, Speeren und anderen schreckenerregenden Waffen – vor, bei einem Dorfe in der Nachbarschaft Wildschweine jagen zu wollen, und ließ mich am 8. November auf einem kleinen, für meine Fahrt gebauten Floß tigrisabwärts treiben. In meiner Begleitung befanden sich ein britischer Kaufmann aus Mossul namens Ross, mein Kawass und ein Diener.

In dieser Jahreszeit dauert die Fahrt den Tigris hinab von Mossul bis Nimrud etwa sieben Stunden. Die Sonne ging unter, als wir den *awai* oder Damm am anderen Flußufer erreichten; hier stiegen wir aus und marschierten zum Dorf Naifa. Nirgendwo war, als wir ankamen, Licht zu sehen; auch das erwartete Begrüßungsgebell der Hunde, von denen sonst jedes Araberdorf wimmelt, blieb aus. Das Dorf, in das wir gekommen waren, bestand nur noch aus Ruinen! Ich wollte gerade zum Fluß zurückkehren und dort die Nacht verbringen, als der Schein eines Feuers den Eingang einer erbärmlichen Hütte beleuchtete. Durch einen Mauerritz sah ich eine Araberfamilie um einen halbverlöschten Aschenhaufen hocken. Nach der Bekleidung des Mannes, weitem Mantel und weißem Turban, zu urteilen, gehörte er einem der Stämme an, die am Steppenrand ein kleines Stück Land bebauen und sich durch eine gewisse Seßhaftigkeit von den Beduinen unterscheiden. Neben ihm kauerten drei dürre, hagere Frauen, deren Köpfe von schwarzen Tüchern fast ganz verhüllt waren, während der Rest ihrer Körper von der gestreiften Aba verdeckt wurde. Ein paar fast nackte Kinder und ein oder zwei räudige Hunde vervollständigten die Gruppe. Als wir eintraten, fuhren alle, erschreckt durch das plötzliche

Erscheinen von Fremden, in die Höhe. Da der Mann uns aber als Europäer erkannte, hieß er uns willkommen, breitete ein paar Getreidesäcke auf dem Boden aus und lud uns ein, Platz zu nehmen. Frauen und Kinder zogen sich in eine Ecke der Hütte zurück. Unser Gastgeber, der Awad oder Abdullah hieß, war ein Scheich der Jehesch. Nachdem sein Stamm vom Pascha ausgeplündert worden war und sich daraufhin auf verschiedene Teile des Landes zerstreut hatte, war ihm diese Dorfruine Zuflucht geworden. Er verstand etwas Türkisch und machte einen intelligenten und energischen Eindruck, und ich hatte sofort die Ansicht, er würde mir nützlich sein können. Daher machte ich ihm den Zweck meiner Reise klar, stellte ihm für den Fall, daß eine Probe Erfolg verspräche, regelmäßige Beschäftigung in Aussicht und sicherte ihm den Posten des Vorarbeiters sowie festen Lohn zu. Obwohl es schon mitten in der Nacht war, erklärte er sich bereit, nach dem 5 km entfernten Dorfe Sulamije und zu einigen benachbarten Araberzelten zu gehen, um Arbeiter für die Ausgrabungen zu besorgen.

In dieser Nacht schlief ich nicht viel. Die Hütte, in der wir Unterkunft gefunden hatten, und ihre Insassen luden nicht gerade zum Schlummer ein. Indes waren solche Umgebung und solche Gesellschaft für mich nichts Neues; ich hätte sie vergessen, wäre ich nicht innerlich so erregt gewesen. Lange gehegte Hoffnungen schienen nun der Verwirklichung nahe, konnten aber auch mit einer großen Enttäuschung enden. Traumbilder von versunkenen Palästen, riesigen Fabeltieren, in Stein gehauenen Figuren und endlosen Inschriften umgaukelten mich. Ich machte Pläne über Pläne, wie ich die Erde wegschaffen und diese Schätze herausholen wollte – und sah mich durch einen Irrgarten von Räumen wandern und keinen Ausweg aus ihnen mehr finden. Dann aber war alles wieder verschüttet, und ich stand auf einem grasüberwachsenen Trümmerhügel. Kaum war ich schließlich in Schlaf gesunken, hörte ich die Stimme Awads; ich erhob mich von meinem Teppich und traf ihn vor der Hütte. Schon graute der Tag. Er war mit sechs Arabern zurück, die gegen geringen Lohn bereit waren, unter meiner Leitung zu arbeiten.

Hoch und breit, einem Kegel ähnlich, trat der Hügel Nimrud wie ein mächtiger Berg aus dem Morgendunst. Aber wie hatte sich das Bild seit meinem früheren Besuch geändert! Kein Pflanzenwuchs, kein vielfarbiger Blumenflor auf den Ruinen, kein Zeichen menschlicher Besiedlung; nicht einmal das schwarze Zelt eines Arabers war in der Ebene zu sehen. Das Auge glitt über eine dürre Wüste, über die gelegentlich ein Wirbelwind Wolken von Sand wehte. Gut 1½ km vor uns lag, wie Naifa nur noch ein Trümmerhaufen, das Dorf Nimrud.

Ein Marsch von zwanzig Minuten brachte uns zum Haupthügel. Durch das Fehlen jeder Vegetation war ich in der Lage, die Überbleibsel, mit denen er bedeckt war, genau zu untersuchen. Überall lagen Tonscherben und Ziegelbrocken, zuweilen mit keilartigen Zeichen beschrieben, verstreut. Die Araber beobachteten meine Bewegungen, wie ich da so auf und ab wanderte, und sahen überrascht auf die Dinge, die ich aufgelesen hatte. Dann aber beteiligten sie sich an der Suche und brachten mir Hände voll Schutt, unter dem ich zu meiner Freude das Bruchstück eines Basreliefs fand. Das Material, aus dem es geschnitten war, hatte im Feuer gelegen und erinnerte in jeder Weise an den gebrannten Gips von Chorsabad. Dieser Fund gab mir die Gewißheit, daß in bestimmten Teilen des Hügels Skulpturreste vorhanden waren. Ich suchte nun nach einer Stelle, wo man mit Hoffnung auf Erfolg Ausgrabungen beginnen könnte. Awad führte mich zu einem Stück Alabaster, das aus der Bodenoberfläche hervorragte. Es ließ sich nicht herausziehen und erwies sich beim Ausgraben als oberer Teil einer großen Platte. Ich stellte alle Mann dazu an, ringsherum die Erde zu entfernen, und binnen kurzem entdeckten sie eine zweite Platte. Als wir in der gleichen Richtung weitergruben, stießen wir auf eine dritte und legten im Lauf des Vormittags noch zehn weitere frei, die alle zusammen ein Viereck bildeten; nur an der einen Ecke fehlte ein Stück. Offensichtlich waren wir an einen Raum geraten, dessen Eingang in der Lücke lag. Als ich dann an der Vorderseite einer dieser Steinplatten tiefer graben ließ, kam alsbald eine Inschrift in Keilschriftcharakter zum Vorschein. Ähnliche Texte bedeckten den Mittelteil aller Tafeln, die in bestem Erhaltungszustand, aber abgesehen von dem beschrifteten Teil leer waren. Ich ließ die Hälfte der Arbeiter den Schutt aus der Kammer entfernen und führte die anderen zur Südwestecke des Hügels, wo ich zahlreiche Bruchstücke von gebranntem Alabaster beobachtet hatte. Ein in den Hügelhang gelegter Schnitt führte mich fast unmittelbar zu einer Mauer, die weitere Inschriften der beschriebenen Art trug. Die durch starke Hitzeeinwirkung schon fast zu Kalk zerfallenen Platten drohten, sobald sie freigelegt wurden, sich aufzulösen.

Die einbrechende Nacht gebot unserer Arbeit Halt. Sehr zufrieden mit den Ergebnissen kehrte ich ins Dorf zurück. Es stand nun fest, daß der Hügel Baureste von erheblicher Ausdehnung barg; und wenn auch einiges durch Hitze beschädigt war, so hatte doch anderes der Feuersbrunst entgehen können. Der Fund der Inschriften und des Relieffragments ergab als natürliche Folgerung, daß auch Skulpturen unter dem Erdboden verborgen waren. Daher beschloß ich, die Nordwestecke zu erforschen und die an diesem Tag zum Teil ausgegrabene Kammer gänzlich auszuräumen.

Nach Rückkehr ins Dorf zog ich aus der beengten Hütte, in der wir die erste Nacht verbracht hatten, aus. Mit Hilfe Awads, der von unserem Erfolg nicht weniger befriedigt war als ich, besserten wir die am wenigsten verfallene Hütte im Dorf mit Lehm aus und reparierten auch das eingestürzte Dach. Schließlich brachten wir es sogar fertig, einigermaßen den kalten Nachtwind abzuhalten und für meine Begleiter und mich eine gewisse Abgeschlossenheit zu gewinnen.

Am nächsten Morgen hatten sich meine Arbeiter um fünf Turkmenen aus Sulamije vermehrt, die die Aussicht auf regelmäßigen Lohn hergelockt hatte. Ich ließ die halbe Mannschaft die Kammer ausräumen, die übrige Hälfte aber die Mauer an der Südwestecke des Hügels verfolgen. Noch vor Abend war die erste Gruppe mit ihrem Auftrag fertig, und ich fand mich nun in einem Raum, dessen Wände mit etwa 2,4 m hohen und 1,2 bis 1,8 m breiten Platten verkleidet waren. Auf einer von ihnen, die rückwärts umgefallen war, stand in ungelenker arabischer Schrift der Name Achmed Paschas, eines der früheren erblichen Statthalter von Mossul. Einem der Eingeborenen aus Sulamije fiel dabei ein, daß auf diesem Hügel vor etwa dreißig Jahren ein paar Christen nach Steinen für die Ausbesserung des Grabes Sultan Abdallahs hätten suchen müssen; letzterer sei ein mohammedanischer Heiliger, dessen Grabmal einige Meilen unterhalb des Zusammenflusses von Tigris und Zab am linken Ufer läge. Diese Leute hätten damals die Steinplatte gefunden und, da sie sie nicht herausholen konnten, den Namen ihres Auftraggebers, des Paschas, auf ihr eingekratzt. Der Mann, der mir das erzählte, fügte hinzu, sie hätten an einer anderen Stelle, deren genaue Lage er nicht mehr wisse, Steinfiguren gefunden, sie zerschlagen und die einzelnen Stücke fortgeschafft.

Der Boden der Kammer erwies sich als mit Platten gepflastert, die kleiner waren als die der Wandbekleidung. Sie zeigten beiderseitig

Inschriften und waren in einer Asphaltschicht verlegt, die beim Auftragen noch flüssig gewesen war und daher einen sauberen Abdruck der in den Stein gemeißelten Zeichen bewahrt hatte. Die Inschriften an den aufrechtstehenden Platten bestanden aus etwa zwanzig Zeilen und waren einander völlig gleich.

Im Schutt des Raumes fand ich direkt am Fußboden mehrere Elfenbeinfragmente, die Reste von Verzierung zeigten, unter anderem die Figur eines Königs, der in einer Hand die ägyptische *crux ansata*, das Lebenszeichen, hielt, weiter eine kauernde Sphinx und ein zierliches Randornament aus Blumen. Awad sammelte unterdessen sorgfältig alle herumliegenden Stückchen von Goldblättchen, die er im Schutt finden konnte. Er hatte seine eigene Meinung von dem Zweck meines Suchens und ließ sich nicht davon überzeugen, daß es tatsächlich nur „Steinen" gelten sollte. Mit geheimnisvoller und vertraulicher Miene rief er mich beiseite, zeigte mir seine in ein schmutziges Stück Papier gewickelten Fundstücke vor und sagte: „O Bey, Wallah, eure Bücher haben recht, und die Franken wissen, was den wahren Gläubigen verborgen ist. Hier ist das Gold, ganz sicher, und wenn es Allah gefällt, werden wir in ein paar Tagen alles finden. Aber sag nur ja nichts zu diesen Arabern da, denn das sind Dummköpfe, die ihren Mund nicht halten können; der Pascha würde es erfahren!" Der Scheich war sehr überrascht, aber zugleich enttäuscht, als ich ihm die von ihm gesammelten „Schätze" und alles, was er davon künftig entdecken würde, zum Geschenk machte. Er murmelte *„Ja Rubbi"* und andere fromme Sprüche und ging, über den Sinn eines so seltsamen Verhaltens rätselnd, davon.

Am Fuß der Platten in der Südwestecke fanden wir eine dicke Schicht Holzkohle; aus ihr entnahmen wir, daß das zu ihnen gehörende Bauwerk durch Feuer zerstört worden war. Ich grub auf diesem Teil des Hügels in mehreren Richtungen und stieß an vielen Stellen auf brandzerstörte Mauerreste.

Am dritten Tage hob ich oben auf dem konisch geformten Hügel einen Graben aus, fand aber nur Bruchstücke beschrifteter Ziegel. Ebenso grub ich an der Rückfront der Nordseite des zuerst entdeckten Raumes; meine Annahme, dort weitere Mauern zu finden, bestätigte sich indes nicht. Da mein Hauptanliegen darauf ging, so schnell wie möglich festzustellen, ob es hier Skulpturen gab, setzte ich alle Arbeiter auf die Südwestecke an, wo die zahlreichen, bereits entdeckten und offenbar zum gleichen Gebäude gehörenden Mauerreste schnelleren Erfolg versprachen. Bis zum 13. setzte ich die Grabungen auf diesem Teil des Hügels fort, fand aber weiterhin nur Inschriften, keine Skulpturen ...

Schließlich hielt ich es Mitte Februar für richtig, meine Versuche an eine andere Stelle der Ruinen zu verlegen. Um Aufsehen zu vermeiden, beschäftigte ich nur wenige Leute; ich selbst beschränkte mich darauf, diejenigen Teile des Hügels zu erforschen, die Gebäude zu enthalten schienen. Ich machte einen neuen Versuch an der Südwestecke. Bald kam hier eine andere Mauer zum Vorschein, deren Tafeln sämtlich skulptiert waren und keine Feuerschäden zeigten; unglücklicherweise erwiesen sie sich als halb zerstört, da sie zu lange der Luft ausgesetzt gewesen waren. Drei aufeinanderfolgende Platten wiesen ein Basrelief auf, die anderen zeigten nur Teile eines Bildes. Nach Tracht, Ornamenten und Gesamtbehandlung gehörten diese Skulpturen weder zu dem gleichen Gebäude noch in die Zeit der zuerst entdeckten. Ich stellte an ihnen den Stil von Chorsabad und in den Inschriften gewisse Zeichen fest, die den Monumenten jener Zeit eigentümlich sind. Die Steinplatten waren wie jene der übrigen Gebäudeteile von anderwärts hergeschafft worden.

Das vollständig erhaltene Relief war in vieler Hinsicht interessant. Es stellte einen durch seine hohe, kegelförmige Tiara gekennzeichneten König dar, der die ausgestreckte rechte Hand hob, während die linke auf einem Bogen ruhte. Zu seinen Füßen hockte ein Krieger, wohl ein gefangener Feind oder ein Empörer – eher das letztere, da er den typisch assyrischen Spitzhelm trug. Ein Eunuch hielt eine Fliegenklappe oder einen Fächer über dem Haupt des Königs. Dieser schien mit einem vor ihm stehenden Beamten – wahrscheinlich seinem Wesir oder Minister – im Gespräch oder beim Vollzug einer Kulthandlung zu sein. Hinter der Gestalt des Wesirs, die sich durch ihre Frisur – ein einfaches Stirnband, das das Haar zusammenhielt – vom König unterschied, waren zwei Diener, der eine ein Eunuch, der zweite bärtig, zu sehen. Eine Inschrift trennte dieses Relief von dem darüber befindlichen, das fast gänzlich zerstört war; mit Mühe konnte ich auf letzterem einen Verwundeten mit gekrümmtem Helmbusch nach Art der Griechen und einen im Kampf befindlichen Reiter ausmachen. Beide Darstellungen setzten sich auf den angrenzenden Platten fort, die aber unweit der Basis abgebrochen waren und nur die Füße einer Reihe von Figuren, wahrscheinlich weiterer hinter dem König und dem Minister stehender Diener, erkennen ließen.

An der gleichen Mauer, die an manchen Stellen völlig verschwunden war, fanden sich die Spuren einer der eben beschriebenen ähnlichen Gruppe sowie mehrere geflügelte Kolossalfiguren in Flachrelief.

Einige tiefe Schnitte führten mich zu neuem Mauerwerk, dessen Steinmetzarbeiten jedoch nicht besser erhalten waren als die früher auf diesem Hügelteil entdeckten. Das untere Stück mehrerer Kolossalfiguren war mit einem scharfen Instrument absichtlich zerstört, andere Teile hatte die Luft im Lauf der langen Zeit zu fast völliger Glätte verwittert.

Diese Proben bewiesen ausreichend, daß das zu erforschende Bauwerk nicht gänzlich durch Feuer vernichtet, sondern zum Teil nach und nach verfallen war. Vollständig erhaltene Skulpturen waren bis jetzt noch nicht ans Licht gekommen, und von den anderen konnten wohl nur eine oder zwei einen Transport aushalten. Ich entschloß mich daher, diesen Eckabschnitt aufzugeben und in den Nordwestruinen, nahe dem zuerst freigelegten Raum, weiterzugraben, wo die Platten unbeschädigt waren. Die Leute erhielten Weisung, hinter den Resten zweier kleiner Löwen, die anscheinend einen Eingang gebildet hatten, zu arbeiten. Nach dem Wegräumen großer Erdmassen entdeckten sie einige heruntergefallene Platten ohne Skulpturen, die in viele Stücke zerbrochen waren. Die Mauern des Raumes, zu denen sie ursprünglich gehört hatten, waren nicht mehr feststellbar.

Da dieser Gebäudeteil genau auf der Ecke des Hügels stand, war er wahrscheinlich dem Verfall mehr ausgesetzt gewesen und infolgedessen stärker beschädigt worden als jeder andere. Ich ließ deshalb am Mittelpunkt des Gebäudes einen weiteren Graben ausheben und wählte dafür eine tiefe Schlucht, die offensichtlich durch die Winterregen gerissen worden war und sich weit in die Ruinen hineinzog. Binnen zwei Tagen drangen die Arbeiter zur Spitze einer vollständigen Platte vor, die in ihrer ursprünglichen Lage stand. Zu meiner großen Genugtuung entdeckte ich auf ihrer einen Seite in Flachrelief zwei menschliche Gestalten, weit überlebensgroß, in prächtigem Erhaltungszustand. In wenigen Stunden waren Erde und Schutt völlig von der Skulptur entfernt. Die fein ausgearbeiteten Ornamente der Bekleidung, die Troddeln und Fransen, Armspangen und -bänder, die sorgfältige Kräuselung von Haar und Bart waren vollständig erhalten. Die Gestalten standen Rücken an Rücken und hatten Flügel an den Schultern. Sie stellten anscheinend Gottheiten dar, die die Jahreszeiten bestimmten oder gewissen religiösen Zeremonien vorstanden. Die eine, sich nach Osten wendende Figur trug auf dem rechten Arm ein junges Reh, in der linken Hand einen Zweig mit fünf Blüten. Um ihre Schläfe lag ein Stirnband, das an der Vorderseite mit einer Rosette geschmückt war. Die andere Gestalt hielt ein viereckiges Gefäß oder einen Korb in der Linken und trug eine Art Rundkappe, von deren unterem Teil sich vorn ein hornähnliches Gebilde aufwärts bog. Beider Gewänder bestanden aus einem von der Schulter bis zu den Knöcheln herabfallenden Oberkleid und einer kurzen, bis zum Knie reichenden Tunika und waren reich und geschmackvoll mit Stickereien und Fransen verziert. Ihr Haar fiel in unzähligen Locken auf die Schultern, der Bart war sorgfältig in wechselnden Reihen von Locken geordnet. Trotz des ziemlich flachen Reliefs waren die Konturen feiner und ausgeprägter als die der Skulpturen von Chorsabad. Die Gliedmaßen waren mit auffälliger Genauigkeit dargestellt, Muskeln und Knochen getreu, wenn auch etwas zu stark betont, wiedergegeben. In der Tafelmitte befand sich, die Figuren kreuzend, eine Inschrift.

An diese Platte schloß sich noch eine zweite an, so zugehauen, daß sich eine Ecke bildete; auf ihr war ein zierliches Motiv eingemeißelt, das aus mehrfach sich kreuzenden, einer Art Schnecke entsteigenden und in schön geformten Blüten endenden Zweigen bestand. Da eine der vorher beschriebenen Gestalten wie in Anbetung diesem Motiv zugewandt war, stellte es offenbar ein sakrales Emblem dar; ich erkannte in ihm den heiligen Baum oder Baum des Lebens, der seit den ältesten Zeiten überall im Orient verehrt wurde und im religiösen System der Perser bis zur Zerstörung ihres Reiches durch die arabischen Eroberer bewahrt blieb. Die Blüten zeigten sieben Blumenblätter und entsprangen zwei Ranken oder einer Doppelschnecke; in allen Einzelheiten gemahnt das Motiv an das schöne, Geißblatt genannte Ornament der jonischen Architektur. Der Wechsel dieser Blume mit einer tulpenähnlichen Blüte auf den Gewandstickereien der beiden schon genannten geflügelten Gestalten und auf anderen, später entdeckten Flachreliefs klärt ohne Zweifel den Ursprung einer der beliebtesten und feinsten Ziermuster der griechischen Kunst. Die eigenartige Anordnung der sich umschlingenden Zweige erinnert uns ferner an das „Granatapfelgeflecht“, das eines der Hauptornamente des

9. *Transport des geflügelten Stieres von Nimrud*

10. *Der König vor dem Lebensbaum (Relief aus dem Palast Assurnassirpals)*

11. Relief Darius' I. am Felsen von Behistun

12. Keilschrifttafel mit Sintflutbericht

salomonischen Tempels war. Das Relief und die geflügelten Figuren ähnelten in Stil und Einzelheiten mehreren, im Südwestpalast eingemauerten Fragmenten und zeigten sofort, woher der größere Teil des zu jenem Bauwerk verwandten Materials stammte.

An diesen Eckstein schloß sich eine Figur von ungewöhnlicher Form an. Über einem menschlichen Körper in Gewändern, wie sie die schon beschriebenen Flügelwesen trugen, erhob sich der Kopf eines Adlers oder Geiers. Der gekrümmte, ziemlich lange Schnabel stand halb offen und gab eine schmale, spitze Zunge frei, die noch Reste roter Farbe zeigte. Das wie üblich gelockte, dichte Haar assyrischer Bilder fiel auf die Schultern herab, und über dem Kopf stand ein Federkamm hoch. Die Schultern trugen Flügel, in den Händen hatte das Fabelwesen ein viereckiges Gefäß und einen Tannenzapfen. In einer Art Gürtel steckten drei Dolche; der Griff des einen hatte die Form eines Stierkopfes. Sie dürften aus kostbarem Metall oder noch eher aus Kupfer mit Elfenbein- oder Emaileinlage bestanden haben. Wenige Tage vorher hatten wir gerade einen kupfernen Dolchgriff, der in der Form dem von dem Flügelwesen getragenen sehr ähnelte und Löcher zur Aufnahme von Einlagen derartigen Materials besaß, in der Südwestruine gefunden; er wird jetzt im Britischen Museum aufbewahrt.

Dieses Bildwerk, das wahrscheinlich in mythischer Form die Vereinigung gewisser göttlicher Attribute versinnbildlichte, läßt sich vielleicht als das des Gottes Nisroch erkennen, in dessen Tempel Sanherib nach seiner Rückkehr von dem erfolglosen Jerusalemfeldzug durch seine Söhne ermordet wurde. Die Vokabel *nisr* bezeichnet in allen semitischen Sprachen den Adler.

Alle Figuren zeigten Farbreste, besonders an Haar, Bart, Augen und Sandalen; ohne Zweifel waren sie ursprünglich sämtlich bemalt. Die Platten, aus denen sie einst herausgemeißelt wurden, waren unbeschädigt und gehörten offenbar zu einem Raum, den wir, indem wir beim Graben der Mauer folgten, vollständig feststellen konnten und der jetzt zum Teil aufgedeckt ist.

Am Morgen, der diesen Entdeckungen folgte, war ich nach dem Lager des Scheichs Abdurrahman geritten und kehrte gerade zum Trümmerhügel zurück, als ich zwei Araber seines Stammes ihre Pferde zu größter Schnelligkeit antreiben sah. Als sie bei mir waren, hielten sie an. „Schnell, Bey“, rief einer von ihnen, „schnell zu den Grabungsarbeitern! Sie haben Nimrod selbst gefunden! Wallah, es ist wunderbar, aber wahr! Wir haben ihn mit eigenen Augen gesehen! Es gibt nur einen Gott!" – und mit diesem gemeinsamen frommen Ausruf galoppierten beide, ohne noch ein weiteres Wort zu verlieren, auf ihre Zelte zu.

Bei den Ruinen angekommen, stieg ich in den neuen Graben hinab. Ich fand die Arbeiter, die mein Herankommen schon bemerkt hatten, bei einem Haufen von Körben und Mänteln stehen. Während Awad vortrat und mich zur Feier des Ereignisses um ein Geschenk bat, entfernten die Araber eine Schutzwand, die sie in aller Eile aufgerichtet hatten, und enthüllten ein riesiges, vollplastisch aus dem landesüblichen Alabaster gemeißeltes Menschenhaupt. Mit ihm hatten sie den obersten Teil einer Figur entdeckt, deren übriger Körper noch in der Erde begraben war. Sofort erkannte ich, daß das Haupt zu einem geflügelten Löwen oder Stier nach Art der in Chorsabad und Persepolis gefundenen gehören mußte. Es war großartig erhalten, von ruhigem, majestätischem Ausdruck, und die Konturen der Gesichtszüge zeigten eine Freiheit und Beherrschung der Kunst, wie man sie bei Bildwerken einer so weit zurückliegenden Epoche kaum erwartet hätte.

Es war kein Wunder, daß die Araber bei seinem Erscheinen überrascht und erschrocken waren. Denn angesichts dieses gigantischen Hauptes bedurfte es keiner übertriebenen Einbildungskraft, um die fremdartigsten Vorstellungen heraufzubeschwören. Wie es da, gebleicht vom Alter, aus den Tiefen der Erde emporstieg, konnte es zu einem jener schrecklichen Wesen gehört haben, wie sie nach den Überlieferungen des Landes langsam aus den Regionen der Unterwelt heraufkamen und den Menschen erschienen. Einer der Arbeiter hatte, als er den ersten Schimmer der Schreckgestalt erblickt hatte, seinen Korb weggeworfen und war, so schnell ihn seine Füße trugen, nach Mossul gelaufen – was ich im Hinblick auf die Auswirkungen mit Sorge hörte.

Während ich die Entfernung des der Skulptur noch anhaftenden Erdreichs überwachte und Anweisungen für die Fortsetzung der Arbeit gab, hörte man Reiterlärm, und kurz darauf tauchte Abdurrahman, gefolgt von seinem halben Stamm, am Rand des Grabens auf. Sobald die beiden Araber ihre Zelte erreicht und das Wunder, das sie gesehen, berichtet hatten, war jeder auf sein Pferd gesprungen, um zum Hügel zu reiten und sich selbst von der Wahrheit dieser unfaßbaren Kunde zu überzeugen. Als sie das Haupt erblickten, schrien sie alle: „Es gibt keinen Gott denn Gott, und Mohammed ist sein Prophet!" Erst nach längerer Zeit ließ der Scheich sich dazu bereden, in den Schacht hinabzusteigen und sich mit eigenen Augen davon zu überzeugen, daß das Bildwerk, das er da sah, aus Stein war. „Das ist kein Werk von Menschenhand!" rief er aus, „sondern stammt von den ungläubigen Riesen, die nach den Worten des Propheten – Friede sei mit ihm! – größer waren als die höchsten Dattelpalmen! Das ist eines der Götzenbilder, die Noah – Friede sei mit ihm! – vor der Flut verfluchte!" Diesem Urteil, dem Ergebnis einer sorgsamen Untersuchung, schlossen sich alle Anwesenden an.

Layards Arbeiter entdecken das Riesenhaupt von Nimrud

Ich ließ nun von dem Haupt aus genau südwärts einen Graben ausheben, da ich dort eine entsprechende Figur anzutreffen hoffte; gegen Abend fand ich tatsächlich in etwa 3,6 m Entfernung den Gegenstand meines Suchens. Nachdem ich zwei oder drei Mann dazu eingeteilt hatte, bei den Skulpturen zu nächtigen, kehrte ich ins Dorf zurück und ließ zur Feier der Entdeckung dieses Tages Hammel schlachten, von denen alle Araber ringsum etwas abbekamen. Da sich in Sulamije gerade Wandermusikanten aufhielten, ließ ich sie holen, und nun wurde die halbe Nacht hindurch getanzt. Am anderen Morgen strömten die Araber von der anderen Tigrisseite und die Bewohner der Dörfer in der Umgebung auf unserem Hügel zusammen. Sogar die Frauen konnten ihre Neugier nicht bezähmen und kamen samt ihren Kindern in Menge von weither. Den ganzen Tag über hielt mein Kawass im Graben Wache, denn ich wollte nicht, daß die vielen Leute hinunterstiegen.

Meiner Erwartung entsprechend hatte die Nachricht von der Entdeckung des Riesenhauptes, die der erschrockene Araber nach Mossul gebracht hatte, die Stadt in Aufruhr versetzt. Er war fast ununterbrochen gelaufen, bis er die Brücke erreichte, stürzte atemlos in den Basar und erzählte jedem, den er traf, daß Nimrod erschienen sei. Schnell kam die Neuigkeit dem Kadi zu Ohren, der den Mufti und die Ulema zur Beratung über dieses unerwartete Ereignis zusammenrief. Das Ende ihrer Sitzung war eine Wallfahrt zum Gouverneur und im Namen der Moslems der Stadt ein förmlicher Protest gegen die Fortsetzung solcher den Korangesetzen zuwiderlaufender Unternehmungen. Der Kadi war sich nicht im klaren darüber, ob die Gebeine des gewaltigen Jägers oder nur sein Bild aufgedeckt worden seien, und auch über die Frage, ob Nimrod ein rechtgläubiger Prophet oder ein Heide gewesen sei, wußte er nicht recht Bescheid. Ich erhielt infolgedessen eine etwas unklare Weisung Seiner Exzellenz. Nach ihr sollten die Überreste mit Ehrfurcht behandelt und unter keinen Umständen fürderhin gestört werden; er wünsche die Einstellung der Grabungen und wolle sich mit mir über die Angelegenheit besprechen.

Ich stattete ihm daraufhin einen Besuch ab und hatte einige Schwierigkeiten, ihm die Art meiner Entdeckung klarzumachen. Da er mich ersuchte, die Arbeiten zu unterbrechen, bis sich die Aufregung in der Stadt etwas gelegt hätte, entließ ich bei Rückkehr nach Nimrud alle Arbeiter bis auf zwei, die langsam, und ohne Anlaß zu neuen Störungen zu geben, längs der Mauer weitergraben sollten. Bis Ende März ermittelte ich die Existenz eines zweiten Paares menschenhäuptiger Flügellöwen, deren Gestalt sich von den zuerst entdeckten unterschied. Sie besaßen bis zur Taille Menschengestalt und hatten sowohl menschliche Arme wie Löwenpranken. Beide Figuren trugen in dem einen Arm eine Ziege oder einen Hirsch, während die andere, seitlich herunterhängende Hand einen Zweig mit drei Blüten hielt. Sie bildeten den Nordeingang in den Raum, dessen Westportal die früher beschriebenen Löwen flankierten. Ich legte die letzteren völlig frei und stellte fest, daß sie gänzlich unversehrt waren. Ihre Höhe betrug etwa 3,6 m, ebenso ihre Länge. Körper und Glieder waren in wunderbarer Naturtreue nachgebildet. Die Muskeln und Knochen waren zwar überbetont, um die Kraft des Tierwesens zu unterstreichen, bewiesen aber zugleich eine einwandfreie Kenntnis ihrer Anatomie und Form. Aus den Schultern wuchsen Flügel hervor und entfalteten sich über dem Rücken. Ein Gürtel mit einem Knoten, der in Quasten endete, umschlang die Lenden. Halb vollplastisch, halb als Relief gestaltet, flankierten die Steinbilder ein Portal. Kopf und Vorderkörper, dem Raum zugewandt, traten vollplastisch hervor, während der übrige Körper nur auf der einen Seite der Steinplatte ausgearbeitet war und die Rückseite in die Wand aus sonnengetrockneten Ziegeln überging. Um dem Beschauer Vorder- und Seitenansicht vollständig zu bieten, wiesen die Figuren fünf Beine auf; zwei hatte man am Ende der Platte in Richtung auf den Raum zu ausgemeißelt, drei auf der Seite. Körper und Beine waren in Hochrelief ausgeführt und traten kräftig hervor. Wo die bildliche Darstellung Raum ließ, war die Steinplatte vollständig mit keilschriftlichen Texten bedeckt. An den Augen zeigten sich noch Farbspuren: Die Pupillen waren schwarz, das übrige mit einem durchsichtigen weißen Farbstoff ausgefüllt; an anderen Teilen der Skulptur waren solche Reste nicht mehr feststellbar. Diese prachtvollen Beispiele assyrischer Kunst hatten sich aufs beste konserviert; die feinsten Linien im Detail der Flügel und der sonstigen Ornamentierung boten sich wie jüngst erst geschaffen dar.

Volle vier Stunden verbrachte ich mit der Betrachtung dieser rätselhaften Sinnbilder und dachte über ihre Bestimmung und Geschichte nach. Wo gab es edlere Gestalten, das Volk in die Tempel seiner Götter zu geleiten? Wo hatten Menschen ohne die Erleuchtung der geoffenbarten Religion Bilder von größerer Majestät der Natur entlehnt, um ihre Vorstellung von Weisheit, Macht und Allgegenwart des höchsten Wesens auszudrücken? Es gab für sie keine bessere Verkörperung von Geist und Wissen als das Menschenhaupt, kein treffenderes Symbol der Kraft als den Körper des Löwen und kein angemesseneres Bild für

Allgegenwart als die Schwingen des Vogels. Die geflügelten, menschenköpfigen Löwen waren keine leeren, reiner Phantasie entsprungenen Schöpfungen; was sie bedeuteten, stand auf ihnen geschrieben. Völkern, die vor drei Jahrtausenden blühten, hatten sie Ehrfurcht und Belehrung vermittelt. Durch die Tore, die sie bewachten, hatten Könige, Priester und Krieger ihre Opfer zu den Altären gebracht – lange bevor die Weisheit des Orients Griechenland durchdrang und seine Mythologie um Symbole bereicherte, die die Gläubigen Assyriens seit alters kannten. Vielleicht waren sie schon verschüttet und vergessen, ehe die Heilige Stadt gegründet wurde. Durch fünfundzwanzig Jahrhunderte blieben sie dem menschlichen Auge verborgen, nun aber erschienen sie aufs neue in ihrer alten Majestät. Aber wie hatte sich der Schauplatz ringsum verändert! Reichtum und Kultur eines mächtigen Volkes waren der Armseligkeit und Unwissenheit einiger halbbarbarischer Stämme gewichen. Wo einst üppige Tempel und reiche Großstädte sich erhoben hatten, da waren nun nur noch Ruinen und formlose Erdhaufen. Über die weiten Hallen, deren Portale jene Bildwerke einst bewachten, war der Pflug hinweggegangen und wogte nun das Korn. Auch Ägypten besaß Denkmäler nicht geringeren Alters und von gleicher Herrlichkeit; sie aber hatten Jahrtausenden standgehalten, um fort und fort von Ägyptens alter Macht und seinem Ruhm zu künden. Die Denkmäler vor mir jedoch erhoben erst in dieser Stunde ihre Stimme, um Zeugnis abzulegen. Ich mußte an die Worte des biblischen Propheten denken: „Siehe, Assur war wie ein Zedernbaum auf dem Libanon, von schönen Ästen und dick von Laub und sehr hoch, daß sein Wipfel hoch stand unter großen, dicken Zweigen . . . Darum ist er höher worden denn alle Bäume im Felde und kriegte viele Äste und lange Zweige; denn er hatte Wassers genug, sich auszubreiten. Alle Vögel des Himmels nisteten auf seinen Ästen und alle Tiere im Felde hatten Junge unter seinen Zweigen; und unter seinem Schatten wohnten alle großen Völker"; jetzt aber ist Ninive „verödet, dürr wie eine Wüste, daß drinnen sich lagern werden allerlei Tiere unter den Heiden; auch Vögel werden wohnen unter ihren Trümmern und werden in ihren Fenstern singen, und auf der Schwelle wird Verwüstung sein".

Der durch die menschenköpfigen Löwen bezeichnete Eingang führte in einen Raum, der ringsum geflügelte Wesen der beschriebenen Art aufwies. Sie standen sich, durch den heiligen Baum getrennt, paarweise gegenüber. Diese Basreliefs waren weniger sorgfältig ausgeführt und endeten bei den früher beschriebenen.

Während des Monats März erhielt ich den Besuch der führenden Scheichs der Dschebur-Araber, deren Leute jetzt in Gruppen über den Tigris kamen und in der Nachbarschaft von Nimrud ihre Herden weideten oder am Tigrisufer Hirse aussäten.

Die Dschebur sind ein Zweig des alten Stammes der Obed; ihre Weidegründe liegen an den Ufern des Chabur, von der Stelle an, wo er sich in den Euphrat ergießt oder gar von dem alten Karkemisch (Circesium) bis zu seiner Quelle bei Ras el-Ain. Nachdem sie ein oder zwei Jahre zuvor überraschend von den Aneyza überfallen und beraubt worden waren, hatten sie ihre alten Sitze verlassen und im Gebiet um Mossul Zuflucht gesucht. Sie gliederten sich jetzt in drei Sippen unter den Scheichs Abd'rubbu, Mohammed-Emin und Mohammed-ed-Dager. Wenn mir auch alle drei in Nimrud ihren Besuch machten, so lernte ich doch den erstgenannten am besten kennen; er war mir in vielem behilflich. Ich hielt es für ratsam, jedem von ihnen ein kleines Geschenk – ein seidenes Gewand oder einen bestickten Mantel, dazu ein Paar bequeme Schuhe – zu verehren; denn beim Ausbruch neuer Unruhen im Lande konnte es von großem Nutzen werden, freundschaftliche Beziehungen zu den Stämmen zu haben.

Mitte März ist in Mesopotamien schönster Frühling. Die Steppe rings um Nimrud bekam ein ganz neues Gesicht. Das Weideland, hier *Dschaif* genannt, ist für seinen reichen und üppigen Pflanzenwuchs berühmt. In sicheren Zeiten werden die Pferde des Paschas und der türkischen Beamten wie auch die der Kavallerieeinheiten und der Bürger von Mossul hierher auf die Weide gebracht. Täglich erschienen sie in langgestreckten Zügen. Die Schemutti- und Jehesch-Beduinen verließen ihre Hütten und schlugen auf den Grasflächen im Umkreis der Dörfer ihr Lager auf. Soweit das Auge reichte, war die Ebene nun mit den weißen Hütten der Hitas und den schwarzen Araberzelten besät. Um sie herum waren zahllose Pferde in reichgeschmücktem Geschirr angepflockt, die immer wieder versuchten, ihre Zäume abzustreifen und auf die lockenden, grünen Fluren zu entkommen.

Blüten in allen Farben schmückten die Matten, sie waren nicht einzeln im Gras verteilt wie unterm nordischen Himmel, sondern standen in so dicken, üppigen Büscheln, daß die ganze Steppe wie ein vielfarbiger Teppich wirkte. Die von der Jagd zurückkehrenden Hunde kamen je nach den Blütenfeldern, durch die sie zuletzt gelaufen waren, rot, gelb oder blau überpudert aus dem hohen Gras hervor.

Die Dörfer Naifa und Nimrud lagen jetzt verlassen, nur ich blieb mit Said, meinem Gastgeber, und meinen Dienern zurück. In den Häusern begann es nun von Ungeziefer zu wimmeln; auch wir legten uns nicht länger mehr unter den Dächern zur Ruhe, sondern folgten dem Beispiel der Araber. Ich richtete mein Lager an einem großen Teich außerhalb Nimruds ein. Said begleitete mich, und seine junge Frau Salah, ein Arabermädchen mit funkelnden Augen, stellte ihren Windschirm auf und hütete und melkte ihre kleine Herde von Schafen und Ziegen.

So war ich von Arabern umgeben, die entweder ihre Zelte aufgeschlagen oder – wenn sie zu arm waren, um die dazu nötigen schwarzen Ziegenhaardecken zu kaufen – aus Schilfrohr und Gras kleine Hütten errichtet hatten.

Nach der Arbeit des Tages saß ich abends oft am Eingang meines Zeltes, blickte still auf die Szenerie vor mir und genoß freudigen Herzens die Stille und den Frieden, den ein solcher Anblick dem Gemüt einzuflößen pflegt. Die Sonne versank hinter den niedrigen Hügeln, die Fluß und Steppe trennen – auch die steinigen Hänge bemühten sich nun, mit dem Grün der Niederung zu wetteifern –, und die letzten Sonnenstrahlen glitten, mählich schwächer werdend, wie ein durchscheinender Lichtschleier über die Landschaft. Das klare, wolkenlose Firmament erglänzte im Abendschein. Weit über die Steppe warf der hohe Trümmerhügel seinen dunklen Schatten. Fern, jenseits des Zab, erhob sich Kescheb, eine andere ehrwürdige Ruine, undeutlich aus dem Dämmer des scheidenden Tages. Und noch weiter weg, schon fast zerfließend, lag einsam jener Hügel, der die alte Stadt Arbela überragt. Die kurdischen Berge, deren schneebedeckte Gipfel die scheidenden Sonnenstrahlen liebkosten, kämpften noch mit der Dämmerung. Das Blöken der Schafe und das Gebrüll der Rinder erklang erst leise und nahm zu, als nun die Herden von den Weiden kamen und zu den Zelten wanderten. Über den grünen Rasen liefen die Kinder auf der Suche nach den Kühen ihrer Väter, kauerten sich dann nieder und melkten die Tiere, die von selbst ihre gewohnten Hürden fanden. Andere Kinder kehrten, die gefüllten Krüge auf dem Kopf oder auf der Schulter, vom Fluß zurück oder brachten in schöner, aufrechter Haltung schwere Bündel langhalmigen Heus, das sie auf den

Wiesen gemäht hatten. Manchmal zeigte sich auch wohl ein Trupp Reiter in der Ferne, der gemächlich die Ebene überquerte; dann hoben sich die Büschel von Straußenfedern, die sie an den Spitzen ihrer langen Lanzen trugen, schwarz gegen den Abendhimmel ab. Die einen oder anderen ritten auf mein Zelt zu und begrüßten mich nach herkömmlicher Art mit den Worten „Friede sei mit dir, o Bey!“ oder „Allah aienek“, „Gott helfe dir!“; dann stießen sie die Spitzen ihrer Lanzen in die Erde, sprangen ab und schlangen die Zügel um die noch zitternden Schäfte. Sich auf dem Rasen niederlassend, begannen sie Geschichten von Krieg und Raubzug zu erzählen, oder sie unterhielten sich darüber, wo die Zelte der Sofuk wohl ständen. Wenn dann der Mond aufging, sprangen sie wieder in die Sättel und ritten durch die Steppe davon.

Zahllose Feuer glänzten nun in der Ebene auf. Mit dem Fortschreiten der Nacht verlosch eines nach dem anderen, und schließlich hüllte sich das Land in Dunkel und Schweigen, das nur vom Bellen der Araberhunde unterbrochen wurde.

9

HENRY RAWLINSON

Der eigentliche Durchbruch zur Archäologie der nahöstlichen Welt erfolgte mit der Entzifferung der Schriften Ägyptens und Mesopotamiens. In beiden Ländern fanden sich, leicht erreichbar, zahllose Inschriften, aber sie waren in völlig unbekannten Charakteren und, wie mit Sicherheit angenommen werden mußte, in fremden Sprachen abgefaßt. Die Entzifferung dieser Schriften durch Champollion und Rawlinson – die dabei von zahlreichen Vorgängern und Zeitgenossen unterstützt wurden – ist eine der bedeutendsten Leistungen der Wissenschaft im 19. Jahrhundert.

Solange man die von den alten Bewohnern Ägyptens und Mesopotamiens hinterlassenen Literaturwerke und Urkunden nicht zu lesen verstand, blieb das Wissen von ihnen zufällig. Praktisch reichte es über die bruchstückhaften und hoffnungslos unzureichenden Auskünfte bei Herodot und in der Bibel kaum hinaus. Ohne verständliche Schriftzeugnisse sagten auch die wieder ausgegrabenen Denkmäler wenig aus; ihre Zeit verblieb im Schatten der Prähistorie. Sobald man aber den Schlüssel zu den Schriftdokumenten der alten Völker in der Hand hatte, gewannen diese dahingegangenen Generationen mit einem Schlage neues Leben, denn nun enthüllte sich in erzählenden und religiösen Texten, Dichtungen, Briefen, Erlässen, Königslisten, Handelsbelegen und Gesetzbüchern ihr Leben, Hoffen und Wirken. Um Jahrtausende wurden die Grenzen der Geschichte zurückgeschoben. Für Ägypten zum Beispiel brachte die Entzifferung der Hieroglyphen eine intimere Kenntnis vom Leben des Neuen Reiches, als wir sie vom frühen Mittelalter im Abendland besitzen.

Das im gesamten Alten Orient gebräuchliche Schriftsystem des Zweistromlandes, dessen sich nach Ausweis der Amarnatafeln auch nichtmesopotamische Völker bedienten, war durch die Erfindung des weit einfacheren, von aramäischen Kaufleuten überallhin verbreiteten phönikischen Alphabets um die Zeitenwende längst außer Verwendung.

Die Kunst, Mesopotamiens Schrift zu lesen, war ebenso abhanden gekommen wie die Beherrschung der Hieroglyphen. Immer wieder aber hatten seit der griechischen Zeit die Texte des Zweistromlandes mit ihren keilförmigen Zeichen gelegentlich die Aufmerksamkeit der Reisenden auf sich gezogen; von den mächtigen Felsinschriften in den persischen Randgebieten abgesehen, spendete das Land an Euphrat und Tigris seit dem 17. Jahrhundert eine steigende Zahl gebrannter Tontafeln, deren Zeichen ihrem Sinn nach lebhaft diskutiert wurden.

Einer der Pioniere auf dem Wege der Keilschriftentzifferung war der vielseitig interessierte, aus dem damals dänischen Holstein stammende Geograph Karsten Niebuhr. Er schrieb einige der umfangreichen Inschriften von Persepolis ab, stellte eine Liste der Einzelzeichen, wie er sie sah, zusammen und erkannte ferner richtig, daß die auf den Reliefs eingemeißelten Texte verschiedene Sprachen enthielten; sie wurden später als altpersisch, elamitisch und assyrisch identifiziert. Niebuhrs deutsch abgefaßter und 1774–78 in Kopenhagen erschienener Bericht über seine Reisen im Vorderen Orient steigerte das Interesse einer Reihe von Gelehrten an der Lösung des Rätsels der Keilschrift. Von ihnen kam ein Göttinger Lehrer, Georg Grotefend (1775–1853), der keine orientalische Sprache beherrschte, am weitesten voran. Während Champollion im griechischen Text des Steins von Rosette eine Brücke vom Bekannten zum Unbekannten hatte, besaß Grotefend keine Version des gleichen Textes in einer bekannten Sprache. Alle drei Abschnitte des dreisprachigen Textes, der ihm vorlag, waren in der gleichen unbekannten, keilförmigen Schrift abgefaßt. Trotzdem waren seine 1802 veröffentlichten Ableitungen äußerst scharfsinnig und stichhaltig und gestatteten ihm, den Titel „König der Könige" und die Namen Darius, Hystaspes und Xerxes zu entziffern. Von da aus konnte er eine ganze Reihe von Buchstaben herauslösen und zwölf von ihnen richtig bestimmen. Aber ähnlich wie Gregor Mendels Entdeckung der Erbgesetze, wurde Grotefends wichtiger, in unbekannten Veröffentlichungen erschienener Beitrag nicht beachtet und praktisch vergessen. So blieb es Henry Creswicke Rawlinson vorbehalten, einige der glänzenden Entdeckungen Grotefends noch einmal zu machen und dann die vollständige Lösung zu finden.

Wie Layard war auch Rawlinson eine glückliche Mischung von Gelehrtem und Tatmensch. Schon mit 17 Jahren trat er in die Armee der Ostindischen Kompanie ein und widmete dann seine Freizeit zu einem guten Teil orientalischen Studien. Als er 1835 als Militärberater nach Persien versetzt wurde, erlernte er die Sprache, bereiste gründlich das Land und erforschte seine zahlreichen Altertümer. Keilinschriften wurden bald seine Leidenschaft, und im Alwend-Gebirge konnte er zwei dieser Texte kopieren. Bald brachte er mit Methoden, die denen Grotefends ähnelten, die Namen altpersischer Könige heraus. Dann hörte er von der monumentalen Behistun-Inschrift – einem mesopotamischen Stein von Rosette –, die sich hoch oben an einem Felsen über der von Babylon nach Ekbatana führenden Straße befand. Darius I. hatte sie nach Niederwerfung einer Hausrevolte 516 v. Chr. einmeißeln lassen, um Macht und Ausdehnung seines neugefestigten Reiches zu preisen.

Die erste Spalte der dreisprachigen Inschrift, altpersisch, war verhältnismäßig leicht zu erreichen und wurde auch als erste übersetzt. (Unabhängig davon entzifferte sie auch ein anglikanischer Geistlicher, Dr. Edward Hincks.) Als unzugänglichste und widerspenstigste Kolumne zeigte sich die dritte in „Babylonisch III" oder Assyrisch; schließlich aber konnte Rawlinson mit Hilfe eines behenden Kurdenjungen in einem unglaublichen Akrobatenkunststück auch von ihr Abdrücke machen. 1847 waren Abdrücke sämtlicher Partien vorhanden, und der Text konnte jetzt einem größeren Kreis zugänglich gemacht werden. Zur Bewältigung des babylonischen Textteiles trat Rawlinson nun mit anderen Gelehrten, unter denen sich Hincks, Oppert und Fox Talbot befanden, in Verbindung und veröffentlichte seine eigene Übersetzungsversion 1851. Zweifel an der gelungenen Entzifferung der babylonischen Keilschrift wurden endgültig zerstört, als 1857 auf Einladung der Royal Asiatic Society vier Assyriologen unabhängig voneinander eine Zylinderinschrift Tiglatpilesers I. aus dem Britischen Museum fast gleichlautend übersetzten. Tatsächlich war damit der Schlüssel gefunden; die unzähligen Urkunden der altmesopotamischen Zivilisation waren nun ein offenes Buch. Im Lauf der Zeit wurden dann auch die sumerischen und hethitischen Keilschrifttexte entziffert.

Klettertouren nach Keilschrifttexten

... Dieser Fels von Behistun ist ein erstaunliches Naturdenkmal an der Heerstraße zwischen Ekbatana und Babylon. In den frühesten Zeiten galt er wohl als heilig; denn der griechische Arzt Ktesias, der diesen Platz im 4. Jahrhundert v. Chr. besucht haben muß, schreibt die bedeutendsten der dort befindlichen Altertümer der Assyrerkönigin Semiramis zu ... Offenbar bewahrte der Felsen von Behistun auch in der Zeit des Darius seine Heiligkeit, weshalb ihn der König als passenden Platz für die Verewigung seiner Kriegserfolge ansah. Der Name selbst, *Bhagistán*, bedeutet „Platz des Gottes", und Ahura Mazda, der Herr der „*Bhagas*", das heißt der Götter der altpersischen Theogonie, ist deshalb auf dem Inschriftfelsen als die beherrschende Gottheit des Ortes dargestellt.

Der Felsen oder, wie die arabischen Geographen ihn gewöhnlich nennen, der Berg von Behistun ist nicht, was gelegentlich angenommen wird, eine isolierte Erhebung, sondern nur der Abschluß eines langen, schmalen Höhenzuges, der die Ebene von Kermanschah im Osten begrenzt. Diese Kette ist überall felsig und steil, steigt aber am Ende besonders hoch empor und bildet einen senkrechten Abgrund. In sorgfältiger Triangulation stellte ich seine Höhe mit 1142 m fest; die Inschriften des Darius liegen gut 150 m über der Talsohle. Eine in Persien arbeitende Kommission französischer Altertumsforscher erklärte zwar vor einigen Jahren, daß es unmöglich sei, die Behistun-Inschriften zu kopieren, ich selbst halte es aber bestimmt für kein großes Kletterkunststück, an die Stelle heranzukommen, wo die Inschriften erscheinen. Als ich vor 15 Jahren in Kermanschah lebte und noch etwas flinker war als heute, erkletterte ich den Felsen oft drei- oder viermal täglich ohne Seil oder Leiter, überhaupt ohne irgendwelche Hilfen. Bei meinen letzten Besuchen fand ich es allerdings bequemer, da, wo der Zugang über eine tiefe Kluft führt, mit Hilfe von Seilen auf- und abzusteigen und über die Spalten ein Brett zu legen; ein falscher Tritt beim Herüberspringen wäre hier freilich tödlich. Hat man die Nische, die den persischen Text der Urkunde aufweist, erreicht, braucht man unbedingt Leitern, um den oberen Teil der Inschriftfläche zu untersuchen. Auch mit Leitern bleibt es einigermaßen lebensgefährlich. Die Kante, auf der die Leiter aufgestellt werden muß, ist nämlich sehr schmal; sie mißt in der Breite 46 oder höchstens 60 cm. Nimmt man die Leiter so lang, daß sie bis zu den Skulpturen hinaufreicht, steht sie nicht schräg genug, um das Hinaufsteigen zu gestatten; nimmt man sie kürzer, um sie schräger stellen zu können, lassen sich die höchsten Inschriftzeilen nur kopieren, wenn man auf der obersten Leiterstufe steht. Man hat dann nur dadurch Halt, daß man den Körper mit dem linken Arm am Felsen abstützt, wobei aber die linke Hand das Notizbuch halten muß, während die rechte den Stift benutzt. In dieser Stellung kopierte ich alle oberen Inschriften; der Gewinn dieser Arbeit ließ jede Gefahr vergessen.

Wesentlich schwerer ist es, an die Nische mit der skythischen* Übersetzung des Darius-Berichtes heranzukommen. Nur auf der linken Seite der Nische gibt es überhaupt eine Fußkante; rechts, wo die etwa 1 m zurückgesetzte Nische an den persischen Inschriftteil grenzt, steht die Felsfläche glatt und senkrecht über dem Abgrund. Diese Lücke zwischen dem linken Teil der persischen Inschrift und der Fußkante links an der Nische gilt es also zu überbrücken. Mit Leitern von genügender Länge läßt sich eine Verbindung dieser Art ohne Schwierigkeit herstellen. Mein erster Versuch, die Kluft zu überqueren, mißglückte jedoch und hätte übel ausgehen können. Ich hatte nämlich zuvor meine einzige Leiter gekürzt, um sie für das Abschreiben der oberen persischen Zeilen genügend schräg anlehnen zu können. Als ich sie nun quer über die Nische legen wollte, um so an die skythische Übersetzung heranzukommen, stellte ich fest, daß sie nicht lang genug war, um flach auf der jenseitigen Fußkante aufzuliegen. Nur der eine Leiterholm reichte bis zum vordersten Rand der Kante hinüber, und die Leiter wäre natürlich übergekippt, wenn jemand sie in dieser Lage zu überklettern versucht hätte. Ich drehte sie nun von der Horizontalen in die Vertikale um, so daß der obere Holm mit seinen beiden Enden fest auf dem Felsen auflag, während der untere über dem Abgrund hing, und fing an hinüberzusteigen, indem ich auf den unteren Holm trat und mich mit den Händen am oberen Holm festhielt. Hätte es sich bei der Leiter um ein solide gearbeitetes Stück gehandelt, so wäre diese Art der Überquerung zwar nicht gerade bequem, aber doch durchführbar gewesen. Nun setzen aber die Perser die Sprossen ihrer Leitern nur einfach ein, ohne sie an der Außenseite zu sichern; ich hatte also kaum mit dem Überqueren begonnen, als der vertikale Druck

* Gemeint ist: elamitischen. (Anm. der Übers.)

meines Gewichtes die Sprossen aus ihren Löchern drückte. Die untere, nicht gesicherte Leiterhälfte trennte sich von der oberen und stürzte krachend in den Abgrund. Was mich betraf, so hing ich am oberen Holm, der noch fest auflag. Mit Hilfe meiner Freunde, die den Versuch ängstlich beobachtet hatten, erreichte ich wieder die persische Nische und versuchte nicht eher wieder hinüberzukommen, bis ich einen verhältnismäßig sicheren Steg angefertigt hatte. Schließlich erhielt ich den Abdruck des skythischen Textes, der über der Raumwand steht, indem ich zuerst eine lange Leiter waagerecht über die Kluft legte und sodann auf ihr als Unterlage eine zweite senkrecht gegen die Felswand lehnte.

Die babylonische Übersetzung von Behistun ist noch schwieriger zu erreichen als die skythische oder persische. Man kann die Inschrift mit Hilfe eines guten Teleskops von unten kopieren; an der Möglichkeit, einen Abdruck des Textes zu bekommen, aber zweifelte ich lange. Das Herankommen an die Stelle, wo er eingemeißelt ist, schien auch meine Kletterkünste zu übersteigen; die Gebirgsbewohner dieser Gegend, die den Fährten der Wildziege über Berg und Tal zu folgen pflegen, erklärten das Felsstück mit der babylonischen Inschrift für unzugänglich. Schließlich aber erbot sich ein wild aufgewachsener Kurdenjunge, der von weither gekommen war, freiwillig, den Versuch zu wagen, und ich versprach ihm bei Erfolg eine beträchtliche Belohnung. Die in Frage kommende Felsmasse ist abgeböscht und ragt etwa 1 m über die skythische Nische vor; jede anwendbare Klettermethode muß bei ihr versagen. Zunächst stemmte sich der Junge eine Felsklamm etwas links von der vorspringenden Felswand empor. Als er hier etwas über sie hinausgelangt war, trieb er einen Holzpflock fest in die Klammwand, befestigte ein Seil an ihm und versuchte sich daran zu einer anderen Spalte hinüberzuschwingen, die in einiger Entfernung auf der anderen Seite lag. Das mißlang aber, da der Fels vorstand. Die einzige Möglichkeit für ihn, jene Spalte zu erreichen, war nun, sich mit Fingern und Zehen an den leichten Unebenheiten der glatten Felswand über den Abgrund zu hangeln. Das glückte ihm; er überquerte die sechs Meter breite, fast glatte, senkrechte Wand auf eine Art, die dem Beschauer wie ein Wunder erschien. Nachdem er die zweite Kluft erreicht hatte, waren die Hauptschwierigkeiten gemeistert. Das an dem ersten Pflock befestigte Seil hatte er mitgenommen; indem er nun einen zweiten eintrieb, konnte er sich gerade über die vorspringende Felswand hinwegschwingen. Hier fertigte er sich aus einer kurzen Leiter einen Hängesitz nach Malerart und nahm, auf ihm hockend, nach meinen Anweisungen den Abdruck der babylonischen Version der Darius-Inschrift, der sich heute in den Sälen der Royal Asiatic Society befindet – jenes Textes, der für die Deutung der assyrischen Dokumente von fast dem gleichen Wert ist wie die griechische Übersetzung auf dem Stein von Rosette für die Entzifferung der Hieroglyphenurkunden Ägyptens. Ich muß noch hinzufügen, daß die Entdeckung dieses unschätzbaren babylonischen Schlüsseltextes umso bedeutsamer ist, als die Felsmasse, in die man einst die Inschrift eingemeißelt hat, schneller Zerstörung entgegengeht. Ich stellte dies fest, als ich das letzte Mal dort war: Herabrieselndes Wasser hat das überhängende Stück bereits fast von dem übrigen Fels abgelöst, und durch sein ungeheures Gewicht droht es binnen kurzem ins Tal hinabzustürzen, wo es dann in tausend Stücke zerbersten würde.*

* Hier sah Rawlinson zu schwarz; Fels und Inschriften befinden sich noch heute an ihrem Platz. (Anm. der Übers.)

10

GEORGE SMITH

Archäologische Arbeit wird nicht immer nur auf dem Grabungsfeld ausgeübt. Der Entzifferer der Hieroglyphen, Champollion, war ein Schreibtisch-Archäologe, der zwar später auch an der Erforschung Ägyptens teilnahm, seine wichtigsten Entdeckungen aber im Studierzimmer machte. Ein anderer namhafter Forscher, der seine bedeutendste Arbeit zu Hause leistete, war George Smith. Tatsächlich fanden seine „Ausgrabungen“ vorwiegend im Britischen Museum statt. Hier hatten sich riesige Mengen an Tontafeln und beschrifteten Platten und Zylindern von den mesopotamischen Fundstätten aufgespeichert; zwischen 1849 und 1854, als Layard und sein Assistent Hormuzd Rassam in Ninive zwei Teile einer Bibliothek entdeckten, waren insgesamt etwa 26 000 Tafeln im Museum eingegangen. Sie waren, da ihre Ausgräber sich mehr für Flügelstiere und sonstige Ausstellungsstücke interessierten und von dem Wert der Tafeln keine ausreichende Vorstellung hatten, meistens recht nachlässig eingesammelt worden; hatte sie doch Layard lange Zeit tatsächlich nur als „seltsam dekorierte Tonscherben“ angesehen. Die Tafeln waren ohne besondere Sorgfalt verladen und zum Teil beim Transport und Auspacken beschädigt worden – man hat gesagt, ihre Wiederentdecker wären schlimmer mit ihnen umgegangen als die Meder, die lange vor ihnen Ninive und seine Bibliothek geplündert hatten. Bald aber wurden infolge der erstaunlichen Fortschritte, die die Entschlüsselung der Keilschrift dank Rawlinsons und anderer machte, die Inschriften mit größerem Respekt und Interesse betrachtet. Sie wiederherzustellen, einzuordnen und zu übersetzen, schien freilich Menschenkraft fast zu übersteigen.

Hier nun erschien wie vom Himmel geschickt George Smith auf der Bühne – ein farbloser junger Mann von 21 Jahren, der seine Mittagspausen und überhaupt seine meiste freie Zeit beim Studium assyrischer Stücke im Britischen Museum verbrachte. Von Beruf war er Banknoten-Graveur und hatte sich seine gesamte Bildung als Autodidakt erworben. Layards und Rawlinsons Bücher und Artikel hatten seine Begeisterung für Babylon und Assyrien geweckt. Als Dr. Birch, Direktor der Orientalischen Abteilung, ihm eine kleine Anstellung als „*repairer*" anbot, machte er sich 1863 daran, die Tafeln von Kujundschik (Ninive) zusammenzusetzen und einzuordnen. Bald zeigte sich, daß er ein fast unheimliches Geschick für das Erkennen zusammengehöriger Fragmente besaß; auch für ihre Entzifferung entwickelte er eine Begabung, die ihn schnell zu einem der führenden Assyriologen seiner Zeit machte. Schon seine ersten, in Fachzeitschriften veröffentlichten Untersuchungen sicherten ihm die Anerkennung seitens der maßgeblichen Gelehrten.

Bei der Prüfung der Tafeln, die er bereits unter der Rubrik „Legenden und Mythologie" zusammengestellt hatte, machte er 1872 die außerordentliche Entdeckung eines babylonischen Sintflutberichtes. „Als ich die dritte Kolumne betrachtete, fiel mein Auge auf den Satz der Darstellung, daß das Schiff am Berge Nizir zur Ruhe kam; es folgte der Bericht von der Aussendung der Taube, die keinen Rastplatz fand und daher zurückkehrte, und sofort begriff ich, daß ich hier zum mindesten ein Stück der chaldäischen Geschichte von der Flut entdeckt hatte." Einige Zeit später erhielt er die Einladung, den ersten Teil eines Aufsatzes über seine Entdeckung vor der *Society of Biblical Archaeology* zu lesen; auf dem Podium saßen Gladstone und Rawlinson. Die Erkenntnis der engen Übereinstimmung der biblischen Sintflutgeschichte mit der keilschriftlichen eröffnete einen neuen Abschnitt des Bibelstudiums. Theologen, Gelehrte und das große Publikum kamen in Erregung; der junge Assistent der Assyrischen Abteilung im Britischen Museum sah sich plötzlich berühmt. Für die theologische Richtung der Fundamentalisten bedeuteten Smith's Enthüllungen den gleichen Schock wie für die Rationalisten; die letzteren konnten nun nicht länger behaupten, daß die Sintflut lediglich eine von hebräischen Märchenerzählern verfaßte Bibelgeschichte sei. Leonard Woolley sollte dann 1928 in Flußablagerungen Mesopotamiens auch die Möglichkeit einer physikalischen Bezeugung der Sintflut finden.

Der Sintflutbericht des Museums zeigte eine auffällige Lücke, die Smith auf etwa 15 Zeilen bezifferte. In richtiger Einschätzung der Zugkraft dieser assyrischen *story* und in der Hoffnung auf eine archäologische Zeitungssensation bot ein unternehmendes Londoner Blatt 1000 Pfund zur Finanzierung einer Ninive-Expedition unter George

Smith's Leitung, die das fehlende Stück suchen sollte. Smith hat in seinem volkstümlichen Buch *Assyrian Discoveries* selbst erzählt, wie dieses vermißte Fragment – das siebzehn statt fünfzehn Zeilen umfaßte – durch einen glücklichen Zufall bereits eine Woche nach Ausgrabungsbeginn auftauchte. Smith kabelte die Freudenbotschaft an seinen Auftraggeber, den *Daily Telegraph* – mußte aber, als er dann eine Nummer der Zeitung erhielt, mit Befremden feststellen, daß man seinem Telegrammtext die ominösen Worte eingefügt hatte: „damit ist die Grabung beendet". Auf diese Art darüber unterrichtet, daß die Zeitung seinen Auftrag als erledigt betrachtete, hatte er keine andere Wahl als heimzureisen. 1874 finanzierte dann das Britische Museum eine neue Kampagne unter seiner Leitung. Auf der dritten Expedition, 1876, hatte er von Anfang an mit Widrigkeiten zu kämpfen. Nach dem Aufbruch von Ninive reiste er während der Sommerhitze durch die Wüste auf die Mittelmeerküste zu und starb, erst 36 Jahre alt, in einer Bauernhütte an Ruhr.

Smith besaß weder die Vitalität noch die Liebenswürdigkeit Layards, war wohl überhaupt für die harte archäologische Feldarbeit in orientalischen Ländern ungeeignet; man hätte ihn, wie ein späterer Direktor des Britischen Museums, Sir Frederic Kenyon, urteilt, besser im Museum belassen sollen. Wie dem auch sein mag – zur Entwicklung der Assyriologie hat er in bedeutendem Maße beigetragen. Smith's Werk erschöpft sich keineswegs mit seiner Feststellung der babylonischen Version der Sintflut, die sich als ein Abschnitt des Gilgamesch-Epos – wohl der ältesten und mit der eindrucksvollsten Ependichtung der Welt – erweisen sollte. 1875 entdeckte er in der Tafelsammlung des Museums eine babylonische Darstellung der Schöpfungserzählung auf Tontafeln, die „eine zusammenhängende Reihe von Legenden enthält mit der Geschichte der Welt von der Schöpfung bis zu einer gewissen Zeit nach dem Sündenfall".

Hauptsächlich auf Grund der umwälzenden Untersuchungen Smiths begann man nun Flut- und Schöpfungsmythen als Teile allgemein verbreiteter Menschheitsüberlieferungen zu betrachten. Eine kritische Forschung sah sich veranlaßt, die ähnlichen und verwandten Züge der babylonischen Überlieferungen mit den Offenbarungen der hebräischen Genesis zu vergleichen. Wer fortan die Entstehung des Alten Testaments und der jüdischen Religion studierte, konnte das ältere babylonische Erbe nicht mehr außer acht lassen.

Für den Daily Telegraph nach Ninive

Wohl jedem Menschen wohnt eine bestimmte Neigung oder Vorliebe inne; wird sie durch günstige Umstände genährt, kann sie sein ganzes weiteres Leben bestimmen. Ich für meinen Teil hatte immer den Hang zu orientalistischen Studien. Von Jugend an interessierten mich die Forschungen und Entdeckungen im Morgenland, vor allem die großartigen Unternehmungen Layards und Rawlinsons.

Lange Jahre kam ich zu wenig oder nichts, 1866 aber drängte es mich, angesichts unserer unbefriedigenden Kenntnis derjenigen Abschnitte der assyrischen Historie, die zur Geschichte der Bibel in Beziehung stehen, nach meinen Kräften zur Lösung der hier offenen Fragen beizutragen. Den Schlüssel für einige der Hauptschwierigkeiten auf diesem Gebiet sah ich damals in den Annalen Tiglatpilesers (III.). Deshalb wandte ich mich mit der schriftlichen Anfrage an Sir Henry Rawlinson, ob die Abdrücke und Bruchstücke von den Inschriften dieses Königs zur Auswertung und Untersuchung bereitständen. Rawlinson, mit dem ich schon vorher in Briefwechsel gestanden hatte, nahm an allen Forschungen zur Erhellung des Gebietes, in dem er so führend tätig war, großzügiges Interesse und gestattete mir sofort, den großen Vorrat von Abdrucken in seinem Arbeitsraum im Britischen Museum zu prüfen.

Ich mußte bald feststellen, daß die Arbeit außerordentlich schwierig war: Die meisten Abdrucke erwiesen sich als sehr fragmentarisch, außerdem war ich ziemlich unerfahren und hatte wenig Zeit zur Verfügung.

Für den Zeitabschnitt, auf den ich aus war, fand ich bei dieser meiner ersten Arbeit an Originaltexten nichts Belangreiches. Wohl aber konnte ich eine bemerkenswerte Inschrift Salmanassars III. aufhellen – und dies wurde meine erste Entdeckung im Bereich der Assyriologie. Auf einem eindrucksvollen Obelisken aus schwarzem Stein, den Layard mitten im Ruinenfeld von Nimrud ausgegraben hatte, befinden sich fünf Reliefbänder; sie stellen den Tribut dar, den der assyrische König aus verschiedenen Ländern erhalten hatte. Dem zweiten Band ist eine Inschrift beigefügt, die unabhängig voneinander durch Rawlinson und den verstorbenen Dr. Hincks entziffert worden war; sie lautete: „Tribut Jehus, Sohnes des Omri (es folgen die Namen der Abgaben) empfing ich.“ Daß es sich hier um den biblischen Jehu handelte, stand fest. Das Datum des Vorgangs aber ließ sich aus der Inschrift nicht gewinnen. Der neue Text, den ich gefunden hatte, lieferte einen längeren Bericht über den Krieg gegen den syrischen König Hazael und meldete, daß Salmanassar den Tribut Jehus in seinem 19. Regierungsjahr erhalten hatte.

Ich veröffentlichte einen kurzen Bericht über den Text im „Athenäum" 1866. Rawlinson und Dr. Birch, der Leiter der Orientalischen Abteilung des Britischen Museums, ermutigten mich, meine Studien fortzusetzen, und so machte ich mich denn als nächstes an die Zylinder, die die Geschichte Assurbanipals (des Sardanapal der Griechen) enthalten. Die Annalen dieses Königs befanden sich, da zum Teil beschädigt, in beträchtlicher Unordnung. Durch Vergleich mehrerer Kopien konnte ich aber bald einen recht guten Text herstellen. Rawlinson schlug nun dem Kuratorium des Britischen Museums vor, mich als Assistenten anzustellen, damit ich ihn bei der Vorbereitung eines neuen Bandes der „Keilinschriften" unterstützen könnte. Anfang 1861 begann meine amtliche Tätigkeit, in der ich das Studium der Keilschrifttexte eifrig fortsetzte. So verdanke ich den ersten Schritt Sir Henry Rawlinson, dessen Hilfe mir für mein ganzes Werk von größtem Wert gewesen ist ...

Ich begann nun erneut, die Annalen Tiglatpilesers III. zu bearbeiten und hatte das große Glück, mehrere unbekannte Fragmente zur Geschichte dieser Zeit zu finden und Hinweise auf Azarja von Juda sowie auf Pekach und Hosea von Israel zu entdecken.

Im gleichen Jahr stieß ich auf neue Stücke des assyrischen Kanons; in einem von ihnen erschien der König Salmanassar (V.), der nach dem 2. Königsbuch Hosea, den König von Israel, angriff. Ferner stellte ich mehrere Berichte über eine in früherer Zeit erfolgte Eroberung Babyloniens durch die Elamiter fest. Von dieser Eroberung heißt es, daß sie 1635 Jahre vor Assurbanipals Sieg über Elam, d. h. 2280 v. Chr., erfolgt sei – was das früheste bis jetzt in den Inschriften belegte Datum darstellt.*

1869 entdeckte ich unter anderem einen merkwürdigen assyrischen Kalender, der jeden Monat in vier Wochen teilt und den jeweils siebenten Tag oder Sabbat als arbeitsfrei bezeichnet ...

* Die Zahlenangabe ist um 1000 Jahre zu hoch, der Fehler liegt aber nicht bei Smith, sondern bei Assurbanipals Schreiber oder dem – sonst sehr gelehrten – König selbst. (Anm. der Übers.)

Meine nächsten Funde betrafen die altbabylonische Geschichte und wurden im 1. Band der *Transactions of the Society of Biblical Archaeology* veröffentlicht.

1872 hatte ich das große Glück, eine noch weit interessantere Entdeckung zu machen. Es handelte sich bei ihr um die Tontafeln, die den chaldäischen Sintflutbericht enthalten. Das erste von mir identifizierte Bruchstück umfaßte ungefähr die Hälfte der Erzählung und stellte das größte Einzelfragment dieser Legende dar.

Sobald ich es erkannt hatte, begann ich die Bruchstücke der assyrischen Bibliothek nach dem Rest der Geschichte abzusuchen.

Diese Bibliothek war zuerst von Layard entdeckt worden, der viele Kästen voll Tontafelbruchstücken nach Hause geschickt hatte; nach Beendigung von Layards Werk hatten Hormuzd Rassam und Loftus noch viel mehr von dieser Sammlung freigelegt. Die Fragmente dieser Tontafeln hatten sehr verschiedenen Umfang, sie wechselten von 1 bis 30 cm und waren mit einer dicken Schmutzschicht bedeckt. Bevor man irgend etwas auf ihrer Oberfläche erkennen konnte, mußten sie also erst gereinigt werden. Jedesmal, wenn ich etwas Wichtiges fand, ging ich so vor, daß ich die am ehesten passenden Stücke der Sammlung durchmusterte und alle diejenigen heraussuchte, die sich anfügen ließen oder die inhaltlich neues Licht auf die Sache warfen. Meine Suche nach Fragmenten der Sintflutgeschichte wurde bald durch einige wertvolle Funde belohnt. Nun konnte ich feststellen, daß diese Tafel, von der ich drei Abschriften bekam, die elfte einer Serie war; diese Serie handelte von der Geschichte eines unbekannten Helden namens Izdubar.* In der Folge ergab sich mir, daß sie insgesamt zwölf Tafeln umfaßte. Die Tafeln waren über die Maßen interessant; als eine Mitteilung über sie veröffentlicht wurde, erregte sie sowohl in England als auch im Ausland das größte Aufsehen ...

Im Hinblick auf das außerordentliche Interesse, das diese Entdeckungen damals fanden, meldeten sich die Besitzer der Zeitung *Daily Telegraph* mit dem Angebot, einen Betrag von 1000 Pfund für weitere Nachforschungen in Ninive bereitzustellen. Ihr Zweck sollte sein, weitere Stücke dieser interessanten Inschriften auszugraben. Bedingung war, daß ich die Expedition leiten und dem *Telegraph* laufend Berichte über meine Reisen und Entdeckungen im Orient liefern würde.

* Die erste, falsche Lesung für Gilgamesch (Anm. der Übers.)

Das Angebot des *Daily Telegraph* wurde vom Kuratorium des Britischen Museums angenommen; ich erhielt sechs Monate Urlaub sowie die Weisung, mich in den Orient zu begeben und Grabungen zur Bergung neuer Keilschrifttexte durchzuführen. Es wäre richtiger gewesen, mit der Abreise bis zum Herbst zu warten, indes lag mir daran, die Besitzer des *Daily Telegraph* nicht zu enttäuschen: sie hatten großzügig die Kosten übernommen und legten natürlich als Gegenleistung auf Berichte Wert, solange das Interesse der Leserschaft noch frisch war. Darum entschloß ich mich zu sofortiger Abfahrt. Mein Freund E. Arnold, ein erfahrener Orientreisender, stand mir mit Rat und Tat bei, und am Abend des 20. Januar 1873 reiste ich aus London ab ...

Am 2. März erhob ich mich noch vor Sonnenaufgang und war am Morgen um 9 Uhr in Ninives Ruinen. Die Freude, die mich beim Anblick dieser denkwürdigen Stadt überkam, kann ich nicht beschreiben. Ich war am Ziel meiner ungezählten Hoffnungen und Wünsche, und meine Befriedigung war umso größer, als ich die Reise nun überstanden hatte und mich an die Arbeit machen konnte. Endlich durfte ich an das Ausgraben der Schätze gehen, die ich suchte!

Die Ruinen Ninives liegen auf dem östlichen Tigrisufer und bestehen heute aus einer Ansammlung niedriger Hügel, die in ungefähr 13 km Umkreis von den Resten eines mächtigen Walls eingeschlossen sind. Auf der Westseite fallen zwei hohe künstliche Erhebungen auf, die Kujundschik oder Tell Armusch und Nebi Junus heißen. Durch die Mitte der Stadt fließt der Chosr; er tritt durch die östliche Mauer ein und verläßt das Ruinenfeld durch den Westwall an der Südecke des Hügels Kujundschik.

Die Wälle der Mauer Ninives sollen an bestimmten Stellen noch annähernd 15 m hoch sein, während der Schutt an ihrem Fuß eine Breite von 30–60 cm aufweist.

Diodor teilt mit, daß die Mauern von Ninive 30 m hoch waren, welche Angaben der Wahrheit entsprochen haben mögen. Da aber der Oberteil der Mauer überall zerstört ist, besteht heute keine Möglichkeit zur Nachprüfung. Die Mauerbreite betrug vielleicht 15 m – aber das mögen spätere Ausgrabungen feststellen.

Die Westmauer der Stadt erstreckt sich über mehr als 4 km, sie liegt Mossul und dem Tigris gegenüber. An ihrer Nord- und Südecke kommt der Fluß nahe an die Mauer heran, weicht aber zwischen diesen zwei Punkten nach Westen aus und läßt so eine bogenförmige Landfläche von ungefähr 1,6 km Breite zwischen seinem Ufer und der Mauer frei. Auf der Westseite befinden sich die später zu beschreibenden Palasthügel Kujundschik und Nebi Junus, deren Außenränder mit der Mauer auf einer Linie liegen.

Wo die Westmauer mit ihrer Nordecke an den Tigris stößt, trifft sie sich mit dem Nordwall, der etwa 2,1 km lang ist. Dort weist die Mauer an einer Stelle eine beträchtliche Erhöhung auf, die einen Turm und das große Nordtor von Ninive bezeichnet. Der von Layard freigelegte Eingang ist mit mächtigen Flügelstieren und mythischen Figuren geschmückt und mit großen Kalksteinplatten gepflastert; wahrscheinlich lag er unter dem Mittelteil des Turmes, der von außen nach innen eine Tiefe von 39 m hat. Die Nordmauer setzte sich an der Nordostecke in der 5,2 km langen Ostmauer fort. Ungefähr in der Mitte wird dieser Wall vom Chosr durchbrochen, der von Osten kommt, das Stadtgebiet gerade durchfließt und sich dann in den Tigris ergießt. Wo der Fluß die Mauer teilt, hat das Hochwasser einen Teil der Befestigung zerstört; die verbleibenden Reste zeigen aber zur Genüge, daß der untere Mauerteil hier aus großen Steinblöcken bestand, die gewiß dem Wasser widerstehen sollten. Im Fluß selbst sieht man, mit der Mauer in einer Richtung, die Reste von Klötzen aus festem Mauerwerk. Nach dem Urteil des Captain Jones, von dem die beste Aufnahme der Ruinen stammt, sind sie die Überbleibsel eines Dammes, der den Chosr in seinem Bett halten sollte; meiner Meinung nach stellen sie aber eher die Reste einer Brücke dar, über die die Mauer geführt war.

Südlich des Chosr, wo die Straße von Erbil nach Bagdad den östlichen Wall schneidet, zeigt sich ein Doppelhügel, der die Stelle des Großen Tors von Ninive bezeichnet. Gewiß war es zur Zeit der Könige von Assyrien der Schauplatz manchen triumphalen Einzugs und mancher pomphaften Szene.

Da dies die großartigste Toranlage in Ninives Mauern war, würde sie gewiß ein erfolgversprechender Platz für Ausgrabungen sein. Außerhalb der Ostmauer wurde Ninive durch vier weitere Wälle und drei Gräben gesichert, so daß es an dieser Seite besonders stark befestigt war. Ost- und Westmauer werden an ihrem Südende durch die Südmauer verbunden, die kürzeste und unbedeutendste unter Ninives Befestigungsanlagen von nur wenig mehr als 800 m Länge.

Die beiden Palasthügel Kujundschik und Nebi Junus liegen an der Westseite der Stadt und stießen damals an die Mauer. Nebi Junus hat Dreieckform und trägt ein Dorf und eine Begräbnisstätte. Der Name rührt von dem vermeintlichen Grabe des Propheten Jona her, über dem eine Moschee errichtet ist.

Ausgrabungen wurden hier von Layard und später durch die türkische Regierung veranstaltet; sie bewiesen das Vorhandensein von Palastbauten. Einer stammte von Adadnirari III. (809–752), ein anderer von Sanherib (704–681), der nach Vollendung des großen Bauwerks auf dem Hügel Kujundschik in seiner späten Regierungszeit hier einen zweiten Palast errichtete. Aus diesem Gebäude stammt der schöne Inschriftzylinder mit dem Bericht über den Feldzug gegen Hiskia von Juda. Der dritte Palast von Nebi Junus hat Asarhaddon (680–669 v. Chr.), den Sohn Sanheribs, zum Bauherrn; hier fand man drei beschriftete Zylinder mit der Geschichte seiner Regierungszeit. Nördlich von Nebi Junus, dicht über dem Chosr, liegt der größte Trümmerhügel des alten Ninive, Kujundschik.

Seine Ost- und Südseite werden von der Nordost- bis zur Südwestecke durch das künstlich um ihn herumgezogene Bett des Chosr begrenzt. Damals umgab den Hügel eine Verkleidung aus großen Vierkantsteinen, die einige frühere Ausgräber an der Nordseite in beträchtlichen Abschnitten freilegten. Seither haben die Türken als Teil der über den Tigris führenden Straße eine Brücke gebaut und dafür die freigelegte Verkleidungsmauer von Kujundschik sowie die Fundamentmauer des Assurbanipal-Palastes abgebrochen und wegtransportiert.

Den Nordteil von Kujundschik nimmt der eben genannte Palast Assurbanipals, der sogenannte Nordpalast, ein, während auf dem Südwestteil der Palast Sanheribs liegt. Zwischen diesen beiden Gebäuden erstreckt sich an der östlichen Hügelseite eine weite Fläche, auf der andere assyrische Bauten ausgegraben wurden. Nach den assyrischen Inschriften gab es hier mindestens vier Tempel, nämlich zwei Heiligtümer der Ischtar als der Hauptgöttin von Ninive, einen Tempel des Nebo und des Marduk sowie eine Zikkurrat, d. h. einen Tempelturm ...

Am 7. Mai begann ich meine Ausgrabungen in Kujundschik beim Bibliotheksraum des von Sanherib erbauten Südwestpalastes und ließ am 9. auch einige Schnitte an der Südostecke des Nordpalastes Assurbanipals anfangen. Zuerst gab es in den Gräben nichts von Interesse, da die früheren Ausgräber bereits alle Skulpturen entfernt hatten und meine Suche ja nach beschrifteten Tontafeln ging ... Meine Schnitte im Sanheribpalast schritten nur langsam voran und erbrachten geringe Ergebnisse; hier war nämlich der Boden von früheren Ausgräbern so durchwühlt, daß nur ausgedehnte, meine Zeit und Mittel übersteigende Maßnahmen Erfolg versprochen hätten. Dennoch wurden Inschriften, denen mein Hauptanliegen galt, gefunden und belohnten unsere Mühen.

Im Nordpalast waren die Ergebnisse eindrucksvoller. Frühere Ausgräber hatten hier eine große Grube ausgehoben und dabei viele Tafeln gefunden. Seit dem Abschluß der letzten Grabung hatte man diese Höhlung dann regelrecht als Steinbruch benutzt und aus ihr das Material für den Brückenbau in Mossul geholt. Der Boden der Grube war nun mit massiven Steinbrocken aus der Fundamentmauer des Palastes gefüllt, zwischen denen in wirrem Durcheinander Haufen von kleinen Bruchstücken aus Stein, Zement, Ziegeln und Ton eingekeilt lagen. Beim Entfernen einiger dieser Steine mit einem Brecheisen und dem Abgraben des dahinter liegenden Schutts tauchte die Hälfte einer eigenartigen, nach dem babylonischen Original kopierten Tontafel auf; ihr Text warnte Könige und Richter vor dem Unglück, das auf Rechtsbruch im Lande folgen würde. Als der Schnitt ein Stück verlängert wurde, erschien auch die andere Hälfte der Tafel; sie war offenbar schon zerbrochen, bevor sie in den Schutt geriet.

Am 14. Mai besuchte mich mein Freund Charles Kerr, von dem ich mich in Aleppo getrennt hatte, in Mossul; ich traf ihn gerade, als ich in die Karawanserei einritt, in der ich wohnte. Nach gegenseitiger Beglückwünschung setzte ich mich hin und begann die Ausbeute des Tages, eine Sammlung von Keilschriftbruchstücken, zu prüfen, indem ich sie zunächst von anhaftender Erde befreite und abbürstete, um sie lesen zu können. Als ich eins dieser Fragmente reinigte, stellte ich zu meiner Überraschung und Freude fest, daß es den Hauptteil von siebzehn Inschriftzeilen aus der ersten Spalte des chaldäischen Sintflutberichtes bot und an genau die Stelle paßte, wo die Darstellung bisher eine peinliche Lücke aufgewiesen hatte. Als ich den Text dieser Tafel zuerst veröffentlichte, hatte ich das dort fehlende Stück auf etwa fünfzehn Zeilen geschätzt; mit diesem neuen Fragment konnte ich ihn nun nahezu vervollständigen.

Ich teilte meinem Freund den Inhalt des Bruchstückes mit und kopierte es dann, um wenige Tage später den Besitzern des *Daily Telegraph* das Ergebnis telegraphisch zu melden. Kerr wollte gern den Trümmerhügel Nimrud besichtigen; angesichts der so wichtigen Ergebnisse in Kujundschik mochte ich jetzt aber die Grabung nicht verlassen und gab ihm deshalb meinen Dragoman als Reiseführer mit. Ich selbst blieb zur Beaufsichtigung der weiteren Arbeit in Kujundschik.

Auch der Sanheribpalast spendete laufend seinen Tribut an Fundgegenständen. Unter ihnen waren eine kleine Tafel Asarhaddons, neue Fragmente von einem historischen Inschriftzylinder Assurbanipals und ein wichtiges Bruchstück der Geschichte Sargons (II.) von Assur betreffs seines Feldzuges gegen Asdod, der im 20. Kapitel des Buches Jesaja erwähnt wird. Das gleiche Fragment bot ferner den Teil einer Liste über die Tributzahlung medischer Fürsten an Sargon. In weiterer Folge kamen ein Stück von einer Zylinderinschrift Sanheribs, die Hälfte eines Onyx-Amuletts mit Namen und Titeln des gleichen Königs, zahlreiche Siegelabdrücke auf Ton sowie allerlei Kleinfunde aus Bronze, Eisen und Glas ans Licht. Auch war da als kostbarstes Einrichtungsstück der Teil eines Thronsitzes aus Kristall, leider zu zerstört, als daß ein Abzeichnen möglich gewesen wäre, dem erhaltenen Rest nach aber von der Form jenes Bronzesessels, den Layard in Nimrud entdeckt hatte ...

Wie schon erzählt, telegraphierte ich den Inhabern des *Daily Telegraph,* daß meine Suche nach dem fehlenden Stück der Sintfluttafel Erfolg gehabt habe. In der Ausgabe vom 21. Mai 1873 wurde meine Meldung veröffentlicht. Infolge eines Irrtums, dessen Entstehung mir unbekannt ist, unterschied sich aber der Text des veröffentlichten Telegramms von dem meinerseits abgesandten. Insbesondere enthielt die Zeitungsversion den Satz: „damit ist die Grabung beendet" – woraus gefolgert werden mußte, daß ich selbst meine Ausgrabungskampagne für abgeschlossen ansähe. Dies traf aber in keiner Weise zu, und ich hatte nichts Derartiges telegraphiert. Ich wartete nun in der Hoffnung auf eine gute Lösung neue Weisungen ab und setzte derweil die Ausgrabungen fort. Die Inhaber des *Daily Telegraph* waren aber der Meinung, daß mit der Entdeckung des fehlenden Stückes der Sintflutgeschichte der von ihnen angestrebte Effekt erreicht sei, und lehnten eine weitere Fortsetzung der Ausgrabungen ab, wobei sie aber an der Arbeit selbst nach wie vor interessiert blieben und für ihre Weiterführung durch den Staat eintraten. Da meine Grabungen gerade erst begonnen hatten, enttäuschte mich das außerordentlich. Von mir aus aber konnte ich gegen diesen Standpunkt nichts einwenden, und so mußte ich mich damit abfinden, meine Ausgrabungen abzuschließen und heimzukehren ...

11

LEONARD WOOLLEY

Als in der Mitte des 19. Jahrhunderts die archäologischen Ausgrabungen im alten Mesopotamien einsetzten, wurden die Funde unterschiedslos mit den Assyrern und Babyloniern – Völkern, die aus den biblischen Quellen und klassischen Schriftstellern bekannt waren – in Verbindung gebracht. Nur sehr zögernd erschien ein gänzlich unbekanntes und im Vergleich zu jenen beiden weitaus älteres Volk auf dem Plan: die Sumerer. Noch vor hundert Jahren wußte niemand von ihnen, denn sie waren lange vor dem Auftreten Alexanders des Großen im Vorderen Orient von der Bühne der Geschichte verschwunden. Und dennoch lag bei ihnen das eigentliche Verdienst der Kulturschöpfung im Tal der Zwei Ströme, und sie repräsentierten die vielleicht älteste Kultur der Erde überhaupt. Heute rechnet man ihnen die größten Schöpfungen der Welt auf den Gebieten der Mathematik, des Ackerbaus, der Technik, der Verwaltung und Rechtsprechung, der Architektur, der Literatur und Religion – und vor allem die Grundlage alles zivilisierten Lebens, die Erfindung der Schrift, zu. Ähnlich der Voraussage eines unbekannten Planeten auf Grund der Abweichungen in der Bahn der bekannten Wandelsterne, postulierten die Gelehrten zuerst im Hinblick auf Eigentümlichkeiten der Keilschrift die Existenz eines älteren Volkes, das Erfinder dieses Schrifttyps gewesen sein müsse. Es war also ein Indizienbeweis, der auf ein geheimnisvolles, nach Namen und Art unbekanntes Volk führte. Der bestätigende Beweis sollte nicht lange auf sich warten lassen.

Den ersten Schritt in dieser Richtung tat Edward Hincks, einer der Pioniere der Keilschriftentzifferung. Er bewies mit philologischen Argumenten zwingend, daß die Keilschrift nicht von den semitischen Assyrern und Babyloniern entwickelt worden sein könnte, daß vielmehr Struktur und Verwendung dieser Schriftart ihre Übernahme von einem älteren Volk nichtsemitischer Zunge bezeugten. Die Annahme des tatsächlichen Vorhandenseins eines solchen Volkes wurde 1869 durch Jules Oppert – einen bedeutenden, in Frankreich heimisch gewordenen Assyriologen, der in Hamburg geboren war und in Kiel promoviert hatte – stärker unterbaut. Er ergänzte nämlich den linguistischen Nachweis durch das Zeugnis physikalischer Relikte und bezeichnete als das postulierte Volk die Sumerer. Sie hätten jene uralten Trümmerhügel in Südmesopotamien bewohnt, wo schon gelegentlich Ausgrabungen vorgenommen worden waren – so 1849 in Warka durch N. K. Loftus und 1854/55 in Tell el-Muqajjar durch den Britischen Vicekonsul in Basra, J. E. Taylor. Opperts Bezeichnung der alten Bewohner Südmesopotamiens, des biblischen Sinears, als *Sumerer* basierte weithin auf der Entzifferung der Keilschrifttafeln von Kujundschik, in denen gelegentlich Fürsten mit dem Titel „König von Sumer und Akkad" zitiert werden. Zudem enthielt Assurbanipals Bibliothek Syllabare und Bilinguen mit einer nichtsemitischen Sprache. Dieses Sumerische wurde offensichtlich, ähnlich dem Latein in der Katholischen Kirche, als Zeremonialsprache weiterverwendet. Auch George Smith hatte betont, daß der von ihm entdeckte Text der Sintflutgeschichte aus der Zeit Assurbanipals von einem älteren südmesopotamischen Original stammen müsse. Den abschließenden Beweis für Opperts These erbrachten die archäologischen Untersuchungen, die mit Ernest de Sarzec's Ausgrabungen in Tello 1877–1900 begannen und einen ihrer Höhepunkte in der Arbeit Leonard Woolleys erreichten.

Es geschah in Tello – einem Platz, der bald als die Stadt Lagasch erkannt wurde –, daß die Sumerer ans Licht kamen. De Sarzec's Ausgrabungsmethoden sind heftig kritisiert worden; seine Arbeit litt ferner in den ersten Jahren unter der Einmischung und Belästigung durch die Leute Hormuzd Rassams. Rassam führte nämlich damals zugunsten des Britischen Museums nicht mehr und nicht weniger als eine Art Kleinkrieg gegen die französischen Archäologen in Mesopotamien. Die Erfolge de Sarzec's, des französischen Vicekonsuls von Basra, waren dennoch revolutionierend. Er stieß zu einer prachtvollen, unbekannten Kunst in archaischem Stil vor, die sich vor allem in den Statuen des Priesterkönigs Gudea von Lagasch (um 2050 v. Chr.) und der berühmten, reichlich vierhundert Jahre älteren Geierstele repräsentiert. Noch größere Bedeutung für unsere Kenntnis der Sumerer gewannen die Unmassen von Keilschrifttafeln, die dort – oft durch einheimische Raubgräber – zutage gefördert wurden.

In Nippur, dem Kultzentrum der Sumerer, traten nun zum ersten Mal auch amerikanische Archäologen auf den Plan. Die von ihnen dort seit 1887 gefundenen sumerischen Keilschrifttafeln erwiesen sich als besonders wertvoll, da viele dieser Urkunden seltene literarische Texte, unter anderem auch einen sumerischen Flutbericht, enthielten. Sie gelangten aber erst viel später zur Veröffentlichung.

Tell el-Muqajjar wurde auf Grund gewisser Zylinderinschriften bereits 1853 von Rawlinson als die Stadt Ur – das alttestamentliche „Ur der Chaldäer" und der Geburtsort Abrahams – erkannt. Heute liegt es etwa 160 km im Binnenland, vor 5000 Jahren aber war es eine blühende Hafenstadt am Nordwestende des Persischen Golfs. Nach Taylors Schürfung 1854/55 fanden hier Ausgrabungen größeren Umfangs nicht vor dem Ende des ersten Weltkrieges statt. Nachdem sich die Pennsylvania-Universität in Philadelphia und das Britische Museum für künftige Grabungen zusammengetan hatten, wurde Leonard Woolley zum Leiter des geplanten Unternehmens berufen. Damit begann eine der erregendsten archäologischen Forschungen unseres Jahrhunderts, die nach allgemeinem Urteil an die Aufdeckung des Tutenchamun-Grabes heranreichte. Denn nun erst wurden Alter und Höhe der sumerischen Kultur einwandfrei klar. Als Woolley eine Gründungstafel mit dem Namen Aannepaddas und seines Vaters Mesannepadda in el-Obed, nahe bei Ur, fand, erwies sich die legendäre Erste Dynastie von Ur als historisch. Die bedeutendsten Funde aber erbrachten die Königsgräber von Ur aus der frühen Mitte des 3. Jahrtausends und viele hundert Jahre vor Abraham. Hier kamen wunderbare Dinge – goldeingelegte Dolche, Harfen, kunstvoller Haarschmuck aus Lapislazuli und Karneol mit charakteristischen goldenen Buchenblättern und vieles andere mehr – ans Licht. Mit Kunstschätzen und kostbarem Material fast an Tutenchamuns Grab heranreichend, waren die Königsgrüfte von Ur in gewissem Sinne noch bedeutsamer als jenes, denn sie förderten Gegenstände zutage, die durch ihren verfeinerten Stil und ihre hochentwickelte Kunstfertigkeit überraschten: Das Grab Tutenchamuns blendete unsere Augen, ohne indes unser Wissen von der Kultur Ägyptens bedeutend zu erweitern; das Ur Woolleys aber veränderte unsere gesamte Vorstellung vom mesopotamischen Altertum.

Die Königsgräber hatten indes auch ihren grausigen Aspekt. Der Leichnam der Königin und das Grab, das einst die sterblichen Überreste des Königs beherbergt hatte, waren von den Leibern ihres Gefolges an Dienern, Wagenlenkern, Höflingen und Musikantinnen umgeben, die offenkundig mit ihnen den Tod gefunden hatten.

Woolleys Ausgrabungen in Ur erbrachten ferner den Plan des Heiligtums und seines großen, noch recht gut erhaltenen Tempelturms und warfen darüber hinaus neues Licht auf das tägliche Leben und die Umwelt des schlichten sumerischen Bürgers, die denen eines heutigen Iraqi überraschend ähneln. Die Kampagnen in Ur, die Woolley von 1922–1934 fast allein leitete, bestechen im übrigen durch sorgsames Vorgehen, scharfe Beobachtung und die erfinderische Ausgrabungs- und Konservierungstechnik bei beschädigten Objekten, die für seine Methoden charakteristisch waren. Die praktische Feldarbeit in Ur wurde stets durch wohldurchdachte Pläne und Folgerungen ergänzt und kann als Musterbeispiel moderner wissenschaftlicher Archäologie gelten.

1929 trieb Woolley einen Schacht durch die Schichtenfolge einer mehrtausendjährigen menschlichen Siedlung bis zum jungfräulichen Boden der alluvialen Ablagerung. Dabei stieß er auf ein dazwischenliegendes, dickes Stratum vom Wasser abgesetzter Sinkstoffe, das von einer mächtigen und zum mindesten lokalen Flut Zeugnis ablegte. Gleichwohl ergab sich, daß die über und unter diesen Flutschichten angetroffenen Funde zur selben Gattung, nämlich der sogenannten Obed-Ware, gehörten – einem Keramiktyp, der zeitlich vor die Dschemdet Nasr- und Uruk-Tonware gehört. In die Zeit zwischen Obed- und Uruk-Keramik ist vielleicht das Eindringen der Sumerer zu datieren, die von fernher kamen. Ihr Ursprung ist noch umstritten; die eine Theorie sucht ihre Heimat in Malaia, die andere im Industal, von dem sie dann über die Bahrain-Inseln eingewandert wären, die dritte in der Mongolei; möglicherweise kamen sie aber auch einfach aus dem nordöstlich benachbarten Hochland. Vielleicht werden künftige Forschungen den Ruhm der Sumerer ein wenig einschränken; wir wissen schon heute, daß auch sie im Zweistromland ihre Vorgänger hatten und von diesen manches entlehnten.

Sir Leonard Woolley, der 1960, achtundsiebzigjährig, starb, wurde in einem langen und bemerkenswerten Werdegang zu einem der berühmtesten Archäologen des 20. Jahrhunderts. Er war der Sohn eines Geistlichen, studierte am New College in Oxford und arbeitete dann zwei Jahre als Assistent am dortigen Ashmolean Museum. Von 1907 an nahm er an mehreren Ausgrabungen in England, Italien, auf der Sinaihalbinsel und in Nubien teil und arbeitete zuletzt, von 1911 an, mit T. E. Lawrence als Assistenten in Karkemisch in der Türkei, einer späthethitischen Metropole. Während des ersten Weltkrieges war Woolley im Nachrichtendienst tätig und geriet dabei in türkische Gefangenschaft, aus der er erst bei Beendigung der Kampfhandlungen freikam. 1919 nahm er die Arbeit in Karkemisch wieder auf. Es folgten von 1922–34 die berühmten Ausgrabungen in Ur; ein Jahr danach siedelte er zum Tell Atschana, dem alten Alalach nahe bei Antiochia im türkischen Hatay, über. Hier, am Kreuzungspunkt mesopotamischer, hethitischer, minoischer und mykenischer Einflüsse, enthüllte sich ihm ein „vergessenes Königreich". Während des zweiten Weltkrieges war Woolley beim Stab der alliierten Armeen in Italien und wirkte für die Erhaltung alter Denkmäler, die durch die Zufälle der modernen Kriegsführung bedroht wurden.

Die Königsgräber von Ur

Ur liegt etwa auf halbem Wege zwischen Bagdad und dem Nordende des Persischen Golfs, ungefähr 16 km westlich des jetzigen Euphratlaufs. Die eingleisige Bahnstrecke zwischen Basra und der iraqischen Hauptstadt verläuft 2,2 km östlich der Ruine. Zwischen Bahn und Fluß gibt es etwas Landwirtschaft und hier und da ein kleines Dorf, dessen Hütten aus Lehm oder Schilfgeflecht bestehen, während westlich der Bahn die leere, unberührte Wüste liegt. Aus dieser Ödnis erheben sich die Trümmerhügel, die einst Ur waren und die die Araber nach der höchsten Erhebung, dem Zikkurrat-Hügel, Tell el-Muqajjar oder „Pechhügel" nennen.

Vom Gipfel dieser Erhöhung aus kann man am östlichen Horizont wie einen dunklen Fransensaum die Palmenhaine am Euphrat erkennen; nach den drei anderen Himmelsrichtungen ist, soweit das Auge reicht, nichts als vegetationslose Sandwüste. Gen Südwesten unterbricht eine graue Zinne die Horizontlinie: sie ist der Rest des Tempelturms der heiligen Stadt Eridu, die die Sumerer als die älteste Gründung auf Erden ansahen. Steht die Sonne tief, so verrät der von ihr geworfene Schatten im Nordwesten zuweilen die Lage des niedrigen Hügels von el-Obed. Nichts sonst unterbricht die Monotonie der weiten Ebene, über der die Hitzewellen flimmern und die Fata Morgana friedliche Wasserflächen vortäuscht. Man vermag kaum zu glauben, daß in dieser Einöde einst Menschen gewohnt haben sollen – und dennoch bedecken die vertrockneten Hügel unter den Füßen des Beschauers Tempel und Häuser einer einst riesigen Stadt ...

Während dreier Grabungskampagnen lag das Hauptgewicht der Arbeit auf der Freilegung des großen Friedhofs. Er befindet sich außerhalb der Mauern der alten Stadt unter aufgetürmten Schutthaufen im Gebiet zwischen Mauern und Kanal. Die Schätze, die in dieser Zeit aus den Gräbern geborgen wurden, revolutionierten unsere Vorstellungen von der frühen Menschheitskultur.

Der Friedhof – an sich gibt es deren zwei, einen über dem anderen; ich spreche hier nur von dem unteren, älteren – bietet zwei Arten von Bestattungen, nämlich die Gräber der einfachen Leute und die Königsgrüfte. Man neigt dazu, nur an die letzteren zu denken, da sie die reichsten Kunstwerke bargen; indes spendeten auch die ersteren, hundertmal zahlreicher, wunderbare Funde und lieferten außerdem wertvolle Hinweise auf die Datierung des Friedhofs.

Die Gräber der Könige scheinen im ganzen älter zu sein als die ihrer Untertanen. Das ergibt sich nicht so sehr aus ihrer Auffindung in einer tieferen Schicht – denn hier könnte eine verständliche Vorsorge obwalten, die die größeren und reicheren Gräber zum Schutz gegen Räuber tiefer einbettete –, als vielmehr aus ihrer relativen Lage. Die übliche Anordnung eines mohammedanischen Friedhofs zeigt das Kuppelgrab irgendeines örtlichen Heiligen, ringsum und so eng wie möglich von den übrigen Gräbern umgeben – als suchten die hier Beigesetzten den Schutz des heiligen Mannes. Genau so liegen die Dinge bei den Königsgräbern von Ur. Um sie geschart liegen die älteren Bürgergräber. Als dann später die sichtbaren Denkmäler der gestorbenen Könige vergingen, auch die Erinnerung an jene Fürsten schwand und es nur noch die dunkle Überlieferung gab, daß dies heiliger Boden sei, drangen die jüngeren Gräber bis zu den Schächten der Königsgrüfte vor und wurden schließlich gar in ihnen selbst ausgehoben.

Die Privatgräber finden sich in sehr wechselnden Schichten, zum Teil vielleicht, weil es keine bindenden Richtlinien für die Tiefe der Grabausschachtung gab, zum Teil auch, weil der Boden des Friedhofs selbst in sehr verschiedener Höhe lag. Im allgemeinen sind jedoch die höher liegenden Gräber auch die späteren, denn natürlich hob sich während der Zeit, in der das Gräberfeld benutzt wurde, das Bodenniveau stetig. Infolge dieses langsamen Ansteigens, das die Lage der alten Gräber verwischte, konnte ein neues Grab unmittelbar über einem alten angelegt werden, ohne daß es von seinem höheren Niveau aus jenes ganz erreichte – und so lassen sich bis zu einem halben Dutzend Beisetzungen übereinander feststellen. Trifft das zu, so entspricht die Lage im Boden notwendig der zeitlichen Abfolge, und es lassen sich von den übereinander angelegten Gräbern wertvolle chronologische Hinweise ablesen.

Nach der Art der Beigaben an Keramik usw. scheinen die späteren Gräber zeitlich kurz vor der 1. Dynastie von Ur (ca. 2500 v. Chr.) und einige sogar genau in ihrer Zeit zu liegen; die Gesamtdauer der Friedhofbenutzung möchte ich auf zweihundert Jahre bemessen. Auf Einzelargumente muß hier verzichtet werden; wie aber wohl zuzugeben ist, verging gewiß einige Zeit, ehe die mit so grausamem Prunk beigesetzten Könige vergessen waren und Tote schlichter Herkunft die Heiligkeit ihrer Schachtgräber stören konnten ...

Das erste der Königsgräber bedeutete eine Enttäuschung, aber ganz am Ende der Saison 1926/27 gab es zwei bedeutsame Entdeckungen. Am Boden des Erdschachtes fand sich unter einer großen Zahl kupferner Waffen der berühmte goldene Dolch von Ur. Es war ein wunderbares Stück mit goldener Klinge und einem Heft aus blauem, mit Goldnägeln verziertem Lapislazuli, während die sehr schön gearbeitete Goldscheide ein Muster in durchbrochener Arbeit nach Art geflochtenen Grases zeigt. Bei ihm lag ein anderer, ebenso beachtenswerter Gegenstand, nämlich ein goldener Behälter in Kegelform mit Spiralmuster. Er enthielt einen Satz kleiner Kosmetikgeräte, und zwar Pinzetten, Lanzetten, sowie einen Stift, alles gleichfalls aus Gold. Noch nie hatte die Erde Mesopotamiens derlei Dinge preisgegeben; nun enthüllten sie eine bis dahin für diese Zeit nicht vermutete Kunstfertigkeit und versprachen für die Zukunft Entdeckungen, wie wir sie nicht zu erhoffen gewagt hatten.

Die andere Entdeckung war weniger erregend. Beim Graben an einer anderen Stelle des Friedhofs stießen wir auf etwas, was wie eine Mauer aus *terre pisée*, d. h. aus nicht zu Ziegeln gepreßter, sondern wie Beton zum Bau verwendeter Stampf-Erde aussah. Als die Sonne den Boden trocknete und die Farben seiner Schichten erkennen ließ, ergab sich aber, daß es sich nicht um eine gemauerte Wand, sondern um die sauber geschnittenen Seiten einer in den Schutt eingesenkten Grube handelte. Ihre lockere Füllung war während unseres Grabens in sich zusammengefallen und enthüllte nun die ursprüngliche Form so, wie die Erdarbeiter sie einst angelegt hatten. Im weiteren Verlauf der Ausgrabung stießen wir auf Platten und Blöcke aus grobem Kalkstein, die auf dem Boden der Grube eine Art Pflaster bildeten. Das setzte uns in Erstaunen, denn im Schwemmland des Euphratdeltas gibt es nicht einen einzigen Stein; um Kalksteinblöcke wie diese hier zu bekommen, muß man an die 50 km weit in die Wüste gehen. Die Transportkosten wären beträchtlich – und tatsächlich findet sich denn auch Stein in den Bauwerken von Ur sehr selten. Ein unterirdisches Steinpflaster stellte also einen unerhörten Luxus dar. Da die Saison gerade zu Ende war, konnten wir nur noch das „Pflaster“ freilegen und mußten uns die genauere Untersuchung für den kommenden Herbst vorbehalten.

Während des Sommers überdachten wir die Sache und kamen zu dem Schluß, daß die Steine womöglich nicht den Fußboden, sondern das Dach eines Bauwerks bilden könnten und wir also vielleicht ein Königsgrab entdeckt hätten. So nahmen wir im Herbst die Arbeit mit großen Hoffnungen wieder auf und konnten uns bald davon überzeugen, daß unsere Annahme zutraf: wir hatten einen unterirdischen Steinbau gefunden, der in der Tat die Gruft eines Königs gewesen war. Aber von der Oberfläche zum aufgebrochenen Dach führte ein jetzt mit Schutt gefüllter Tunnel; Räuber waren vor uns dagewesen – und außer den verstreuten Bruchstücken eines goldenen Diadems und den Resten einiger Kupfergefäße gab es hier für uns nichts mehr zu finden.

Trotz dieser Enttäuschung blieb die Entdeckung bedeutsam. Wir hatten die Ruinen eines ganz aus Stein errichteten Baus mit zwei Kammern freigelegt, deren eine, ein langer, enger Raum, mit Steinen überwölbt, die zweite, von mehr quadratischer Form, wohl einst mit einer steinernen Kuppel gedeckt war. Bei letzterer ließ sich infolge des eingestürzten Daches die Konstruktion allerdings nicht mehr erkennen. Der Eingang zu der Gruft war mit Rollsteinen zugemauert; eine schräge, in das harte Erdreich geschnittene Rampe führte von der Oberfläche zu ihr hinab. Eine solche Anlage war bisher noch nie freigelegt worden; die durch sie vermittelte Kenntnis über die Baukunst dieser so weit zurückliegenden Periode glich den Verlust des Grabinhalts einigermaßen aus. Überdies war kaum anzunehmen, daß dieses Grab einen Einzelfall darstellte, und wir durften auf andere hoffen, die von Räubern verschont geblieben waren.

Während der Kampagne 1927/28 und im Verlauf des letzten Winters kamen weitere Königsgräber zutage, von denen eigenartigerweise nie mehr als zwei einander ähnelten. Zwei große Gräber – beide ausgeplündert – bestehen aus einem Bau von vier Räumen, der den Schachtboden völlig ausfüllt. Mauern und Dach sind aus Kalkbruchstein, und in beiden Fällen sind zwei langgestreckte, äußere Räume überwölbt und zwei kleinere, innere Kammern mit Kuppeldächern versehen; eine Rampe führt zum gewölbten Tor in der Außenwand, und gewölbte Türen verbinden die einzelnen Räume. Zwei andere Gräber, das der Ninschubad und ihres vermutlichen Gatten, zeigen eine nach oben offene Grube, zu der eine Rampe hinunterführt; an ihrem Ende befindet sich eine Einkammergruft mit Kalksteinwänden und Dachgewölbe aus Brandziegeln, deren Schmalseiten Apsisform haben. Die Grabkammer war für die Leiche des Königs bestimmt, der Schacht für Opfer und Nebenbestattungen; letzterer war danach einfach mit Erde angefüllt worden. In einem anderen Fall fanden wir eine Grube, in der aber keine Grabkammer war; diese scheint für sich allein auf verändertem Niveau gelegen zu haben. Ein kleines, im letzten Winter geöffnetes Grab weist eine einzelne Steinkammer mit Kuppel auf, die auf dem Boden des Schachtes einen kleinen Vorhof hat. Etwas höher befindet sich Lehmziegelbauwerk, das wohl für die Totenfeiern und -opfer bestimmt war, und das Ganze ist mit Erde bedeckt. Ein weiteres Grab hat die gleiche Gesamtanlage, nur daß die Kammer nicht mit Steinen, sondern mit Lehmziegeln überwölbt ist.

Bei den Grabbauten gibt es also viele Unterschiede, allen aber liegt ein gemeinsames, wenn auch von den einzelnen Generationen verschieden ausgeführtes Ritual zugrunde. Was es mit ihm auf sich hat, erläutern wir am besten dadurch, daß wir die Freilegung der Gräber beschreiben.

Nicht lange nach unserer Enttäuschung mit dem ausgeraubten Steingrab fanden wir während der Kampagne 1927/28 in einem anderen Abschnitt in einem flach abfallenden Graben nebeneinander fünf Leichen. Von den Kupferdolchen an ihren Gürteln und einem oder zwei kleinen Tonbechern abgesehen, hatten sie nichts von der üblichen Grabausrüstung, und nur die Tatsache fiel auf, daß sie in solcher Zahl beieinander lagen. Dann erschien unter ihnen eine Lage Matten. Wir folgten ihr und stießen auf eine weitere Gruppe von Leichen. Es handelte sich um zehn Frauen, die genau in zwei Reihen lagen. Sie hatten einen Kopfschmuck aus Gold, Lapislazuli und Karneol und trugen feingearbeitete Halsketten aus Perlen; auch sie aber besaßen nicht die reguläre Grabausstattung. Am Ende der Reihe fanden sich die Überbleibsel einer wunderbaren Harfe, deren Holzteile zwar zerfallen, deren Verzierungen aber erhalten geblieben waren, was bei sorgfältiger Arbeit eine Rekonstruktion ermöglichte. Das hölzerne Querjoch hatte einen goldenen Überzug, und in ihm saßen Nägel mit Goldköpfen, die einst die Saiten gehalten hatten. Der Schallkasten zeigte einen Mosaikrand aus rotem Stein, Lapislazuli und weißer Muschel und, an der Vorderseite vorspringend, einen wundervollen, goldgetriebenen Stierkopf mit Augen und Bart aus Lapislazuli. Quer über den Resten des Instrumentes lagen die Gebeine des Harfenisten, dessen Haupt einst ein Goldschmuck geziert hatte.

Nachdem wir die Erdwände des Schachtes mit den Frauenleichen wiedergefunden hatten, erkannten wir, daß die Körper der fünf Männer sich auf der zum Schacht hinunterführenden Rampe befanden. Als wir dem Schacht nachgingen, trafen wir weitere Knochen an. Sie gaben uns zunächst Rätsel auf, da sie nicht von Menschen zu stammen schienen, ließen sich aber bald erklären. Nur wenig vom Eingang entfernt stand nämlich im Schacht ein schlittenartiger Wagen, dessen Gestellränder mit rotem, weißem und blauem Mosaik geschmückt waren und dessen Seitenbekleidung goldene Löwenköpfe mit Mähnen aus Lapislazuli und Muschel zeigte. Längs des oberen Querbretts befanden sich Löwen- und Stierköpfe aus Gold, und silberne Köpfe von Löwinnen schmückten die Vorderseite. Die Lage des nicht mehr erhaltenen Schwengels wurde durch ein Band aus blauer und weißer Einlegearbeit sowie durch zwei kleinere Silberköpfe von Löwinnen angezeigt. Vor dem Wagen lagen die zusammengedrückten Skelette zweier Esel*, an ihren Köpfen die Leichen der Stallknechte. Vorn an den Knochen der Tiere befand sich der einst auf der Deichsel befestigte Doppelring zur Zügelführung; er bestand aus Silber und hatte als Aufsatz das „Maskottchen" eines sehr schön und naturecht nachgebildeten Esels in Gold.

* Genaue osteologische Untersuchungen haben neuerdings ergeben, daß es sich bei den Spanntieren der Wagen – wie bei denen der Fahrzeuge des nächsten Grabes – um Rinder, nicht um Esel handelt. (Anm. der Übers.)

Nahe beim Wagen befanden sich ein eingelegtes Spielbrett und eine Sammlung von Werkzeugen und Waffen, unter anderem ein Satz Meißel und eine Säge aus Gold, große Schalen aus grauem Speckstein, Gefäße aus Kupfer und ein langes Rohr aus Gold und Lapislazuli – eine Trinkröhre, um Flüssigkeiten aus den Schalen aufzusaugen. Da waren ferner mehrere menschliche Leichen und die Trümmer eines großen Holzkastens, der eine Verzierung in Form eines Figurenmosaiks aus Lapislazuli und Muschel aufwies. Diese Truhe war leer, mochte aber vergängliche Dinge, etwa Kleidungsstücke, enthalten haben. Hinter ihr lagen andere Opfergaben, wie z. B. zahlreiche Gefäße aus Kupfer, Silber, Stein – darunter hervorragende Stücke aus vulkanischem Glas, Lapislazuli, Alabaster und Marmor – sowie aus Gold. Ein Satz silberner Gefäße wirkte wie ein Kommunionservice; er bestand nämlich aus einem flachen Tablett oder Teller, einem Krug mit hohem Hals und langem Ausguß, den wir von Steinreliefs her als bei Kulthandlungen gebräuchlich kennen, und hohen, schlanken Silberbechern, die ineinandergesteckt waren. Ein ähnlicher Becher aus Gold mit Riefelung war mit einem ebenfalls geriefelten Saugnapf, einem Kelch und einer glatten Goldschale von ovaler Form zusammengelegt; unter den Schätzen des aufgefüllten Schachtes befanden sich ferner zwei prachtvolle silberne Löwenköpfe, die vielleicht zur Verzierung eines Throns gehört hatten. In der ganzen Fülle dieser Funde verwirrte uns nur eine Tatsache: es fehlte eine vor den übrigen Körpern ausgezeichnete Leiche, der all dies geweiht gewesen sein könnte. So großartig unsere Entdeckung also auch war – sie blieb damit unvollständig.

Nach Entfernung der anderen Fundstücke bargen wir die Überbleibsel der Holztruhe – eines Kastens von etwa 1,80 m Länge und 0,90 m Breite – und stießen unter ihnen auf gebrannte Ziegel. Sie lagen durcheinander und hatten nur auf der einen Seite ihren ursprünglichen Platz behalten. Hier bildeten sie die Wölbung einer Steinkammer. Natürlich vermuteten wir nun, daß wir hier die – unberührte – Gruft gefunden hätten, zu der die ganzen Opfergaben gehörten. Die weitere Untersuchung ergab jedoch, daß man auch dieses Grab beraubt hatte. Das Dach war nicht von selbst eingestürzt, sondern gewaltsam durchbrochen worden, und die Truhe hatte man dann vielleicht über die Öffnung gesetzt, um diese zu verbergen. Als wir um die Außenmauer der Kammer herumgruben, fanden wir einen anderen Schacht, der dem 1,80 m höher liegenden vollkommen glich. Am Rampenfuß lagen, in zwei Reihen geordnet, sechs Krieger, die kupfernen Speere an der Seite und flachgepreßte Kupferhelme auf den geborstenen Schädeln. Unmittelbar am Eingang fanden sich zwei hölzerne Wagen mit vier Rädern, die man den geneigten Gang offenbar rückwärts hinuntergelassen hatte; vor jeden waren drei Ochsen gespannt gewesen, und einer war so gut erhalten, daß wir sein Skelett ganz bergen konnten. Während die Wagen selbst keine Verzierung aufwiesen, waren die Zügel mit länglichen Lapislazuli- und Silberperlen geschmückt und durch silberne Ringe mit Aufsätzen in Stierform gezogen. Die Stallknechte lagen bei den Köpfen der Ochsen, die Fahrer über den Wagenkästen. Von den Wagen selbst fanden sich nur noch die Abdrücke des restlos vergangenen Holzes im Erdboden, diese aber so klar, daß eine Photographie den Holzstrich des massiven Rades und den grauweißen Kreis zeigte, der von dem ledernen Radreifen geblieben war.

An der Seitenmauer der Grabkammer lagen die Leichen von neun Frauen. Auch sie trugen einen Gala-Kopfschmuck aus Lapislazuli- und Karneolperlen, von denen Goldanhänger in Form von Buchenblättern herabhingen, ferner große, halbmondförmige Ohrringe aus Gold und silberne „Kämme". Letztere sahen wie eine Handfläche mit drei Fingern aus, an deren Spitzen Blumen mit Blütenblättern saßen; diese waren mit Lapislazuli, Gold und Muschel eingelegt. Auch Halsketten aus Lapislazuli und Gold fanden sich. Die Köpfe der Frauen waren an die Mauer gelehnt, die Körper auf dem Schachtboden ausgestreckt. Der gesamte Raum zwischen ihnen und den Wagen war mit den Resten anderer – männlicher und weiblicher – Toter bedeckt; den an der vorderen Seite der Kammer zu ihrer überwölbten Tür führenden Gang säumten dolchtragende Krieger und Frauen. Von den Soldaten in der Raummitte trug einer ein Bündel aus vier Speeren, bei einem anderen lag ein auffallendes Kupferrelief, das vielleicht seinen Schild geschmückt hatte; es stellte zwei Löwen dar, die auf den Körpern zweier Gefallener stehen.

Oberhalb der Leichen der „Hofdamen" hatte man eine hölzerne Harfe an die Wand gelehnt, von der nur ein Stierkopf aus Kupfer und die Muschelplättchen der Schallkasten-Verzierung erhalten waren. An der Seitenwand des Schachtes, und gleichfalls über den Leichen, fand sich eine zweite Harfe. Auch sie hatte einen schönen Stierkopf,

A – Bewaffnete Wächter
B – Wagen
C – Soldaten
D – Musikantinnen
E – Würdenträger
F – Saal der Opfergaben
G – Königsgruft

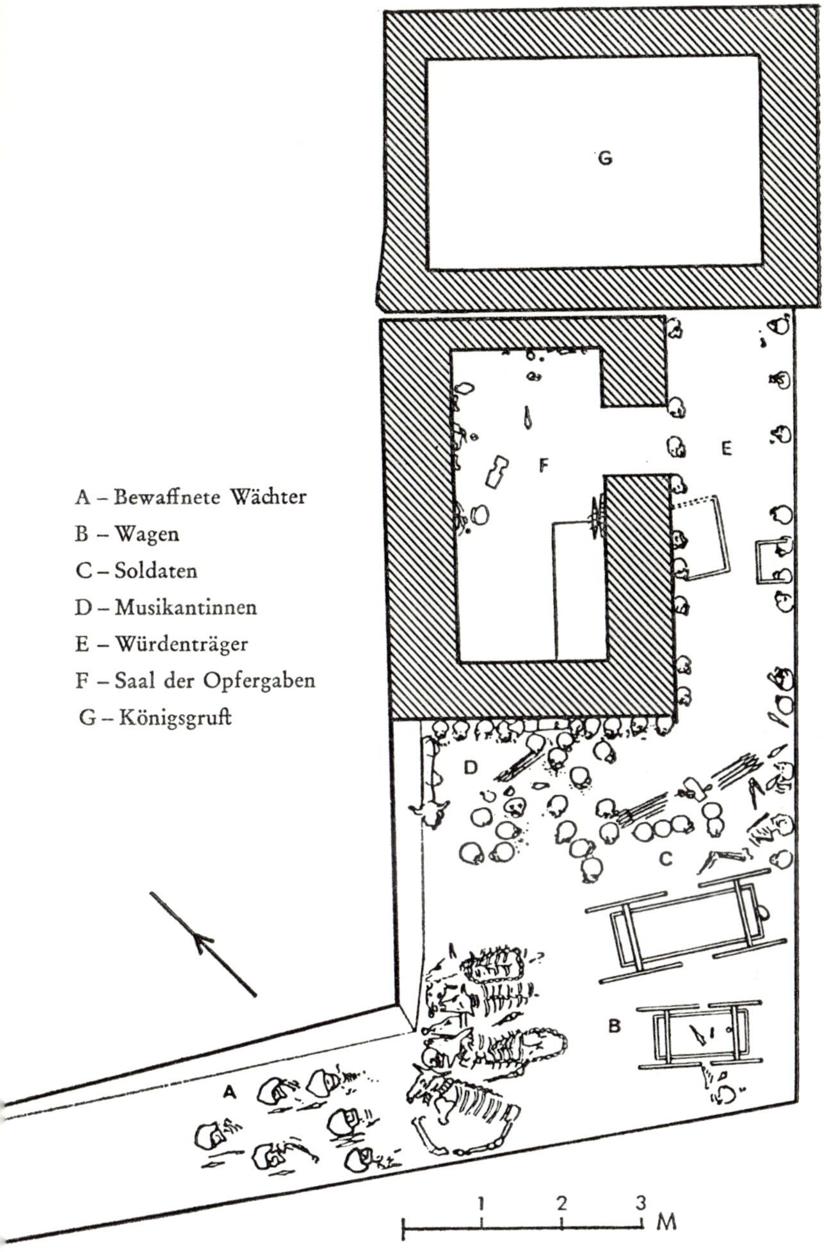

Plan des Grabes der Königin Schubad

diesmal aus Gold, dessen Augen, Bart und Hornspitzen aus Lapislazuli bestanden, und eine nicht weniger wunderbare Einlage aus Muschelplättchen mit Ritzzeichnungen. Vier von ihnen zeigen seltsame Szenen, in denen die Tiere die Rolle von Menschen spielen und deren auffälligster Zug ein in der alten Kunst so seltener Sinn für Humor ist. Die ausgeglichene Komposition des Entwurfs und die Feinheit der Ausführung machen diese Plättchen zu den gewichtigsten Belegen für das Kunstverständnis Alt-Sumers, die wir besitzen.

Innerhalb der eigentlichen Gruft hatten die Räuber noch genug zurückgelassen, so daß man erkennen konnte, daß sie außer den Leichen einiger Menschen geringeren Ranges auch die der Hauptperson beherbergt hatte. Der Name der letzteren war – soweit wir das aus der Inschrift eines Siegelzylinders erschließen dürfen – Abargi. An der Mauer fanden wir zwei offenbar übersehene Bootsmodelle. Das eine, aus Kupfer, war fast restlos zerfallen, das andere aber bestand aus Silber und hatte sich aufs beste erhalten. Es war 60 cm lang, an Bug und Heck erhöht, hatte fünf Querbänke und mittschiffs ein gebogenes Gestell für das Sonnensegel zum Schutz des Reisenden. Ruder in Blattform saßen noch in den Duchten. Es darf als Beweis für die konservative Haltung des Morgenlandes gelten, daß Kähne des gleichen Typs noch heute in den südlichen Euphratmarschen, 80 km von Ur, benutzt werden.

Die Grabkammer des Königs nimmt das eine Ende des offenen Schachtes ein. Als wir ihr nachforschten, stellten wir hinter ihr eine zweite Steinkammer fest, die zur gleichen Zeit oder eher etwas später an sie angebaut worden war. Wie jene mit einem Ringgewölbe aus Brandziegeln überdacht, war sie das Grab der Königin, zu dem der obere Schacht mit seinen Wagen und Beigaben gehörte. Ein schöner Siegelzylinder aus Lapislazuli, der sich in der Schachtfüllung etwas über dem Dach der Kammer fand und den man wohl in dem Augenblick in die Grube geworfen hatte, als diese mit Erde aufgefüllt wurde, bewahrte uns den Namen der Bestatteten, Schubad. Das Kammergewölbe war eingestürzt – diesmal aber zum Glück nicht infolge räuberischen Eingriffs, sondern durch das Gewicht der über ihm lagernden Erde. Die Gruft selbst war unberührt.

An dem einen Ende lag auf den Resten einer Holzbahre die Leiche der Königin, neben ihrer Hand ein goldener Becher. Ihr Oberkörper war gänzlich unter einer Menge Perlen aus Gold, Silber, Lapislazuli,

Karneol, Achat und Chalzedon verborgen. Von einem Kollier hingen lange Schnüre dieser Perlen herunter; sie hatten einst einen Überwurf gebildet, der bis zur Taille reichte und unten durch ein breites Band aus röhrenförmigen Lapislazuli-, Karneol- und Goldperlen abgeschlossen wurde. Am rechten Arm fanden sich drei lange Goldnadeln mit Köpfen aus Lapislazuli sowie drei fischförmige Amulette, zwei aus Gold und eins aus Lapislazuli; ein viertes, wieder aus Gold, stellte zwei liegende Gazellen dar.

Über dem eingedrückten Schädel lagen die Reste eines Kopfputzes, der ein sorgfältiger gearbeitetes Gegenstück zu dem der Hofdamen war. Als Unterlage diente ihm ein Goldband, das mehrfach um das Haar geschlungen war. Die Abmessungen dieser Windungen zeigten, daß es sich nicht nur um das natürliche Haar, sondern um eine zu fast grotesker Größe aufgepolsterte Perücke gehandelt haben mußte. Darüber lagen drei Kränze; der unterste hing über die Stirn herab und hatte einfache goldene Anhänger in Ringform, der zweite bestand aus Buchenblättern, der dritte schließlich aus langen, zu dritt zusammengefaßten Weidenblättern mit goldenen Blumen, deren Blütenblätter weiß und blau eingelegt waren. Alles war auf dreifachen Perlenketten aus Lapislazuli und Karneol aufgezogen. Ein goldener „spanischer Kamm“ war hinten ins Haar gesteckt; seine fünf Spitzen endeten in Goldblumen mit Lapislazuli-Kelch. In die Seitenlocken der Perücke waren schwere goldene Spiralringe eingeflochten, und auf die Schultern hingen übergroße, halbmondförmige Ohrringe aus Gold herunter. Offenbar fiel auch noch an beiden Seiten des Haares eine Schnur aus breiten, viereckigen Steinperlen herab, die mit einem Lapislazuli-Amulett endete; das eine dieser beiden Amulette war als liegender Stier, das andere als Kalb gestaltet. Wie man sieht, war dies ein äußerst komplizierter Kopfputz, doch befanden sich seine verschiedenen Teile in so guter Ordnung, daß er völlig wiederhergestellt werden konnte. So ließ sich das Bild der Königin in all ihrem Schmuck nach der ursprünglichen Anordnung darstellen.

Zum Zweck der Ausstellung wurde von einem gut erhaltenen weiblichen Schädel dieser Zeit ein Gipsabdruck genommen; der Kopf der Königin selbst war zu zerfallen, als daß man ihn hätte verwenden können. Über die Gipsmaske modellierte meine Frau die Gesichtszüge aus Wachs, das sie möglichst dünn auftrug, um die Schädelform nicht zu verändern. Sir Arthur Keith, Verfasser einer Spezialuntersuchung über die Schädel von Ur und el-Obed, bestätigte, daß der Kopf dem Typ der alten Sumerer völlig entspräche. Auf diesen Kopf wurde eine Perücke nach den genauen Maßen gesetzt und diese nach der Fasson hergerichtet, die durch jüngere, aber wahrscheinlich die ältere Mode bewahrende Terrakottafiguren illustriert wird. Das goldene Haarband war dem Grabe entnommen worden, ohne daß sich seine Anordnung verändert hätte; sie wurde zunächst durch geleimte Papierstreifen, die von innen und außen zwischen sie gelegt wurden, und durch Drähte, die wir um das Gold wickelten, gesichert. Dann paßten wir die Perücke dem Kopf an, schoben das Haarband darüber, schnitten die Drähte und Papierstreifen durch – und schon fiel das Band von selbst, ohne weitere Bemühungen, in die gehörige Lage. Die Kränze wurden neu aufgezogen und in der bei der Ausgrabung notierten Reihenfolge befestigt. Wenn auch das Gesicht kein echtes Porträt der Königin ist, repräsentiert es doch zum mindesten den Typ, zu dem sie gehört haben dürfte. Die Gesamtrekonstruktion des Hauptes vermittelt uns wohl die bestmögliche Vorstellung, wie die Königin zu ihren Lebzeiten ausgesehen hat.

Der Leiche zur Seite lag ein zweiter Kopfputz von anderer Art. Auf ein Stirnband, das anscheinend aus einem Streifen weichen, weißen Leders hergestellt worden war, hatte man Tausende winziger Lapislazuliperlen geheftet. Sie bildeten einen kräftigen blauen Hintergrund für eine Reihe außerordentlich fein gearbeiteter goldener Figürchen, die Hirsche, Gazellen, Stiere und Ziegen darstellten. Zwischen ihnen befanden sich Büschel von Granatäpfeln, immer drei Früchte zusammen und von ihren Blättern bedeckt, und wiederum in den Lücken waren Zweige von einigen anderen Bäumen mit goldenen Stielen und Früchten sowie mit Schoten aus Gold oder Karneol befestigt, zwischen denen sich goldene Rosetten zeigten. Dazu hingen noch Palmetten aus geflochtenem Golddraht vom unteren Rand des Diadems herab.

Die Leichen zweier dienender Frauen lagen zusammengekauert am Kopf- und Fußende der Bahre, und rings in der Kammer waren Beigaben aller Art verstreut. Wir fanden weitere goldene Schüsseln, Gefäße aus Silber und Kupfer, Steinschalen und Tonkrüge für Speisen, einen silbernen Rinderkopf, Lampen und zwei Opfertische aus Silber und eine Anzahl großer Herzmuscheln, die grüne Farbe enthielten. Muscheln dieser Art finden sich fast immer in den Gräbern von

Frauen. Die in ihnen aufbewahrte Farbe, bei der es sich wahrscheinlich um Schminke handelt, ist manchmal weiß, schwarz oder rot, im Durchschnitt aber grün. Die Muscheln der Königin Schubad waren übernormal groß; bei ihnen fanden sich auch zwei Paar Muschelnachbildungen aus Silber und aus Gold, die alle grünen Farbstoff enthielten.

Die Entdeckung war damit abgeschlossen, und unsere früheren Schwierigkeiten hatten ihre Aufklärung gefunden. Die Gräber des Königs Abargi und der Königin Schubad entsprachen sich vollkommen, nur daß das erstere ganz auf gleicher Ebene lag, während die Grabkammer der Königin noch tiefer als der Boden ihres Schachtes gelegt worden war. Wahrscheinlich waren sie Mann und Frau; der König war zuerst gestorben und bestattet worden, und die Königin hatte ihm möglichst nahe zu ruhen gewünscht. Hierzu hatten die Totengräber den Schacht des Königsgrabes wieder geöffnet und in ihm so tief gegraben, bis das Gewölbe der Kammer sichtbar wurde. Sodann hatten sie mit der Arbeit im Hauptschacht aufgehört und hinter der Gruft eine Grube angelegt; hier konnte nun das Steingrab für die Königin erbaut werden. Die Schätze aber, die, wie bekannt, im Grabe des Königs lagen, bildeten für die Arbeiter eine zu große Versuchung. Der äußere Schacht mit den Leichen der Hofdamen war zwar durch eine Erdschicht von 1,8 m Dicke gesichert, und ihn zu zerstören, war ohne Gefahr der Entdeckung unmöglich; die üppigere Beute in der königlichen Grabkammer selbst aber war nur durch die Ziegel des Gewölbes von ihnen getrennt. So schlugen sie eine Öffnung durch die Wölbung, brachten ihren Raub in Sicherheit und stellten dann die große Kleidertruhe der Königin auf das Loch, um ihre Grabschändung zu verbergen.

Eine andere Erklärung für das beraubte Gewölbe unmittelbar unter dem unberührten Grab der Königin gibt es nicht. Die Verbindung von Schubads Steinkammer zu dem oberen „Todesschacht“ – wie wir die offenen Gruben mit ihren zusätzlichen Bestattungen zu nennen uns gewöhnt hatten – bildet eine genaue Parallele zur Ruhestätte des Königs und in geringerem Maße auch zu den anderen Königsgräbern. Offensichtlich wurde ein Toter oder eine Tote königlichen Geblüts vom gesamten Hofstaat ins Grab geleitet; der König hatte mindestens drei Personen in seiner Kammer und zweiundsechzig im „Todesschacht“ bei sich. In den größeren Gruftbauten mit zwei oder vier

Kammern war eine für den Leichnam des Königs, der Rest für sein Gefolge bestimmt; die Riten blieben, wenn auch gradweise abgestuft und in Einzelheiten abweichend, im Prinzip die gleichen.

Auf diese Frage fiel durch die Entdeckung eines großen „Todesschachtes“ im letzten Winter neues Licht. Ungefähr 8 m unter der Oberfläche stießen wir auf eine dicke Schicht von Lehmziegeln, die nicht regelmäßig verlegt, sondern festgestampft waren und nach unserem Dafürhalten nicht den Boden, sondern den Verschluß eines Schachtes bildeten. Unmittelbar darunter konnten wir die sauber geschnittenen Erdwände einer Grube ausmachen, die nach innen abgeschrägt und mit Lehm verputzt waren. Indem wir der Grube tiefer hinab nachgingen, fanden wir den größten Todesschacht des Friedhofs. Er war ungefähr rechteckig, maß am Boden 11 : 7,2 m und hatte den üblichen Zugang über eine geneigte Rampe. In ihm lagen sechs Diener und achtundsechzig Frauen; die Männer befanden sich an der Eingangsseite, die Frauen in regelmäßigen Reihen auf dem Boden. Alle lagen, leicht gekrümmt, auf der Seite, die Hände nahe am Gesicht, und so eng beieinander, daß die Köpfe der einen Reihe die Beine der Reihe davor berührten. Noch deutlicher, als wir es in den Gräbern der Schubad und ihres Gatten hatten feststellen können, ließ sich hier beobachten, daß die Art, wie die Toten lagen, ganz friedlich war; es fehlte jeder Hinweis auf Gewaltanwendung oder Schrecken.

Wir sind oft gefragt worden, auf welche Weise die Opfer in den Königsgräbern wohl den Tod fanden. Es ist unmöglich, eine endgültige Antwort zu geben. Die Gebeine sind zu zerdrückt und zerfallen, um etwas über die Todesursache zu verraten, falls man Gewaltanwendung unterstellt. Doch ist in der Gesamtsituation der Leichen ein bedeutsames Argument enthalten. Sehr viele Frauen trugen einen äußerst empfindlichen Haarputz, der nur zu leicht durcheinander geraten konnte. Er wurde aber stets in bester Ordnung angetroffen und war nur durch den Druck der Erde gestört. Das wäre unmöglich, wenn die also Geschmückten einen Schlag auf den Kopf erhalten hätten, und unwahrscheinlich, wenn man sie erstochen hätte und sie dann zu Boden gestürzt wären. Ebenso ist es undenkbar, daß man sie – ohne daß ihr Putz in Unordnung geriet – außerhalb des Grabes getötet, dann die Rampe hinuntergetragen und an ihren Platz gelegt hätte. Genauso mußten die Tiere beim Herunterziehen der Wagen noch am Leben sein, und das gilt in gleicher Weise für die sie führenden Stallknechte und

13. Rekonstruktion der Feier im Totenschacht von Ur

14. Aus dem Königsfriedhof von Ur: Zügelring und Leierkopf

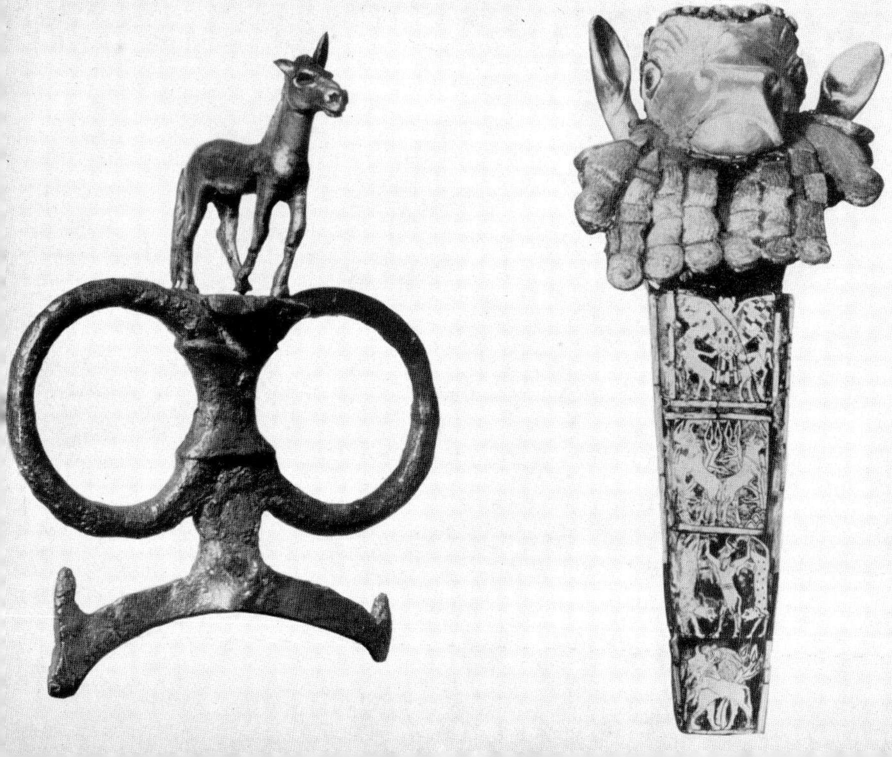

15. Gesetzesstele des Hammurabi

16. Gesetz des Urnammu

die Fahrer auf den Fahrzeugen. Es steht fest, daß das gesamte Totengeleit lebendig in den Schacht hinabzog.

Aber ebenso ist gewiß, daß sie tot oder zum mindesten ohne Bewußtsein waren, als die Erde eingeschaufelt und über ihnen festgestampft wurde. Denn andernfalls hätte ein Todeskampf einsetzen müssen, dessen Spuren an den Leichen zu bemerken wären. Sie lagen aber alle friedlich beieinander; ihre Anordnung und Ausrichtung ist so einwandfrei, daß folgender Schluß sich aufdrängt: Nachdem diese Menschen das Bewußtsein verloren hatten, muß jemand den Schacht betreten und letzte Hand angelegt haben. Die Feststellung, daß im Grab des Abargi die Harfen den Leichen zu Häupten lagen, beweist einwandfrei, daß eine Person noch einmal hinabstieg. Am wahrscheinlichsten ist die Annahme, daß das Totengefolge selbst zu seinen Plätzen schritt, dort eine Droge (etwa Opium oder Haschisch) einnahm und sich geordnet zur Ruhe legte. Wenn dann das Mittel seine Wirkung – Schlaf oder Tod – getan hatte, wurde letzte Hand an die Körper gelegt und schließlich die Grube zugeschüttet. Aus der Art, wie diese Menschen starben, ist irgendwelche Brutalität nicht abzulesen.

Nichtsdestoweniger blieb der Anblick, den die Leichen mit den in dicker Schicht auf den zerquetschten und geborstenen Schädeln liegenden goldenen Blättern und buntfarbigen Perlen boten, grausig genug – wenn wir ihn auch bei der Freilegung der großen Todesschächte nie als Ganzes, sondern jeweils nur stückweise hatten. Denn wir entfernten die Erde immer nur so weit, daß eine mehrere Zentimeter dicke Schicht aus Ziegelschutt (der immer als erstes bei der Zuschüttung der Gräber über die Leichen gestreut worden war) sie noch bedeckte. Eine etwas zu tief eingedrungene Hacke brachte hier und da das Stück eines Goldbandes oder ein goldenes Buchenblatt zum Vorschein und zeigte an, daß sich überall reich geschmückte Leichen befanden. Diese wurden dann sofort wieder bedeckt und so lange unberührt gelassen, bis sie in methodischer Arbeit und vorschriftsmäßigem Verfahren freigelegt werden konnten. Wir begannen stets in einer Ecke und teilten den Boden in Quadrate ein, die jeweils fünf oder sechs Leichen bergen mochten. Ein solches Quadrat wurde abgeräumt und verzeichnet; dann sammelten wir die dazugehörigen Funde ein und brachten sie weg, worauf das nächste Quadrat an die Reihe kam.

Diese Arbeit nahm lange Zeit in Anspruch, besonders wenn wir beschlossen, den Schädel mitsamt seinem ganzen Schmuck vollständig zu bergen. Die Kränze, Ketten und Halsbänder bieten, wiederaufgezogen und in einem Schaukasten ausgestellt, ohne Zweifel einen wunderbaren Anblick; viel interessanter aber war es, sie unmittelbar bei der Auffindung zu sehen. Deshalb wurden einige Schädel, auf denen sich Perlen und Goldschmuck in der ursprünglichen Anordnung am besten erhalten hatten, mit kleinen Messern und Bürsten mühsam gereinigt. Hierzu mußte die Erde entfernt werden, ohne daß eins der Schmuckstücke sich verschob – eine schwierige Sache, da sie lose im Boden lagen. Dann wurde heißes Paraffin darüber gegossen, um sie zu einer einzigen Masse zu festigen. Der aus Wachs, Erde, Knochen und Gold bestehende Klumpen erhielt zusätzliche Festigkeit durch ein sorgsam über ihn gepreßtes Stück gewachsten Stoffs und konnte nun unten vom Boden abgeschnitten und aufgenommen werden. Mit Gips ausgegossen und von überflüssigem Wachs befreit, sind diese Köpfe nicht nur an und für sich interessante Ausstellungsstücke, sondern beweisen auch die Genauigkeit der Wiederherstellungen, die wir von anderen gemacht haben.

Von den achtundsechzig Frauen im Schacht trugen achtundzwanzig goldene Haarbänder. Zuerst hatte es den Anschein, als besäßen die übrigen nichts dergleichen, bei genauerer Untersuchung ergab sich aber, daß viele oder sogar alle sehr ähnliche Bänder aus Silber getragen hatten. Unglücklicherweise ist Silber ein Metall, das die Säureeinwirkung des Bodens schlecht verträgt. Handelt es sich nur um einen dünnen Streifen, der noch dazu am Kopf getragen wurde und so der Verwesung des Fleisches unmittelbar ausgesetzt war, verschwindet es vollkommen, und höchstens lassen sich auf der Knochenmasse des Kopfes geringe Spuren einer Purpurfärbung feststellen, die aus Silberchlorid in feiner Staubform bestehen. Wir konnten sicher sein, daß Silberbänder dagewesen waren, den materiellen Beweis für sie aber nicht erbringen.

Nur in einem Falle war uns das Glück hold. Die großen Goldohrringe lagen an ihrem Platz, kein Zeichen von Verfärbung aber verriet das Vorhandensein irgendeines silbernen Haarschmucks. Diese negative Feststellung wurde ordnungsgemäß notiert. Als dann der Körper weggeräumt wurde, fand sich an ihm ungefähr in Taillenhöhe eine flache Scheibe von knapp 8 cm Durchmesser aus einer grauen Masse, die mit Sicherheit Silber war; es mochte sich um eine kleine runde Büchse handeln. Erst als ich den Gegenstand abends zu Hause in der Hoffnung auf einen näheren Hinweis für seine Katalogisierung säuberte, zeigte sich, was er wirklich war: das silberne Haarband – nur daß es nicht angelegt worden war! Offenbar hatte es die Frau so in ihre Tasche gesteckt, wie es in ihrem Zimmer lag, denn es war zu einer dicken Rolle zusammengewickelt und mit den Enden übereinander gelegt, um ein Aufrollen zu verhindern. Da es dadurch eine verhältnismäßig feste metallene Masse gebildet hatte, war es sehr gut konserviert und sogar die feine Bandkante gut zu unterscheiden. Warum die Besitzerin das Band nicht angelegt hat, läßt sich natürlich nicht sagen; vielleicht mußte sie sich beeilen, um noch zu der Feier zurecht zu kommen, und hatte nicht mehr Zeit gehabt, sich fertig zu schmücken. Jedenfalls erhielten wir durch ihre Hast das einzige Belegstück eines silbernen Haarbandes während unserer ganzen Ausgrabungen.

Eine andere Materie, die in der Erde völlig zerfällt, ist Tuch. Indes kann man beim Aufheben eines Steingefäßes, das verkehrt über einem Stück Stoff gelegen und es so vor der Erde geschützt hat, zuweilen dessen Spuren – wenn auch nur als feinen Staub – finden und das Gewebe erkennen. Auch ein kupfernes Gefäß vermag durch seine Korrosion ein Stoffstück, das ihm eng anlag, zu konservieren. Durch Hinweise dieser Art konnten wir erschließen, daß die Frauen im Todesschacht Wollkleider in leuchtend roter Farbe getragen hatten; da viele von ihnen an den Handgelenken einen oder zwei Aufschläge aus auf Stoff gehefteten Perlen trugen, hatte es sich bei diesen Kleidern wahrscheinlich eher um Überröcke mit Ärmeln als um eigentliche Mäntel gehandelt. Gewiß war es eine recht bunt angezogene Schar, die sich da in dem offenen, mit Matten ausgelegten Schacht für die königliche Leichenfeier zusammenfinden mußte. Über ihr war ein Glanz von Karmesinrot, Silber und Gold – und sie bestand gewiß nicht aus armseligen Sklaven, die wie Vieh abgeschlachtet wurden, sondern aus hochgeachteten Personen, die ihre Staatsgewänder trugen. Sie kamen, wie man hoffen möchte, freiwillig zu einem Ritus, der ihrem Glauben gemäß nur den Übergang von der einen Welt in die andere, vom Dienst für einen irdischen Gott zu dem des gleichen Gottes in einer anderen Sphäre bedeutete.

Eine solche Annahme scheint mir sicher. Menschenopfer waren ausschließlich für die Beisetzung königlicher Personen vorbehalten; in den Gräbern auch der reichsten Bürger gibt es nicht die geringsten Anzeichen für ähnliche Bräuche, nicht einmal Ersatzriten mit Tonfigürchen usw., wie sie in den ägyptischen Grabstätten üblich und dort letzte Erinnerungen an alte, blutigere Riten sind. In viel späterer Zeit wurden Sumers Könige zu Lebzeiten vergöttlicht und nach ihrem Tode als Götter verehrt: die früher lebenden Könige von Ur unterschieden sich mit ihren Leichenbegängnissen deshalb so stark von ihren Untertanen, weil auch sie als übermenschlich, als irdische Götter, angesehen wurden. Wenn die Chronisten in der Sumerischen Königsliste schrieben, daß „nach der Flut das Königtum wiederum vom Himmel herabstieg", meinten sie nichts Geringeres als eben dieses. War der König sonach ein Gott, so konnte er nicht sterben wie Menschen, sondern wurde entrückt, und so mochte es für seinen Hofstaat kein Ungemach, sondern vielmehr ein Privileg bedeuten, seinen Herrn zu begleiten und in seinem Dienste zu verharren.

Dies ist die Geschichte der Ausgrabungen in Ur und nicht die des sumerischen Volkes; dennoch muß hier mit kurzen Worten gesagt werden, wie bedeutsam diese Grabungen für unsere Kenntnis der frühen Kulturen geworden sind. Der Inhalt der Gräber wirft Licht auf eine sehr hoch entwickelte Gesellschaft städtischen Typs. Den Baumeistern dieser Epoche waren alle heute geläufigen Grundprinzipien der Architektur vertraut. Die Künstler, die sich manchmal zu einem sehr lebendigen Realismus aufschwingen konnten, folgten in der Hauptsache denjenigen Grundnormen und Überlieferungen, deren Vorzüge von vielen Generationen vor ihnen erprobt worden waren. Die Metallhandwerker besaßen ein Wissen über ihre Stoffe und eine technische Erfahrung, mit der nur wenige alte Völker wetteifern konnten. Die Kaufleute trieben einen weitgespannten Fernhandel und legten ihre Transaktionen schriftlich nieder. Das Heer war gut durchorganisiert und verstand zu siegen, der Ackerbau blühte, und ein hoher Wohlstand gestattete erstaunlichen Aufwand. Zur Zeit der Königsgräber von Ur, noch vor der Mitte des 3. Jahrtausends v. Chr., war diese Kultur bereits viele hundert Jahre alt.

Bis vor kurzem hielt man die Kultur Ägyptens für die älteste der Welt und für die Hauptquelle, aus der die späteren Kulturen des Abendlandes alle grundlegenden Erleuchtungen empfangen hatten. Gegen Ende des 4. Jahrtausends, Jahrhunderte bevor Menes als Begründer der 1. Dynastie Ägypten zu einem Staat einte, war hier noch Barbarenland, das in zahlreiche unbedeutende Königtümer zerfiel. Was die Anfänge betrifft, sind Ägypten und Sumer ungefähr zeitgenössisch. Aber als das Nilland unter Menes den entscheidenden Schritt vorwärts tat, da sind für diese neue Epoche Formen und Ideen bezeichnend, die aus jener früher entwickelten Kultur stammen – einer Kultur, die nach unserer heutigen Kenntnis seit langem im Euphrattal erwuchs und blühte. In gleicher Weise haben viele Grundlagen der babylonischen, assyrischen, hebräischen und phönikischen Kunst und Geisteswelt ihre Wurzeln in Sumer. Auch die Griechen stehen in der Schuld dieses alten, so lange vergessenen Volkes, das damit als Vorkämpfer für die Entwicklung der abendländischen Menschheit erscheint. Dies sind die Gründe, weswegen die Ausgrabungen in den tiefsten Schichten des Landes Sumer eine so außerordentliche Anteilnahme beanspruchen. Wir wissen nun, daß fast jeder dort geborgene Fund mehr bedeutet als eine bloße Dokumentierung der Leistungen eines bestimmten Volkes in einer bestimmten Zeit: er ergänzt als neues Beweisstück das Bild von jenen Ursprüngen, aus denen sich unsere eigene Welt herleitet.

12

SAMUEL NOAH KRAMER

Wenn George Smith's Entdeckungen die enge Verwandtschaft mesopotamischer Mythen mit den biblischen Geschichten von Schöpfung und Sintflut erhellten, so zeigte um die Jahrhundertwende ein weiterer Fund die Abhängigkeit Israels von anderen Kulturleistungen des Zweistromlandes – und auch er stellte die alttestamentliche Forschung auf neue Grundlagen. Diese neue Entdeckung erfolgte in der alten Stadt Susa, der Verwaltungszentrale des Perserreiches, und betraf den auf einer mächtigen schwarzen Dioritstele aufgezeichneten Kodex Hammurabi, dessen drei Bruchstücke Jacques de Morgan ausgrub. Ein elamitischer Eroberer hatte den Stein wahrscheinlich aus der babylonischen Stadt Sippar weggeschleppt; heute gehört er zu den größten Schätzen des Pariser Louvre. Über einem sehr umfangreichen Keilschrifttext trägt er eine Reliefdarstellung, die den mächtigen Babylonierkönig Hammurabi beim Empfang der Herrschaftsinsignien aus der Hand des thronenden Gottes Schamasch zeigt. Als der Text 1902 veröffentlicht wurde, brachte er die Gelehrten der ganzen Welt in Aufruhr. Wieder einmal zwang die Archäologie zu einer Korrektur des bisher gültigen Lehrgebäudes, die sich auf die Geschichte Israels, die alttestamentliche Theologie, die vergleichende Rechtsgeschichte des Altertums und das Wissen von der mesopotamischen Kultur im allgemeinen erstreckte.

Hammurabi, ein babylonischer König des 18. Jahrhunderts v. Chr. von semitisch-amurritischer Abstammung, unterwarf bei der Schaffung seines Reiches die Sumererstädte des Südens so endgültig, daß sie seit diesem Zeitpunkt als politische Größen von der geschichtlichen Bühne verschwinden. Er lebte mehrere Jahrhunderte vor der Verkündigung der mosaischen Gesetze; aber jeder Leser, der die etwa dreihundert Paragraphen seines Gesetzes mit dem Mosesrecht in den alttestamentlichen Büchern Exodus, Leviticus und Deuteronomium vergleicht, ist von dem Gleichklang in Form und Inhalt betroffen. Beide Gesetzbücher unterliegen dem Rechtsprinzip des „Auge um Auge, Zahn um Zahn“; beide geben sich als göttlich inspiriert und wurden unter auffallend ähnlichen Begleitumständen verkündet. Wie so manche andere Gedanken und Erzählungen der Bibel, beruhte auch das alttestamentliche Gesetz offenkundig auf mesopotamischem Erbe. Ob diese Rechtsüberlieferungen von Ur her durch Abraham der Religion Israels vermittelt wurden oder ob – was wahrscheinlicher ist – die einwandernden Hebräer bei ihrer Ankunft in Palästina kanaanäische Gesetzeskörper semitisch-babylonischer Herkunft vorfanden, bleibt vorerst umstritten. In jedem Falle waren – anders als in Ägypten – in Babylonien und dem ganzen Vorderen Orient einschließlich des kleinasiatischen Hethiterreiches Gesetzbücher ein anerkanntes Prinzip der gesellschaftlichen Ordnung, was die Ausstrahlungskraft der mesopotamischen Gesetzgebung eindeutig beweist. Der führende italienische Orientalist Sabatino Moscati hat das zutreffend formuliert: „Eine natürliche Tendenz zur Kasuistik und Kodifikation liegt dem weiten, von der babylonisch-assyrischen Kultur entwickelten Rechtssystem zugrunde. Dieses System war seinerseits eins der hauptsächlichsten Mittel zur Verbreitung der babylonisch-assyrischen Kultur in der Umwelt.“

Die heutige Erforschung des mesopotamischen Rechts dringt ebenso, wie dies bei der Aufdeckung der gesamten Kultur des Zweistromlandes geschieht, immer weiter in die Vergangenheit vor. Auch hier lag der Ansatzpunkt bei den Assyrern, die unter den Völkern der orientalischen Antike zu den jüngeren gehören. Bereits vor der Ausgrabung des Hammurabi-Kodex hatte der deutsche Assyriologe Friedrich Delitzsch sein Vorhandensein aus Hinweisen in Assurbanipals Bibliothek erschlossen. Lange Zeit galt Hammurabis Gesetz als das älteste und als eine einzigartige Schöpfung, bis auch sein Kodex diesen Ruhm sumerischen Vorläufern überlassen mußte. In Nippur und Uruk fanden sich ältere Tafeln; echt sumerische und vor Hammurabis Zeit liegende semitische Gesetzbücher aber wurden erst kurz nach dem zweiten Weltkrieg bekannt.

Samuel Noah Kramer, einer der bedeutendsten Sumerologen Amerikas, war bereits bei der Entzifferung des ersten dieser nun erscheinenden sumerischen Gesetzbücher, des Lipitischtar-Kodex, beteiligt, und ihm gelang es dann, den zur Zeit ältesten Rechtskörper ans Licht zu bringen. Es handelt sich hierbei um das Gesetz des Urnammu, das mindestens dreihundert Jahre vor Hammurabi zu datieren ist. Kramer kennt indes die Kurzlebigkeit solcher Titel sehr wohl und erklärt selbst, daß durchaus noch ältere Rechtsbücher zutage kommen können.

Wie Kramer darlegt, ist der Geist der sumerischen Gesetzgebung weit milder und humaner als der der Semiten. Der Semit Hammurabi vertritt ein Recht, dessen Härte Jahrhunderte später von den Assyrern noch gesteigert wurde. Von den beiden Rechtstraditionen des Zweistromlandes, der sumerischen und der semitischen, folgte die Gesetzgebung Israels der semitisch-babylonischen, während sich z. B. die kleinasiatischen Hethiter der milderen sumerischen Praxis zuneigten.

Sumers Gesetzbücher wurden bei der Überprüfung zahlreicher, von verschiedenen Museen und Universitätssammlungen aufbewahrter Keilschrifttafeln entdeckt. Sie waren bereits vor Jahrzehnten ausgegraben worden und verbargen sich bis zu ihrer Identifizierung unter den bisher nicht entzifferten und noch ihrer Einordnung harrenden Texten. Kramers Forschungen betreffen vor allem die Keilschrifturkunden aus Nippur, wo eine amerikanische Expedition seit 1887 Ausgrabungen durchgeführt hatte.

Kramer hat den Hauptteil seiner Lebensarbeit der ebenso schwierigen wie spannenden Sumerologie, einer Disziplin der Keilschriftforschung, gewidmet. Zwischen 1919 und 1931 nahm er aktiv an Ausgrabungen teil, die von der Pennsylvania-Universität Philadelphia im Iraq veranstaltet wurden, und beschäftigte sich dann vor allem mit dem Kopieren und der Übersetzung von Tontafeln des Museums der Universität Philadelphia, an der er Clark-Professor der Assyriologie und Kurator der Tafelsammlung ist. Sein Hauptinteresse gilt den epischen Dichtungen und sonstigen literarischen Texten sumerischen Ursprungs. Als eine Art „reisender Sumerologe" widmete er sich auch den Keilschriftsammlungen Europas, etwa im Louvre oder an der Friedrich Schiller-Universität Jena und vor allem im Altorientalischen Museum Istanbul, wo seine Arbeit besonders gute Ergebnisse hatte. Seine Forschungen werfen neues Licht auf die umfassenden Leistungen Sumers.

Ein Gesetzbuch lange vor Hammurabis Zeit

Nach Ankunft in Istanbul (1946) rief ich sofort den Direktor des Archäologischen Museums dieser Stadt, Aziz Ogan, an und erfuhr von ihm, daß der Direktor der Altertümer in Ankara mir wiederum freundlichst die Genehmigung zur Fortsetzung meiner Untersuchungen gestattet hatte. Wie schon bei meinen vorigen Besuchen, versicherte mir der freundliche und sympathische Direktor nachdrücklich seine Zustimmung und tätige Mithilfe bei dieser sehr speziellen Arbeit. Auch nach seiner Überzeugung bedeutete sie sowohl einen nicht unerheblichen Beitrag zur geistesgeschichtlichen Forschung als auch einen instruktiven Beweis türkisch-amerikanischer Zusammenarbeit auf kulturellem Gebiet. Ich erhielt einen bequemen, gut beleuchteten Raum im Keilschrifttafel-Archiv des Museums; das Archiv stand jetzt, wie ich mit Befriedigung erfuhr, unter der fähigen Leitung von zwei jungen türkischen Keilschriftforscherinnen, nämlich Hatice Kizilyay und Muazzez Çig. Beide hatten bei Benno Landsberger, einem der besten Keilschriftforscher unserer Zeit, und bei dem bedeutenden Hethitologen F. G. Güterbock an der Universität Ankara studiert und arbeiteten eng mit F. R. Kraus zusammen, der viele Jahre Kurator des Tafelarchivs gewesen war und unter anderem während seiner Tätigkeit am Museum einen genauen Katalog der gesamten dortigen Nippur-Sammlung aufgestellt hatte. Dieser Katalog umfaßt ungefähr 17000 Tafeln und Fragmente und wird allen, die im Tafel-Archiv des Museums arbeiten wollen, unschätzbare Dienste leisten. Ferner hatten die beiden Damen unter Güterbocks Leitung eine ganze Reihe hethitischer Texte kopiert und veröffentlicht und ebenso im Verlauf der letzten Jahre eine beträchtliche Anzahl sumerischer Rechtsurkunden kopiert. Zu meinem Glück waren sie ebenso interessiert daran, sich einmal an der Abschrift sumerischer literarischer Texte zu versuchen; wie sich bald zeigen wird, lieferten sie hier einen hochbedeutenden Beitrag.

Dem Arbeitsbeginn stand also nichts im Wege. Aber ehe das Kopieren anfangen konnte, galt es, aus den Tausenden von Nippurtafeln und -fragmenten des Museums diejenigen herauszusuchen, die mit Texten aus der sumerischen Literatur beschrieben waren. Indes wurde das nun – als unmittelbarer Erfolg des von Kraus sorgfältig zusammengestellten Katalogs – eine verhältnismäßig einfache Sache. Denn in dieser Liste waren die Tontafeln aus Nippur in eine Reihe von

Gattungen aufgeteilt, deren eine die Überschrift „Sumerische Literatur“ trug. Alles, was noch zu tun blieb, war also, die im Katalog als unpublizierte literarische Texte angezeigten Stücke auf meinen Arbeitstisch zu holen. Aber mir wurde sehr bald die Unmöglichkeit klar, *alle* unpublizierten Urkunden – nach Kraus' Katalog etwa achthundert! – zu kopieren. So ergab sich die Notwendigkeit, die auf ihnen vertretenen literarischen Typen festzustellen und danach diejenigen zur Abschrift auszusuchen, die für die Wiederherstellung bedeutender sumerischer Dichtungen wichtig sein mochten. Ich bat daher, mir die Tafeln in der Reihenfolge ihrer Nummern, Schublade nach Schublade, auf meinen Tisch zu bringen, und begann dann jedes der achthundert Stücke mehr oder weniger kursorisch zu prüfen, um es in die entsprechende literarische Kategorie einzureihen und, falls möglich, sogar der Dichtung zuzuweisen, zu der es gehörte. Nachdem alles notiert war, ließ ich die Tafeln Fach nach Fach wieder von meinem Schreibtisch an ihren Platz in den Schränken zurückbringen und konnte nun mit der Arbeit des Kopierens anfangen. Ich schritt dabei von Gattung zu Gattung fort, indem ich mit der größten und wichtigsten Einzelgruppe, den Sprichwörtern und Weisheitstexten, begann und mit den wenigen und nicht so bedeutenden Fragmenten sumerischer Epen abschloß. Die Ergebnisse dieser einjährigen Arbeit seien hier kurz zusammengefaßt.

Von den ungefähr achthundert unpublizierten Stücken des Istanbuler Museums erwiesen sich etwa vierhundertfünfzig als kleine Fragmente mit nur wenigen und z. T. beschädigten Textzeilen, die daher einem bestimmten Werk nicht zugeordnet werden konnten. Ich entschied mich deshalb, diese Gruppe bis zuletzt zurückzustellen; meine Hoffnung, wenigstens einen Teil von ihr am Ende meines Aufenthalts in Istanbul kopieren zu können, sollte sich dann freilich nicht mehr erfüllen. Denn die Wichtigkeit eines literarischen Fragments läßt sich nicht immer nach seinem Umfang bemessen; manche gut erhaltenen Tafeln sind nur Duplikate schon veröffentlichter Texte und deshalb von relativ geringem Wert, während kleinere Stücke gerade die Zeilen und Sätze enthalten können, die in sonst vollständigen Urkunden fehlen.

Von den übrigen, ungefähr dreihundertfünfzig Nummern kopierte ich selbst zweihundertzweiunddreißig, die zu einhundertundelf Tafeln von 28 : 12 cm Umfang zusammengestellt wurden. Es waren in der Mehrzahl ziemlich kleine Bruchstücke, aber eine ganze Anzahl hatten auch mittlere und größere Abmessungen, und einige wiesen sogar vier, sechs und acht Spalten auf. Der Erhaltungszustand war verschieden ...

Eines dieser Stücke enthält eine Abschrift des bis heute ältesten Gesetzkodex der Menschheit. Er stammt von dem Begründer der 3. Dynastie von Ur, der nach der sogenannten „Kurzen Chronologie" (die heute von den meisten Orientalisten bevorzugt wird) etwa 2050 v. Chr. zur Regierung kam. Die Tafel bietet unerwartete historische Aufschlüsse und wird dadurch mittelbar zur richtigen zeitlichen Ansetzung einer der bekanntesten Gestalten Sumers verhelfen: des Priesterfürsten Gudea von Lagasch. Gudeas Haupt und Gesichtszüge sind durch seine zahlreichen, von den Franzosen zwischen 1877 und 1900 in Lagasch ausgegrabenen Statuen bekannt, die sich heute in verschiedenen Museen befinden; seine Regierungszeit wurde von den Fachgelehrten bisher in die Zeit von Urnammu verlegt, wenn auch einige abweichende Inschriftbelege diese Datierung zweifelhaft machten. Der neue Gesetztext sichert nunmehr Gudeas Ansetzung nicht vor, sondern nach Urnammu; er regierte in Lagasch, während einer der Könige aus der 3. Dynastie von Ur, wahrscheinlich Schulgi, die Oberherrschaft über ganz Sumer innehatte*. Denn der Prolog des Kodex erwähnt den Sieg über einen Priesterfürsten von Lagasch namens Namchani, den alle Forscher eine oder zwei Generationen vor Gudea ansetzen ...

Hätte ich nicht einen Brief von Kraus erhalten, so wäre mir diese Keilschrifttafel vielleicht völlig entgangen. Ich hatte F. R. Kraus einige Jahre zuvor bei meinen früheren sumerologischen Forschungen im Altorientalischen Museum von Istanbul getroffen, wo er mehrere Jahre als Kurator tätig war. Als er, nunmehr Professor für Orientalistik an der Universität Wien, von meinem neuen Aufenthalt in Istanbul erfuhr, schickte er mir in Erinnerung an die alten Zeiten einen Brief, dessen einer Abschnitt „Fachsimpelei" zum Inhalt hatte. Vor einigen Jahren, so schrieb er, sei er bei seiner Arbeit als Kurator im Istanbuler Museum auf zwei Fragmente einer Tafel gestoßen, die sumerische Gesetze enthielten, habe die beiden Stücke aneinandergepaßt und die derart wiederhergestellte Tafel als Nr. 3191 der Nippur-Sammlung des Museums katalogisiert. Vielleicht sei ich, so fuhr er fort, an ihrem Inhalt interessiert und wünsche, sie zu kopieren.

* Nach anderen: während der Regierung von Urnammu *und* Schulgi; Kramer selbst ist neuerdings wieder zu der alten Ansicht zurückgekehrt. (Anm. der Übers.)

Sumerische Gesetztafeln sind außerordentlich selten, und so holte ich mir Nr. 3191 sofort auf meinen Schreibtisch. Da lag sie vor mir – eine sonnengetrocknete Tontafel von hellbrauner Farbe und 20 : 10 cm Umfang. Über die Hälfte des Textes war zerstört, und was sich erhalten hatte, schien zunächst hoffnungslos unverständlich. Aber nach mehreren Tagen konzentrierten Studiums begann sich der Inhalt zu klären und Form anzunehmen – und mit einiger Aufregung erkannte ich das, was ich da in meiner Hand hielt, als eine Abschrift des ältesten bisher bekannt gewordenen Gesetzbuches. Der sumerische König Urnammu, Begründer der in den Geschichtsbüchern allgemein als Dritte bezeichneten Dynastie von Ur, hatte es erlassen. Sogar nach dem kürzesten chronologischen Ansatz aber regierte Urnammu etwa um 2050 v. Chr., also dreihundert Jahre vor dem heute wohlbekannten und weitberühmten semitischen Gesetzgeber Hammurabi!

Noch bis vor fünf Jahren galt der in Keilschrift und semitischem Babylonisch abgefaßte Hammurabi-Kodex als das bei weitem älteste jemals aufgefundene Gesetzbuch. Umrahmt von einem ruhmredigen Prolog und einem an Fluchworten reichen Nachwort, bot er in dreihundert Gesetzen eine Stufenleiter menschlicher Taten und Verbrechen. Die mächtige, Ehrfurcht einflößende Basaltstele, auf der der Kodex verzeichnet ist, steht jetzt, allgemein beachtet und bewundert, im Louvre. Hinsichtlich seiner Fülle an Einzelgesetzen und seines Erhaltungszustands ist er noch heute das eindrucksvollste antike Rechtsdokument, das bisher entdeckt wurde – aber nicht mehr seinem Alter nach. Denn 1947 kam das Gesetz eines Königs namens Lipitischtar ans Licht, der mehr als hundertfünfzig Jahre vor Hammurabi gelebt hatte.

Der Lipitischtar-Kodex, wie er heute allgemein genannt wird, ist nicht auf einer Stele, sondern auf einer sonnengetrockneten Tontafel in Keilschrift verzeichnet; seine Sprache ist das nichtsemitische Sumerisch. Die Tafel war schon vor mehr als fünfzig Jahren ausgegraben, aber aus verschiedenen Gründen während dieses ganzen Zeitraums nicht erkannt worden und daher unveröffentlicht geblieben. Als sie mit meiner Hilfe von dem Hilfskurator des Universitätsmuseums, Francis Steele, wiederhergestellt und übersetzt wurde, bot sie Prolog, Epilog und eine unbekannte Anzahl von Gesetzen, von denen siebenunddreißig ganz oder teilweise erhalten sind.

Lipitischtars Ruhm als ältester Gesetzgeber der Welt war freilich nur von kurzer Dauer. Schon ein Jahr später teilte der Kurator des

Iraq-Museums in Bagdad, Taha Baqir, mit, daß er bei Ausgrabungen auf dem bis dahin unbekannten Trümmerhügel Harmal zwei Tafeln eines anderen, gleich dem Hammurabi-Kodex babylonisch abgefaßten Gesetzes entdeckt habe. Noch im gleichen Jahr wurden die Tafeln von dem bekannten Keilschriftforscher der Yale-Universität, Albrecht Goetze, untersucht und kopiert. Diese Rechtssammlung besitzt gleichfalls einen Prolog, während ein Epilog fehlt, hat etwa sechzig Paragraphen und wird heute nach dem nördlich an Babylonien angrenzenden Lande, für das sie abgefaßt wurde, Eschnunna-Kodex genannt. Mit dem Gesetzwerk Lipitischtars konnte es sich rühmen, vor der Zeit Hammurabis abgefaßt zu sein. Nun, als durch F. R. Kraus' Hinweis die Istanbuler Tafel mit den sumerischen Gesetzen Urnammus ans Licht kam, mußten die beiden genannten Sammlungen ihr Prioritätsrecht abgeben, lebte doch Urnammu zweihundert bezw. dreihundert Jahre vor ihrer Zeit.

Die Tafel des Museums von Istanbul war durch den alten Schreiber in acht Spalten – je vier auf der Vorder- und Rückseite – aufgeteilt worden. Jede dieser Kolumnen besteht aus etwa fünfundvierzig kleinen, durch Linien abgeteilten Fächern, von denen nur die knappe Hälfte lesbar ist. Die Vorderseite enthält einen langen Prolog, der wegen zahlreicher Lücken im Text nur teilweise entziffert werden kann. Sein Inhalt ist kurz folgender:

Als die Welt geschaffen und das Schicksal des Landes Sumer und der Stadt Ur (des biblischen „Ur der Chaldäer“) bestimmt wurde, setzten An und Enlil, die beiden Herrschergötter des sumerischen Pantheons, den Mondgott Nanna zum König über Ur ein. Eines Tages wurde dann durch diesen Gott Urnammu auserwählt, als sein irdischer Repräsentant über Sumer und Ur zu herrschen. Die ersten Taten des neuen Königs galten Urs und Sumers politischer und militärischer Sicherung. Insbesondere hatte er mit dem benachbarten Stadtstaat Lagasch, der sich auf Urs Kosten ausgedehnt hatte, zu kämpfen. Er besiegte und tötete dessen Fürsten Namchani und stellte dann „mit der Kraft Nannas, des Königs der Stadt“, Urs frühere Grenzen wieder her.

Damit war die Zeit gekommen, sich den inneren Angelegenheiten zuzuwenden und soziale und moralische Reformen durchzuführen. Urnammu rottete die „Betrüger“ und Diebe – oder, nach den eigenen Worten des Kodex, die „Greifer“ der den Bürgern gehörenden Rinder, Schafe und Esel – aus und führte ein einwandfreies und nicht veränderliches Gewichts- und Maßsystem ein. Er sorgte dafür, daß die „Waise nicht schutzlos dem Reichen und die arme Witwe nicht dem Mächtigen ausgeliefert“ war; „wer nur einen Sekel (eine kleine Münze) besaß, den durfte man nun nicht mehr dem überantworten, der eine ganze Mine (sechzigmal mehr) sein Eigen nannte“. Wenn auch der übrige Abschnitt auf der Tontafel zerstört ist, so besteht kein Zweifel, daß der König die nun im Text folgenden Gesetze erließ, um das Recht im Land zu sichern und die Wohlfahrt seiner Bürger zu fördern.

Die Gesetzparagraphen selbst begannen wahrscheinlich auf der Rückseite der Tafel und sind so stark zerstört, daß sich mit einiger Sicherheit nur fünf von ihnen inhaltlich rekonstruieren lassen. Einer von ihnen scheint eine Urteilsentscheidung durch Wasserordal zu enthalten, ein zweiter die Rückkehr eines Sklaven zu seinem Herrn zu behandeln. Indes sind es die anderen drei Gesetze, die trotz ihres fragmentarischen und unsicheren Erhaltungszustandes besonderes Gewicht für die Geschichte der sozialen und geistigen Menschheitsentwicklung haben. Denn sie beweisen, daß das in den viel späteren biblischen Gesetzen noch weithin gültige Prinzip des „Auge um Auge, Zahn um Zahn“ schon vor 2000 v. Chr. einer humaneren Regelung – dem Ersatz der Körperstrafe durch eine Geldentschädigung – gewichen war. Wegen ihrer historischen Bedeutung seien diese drei Gesetze hier wörtlich zitiert:

„Wenn ein Mann mit einer Waffe den Fuß eines anderen Mannes gebrochen hat, so soll er ihm zehn Silbersekel zahlen.

Wenn ein Mann mit einer Waffe den ... Knochen eines anderen abgetrennt hat, so soll er ihm eine Mine Silber zahlen.

Wenn ein Mann mit einem scharfen Instrument die Nase eines anderen abgeschnitten hat, soll er ihm ⅔ Mine Silber zahlen.“

Wie lange wird Urnammu seine Krone als erster Gesetzgeber der Welt behalten? Es wird, so fürchte ich, nicht lange dauern. Wir besitzen Hinweise darauf, daß Sumer weit vor Urnammus Geburt Gesetzgeber besaß. Früher oder später wird ein Ausgräber mit der Kopie eines Rechtskodex erscheinen, der hundert Jahre oder mehr vor Urnammu entstand.

SYRIEN UND PALÄSTINA

13

CLAUDE SCHAEFFER

Das schon sehr früh besiedelte Land, das man zuweilen als „Fruchtbaren Halbmond" bezeichnet, spielte während des ganzen Altertums die Rolle einer Kulturbrücke. Es erstreckt sich in einem Halbkreis zwischen Wüsten, Gebirgen und Meer vom Persischen Golf längs des Euphrat und Tigris zur Mittelmeerküste und an ihr südwärts nach Palästina. Bis ins Neolithikum lassen sich in diesem Raum die Spuren menschlicher Tätigkeit zurückverfolgen; hier wahrscheinlich begann die Menschheit zuerst, ein seßhaftes Bauernleben zu führen. Während des 4. Jahrtausends v. Chr. hinterließ im westlichen, mittelmeerischen Teil dieses Gebietes, den wir Syrien nennen, die mesopotamische Zivilisation ihre ersten Spuren, und für das 3. Jahrtausend beweisen jetzt die Ausgrabungen von Ras Schamra im nördlichsten Abschnitt der syrischen Küste das kulturelle, politische und wirtschaftliche Übergewicht des Zweistromlandes.

Die Einheit dieser ganzen Region beruht auf der Gleichartigkeit des immer stärker hervortretenden semitischen Elements. Wenn Abraham aus seiner Geburtsstadt Ur aufbricht und in das nordsyrische Charrān zieht, um von da aus südwärts bis nach Hebron zu gelangen, so durchmißt er in der Tat den „Fruchtbaren Halbmond" in seiner ganzen Ausdehnung. Noch früher erreichte Sargon von Akkad, wahrscheinlich in der Nähe von Ras Schamra, die syrische Küste, wusch dort dem Bericht nach sein Schwert in den Wellen des Mittelmeers und fuhr vielleicht gar über 100 km weiter westwärts nach Cypern hinüber. Und wiederum lange Zeit vor ihm suchte der Sagenheld Gilgamesch in Begleitung seines Freundes und einstigen Feindes Enkidu das Gebirge auf, „da die hohen Zedern wachsen" – womit offenbar die Ketten des Libanon gemeint sind. In diesen Landen entstand eine von Mesopotamien her beeinflußte Kultur. Ihre Träger waren die semitischen Kanaanäer, die im wesentlichen mit den Phönikern identisch sind und mit den Amurritern eng verwandt waren; in bemerkenswerter Gleichförmigkeit dehnte sich diese Zivilisation von der heutigen Türkei an die 600 km weit bis ins palästinische Negev nach Süden aus. Gelegen an den Kreuzwegen der Kriegszüge und des Handels vom Euphrat-Tigris-Tal nach Ägypten und von dort nach Anatolien, der Einwanderung und dem Handel aus der Ägäis und den benachbarten Inseln Kreta und Cypern offen, mußte Syrien-Palästina schon im Altertum zu einem ständigen Zankapfel werden.

Als 1928 in Ras Schamra ein altes Grab entdeckt wurde, öffnete sich der Blick in die Vergangenheit dieses Landstrichs. Die dort geborgenen Funde warfen neues Licht auf die Kultur der Kanaanäer im allgemeinen, besonders aber auf ihre Kunst, ihre Religion und ihre epische und geistliche Literatur, deren Existenz man bis dahin kaum geahnt hatte. Wiederum stand die Bibelforschung vor neuen Aspekten, als sich die religiösen Vorstellungen und Texte Israels mit denen ihrer kanaanäischen Feinde verknüpft oder gar von ihnen abhängig zeigten. Daß das Althebräische mit der frühen phönikischen Sprache eng verwandt war, hatte sich bereits herausgestellt; nun ergab sich, daß sich die hohen Gerechtigkeitsvorstellungen und das feine moralische Empfinden der alttestamentlichen Propheten nicht völlig isoliert entwickelt hatten, sondern bei den Kanaanäern vorgebildet waren. Sogar eine so vertraute Gestalt wie Daniel erschien bereits in einer kanaanäischen Dichtung als „rechtschaffener“ Mann, der im Tor sitzend „die Sache der Witwe führte und dem Vaterlosen zu seinem Recht verhalf“! Kanaanäische Hymnen boten überraschende Parallelen zu den Psalmen des Alten Testaments. Die Gelehrten fanden in den Texten von Ras Schamra Hinweise auf den Garten Eden und auf Adam und Eva, hinter denen vielleicht historische Gestalten des Alten Orients stehen. Der alttestamentliche Gott El oder Elohim begegnet in der kanaanäischen Literatur, die sogar gelegentliche Neigungen zum Monotheismus offenbart. In gleicher Weise wurde für die Alttestamentler die Tatsache bedeutsam, daß Ras Schamra-Urkunden nun zur Erklärung von Bibeltexten beitrugen, ja, daß diese ohne Kenntnis ihres kanaanäischen Hintergrundes kaum verständlich waren. Bis dahin waren die Kanaanäer und ihre Religion ausschließlich aus der Darstellung der Israeliten bekannt, und diese hatten ein Interesse daran zu betonen, wie grundsätzlich sie sich von ihren götzendienerischen und sinnenfreudigen Gegnern unterschieden; nun lernten wir letztere aus ihren eigenen Zeugnissen kennen. Im Lichte dieser Texte aber scheinen sich bis zur Zeit des Mose die Israeliten von ihren kanaanäischen Nachbarn kaum zu unterscheiden.

Indes erschöpften sich die Funde von Ras Schamra in keiner Weise mit dem Schock, den sie der alttestamentlichen Forschung versetzten. Die kanaanäisch-phönikische Kultur, deren schöpferische Kraft hier ans Licht kam, verdient, ungeachtet der in ihr wirksamen babylonischen, ägyptischen, minoischen und mykenischen Einflüsse um ihrer selbst willen erforscht zu werden. Ihre Entwicklung läßt sich in Ras Schamra in einem chronologischen und physikalischen Querschnitt verfolgen. Weiter ergibt sich als wahrscheinlich, daß die Schaffung der phönikischen Seemacht durch die Flottenüberfälle der frühen Achäer und Kreter veranlaßt wurde. Darüber hinaus vermitteln die Ausgrabungen ein faszinierendes Bild von der vielsprachigen, weltbürgerlichen Atmosphäre dieses alten Seehafens, der in der Mitte des 2. Jahrtausends v. Chr. eine Art Schanghai seiner Zeit gewesen sein muß. Ausländische Händler, Seeleute und Handwerker waren in ihm willkommen – und die Achäer und Mykener unter ihnen trugen dazu bei, das Gesicht der Stadt zu verändern.

Der internationale Charakter Ras Schamras spiegelt sich am besten in den 1929 ausgegrabenen Texten wider. Nach Inhalt und Sprache zeigen diese Urkunden die lebhafte und vielfältige Rührigkeit des Seehafens. Unter den hier vertretenen Sprachen sind neben dem bodenständigen Kanaanäisch das – vor allem in Rechtsurkunden angewandte – Sumerische, weiter als internationale Diplomatensprache das Akkadische, sodann Churritisch, Ägyptisch und Hethitisch, dazu weitere, bisher unbekannte Idiome. Um den Sprachwirrwarr zu bewältigen, hatten die Kanaanäer Wortsammlungen, Wörterbücher und Synonymenlisten aufgestellt. Unter den verschiedensprachigen Texten waren die kanaanäisch abgefaßten Tontafeln – die übrigens nicht unmittelbar als solche erkannt wurden – von größtem Interesse und natürlich in der Überzahl. Ihre Entzifferung binnen eines guten Jahres durch französische und deutsche Gelehrte stellt, zumal sie ohne die Hilfe zweisprachiger Urkunden erfolgte, eine bewunderungswürdige Leistung dar.

Die Schrift war keilförmig. Indes zeigte sich sehr bald, daß die verwendeten Zeichen angesichts ihrer begrenzten Zahl nicht, wie in der babylonischen oder sumerischen Keilschrift, Silben oder Ideogramme (d. h. ganze Wörter) bedeuten konnten. Kurz – die Schriftsymbole, deren Zahl zuerst auf sechsundzwanzig, dann auf achtundzwanzig und schließlich auf dreißig beziffert wurde, stellten ein Alphabet dar, das als das älteste seiner Art gelten konnte. Aber was waren die Werte dieser Alphabetbuchstaben? Statistische Erhebungen nach Eigentümlichkeit, Verteilung und Häufigkeit wiesen auf eine semitische Sprache hin: Hier lagen kanaanäische, „protophönikische" Urkunden in einem Keilschriftalphabet vor, und diese Enthüllung machte Ras Schamra berühmt. Sobald man die Texte lesen konnte, ließ sich die Stadt einwandfrei als das von den Archäologen schon lange gesuchte Ugarit identifizieren. Zwar galt Ugarit keineswegs als die berühmteste Phönikerstadt – Tyrus, Sidon und Byblos hatten wesentlich größere Bedeutung –, dennoch war es im Altertum weitbekannt und spielte in den Amarnatafeln, in babylonischen Berichten und in den Archiven des hethitischen Boghazköy sowie denen von Mari eine Rolle.

Ugarit liegt an der Mittelmeerküste, ungefähr 16 km nördlich von Latakije nahe dem einstigen Hafen Minet el-Beida. Es ist die nördlichste phönikische Siedlung und wird heute durch einen etwa 800 m von der Küste entfernten Trümmerhügel bezeichnet. Im Verlauf der seither verstrichenen etwa zweieinhalb Jahrtausende wurde sie vollkommen verschüttet. Ihr arabischer Name bedeutet „Fenchel-Höhe" und spielt auf ihren aromatisch duftenden Bewuchs an. Durch seine Lage war Ugarit im vorklassischen Altertum ständigen Angriffen und Einwirkungen aus allen Richtungen des Vorderen Orients ausgesetzt. Im 3. Jahrtausend wurde es von semitischen (kanaanäischen) Gruppen besiedelt, die ihm seine historische Eigenart und auch wohl seinen Namen gaben. Im 20. und 19. Jahrhundert v. Chr. hatte die 12. ägyptische Dynastie die Oberhoheit über die Stadt und hinterließ in ihr zahlreiche Denkmäler, vor allem Sphingen und die Statuetten von Pharaonen und Königinnen. Während der Hammurabi-Zeit, um die Wende vom 18. zum 17. Jahrhundert, herrschte der babylonische Einfluß vor. Als dann die Amurriterdynastie von Babylon unter hethitischem und kassitischem Druck ihr Ende fand, gerieten während und nach dem Interregnum der Hyksos die (z. T. von indogermanisch sprechenden Fürsten geführten) Churriter in diesen Schmelztiegel und verknüpften ihn mit dem verwandten Mitanni. Im 15. und 14. Jahrhundert v. Chr. erneuerte die 18. ägyptische Dynastie ihre Oberherrschaft. Damals erlebte Ugarit seine höchste Blütezeit; aus ihr stammen die uns erhaltenen, in einer ausgedehnten und wohlgeordneten Bibliothek gesammelten literarischen und religiösen Texte. Auch ein starker mykenischer Einfluß ist in dieser Epoche spürbar. Die dann folgende Auseinandersetzung zwischen Hethitern und Ägyptern bewirkte einen Niedergang; er wurde vielleicht durch ein schweres Erdbeben beschleunigt, dessen vernichtende Spuren sich überall am östlichen Mittelmeer nachweisen lassen. Wie auch die Hethiter, so erhielt die Stadt schließlich den Todesstoß durch die geheimnisvollen Plündererscharen der „Seevölker" und wurde am Ende von ihren Bewohnern verlassen.

Seit dem Tage, da im Jahre 1928 der nahebei gelegene Friedhof durch einen Zufall entdeckt wurde – ein Bauer stieß beim Pflügen auf die Steinplatte eines Gruftdaches –, sind in Ugarit einige zwanzig Grabungskampagnen durchgeführt worden. Trotzdem hat die Stadt noch nicht alle ihre Reichtümer preisgegeben. So wurde z. B. erst 1953 ihr diplomatisches Archiv gefunden. In welcher Hinsicht Ugarit auf das vorklassische Altertum den stärksten Einfluß hatte, läßt sich schwer sagen; denn seine Zeugnisse sind außerordentlich vielseitig. Die Bedeutung, zu der dieser Fundplatz gelangt ist, geht aus der Tatsache hervor, daß seine Erforschung ein neuer und selbständiger Zweig wissenschaftlicher Arbeit wurde.

Der französische Archäologe Claude F. A. Schaeffer, der sich zunächst auf dem Gebiet der europäischen Vorgeschichte einen Namen gemacht hatte, gelangte durch die sachkundige und sorgfältige Leitung der Ausgrabungen von Ras Schamra zu Weltruhm. Aus einer fast lückenlosen, sich über 2000 Jahre erstreckenden Abfolge von Funden in Ugarit arbeitete er eine Stratigraphie aus, die ihm nach Leonard Woolleys Worten „alle Archäologen zu Dank verpflichtete". In dieses Werk über die Schichtenfolge fügte Schaeffer geophysikalische Daten, wie etwa Erdbeben, ein und gewann damit für die Vorgeschichte Vorderasiens eine absolute Chronologie. Seit 1954 wirkt Schaeffer als Professor am *Collège de France* in Paris. Zusätzlich zu seiner Arbeit in Ras Schamra führte er mehrere archäologische Grabungskampagnen in Cypern und im türkischen Malatia durch.

Das älteste Alphabet

Die Geschichte wurde mir im Serail von Latakije, der Hauptstadt des Alawitenstaates in Nordsyrien, erzählt. Lange vor dem ersten Weltkriege hatte ein englischer Kapitän bei der Durchreise in Latakije den Vertreter seiner Gesellschaft eingeladen, ihn zu seinem Schiff nach Alexandrette zu begleiten. Ungefähr 16 km nördlich von Latakije machte er diesen auf eine von weißem Fels eingerahmte Bucht aufmerksam, die an Steuerbord zu sehen war. In der Nähe der heute verlassenen, aber einen guten Hafen bietenden Bucht zeigten sich einige niedrige Hügel. Einer seiner beiden Großväter, gleichfalls Seemann, hatte ihm einmal den Rat gegeben, sie nach seinem Ausscheiden aus der Navy auszugraben. „In den Hügeln da muß es allerlei wertvolle Dinge geben", so hatte der Kapitän gefolgert. Diese Erzählung ist zweifellos keine Erfindung. Während meiner Einkäufe in den Suks von Latakije hatte sich die Nachricht, daß ein französischer Archäologe in der Nähe von Minet el-Beida Ausgrabungen plane, mit Windeseile verbreitet, und mehrere Händler erzählten mir, daß in der Nähe der Bucht wohnende Eingeborene dort Antiken aus Gold gefunden hätten.

Diese Berichte erhielten zuerst im März 1928 ihre Bestätigung. Bei der Arbeit auf seinem unweit der Bucht gelegenen Feld fand ein Alawit* eine Steinplatte, die zum Verschluß eines unterirdischen Ganges gehörte; letzterer führte zu einer rechteckigen, mit Kragsteinen überwölbten Kammer. Als er sie ausräumte, fand er verschiedene Gegenstände, darunter solche aus Gold, die aber niemand je zu Gesicht bekommen hat, da sie spurlos im illegalen Antiquitätenhandel verschwanden. Indes erhielt M. Schoeffler, der damalige Gouverneur des Alawitenstaates, davon Kunde; er begab sich selbst an Ort und Stelle und benachrichtigte den Direktor der Altertümer in Beirut, M. Virolleaud. Von einem Beauftragten durchgeführte Untersuchungen in der Grabkammer und ihrer Nachbarschaft führten lediglich zur Auffindung einiger teilweise zerbrochener Terrakotta-Vasen, die der eingeborene Entdecker nicht des Mitnehmens wert erachtet hatte. Diese Vasen stammten jedoch nach dem Urteil von René Dussaud – einem

* Angehöriger einer islamischen Geheimsekte, auch Nossairier genannt. Unter der französischen Mandatsherrschaft bestand in Syrien bis 1930 ein autonomer Alawitenstaat mit der Hauptstadt Latakije. (Anm. der Übers.)

Mitglied des *Institut de France* – aus dem 13. Jahrhundert v. Chr. und waren kyprischen oder mykenischen Ursprungs; der Plan der Gruft gemahnte überdies an die von Sir Arthur Evans aufgefundenen Königsgräber von Knossos.

Eine Entdeckung dieser Art war bis dahin an der syrischen Küste noch nicht gemacht worden. Dussaud erklärte Minet el-Beida unbedenklich für einen alten Hafen und eine kypro-kretische Kolonie, die als Warenumschlagsplatz zwischen Cypern, Kreta und Ägypten einerseits und den mächtigen Zivilisationszentren Mesopotamiens andererseits gedient hatte. In der Tat ist das genau der östlichsten Landspitze von Cypern gegenüberliegende Minet el-Beida der Ausgangspunkt zahlreicher, ins Innere führender Straßen. In diesem Handel mußte vor allem das aus den Bergwerken Cyperns kommende Kupfer eine wichtige Rolle gespielt haben; man brauchte es unumgänglich für die Produktion von Waffen, die damals noch nicht aus Eisen, sondern aus Bronze, einer Kupfer-Zinn-Legierung, hergestellt wurden. Auf Anforderung Dussauds entsandte das *Institut de France* eine archäologische Mission an diesen Platz, mit dem Auftrag, den alten Seehafen von Minet el-Beida und seinen Friedhof ausfindig zu machen. Die Leitung wurde mir übertragen; als Mitarbeiter wählte ich den mir gut befreundeten G. Chenet, einen aus den Argonnen stammenden Archäologen. Die aus sieben Packkamelen sowie mehreren Eseln und Pferden bestehende Karawane der Expedition erreichte Minet el-Beida Ende März 1929, und die Ausgrabungen wurden sofort nach Errichtung des Lagers in Gang gebracht. Wir brauchten nur eine Woche zu messen und zu schürfen, um die vermutete Nekropole zu finden, die sich als reiche archäologische Schatzkammer erwies. In einem nur 150 m vom Strande Minet el-Beidas entfernten Areal von 3000 qm Größe kamen als erste Entdeckung achtzig Depots mit Grabbeigaben ans Licht, die teils aus verschiedenen Vasen örtlichen, syrischen oder mykenischen Stils, teils auch nur aus einigen wenigen Kieseln und Muscheln vom benachbarten Strand bestanden; in einem Fall fanden sich anstelle dieser Steine Gewichte aus poliertem oder glatt geschlagenem Stein, die genau der ägyptischen Mine von 437 g und ihren Bruchteilen entsprachen. An anderen Stellen lagen gewaltige Steintafeln, runde, in der Mitte durchbohrte Platten, die Mühlsteinen glichen, steinerne Würfel oder große, sehr naturalistische *phalli*. Die dabei angetroffenen Knochen waren sämtlich solche von Tieren, nicht von Menschen.

Etwa in der Mitte des Feldes und am Fuß einer niedrigen, nur 50 cm hohen Mauer, die völlig im Boden versunken war, entdeckten wir einen bedeutenden Schatz von Statuetten und Schmuckstücken, der großen künstlerischen und historischen Wert hatte. Als erstes erschien die Bronzefigur eines Falken, der wie Horus die Doppelkrone von Ober- und Unterägypten trug, sie lag zwischen den Scherben einer grob gefertigten Vase und den Bruchstücken einer kyprischen Schale von klassischem Stil. Unmittelbar bei diesem Falken fand sich ein zweiter von geringerer Größe mit Goldinkrustierung – ein köstliches Kleinod antiker Goldschmiedekunst. Er war zwar von Ägypten her inspiriert, aber von einem Meister geschaffen, der dem Vorbild aus dem Niltal nicht mehr sklavisch folgte; denn niemals hält dort der Horusfalke die Uräusschlange zwischen den Klauen, wie das die Statuette von Minet el-Beida tut.

Etwa 50 cm weiter tauchte die Statuette eines sitzenden Gottes auf. Er hatte ein ägyptisches Profil, seine Augen waren mit Email und Silber eingelegt. Dicht dabei fand sich die 22 cm hohe Statuette eines einherschreitenden Gottes; dieser trug eine goldplattierte Kopfbedekkung, die dem *pschent* der Pharaonen oder der Kopfzier hethitischer Könige ähnelt. Eine Maske aus feingehämmertem Gold bedeckt das göttliche Antlitz, der Körper ist mit Silber überzogen, der rechte Arm trägt ein Goldarmband. Ohne Zweifel haben wir hier das schönste Bildnis des Phönikergottes Reschef vor uns, das bis jetzt gefunden wurde. Neben ihm lag ein goldener Anhänger, der in Relief die liebliche Göttin Astarte, aufrechtstehend und einen Lotus in jeder Hand, zeigte. Rings um die Statuen verstreut fanden wir im Erdboden zahlreiche einzelne Perlen einer Halskette – Oliven aus poliertem Karneol, durchbohrte Quarzzylinder und Birnen aus Katzenaugen-Kristall.

Ungefähr 20 m südlich von diesem Schatz stießen wir auf eine ausgedehnte unterirdische Kammer, die Rechteckform und sehr große, sorgfältig aneinandergepaßte Deckplatten hatte. Ohne Zweifel war es ein wichtiges Grab, das sich aber leider als unvollendet und leer erwies. Wir verlegten unsere Untersuchungen nun nach der Westseite und gerieten hier an eine Reihe sehr eigenartiger Bauten in Brunnenform mit gewölbter, bienenkorbartiger Öffnung, die mit einer großen, durchbohrten Steinplatte verdeckt war; es fanden sich weiter Leitungsröhren für das zu den Bestattungsfeierlichkeiten benötigte Wasser, die zu einem großen Krug oder einem durchbohrten Stein führten. Diese Bauwerke scheinen zu einem Gebäude recht bedeutenden Ausmaßes zu gehören, von dem jetzt nur noch Deckplatten und Fundament vorhanden sind. Unter den Steinplatten entdeckten wir ein weiteres, diesmal vollendetes Grab mit einem Gang und einer Treppe, die zu der eigentlichen, mit einem Kraggewölbe versehenen Gruft führte. Der aus großen Blöcken gemauerte Korridor barg zahlreiche bemalte Gefäße, Lampen, deren Dochte man angezündet hatte (die Wand in der Nähe war angerußt), und eine vollständig erhaltene, wunderbare Vase aus ägyptischem Alabaster mit zwei Henkeln. Vor der Gruft war der Schädel eines sehr jungen Mannes gefunden worden, wahrscheinlich eines Sklaven, der an der Pforte zum Grabe seines Herrn getötet worden war.

Als wir die Grabkammer selbst betraten, mußten wir feststellen, daß man sie bereits vor langer Zeit beraubt hatte. Die Grabschänder, die den Zugang offensichtlich genau kannten, hatten einen der Schlußsteine des Gewölbes entfernt und waren durch diese enge Öffnung geschlüpft. Sie hatten die Gerippe ihres Schmucks aus kostbarem Metall beraubt und die Gebeine in eine Ecke geworfen. In der Gruft befanden sich mindestens vier Leichen, aber kein Sarkophag. Die Grabausstattung mußte, wie aus den von den Räubern vergessenen Resten zu ersehen war, außerordentlich üppig gewesen sein. Außer Perlen aus Gold und Hartstein, zahlreichen Terrakottavasen mit mykenischer oder kyprischer Bemalung, Pokalen aus Glaspaste und ägyptischen Alabasterkrügen fanden wir noch einen goldenen Ring und einen Hämatitzylinder. Das interessanteste Stück aber war ein Elfenbeinkästchen, dessen verblüffenderweise völlig unversehrter Deckel das Bild einer thronenden Göttin zeigte. Bei nacktem Oberkörper trug sie einen weiten Rock mit Volants; rechts und links vor ihr standen, ihr zugewandt, zwei Ziegen auf den Hinterbeinen. Das heraldisch wirkende Schnitzwerk ist sehr schön komponiert und spricht für eine hochentwickelte Kunst; die Gottheit scheint den kretisch-mykenischen Fruchtbarkeitsgöttinnen von Knossos und Tiryns aus dem 14. und 13. Jahrhundert v. Chr. verwandt. Die Elfenbeinarbeit darf ohne Zweifel als die feinste und besterhaltene gelten, die aus dieser so lange zurückliegenden Zeit auf uns gekommen ist. Sie erhielt einen Ehrenplatz in der Sammlung orientalischer Altertümer des Louvre.

Nach Reichtum und Bedeutung lassen sich die Grüfte von Minet el-Beida mit den Königsgräbern von Isopata und Zafer Papura auf Kreta vergleichen. Ohne Zweifel bargen sie einst die Leichen einer bisher unbekannten fürstlichen Dynastie Nordsyriens. Nun ging es darum, den Palast und die Stadt, zu der die Nekropole von Minet el-Beida gehörte, zu finden. Ungefähr 1 km von der Küste entfernt liegt ein Trümmerhügel (*tell*) von 20 m Höhe, 1000 m Länge und 500 m Breite, den die Eingeborenen Ras Schamra, „Fenchel-Höhe", nennen. Für die Ausgrabung wählte ich den höchsten Punkt des Hügels mit Blick aufs Meer, an dem ich den Palast vermutete. Nach Abtragung der oberen Schichten erschienen alsbald mächtige Grundmauern aus festem Stein; zwischen ihnen fanden wir einen Bronzedolch, die Reste einer Pharaonenstatue aus Granit und ägyptische Stelen mit Hieroglyphen des Neuen Reiches, deren eine dem Gott Seth von Sapuna geweiht ist. Diese Entdeckungen gestatteten uns die sofortige Datierung des Palastes auf das 2. Jahrtausend v. Chr. und überdies die Feststellung, daß die hier residierenden Könige Freunde oder Verbündete Ägyptens gewesen waren. Über das Maß ihrer diplomatischen Beziehungen sollten wir bald Näheres erfahren, denn wir entdeckten eine ganze Bibliothek von Tontafeln, die mit Keilschrifttexten bedeckt waren. Unter diesen Urkunden befanden sich Briefe, die denen von Tell el-Amarna – bekanntlich der diplomatischen Korrespondenz zwischen den Pharaonen der 18. Dynastie und den syrischen Fürsten – sehr ähnelten. Einer dieser in Ras Schamra gefundenen Briefe, der an einen König namens Akinni gerichtet ist, erwähnt den Abschluß eines Vertrages zwischen den drei bisher unbekannten Städten Panaschtai, Chazilu und Chalbini. Das Bedeutsamste, ja, geradezu Sensationelle an dieser Entdeckung aber war, daß die meisten Tontafeln eine neue, völlig unbekannte Schrift aufwiesen. Sie ist, da sie nur sechsundzwanzig Zeichen verwendet, bereits alphabetisch. Der bekannte Fachgelehrte Virolleaud machte sich sofort an die Entzifferung dieser kostbaren Dokumente, die vorerst ihr Geheimnis bewahrten ...

Die Urkunden ermöglichten die Identifizierung von Ras Schamra mit dem von René Dussaud hier bereits vermuteten Hafen. Er schöpfte seinen Wohlstand aus dem Kupferhandel mit dem benachbarten Cypern und der Ausfuhr asiatischer Erzeugnisse nach den Inseln der Ägäis und dem griechischen Festland und gewann im 2. Jahrtausend v. Chr. ungewöhnliche Bedeutung. Nach den ermutigenden Ergebnissen der ersten Grabung betraute mich die *Académie des Inscriptions et des Belles Lettres* in Verbindung mit dem Louvre 1930 mit einer weiteren Mission, zu der der Alawitenstaat einen Zuschuß gab.

Wiederum war Georges Chenet, der ausgezeichnete Archäologe aus den Argonnen, mein Assistent. Die Kampagne wurde ohne Unterbrechung mit 150 Arbeitern von März bis Juni dieses Jahres (1930) durchgeführt.

Unsere Hauptaufgabe in Minet el-Beida bestand nunmehr darin, die unmittelbare Umgebung der im vergangenen Jahr entdeckten Königsgräber zu erforschen. Wir legten einige merkwürdige Häuser frei, die offenbar für die in den angrenzenden Gräbern ruhenden toten Fürsten bestimmt gewesen waren. In den Kammern und Gängen, nahe bei den Treppen und Brunnenlöchern, fanden wir Weihdeposita in Form von bemalter Keramik, Bronzemessern und -dolchen, bronzenen, silbernen und goldenen Nadeln sowie bronzenen und tönernen Lampen. Die Brunnenlöcher, die mit Wasserkanälen versehen waren, hatte man absichtlich mit feiner Erde angefüllt, in der sich einige schöne Vasen befanden. Steinplatten, die zuweilen durchbohrt oder mit einer Mörtelschicht bedeckt waren, verschlossen den Zugang. In einem der Räume standen dreizehn Krüge – was an die Magazine im Minos-Palast von Knossos erinnerte.

Insbesondere aber galt unsere Arbeit während der Expedition von 1930 der Ausgrabung des Trümmerhügels von Ras Schamra. Das große Gebäude mit dickem Mauerwerk, das wir im Jahre zuvor freizulegen begonnen hatten, erwies sich als mächtiger Tempel mit zwei nebeneinanderliegenden Höfen auf erhöhtem und einst gepflastertem Niveau. Im Nordhof befand sich ein Klotz aus Mauerwerk, der eine Art Altarplattform bildete. Auf ihr hatten zweifellos große – am Fuße des Altars in Bruchstücken wiederaufgefundene – Granitstatuen gestanden, die Gottheiten darstellen; sie zeigten den feinen ägyptischen Stil des Neuen Reiches (18. u. 19. Dynastie). Hier lag auch eine Votivstele, die dem Baal von Sapuna von einem gewissen „Mami, königlichem Schreiber und Aufseher des Schatzes", geweiht worden war. Möglicherweise war Sapuna der alte Name der bisher unter der arabischen Bezeichnung Ras Schamra bekannten Stadt.

Außerhalb des Heiligtums, dessen Einrichtung starken ägyptischen Einfluß zeigte, fanden wir mehrere andere Räume. Sie waren offensichtlich für lokale Gottheiten bestimmt, von denen wir bisher zwei Bilddarstellungen in Form von Stelen fanden. Eine von ihnen, das glücklicherweise unversehrte Relief einer männlichen Gestalt, zeigt einen eigenartigen Gott, der eine der ägyptischen Krone ähnelnde

Kopfbedeckung mit Straußenfedern trägt; an der Basis tritt ein langes Horn hervor. Der Gott hält in der einen Hand einen langen Speer, in der anderen das *hiq* genannte ägyptische Zepter; er trägt einen Hüftschurz und im Gürtel einen Dolch mit großem Knauf. An den Füßen hat er Sandalen, deren Spitzen nach hethitischer Mode zurückgebogen sind.

Einige Zeit vor der Errichtung des großen Tempels hatte der Platz als Begräbnisstätte gedient. Dieser Friedhof stammt aus einer wesentlich älteren Zeit (16.-18. Jahrhundert v. Chr.). Die Toten wurden teils in ausgestreckter Lage, teils in Hockerstellung bestattet. Bei anderen wiederum hatte man das Fleisch entfernt, und die sterblichen Überreste waren dann zerteilt beerdigt worden; der Rumpf von den Schultern bis zum Becken wurde in ein großes Gefäß gesteckt, der Rest des Körpers – Schädel und Beine – daneben begraben. Mehrere der Gräber waren bei Errichtung des Tempels überbaut worden; indes hatte man dabei den Toten deutlich die geziemende Achtung erwiesen, indem man die Knochen aus den zerstörten Gräbern neu beigesetzt und mit Steinen oder großen Gefäßscherben bedeckt hatte.

Die bedeutendste Entdeckung aber, die in diesem Jahr auf dem Hügel von Ras Schamra gelang, war die einer Bibliothek und einer regulären Schreiberschule an der Stelle südlich des Tempels, wo im Jahr zuvor die ersten Tafeln aufgetaucht waren. Hier legten wir einen umfangreichen Quaderbau von schöner Form frei, der einen breiten Eingang und einen Innenhof besaß; letzterer war mit Brunnen und Regenwasserrinnen ausgestattet. Um den Hof lagen gepflasterte Räume, von denen Treppen zu einem Obergeschoß führten. Über die Ruinen verstreut fanden wir Tafeln in großer Zahl, die mit Keilschrifttext – zuweilen in drei bis vier Kolumnen – bedeckt waren. Andere enthielten Vokabellisten oder waren gar, eine besondere Seltenheit, förmliche zweisprachige Wörterbücher. Eins von ihnen bot als zweite Sprache ein bisher gänzlich unbekanntes Idiom. Die Untersuchung dieser Bilingue wurde F. Thureau-Dangin übertragen. Fragmente von Tafeln mit Schreibübungen zeigten an, daß sich hier eine vom angrenzenden Tempel unterhaltene Schreiberschule befunden hatte, in der junge Priester die schwere Kunst des Schreibens und die verschiedenen in Ras Schamra gebräuchlichen Sprachen erlernten. Sie hatten von ihren Lehrern zusammengestellte Lexika zu ihrer Verfügung, und auf dem Rand einer solchen Tafel hatte einer der Lehrer seinen Namenszug „Rabana, Sohn des Sumejana, Priester der Göttin Nisaba" hinterlassen.

Die Arbeit der Schreiber wurde durch die Tatsache erschwert, daß man in Ras Schamra nicht weniger als sechs Sprachen kannte. Da erscheint für den Verkehr mit den Nachbarstaaten, wie von uns aufgefundene diplomatische Schriftstücke beweisen, zunächst das Babylonische, zweitens – freilich, wie das Latein unserer Tage, auf Priester und Gelehrte beschränkt – das Sumerische, drittens als Sprache der kleinasiatischen Eroberer, die der ägyptischen Vorherrschaft über Ras Schamra ein Ende gesetzt haben dürften, das Hethitische, viertens das Ägyptische, dem wir in mehreren Exemplaren von Hieroglypheninschriften aus dem großen Tempel begegneten, fünftens eine noch rätselhafte Sprache, die auf der in diesem Jahr entdeckten Zweisprachentafel auftritt (Churritisch), und schließlich das Phönikische selbst; letzteres war in dem berühmten und bisher unbekannten Alphabet geschrieben, für das wir im vergangenen Jahr die ersten Belege fanden. Diese wurden nach unseren Unterlagen zu Beginn dieses Jahres durch Professor Ch. Virolleaud von der Sorbonne veröffentlicht, der einen Kommentar über die Bedeutung gewisser Zeichen beigab. Etwas später erkannte Professor M. H. Bauer von der Universität Halle in den Schrifturkunden einen semitischen Dialekt und tat entscheidende Schritte zu ihrer Entzifferung. Ein ergänzender Beitrag wurde durch ein Mitglied der *École Biblique* zu Jerusalem geliefert. Nach der in diesem Frühjahr erfolgten Entdeckung einer neuen Tafel mit achthundert vollständigen Zeilen Text gelang Virolleaud die völlige Entschlüsselung der unbekannten Schrift, indem er siebenundzwanzig von den achtundzwanzig Buchstaben des Alphabets von Ras Schamra festlegte.

Soeben hat Virolleaud in einer Veröffentlichung der *Académie des Inscriptions et Belles Lettres* einige Erläuterungen zu diesen berühmten Texten, die als die bedeutendste Entdeckung seit der Auffindung der Tell el-Amarna-Tafeln gelten dürfen, gegeben. Die Sprache der meisten dieser Urkunden ist phönikisch mit sehr deutlichen Spuren aramäischen Einflusses. Aus wenigen kurzen Inschriften war bereits bekannt, daß zwischen Phönikisch und Hebräisch eine enge Verwandtschaft besteht; die neuen Texte gestatteten jetzt einen viel genaueren Vergleich, als er bisher möglich war. Die Tafeln enthalten Handelsabrechnungen, Listen mannigfacher Art, Briefe und Rituale; die wichtigste Urkunde aber ist eine epische Dichtung, die nach dem gegenwärtigen Stand 800 Verse umfaßt. Die Hauptgestalt trägt den Namen Zaphon, und unter den hervorragendsten Gottheiten treffen wir die Göttin Anat und den Gott Aleïn-Baal an. Es werden aber noch mehr als zwanzig andere Gottheiten genannt, unter denen Ascherat, Astarte, Dagon und andere sind*.

Nach dem archäologischen Befund der in Frage kommenden Schicht stammen die Texte von Ras Schamra aus den späteren Jahrhunderten des 2. Jahrtausends v. Chr., d. h. der Zeit der Ramessiden in Ägypten. Es ist dies außerdem die gleiche Epoche, in der der phönikische Dichter Sauchunjaton lebte. Von ihm sind freilich nur einige wenige Zeilen in einer griechischen Übersetzung aus dem Beginn der christlichen Ära erhalten. Unsere Entdeckung ist deshalb von höchster Bedeutung für die Geschichte der orientalischen Religionen und die semitische Philologie und wirft überdies neues Licht auf die Ursprünge des Alphabets.

* Diese und die anderen später entdeckten episch-mythischen Dichtungen von Ras Schamra sind soeben von Anton Jirku unter dem Titel „Kanaanäische Mythen und Epen aus Ras Schamra-Ugarit", Gütersloh 1962, in deutsch herausgegeben worden. (Anm. der Übers.)

17. Goldener Teller mit Innenbild aus Ras Schamra

18. Goldene Schale mit Außenbildern aus Ras Schamra

19. Bergwerk König Salomos

14

NELSON GLUECK

Spannende Entdeckungen der letzten Jahre haben die gängige Meinung, Palästina werde nie ein lohnendes Ausgrabungsfeld werden, entkräftet. Die Anschauung, daß nur die umliegenden Länder, insbesondere Mesopotamien und Ägypten, Neues über die Herkunft der Hebräer, die Geschichte Israels und biblische Fragen im allgemeinen erbringen könnten, läßt sich heute nicht mehr halten. Dabei ist zuzugeben, daß im 19. und bis weit ins 20. Jahrhundert hinein die neuen archäologischen Erkenntnisse über die frühe Religion und Geschichte der Hebräer fast ausschließlich außerpalästinischen Quellen entstammten. So stellten z. B. die Tontafeln von Kujundschik, Tell el-Amarna und Ras Schamra die alttestamentliche Forschung auf ganz neue Grundlagen. Es kann daher nicht verwundern, wenn Darstellungen der biblischen Archäologie noch immer ihr Hauptgewicht auf die aus Assyrien, Babylonien, Syrien und Ägypten stammenden Inschriften und sonstige Zeugnisse legen.

Die archäologische Erforschung Palästinas, die mit den Schichtenuntersuchungen Flinders Petries 1890 begann, kam im eigentlichen Sinne erst nach dem ersten Weltkrieg in Gang. Die ersten eindrucksvollen Entdeckungen wurden während der zwanziger und dreißiger Jahre in Megiddo – dem alten Armaggedon – und Lachisch gemacht. Seither sind hier dank der Arbeit einer langen Reihe englischer, deutscher, französischer und amerikanischer Archäologen erstaunliche Fortschritte zu verzeichnen. Unter ihnen hat Nelson Glueck, ein Schüler F. W. Albrights, rund dreißig Jahre in Palästina und im Ostjordanland geforscht und gegraben. Seiner Überzeugung nach ist für den Kenner die Bibel eine „fast unfehlbare Wünschelrute für Lage und Merkmale verschollener Städte und Kulturen".

Mit den in Palästina durch Albright so erfolgreich ausgebildeten Methoden der Oberflächenforschung vermittels der Keramikfragmente untersuchte Glueck an die tausend alte Siedlungen östlich des Jordans.

Durch zwingende biblische Hinweise auf ein „Tal der Schmiede", eine „Kupferstadt" und ein Land mit Eisensteinen und Hügeln, auf denen sich Kupfer ausgraben ließe, wurde er nach geistvollen philologischen Schlußfolgerungen auf das Wadi Araba im ungastlichen Süden des Negev* verwiesen. Dieses Trockental ist ein Teil der geologischen Verwerfung des Jordangrabens und verbindet die Senke des Toten Meeres mit dem Roten Meer. Überall längs dieses Tales stieß Glueck auf vergessene Eisen- und Kupferlager – deren Erschließung jetzt von den Israelis wieder in Angriff genommen wird – sowie auf Bergwerks- und Raffinerieanlagen der Salomozeit.

Durch eine gemeinsame Expedition der *American School of Oriental Research* in Jerusalem, des *Hebrew Union College* in Cincinnati und des *Transjordan Department of Antiquities* wurde das Wadi Araba 1934 eingehend erforscht. Neue Hinweise führten dabei zu der alten Siedlung Ezjon-Geber, dem alten, am Golf von Aqaba und damit am nördlichsten Ausläufer des Roten Meeres gelegenen Hafen König Salomos. Von hier aus hatte einst Salomo als Partner des Phönikerkönigs Hiram von Tyrus seine Ophirflotte ausgeschickt. Die Entdeckungen im Wadi Araba und in der nunmehr einwandfrei identifizierten Trümmerstätte von Ezjon-Geber, dem heutigen Tell el-Chlēfi, erbrachten konkrete Belege für die erstaunliche materielle und technische Höhe der israelitischen Zivilisation im 10. Jahrhundert v. Chr., von der wir in der Bibel kaum etwas erfahren. Darüber hinaus ergänzten sie wesentlich unsere Kenntnisse von der Zeit und den Maßnahmen Salomos; letztere erwiesen ihn als unternehmenden Übersee-Handelsherrn und Kupfermagnaten – gleichsam als einen biblischen Leopold II. von Belgien.

Nelson Glueck, in Jena promovierter Reformrabbiner, ist heute Präsident des *Jewish Institute of Religion* am *Hebrew Union College*. Er war mehrmals Direktor der *American School of Oriental Research*, und zwar sowohl in Jerusalem als auch in Bagdad. Nachdem Israel unabhängig geworden war, nahm er seine Forschungen im Negev wieder auf. Während der dreimonatigen jährlichen Universitätsferien unternahm er jeden Sommer Grabungskampagnen und entdeckte im

* Negev, biblisch „Südland", ist das große, wüstenhafte Südterritorium des Staates Israel etwa von Beerseba bis zum Golf von Aqaba. (Anm. der Übers.)

Negev 450 alte Siedlungen, die bis ins 4. Jahrtausend v. Chr. zurückgehen. Vor allem in judäischer und nabatäischer Zeit hatten Wille und Tatkraft der Menschen im Negev Ackerbau ermöglicht und städtische Siedlungen aufblühen lassen – obwohl das Land vor 10000 Jahren ebenso trocken war, wie es noch heute ist.

Eine Bergwerksstadt König Salomos

„Und Salomo baute auch Schiffe zu Ezjon-Geber, das bei Eloth liegt, am Ufer des Schilfmeers, im Lande der Edomiter ... Die Meerschiffe des Königs kamen in drei Jahren einmal und brachten Gold, Silber, Elfenbein, Affen und Pfauen ... sehr viel Sandelholz und Edelsteine."

(1. Könige 9 Vers 26; 10 Vers 22 und 11)

Ezjon-Geber war für die Kenner der alten Geschichte stets ein romantischer Name – freilich nicht mehr. Es erschien in den biblischen Berichten über die Zeit vor Salomo als Ort einer kurzen Ruhepause der Israeliten während ihres Wüstenzuges und wird auch als Seehafen Josaphats, eines der Nachfolger Salomos, erwähnt, dessen soeben gebaute Flotte freilich noch vor der ersten Ausreise an den Klippen zerschellte. Dann aber schwand für fast dreitausend Jahre das Wissen von seiner Lage aus der Erinnerung der Menschen – einer Kerzenflamme gleich, die einmal in der Nacht kurz aufgeflackert, dann aber erloschen war.

Die biblische Beschreibung von der Lage Ezjon-Gebers vermag eine ungefähre Vorstellung von seiner Situation zu geben. Einmal erfahren wir, daß die Israeliten auf ihrem Marsch durch die Araba von hier aus nach Moab und ins Gelobte Land zogen (Deuteronomium 2 V. 8). Das Wadi Araba ist, wie gesagt, die große Senke zwischen dem Südende des Toten Meeres und dem Golf von Aqaba, die ihren alten Namen bis heute bewahrt hat, während es sich bei letzterem um den nördlichsten Arm des Roten Meeres, das „Schilfmeer" der Bibel, handelt. Am Südende des Wadi Araba und an der Küste des Aqaba-Golfs lag einst der Hafen Ezjon-Geber, der später unter dem Namen Elath bekannt war.

Über die genaue Lage der ursprünglichen Siedlung gab es verschiedene Theorien. Man nahm allgemein an, daß das Rote Meer während der seither vergangenen dreitausend Jahre um 25 bis 35 km zurückgetreten sei und man somit Ezjon-Geber nicht nahe der gegenwärtigen Küstenlinie suchen dürfe. Gewisse Forscher legten großes Gewicht auf die Erzählung eines phantasiereichen Reiseführers, der seinen Kunden unbedingt eine interessante Geschichte bieten wollte; in Ermangelung echter Informationen stützten sie ihre vorgefaßte Meinung auf diese Auskünfte. So wird auf fast allen Karten des alten Palästina Ezjon-Geber am Nordende einer hypothetischen Küstenlinie lokalisiert, die ein jetzt ausgetrocknetes Stück des Aqaba-Golfes abgrenzen soll; es hätte danach weiter als einen Tagesritt auf dem Kamel von der jetzigen Küste abgelegen.

Der Inhalt jener Geschichte war der, daß der Golf einst 30 km weiter nördlich bis zu einem Platz namens Mene'ije gereicht habe, ferner, daß dieser Ort ein alter Hafen gewesen sei und seine Bürger zahlreiche Schiffe besessen hätten. Zu ihrem Unglück beleidigten sie Allah, und der ließ darauf einen furchtbaren Wolkenbruch über die Stadt niedergehen, der sie vollkommen überflutete und zerstörte. Später seien große Erdmassen und mächtige Felsblöcke von den benachbarten Hügeln hinabgespült worden; sie hätten das Bett des Golfes angefüllt und seinen Wasserspiegel auf den gegenwärtigen Stand zurückgedrängt. Diese nette Geschichte fand Gnade in den Augen ihrer Hörer, und ihr zufolge erschien auf den Karten die unmögliche Ansetzung Ezjon-Gebers an einem hohen und trockenen Fleck der Araba – in weiter Ferne von jenem Hafen, wo einst tatsächlich Salomos Schiffe geankert hatten. Gewiß hat sich der Golf von Aqaba im Lauf von dreitausend Jahren von seiner alten Uferlinie zurückgezogen, aber es handelt sich dabei um etwa 500 m und nicht um 25 km oder mehr.

Die Entdeckung der ausgedehnten Bergwerksanlagen und Schmelzhütten im Wadi Araba aus Salomos Zeit ließen diesen König bereits vor mehreren Jahren als bedeutenden – und gewiß den berühmtesten – Kupfermagnaten erscheinen. Auch stand nunmehr fest, daß das alte Ezjon-Geber an oder dicht bei der jetzigen Uferlinie des Golfs von Aqaba zu suchen sei. Denn erstens ... erhob sich einer der neu entdeckten Trümmerhügel mit Bergwerksstollen aus der Zeit Salomos unmittelbar über dem Golf, zweitens entzog die Nachbarschaft der alten, ihrem Ursprung nach nabatäischen Stadt Aila allen anders lautenden Theorien den Boden. Dieser Ort am Nordostrand der Golfspitze war nämlich praktisch ununterbrochen vom 3. vorchristlichen

Jahrhundert bis ins arabische Mittelalter besiedelt – und das schloß die Möglichkeit aus, daß sich die nördliche Uferlinie des Golfs zwischen dem 6. und 3. Jahrhundert v. Chr. und ebenso in der Zeit zwischen dem arabischen Mittelalter und unseren Tagen radikal geändert hätte. Einem deutschen Forscher namens Fritz Frank gelang dann die Entdeckung des zunächst wenig imponierenden Trümmerhügels Tell el-Chlēfi, der etwa 500 m vom Strand entfernt ungefähr in der Mitte der Golfspitze liegt. Auf seiner Oberfläche fand er große Mengen ihm alt erscheinender Tonscherben. Als eine Expedition der *American School of Oriental Research* in Jerusalem die Keramik des Platzes prüfen konnte, ergab sich sofort, daß sie der Tonware von den alten Minen im Nordteil des Wadi Araba entsprach und die Hauptbesiedlungszeit des Tell el-Chlēfi in der Periode König Salomos und den folgenden Jahrhunderten gelegen hatte. Die Expedition konnte danach dem Vorschlag Franks zustimmen, daß Tell el-Chlēfi mit Ezjon-Geber zu identifizieren sei.

Damit war endlich die so lange gesuchte alte Stadt gefunden – und zwar etwa da, wo man sie logischerweise erwartet hatte. Durch vorläufige Untersuchungen wurden die ungefähre Stärke der Schuttschicht und die Ausdehnung der versunkenen Siedlung festgestellt. Es ergab sich, daß der Treibsand aus dem Wadi Araba die Ruinen des Hafens auf weite Strecken überdeckt hatte. Die Freilegung und die Enthüllung einiger seiner Geheimnisse erforderten also umfangreiche Grabungsarbeiten. Im März 1938 begann die *American School*, durch einen Zuschuß von der *American Philosophical Society* unterstützt, mit den Ausgrabungen, die zunächst bis zum Mai dauerten. Eine zweite Kampagne fand von April bis Mai 1939 statt; sie wurde wiederum hauptsächlich durch die *American Philosophical Society* finanziert.

Die Lage von Ezjon-Geber war durch mehrere Faktoren bedingt. Auf den ersten Blick fragt man sich verwundert, was die Begründer der Stadt gerade zur Wahl dieser Stelle hatte bewegen können; ist sie doch fast die ungünstigste am ganzen Nordrand des Aqaba-Golfes. Sie liegt am Grund einer Senke, die im Osten von den sich nach Arabien fortsetzenden Edomiterbergen, im Westen von den zum Sinai verlaufenden Hügeln Palästinas eingefaßt wird, und ist der vollen Gewalt der Winde und Sandstürme ausgesetzt, die wie durch einen Windkanal das Wadi Araba hinabwehen.

Warum der Hafen nicht weiter nach Westen zu angelegt werden konnte, ist unschwer zu verstehen. Von Mraschrasch am Nordwestende des Golfs gibt es bis nach Ezjon-Geber, über gut 3½ km, kein Trinkwasser. Die Polizeistation von Mraschrasch muß alles Trinkwasser etwa 7 km weit aus Aqaba am Nordostende des Golfes holen; der Platz, wo die ersten Süßwasserbrunnen beginnen, ist ziemlich genau durch die Lage der Ruinen von Ezjon-Geber bezeichnet. Von hier aus findet sich in östlicher Richtung eine fortlaufende Reihe solcher Wasserstellen, die an Zahl zunehmen, je mehr man sich Aqaba nähert, und zwischen den beiden Punkten durch eine entsprechend wachsende Zahl Dattelpalmen markiert werden.

Sieht man somit ein, warum die Gründer Ezjon-Gebers nicht gut weiter westlich bauen konnten, so wundert man sich zunächst, warum sie es nicht mehr nach Osten, in Richtung auf das heutige Lehmziegeldorf Aqaba, taten. Denn hier gibt es sowohl mehr Wasser als auch besseren Schutz vor den Stürmen und dem Sand des Wadi Araba. Aber die Ausgrabung selbst sollte beweisen, daß die Stadtgründer klug gehandelt hatten. Der Sandsturm machte uns häufig das Arbeiten unmöglich und nahm zuweilen schon bei 100 m Entfernung den Blick auf den Golf. Man konnte dem Sandsturm ausweichen, indem man einfach von der alten Siedlung weg einen knappen Kilometer nach Osten oder Westen ging. Drehte man sich dann um, so sah man große Sandwolken über den Hügel wirbeln und in gerader Richtung von ihm zur See weiterwandern; man wurde an die biblische Beschreibung von der Rauchsäule bei Tage und der Feuersäule bei Nacht erinnert. Offensichtlich war aber der ständig von Norden her wehende Wind den Baumeistern ein so erwünschtes Faktum, daß sie die Stadt genau auf seiner Bahn anlegten.

Aus verschiedenen Gründen, nicht zuletzt in Anbetracht der Windrichtung, begannen wir mit der Ausgrabung am Nordwestende des Hügels. Wie sich ergab, bestanden alle Häuser aus Lehmziegeln. Ein großes Gebäude mit zehn Räumen, das die ganze Nordwestecke einnahm, wurde freigelegt; dabei zeigte sich bald, daß es sich um keins der üblichen großen Bauwerke oder Paläste, sondern um einen völlig neuen Bautyp handelte, wie er bisher im ganzen Vorderen Orient noch nicht entdeckt worden war. Die Raumwände wiesen zwei Reihen Rauchfänge auf, und die Hauptmauern waren an der Innenseite miteinander durch ein System von Luftkanälen verbunden, in die die oberen

Heizröhren mündeten, während die unteren Rohrreihen die Mauern zwischen den Räumen in ihrer ganzen Dicke durchbohrten. Die ursprünglich nur sonnengetrockneten, gelblichen Lehmziegel waren durch die Hitze der Feuer in den Räumen in feste Backsteine verwandelt. Mengen hartgebrannten Ziegelschutts, auf dem Schmelztiegel gestanden hatten, vervollständigten das Bild. Unverkennbar war das Gebäude ein wohldurchdachtes Schmelzwerk – eine Raffinerie, in der vorher „geröstete" Erze zu Barren aus reinerem Metall verwandelt wurden. Aus der schwefligen Verfärbung der Wände und aus Bruchstücken von Rohmetall sowie zahlreichen fertigen Objekten, die aufgefunden wurden, ergab sich einwandfrei, daß die Schmelze von Ezjon-Geber hauptsächlich für Kupfer bestimmt war. Wir hatten schon gehört, daß es dieses Metall sowohl in unmittelbarer Nähe als auch fast überall im ganzen langen Wadi Araba und ebenso im angrenzenden Sinai reichlich gab. Daneben wurde in dieser Anlage auch Eisen verarbeitet.

Während der zweiten Ausgrabungskampagne stellten wir fest, daß das Schmelzwerk an der Nordwestecke des Hügels nicht das einzige von Ezjon-Geber war, sondern zu einem wohldurchdachten Komplex industrieller Anlagen ähnlicher Art gehörte. In ihnen allen wurden Kupfer und Eisen geschmolzen und gereinigt sowie Metallwaren für den inländischen Markt und für den Export hergestellt. Die gesamte Stadt war in ihrer ersten wie auch den folgenden Perioden ein großer Industrieort. Für die Schmelzöfen war ein fein ausgedachtes Belüftungssystem in Anwendung, das später aufgegeben und vergessen wurde; erst in moderner Zeit erfand man es neu. So erscheint Ezjon-Geber sowohl als Palästinas bedeutendster Hafen wie auch als sein größter Hüttenort; seine Anlagen waren sozusagen *air conditioned* für Hitze.

Die Ursache dafür, daß die Begründer von Ezjon-Geber für die Anlage ihrer Stadt einen so wenig einladenden Platz wählten, liegt also in ihrer Absicht, die starken, aus stets gleicher Richtung wehenden Winde als Zugluft für die Schmelzräume der Verhüttungsanlagen auszunutzen. Indem sie das taten, konnten sie auf ein ganzes System großer und teurer Blasebälge verzichten. So wurden hier tatsächlich bereits Naturkräfte für industrielle Zwecke ausgenutzt. Wichtiger als reichlich Wasser für die Palmenhaine, wichtiger auch als der Schutz vor den Sandstürmen an einem weiter östlich gelegenen Platz war hier der starke, regelmäßige Wind, mit dessen Hilfe sich die Raffinerien mit ihrem verwickelten System von Feuerzügen und Luftkanälen in Gang halten ließen.

Neben der Tatsache, daß das gesamte älteste Ezjon-Geber („Ezjon-Geber I") einen sorgsam organisierten Industriekomplex darstellte, ergaben die Ausgrabungen, daß es völlig auf jungfräulichem Boden errichtet und nicht langsam und nach und nach gewachsen, sondern binnen kurzer Zeit – in ein oder zwei Jahren – nach vorheriger genauer Planung erbaut worden war. Landmesser, Architekten und Ingenieure hatten vorher offenbar die ganze Nordküste des Golfs von Aqaba im Hinblick auf die ihnen bekannten, speziellen Anforderungen überprüft. Sie waren Kundschafter der Industrie mit dem Auftrag, das Land abzusuchen – und sie wählten einen Platz, den normalerweise kein Städtegründer für die Anlage einer Siedlung bestimmt hätte. Was sie benötigten, war, wie wir gesehen haben, ständiger Wind aus der gleichen Richtung für die Zugluft der Hochöfen, Trinkwasser, ein strategisch beherrschender Punkt an den Handels- und Militärstraßen sowie Zugang zum Meer. Große Kupfer- und Eisenlager standen im Wadi Araba zur Verfügung und gaben den Hauptanstoß für die Gründung der ersten Stadt auf dem heute Tell el-Chlēfi genannten Platz.

Nachdem der Ort gewählt war, mußten die genauen Pläne einer komplizierten Fabrikanlage entworfen werden. Dicke, hohe Mauern aus Lehmziegeln mit Rauchfängen und Windkanälen waren unter Berücksichtigung des Gewichts der auf letzteren aufliegenden Wände zu errichten. Die Ecken der Gebäude mußten so liegen, daß der aus Norden kommende Wind voll ausgenutzt wurde. Es galt, Tausende von Ziegeln herzustellen, und sie mußten von erfahrenen Maurern verlegt werden. In keiner der auf dem Trümmerhügel Schicht nach Schicht aufeinander folgenden Städte sind die Ziegel so vorzüglich geformt und so geschickt verlegt wie in der ältesten Periode – und noch viel weniger in dem ärmlichen, einige Kilometer östlich gelegenen Flecken Aqaba, der in moderner Zeit Ezjon-Geber überflügelt hat. Das gesamte Ziegelwerk ist bei gutem Eckverband der Mauern in einem entwickelten System von Bindern und Läufern aufgemauert. Heute liest man von neuen, vorgeplanten Städten, die mit Hilfe der modernen Transportmöglichkeiten und der eingesetzten Maschinen wie durch ein Wunder aus dem leeren Boden emporschießen. Ezjon-Geber, das noch jetzt fernab von jeder Zivilisation liegt, war von ihr in alter Zeit durch eine schwierige und lange Reise getrennt. Noch vor einigen Jahren hatte ich vom Südende des Toten Meeres (wohin es von Jerusalem schon ein recht weiter Weg ist) einen Kamelritt von dreizehn Tagen zu überstehen, um den Nordrand des Golfs von Aqaba zu erreichen! Es bedurfte gewiß eines großen Maßes an Energie wie ebenso an städtebaulichem Können, Ingenieurkunst und metallurgischem Wissen, um die Fabrik- und Hafenstadt Ezjon-Geber aus dem Boden zu stampfen und in ihr eine ständige Produktion in Gang zu halten.

Man kann sich unschwer vorstellen, welche Bedingungen bestanden, als vor 3000 Jahren zum ersten Mal der Plan zur Anlage einer Stadt an diesem Platz auftauchte und dann so großartig in die Tat umgesetzt wurde. An der vorgesehenen Baustelle waren Tausende von Arbeitern zu sammeln, unterzubringen, zu verpflegen und zu schützen. Ohne Zweifel handelte es sich bei ihnen in der Hauptsache um Sklaven, die bewacht und zur Arbeit angetrieben werden mußten. Es galt, geschickte Techniker jedes Fachs auszuheben. Große Karawanen für den Transport des Materials und der Verpflegung waren zusammenzustellen. Eine wirksame Geschäftsorganisation, die die Lieferung des Rohmaterials sowie Abtransport und Absatz der fertigen oder halbfertigen Erzeugnisse zu regeln verstand, mußte ins Leben gerufen werden. Es gibt unseres Wissens nur eine Persönlichkeit, die genug Energie, Kapitalkraft und Umsicht besaß, um ein so vielfältiges und spezialisiertes Unternehmen zu planen und durchzuführen: König Salomo. Als einziger seiner Zeit verfügte er über die Fähigkeit, Vorstellungskraft und Macht, um in so großer Entfernung von seiner Hauptstadt Jerusalem einen mächtigen Industriemittelpunkt und Seehafen zu schaffen.

Israels weiser Herrscher war Kupferkönig, Großreeder, Handelsherr und Baumeister in einem. Durch seine vielfältige Wirksamkeit wurde er seinem Lande ebenso zum Segen wie zum Fluch. Mit der Zunahme an Macht und Reichtum ging eine Zentralisierung der Regierungsgewalt von immer stärker diktatorischem Charakter Hand in Hand, die die demokratischen Überlieferungen seines Volkes mißachtete. Dadurch wurden reaktionäre und revolutionäre Gegenkräfte ausgelöst, die unmittelbar nach Salomos Tod sein Reich auseinanderrissen. Solange er aber lebte, regierte Salomo glanzvoll; seine Mißgriffe wirkten sich erst nach seinem Tode aus. Seine Wirksamkeit reichte in einem weitgespannten Netz von Ägypten bis Phönikien, von

Arabien bis Syrien. Ezjon-Geber bedeutet eine seiner größten, freilich bis heute unbekanntesten Leistungen ...

Die Annahme, daß während der zweiten Hälfte des 10. Jahrhunderts v. Chr. in Palästina und darüber hinaus nur König Salomo genügend Energie, Tüchtigkeit, Macht und Reichtum besaß, um eine Stadt wie Ezjon-Geber I zu gründen, wird durch die eindeutigen archäologischen Zeugnisse, die wir besitzen, zur Gewißheit. Es ist bezeichnend, daß erst ganz am Ende des Berichtes von 1. Kön. 9 über Salomos mannigfache Bautätigkeit in ganz Palästina mit einigen Einzelheiten vom Bau seiner Flotte in Ezjon-Geber erzählt wird – jener Flotte, die mit phönikischen Matrosen bemannt war und nach Ophir segelte, um Gold zu holen. Aus irgendwelchen Gründen unterließ es der Verfasser zu erwähnen, daß Salomo im Austausch für das Gold und die anderen Erzeugnisse Ophirs auf diesen Schiffen Kupfer- und Eisenbarren sowie Fertigware aus Metall exportierte; ebenso hören wir nichts davon, daß Salomo wahrscheinlich gleichzeitig mit dem Flottenbau den Hafen und das Industriegelände von Ezjon-Geber schuf.

Die von Salomo gegründete Stadt erhob sich nach dem Befund auf gewachsenem Boden; es gibt keinerlei Spuren einer älteren Besiedlung. Daraus folgt zwangsläufig, daß die nach vierzigjährigem Aufenthalt in der Wüste Sinai von dort abrückenden Israeliten diese Stadt nicht gesehen haben können. Wahrscheinlich erblickten sie weiter östlich, wo das Wasser weniger salzig ist und kein Sandsturm weht, ein verstreutes kleines Dorf aus Lehmhütten mit einigen dürren Palmen. Während alle Spuren dieser frühen Siedlung verschwanden, erhielt sich ihr Name in der geschäftigen Stadt Ezjon-Geber I, dessen besseres Viertel mit dem Verwaltungssitz indes gleichfalls weiter östlich, in der Nähe des heutigen Dorfes Aqaba, angenommen werden muß.

Nach der Zerstörung dieser ersten Stadt durch eine Feuersbrunst wurde sie in der nächsten Periode wiederaufgebaut und bewahrte den gleichen industriellen Charakter. Indes traten an den Verteidigungswerken Veränderungen ein. Außerhalb der früheren Hauptumwallung der einstigen Stadt wurde eine zweite Mauer gebaut und das Tor umgestaltet. Abgesehen von einer Erhöhung des Bodenniveaus bestand die Hauptveränderung darin, daß die Eingänge zu den beiden Wachräumen an jeder Seite zugemauert wurden, so daß vier kleine, quadratische Gelasse am Durchgang entstanden; an beide Seiten des dritten Tores wurde zusätzlich ein Lehmziegelpfeiler gesetzt und die Passage damit noch mehr verengt. Oder anders ausgedrückt: der Grundriß des Tores von Ezjon-Geber mit drei Portalen blieb erhalten, die Wachräume aber wurden in Kasematten verwandelt.

Das salomonische Megiddo wurde durch Pharao Sisak (954–924 v. Chr.) zerstört. Daraus kann zwar nicht unbedingt gefolgert werden, daß auch Ezjon-Geber I zur gleichen Zeit sein Ende fand, aber die Möglichkeit besteht. W. F. Albright lenkte die Aufmerksamkeit des Verfassers auf die Tatsache, daß auf Sisaks in Karnak gefundener Liste der eroberten asiatischen Städte ein großer Teil der Namen edomitisch sein dürfte. Ganz allgemein mußte die industrielle, wirtschaftliche und strategische Wichtigkeit des Wadi Araba mit seinen reichen Bergwerken und von Ezjon-Geber im besonderen Eroberer anlocken. In diesem Zusammenhang ist Albrights Vorschlag von Bedeutung, das *ngb* in Sisaks Liste als hebräisches *nqb* „Tunnel, Schacht, Mine" zu erklären. Es gibt Anzeichen dafür, daß Sisak seine Aktion auf die östlich von Südpalästina gelegenen Gebiete ausgedehnt hat; dann könnte er auch zum Wadi Araba gezogen sein. Aus diesen Erwägungen und anderen – hier nicht näher auszuführenden – archäologischen Gegebenheiten heraus halten wir es für wahrscheinlich, daß Ezjon Geber I durch die Truppen Sisaks in dem gleichen Feldzug zerstört wurde, der kurz nach dem Tode Salomos so viele palästinische Städte einschließlich Megiddos in Asche legte.

Nachdem auch die zweite Siedlung in einer Feuersbrunst untergegangen war, wurde über ihren Trümmern eine dritte errichtet, die später den Namen Elath oder Eloth erhielt. Diese dritte Stadt, in der sich wiederum zwei Schichten unterscheiden lassen, wurde ohne Rücksicht auf die früheren Grundmauern nach einem ganz anderen Plan angelegt und ist, aufs Ganze gesehen, am besten erhalten. Viele Mauern stehen hier noch fast in ihrer ursprünglichen Höhe, und in einer Anzahl von Fällen ließen sich die Häuser zeichnerisch vollständig rekonstruieren. In einem Bericht über die Ausgrabungen von Hureidha im südarabischen Hadramaut hat Miss Caton-Thompson eine der dort freigelegten Wohnstätten beschrieben: die Grabungen zeigten ein einst weiß getünchtes Lehmziegelhaus mit Bänken, ebenfalls aus Lehmziegeln. Feste Holzklötze bildeten die Türschwelle. Wie dortzulande noch heute üblich, war die Decke in der Weise konstruiert, daß gebündelte Zweige parallel über die Sparren gelegt und mit Lehm überzogen wurden. Diese Beschreibung paßt fast wörtlich für die Häuser des einstigen Ezjon-Geber = Elath, aber ebenso für die heutigen arabischen Lehmziegelbauten in seiner Nachbarschaft.

Während der ersten Kampagne entdeckten wir in der Schicht der dritten Stadt die Reste eines großen Kruges. Zwei seiner Scherben wiesen altsüdarabische Buchstaben auf. Es waren die ersten ihrer Art, die bei einer kontrollierten Grabung gefunden wurden; sie gehörten der minäischen Schrift an. Nach Plinius waren die Minäer das ältestbekannte Handelsvolk Südarabiens und die Herren der Weihrauchstraße, die das Monopol für Myrrhe und Weihrauch besaßen. Die Bruchstücke ließen sich später zusammensetzen und zeigten nun fast vollständig die Form des Kruges, der einst die teuren Erzeugnisse des fernen Südarabien enthalten haben mochte. Vielleicht brachte die Königin von Saba in ähnlichen Gefäßen Salomo ihre kostbaren Geschenke. Der Krug dürfte einem in Elath lebenden minäischen Handelsvertreter gehört haben.

In einem Aufsatz über Arabien schreibt Miss Caton-Thompson: „So ist die auf ein oder zwei Jahrhunderte nach Salomo zu datierende Scherbe von Ezjon-Geber mit ihrem Buchstabenstempel südarabischer Herkunft wohl eine Rarität, die auch alle späteren Funde nicht in etwas Alltägliches verwandeln werden." Während der zweiten Grabungssaison von Tell el-Chlēfi fand sich in der gleichen Schicht auf einem großen Krug eine weitere altarabische Inschrift, die ein Eigentumsvermerk gewesen sein dürfte; beide Funde zusammen weisen nachdrücklich auf die engen Handelsbeziehungen zwischen Ezjon-Geber = Elath und Arabien hin und werfen weiteres Licht auf die Bedeutung des ersteren als Handelszentrum, Seehafen und Industrieort. Neue Ausgrabungen am Tempel von Hureidha, dessen Bau offenbar im 4. Jahrhundert v. Chr. begann, erbrachten jüngst andere südarabische Inschriften, die im Typ den minäischen Buchstaben auf dem Krug von Tell el-Chlēfi ähneln. Die Hureidha-Inschriften erlauben damit ebenfalls eine ungefähre Datierung; sie ist allerdings nicht ganz so sicher wie die aus den Grabungen von Tell el-Chlēfi gewonnene, durch die sich die südarabische Form der altarabischen Schrift historisch festlegen läßt. Die Entfernung von Ezjon-Geber nach Hureidha beträgt fast 2000 km; die südarabischen Inschriften beider Siedlungen liegen zeitlich ungefähr 400 Jahre auseinander. Es scheint sich jedoch herauszustellen, daß die Kultur beider Plätze miteinander verwandt ist, Arabien sich im heutigen Jordanien fortsetzte und somit in alten Zeiten fast buchstäblich an Israels Gebiet grenzte. So finden sich z. B. die etwa von Freya Stark in ihrem Buch *Southern Gates of Arabia* beschriebenen „Wolkenkratzer" Südarabiens in Ruinen noch heute bis in die Gegend des ostjordanischen Ma'an. Die am Südende der großen Gewürzstraße anzunehmende und sicher mit Ezjon-Geber = Elath gleichzeitige Stadt dürfte früher oder später wiedergefunden werden.

Wie für den See- und Landhandel mit Arabien, so ergaben sich auch zahlreiche Hinweise auf Handelsbeziehungen mit Ägypten und der Sinaihalbinsel. Insbesondere erbrachte die – vom Boden aus gezählt – dritte Stadt des Siedlungsplatzes mannigfache, aus Ägypten oder dem Sinai stammende Objekte wie Perlen aus Karneol, Achat, Amethyst und Kristall, kartuschenartige Siegelabdrücke, ein winziges Fayence-Amulett, das den Kopf des Gottes Bes darstellt, ein kleines ägyptisches Katzen-Amulett, Fragmente von Bechern, Tellern und Knäufen aus Alabaster sowie das Stück einer Perle in Skarabäusform. Das Katzenamulett weist auf den Kult der Göttin Bastet hin, deren Tempel in Bubastis stand. Diese Stadt war der Sitz der von dem vorhin genannten Scheschonk I. (Sisak) gegründeten 22. Dynastie.

Abdrücke von Stempelsiegeln auf Tonware erwiesen sowohl syrischen wie arabischen Einfluß. Auf Tonscherben eingeritzt, fanden sich allerlei Muster; eins ähnelte dem „byzantinischen" Kreuz, ein anderes erinnerte an den Davidstern, ein drittes glich einem – in diesem Fall „nicht-arischen" – Hakenkreuz. Gestempelte Krughenkel trugen in alten edomitisch-phönikisch-hebräischen Buchstaben die Legende „Qws'nl, dem Diener des Königs, gehörig"; ein kleiner Krug wies eine spätedomitische Inschrift auf, die vielleicht als „Dem Am(zrn) gehörig" gelesen werden kann.

Interessant war eine Anzahl großer Kupfer- und Eisennägel (auch die aus Kupfer hatten Eisenbeimischung), die in der dritten und vierten Stadt gefunden wurden. Sie waren mit 15 cm durchschnittlicher Länge von beträchtlichem Ausmaß, und die Annahme liegt nahe, daß sie zum Bootsbau verwendet wurden – einem wichtigen Zweig im Wirtschaftsleben aller einst hier blühenden Städte. Ebenso fand sich Pech, das wenigstens zum Teil für das Kalfatern der Boote gebraucht wurde. In mehreren Räumen der beiden obersten Siedlungen wurden ferner zahlreiche Reste von Stricken jeder Dicke entdeckt, die zum Teil so stark waren, daß sie nur als Schiffstaue hatten dienen können.

Einige der schwächeren Seile waren aus geflochtenen Palmrippen hergestellt, wie es sie noch heute in Aqaba gibt. Die stärkeren, dreifach gedrehten Stricke bestanden aus Hunderten von Palmfasern, die zu langen Schnüren zusammengedreht und dann zu dicken, schweren Tauen verflochten waren. Die Machart dieses Seiltyps ist im heutigen Dorf Aqaba nicht mehr bekannt. Eichenplanken aus den Wäldern der Edomiterberge boten den notwendigen Werkstoff für den Schiffsbau; von dorther stammte auch das in Holzkohle umgewandelte Brennmaterial zur Beschickung der Schmelzöfen im Wadi Araba und in Ez-jon-Geber, von denen wir gesprochen hatten. Wahrscheinlich wurden die Boote von phönikischen Werftarbeitern gebaut, wie denn auch die Bemannung aus phönikischen Seeleuten bestand. Sie gaben ihren Barken den Namen, den die von Phönikien nach Tarschisch fahrenden Segler trugen: Tarschisch-Schiffe. Außer Kupfer- und Eisennägeln fanden sich noch andere Metallobjekte, z. B. Fischhaken, Lanzen- und Speerspitzen, Dolche, Bruchstücke von kupfernen Platten, schließlich auch Fibeln – die „Sicherheitsnadeln" der Eisenzeit. Zu den sonstigen Erzeugnissen gehörten Tonware – davon viel im eigentümlichen Stil dieses Platzes –, Perlen, Bekleidung und Körbe.

Als auch die dritte Stadt mit ihren zwei Besiedlungsperioden im Feuer unterging, wurde über ihr eine vierte errichtet. Ihre Mauerfundamente lagen nun bereits 3,5 bis 4 m über denen der ersten Gründung. Ob auch diese Siedlung von einer äußeren Befestigungsmauer umgeben war, läßt sich gegenwärtig nicht sagen. Nach den ältesten beiden Städten zu schließen, ist wahrscheinlich, daß auch die zwei späteren durch eine äußere Umwallung gesichert wurden. Abgesehen vom obersten Hügelteil blieb von dieser vierten Stadt wenig übrig, da ihre Spuren völlig verwittert sind. Was sich ausgraben ließ, reichte indes zu dem Schluß, daß sie etwa den gleichen Umfang hatte wie die vorhergehende. Auch sie wurde schließlich verbrannt, und was danach auf den Ruinen noch erbaut worden sein mag, ist gänzlich verschwunden.

Meist nur wenige Zentimeter unter der Oberfläche der höchsten Schicht fanden wir einige Scherben importierter griechischer Keramik, die wahrscheinlich in die letzte Phase der vierten Stadt gehören. Es waren Stücke der rotfigurigen sowie der spätesten schwarzfigurigen attischen Ware etwa aus der Mitte des 5. Jahrhunderts v. Chr. Sie wurde wahrscheinlich von Griechenland nach Gaza oder Askalon exportiert und wanderte dann längs der Handelsstraße weiter, die von Askalon und

Gaza über Qurnub und Ain Hosb über das Wadi Araba direkt nach Elath oder über Petra zu den Siedlungen Transjordaniens führte. Es handelt sich dabei um die Handelsroute, die vor allem in der nabatäischen Periode große Bedeutung gewann und auch während der byzantinischen Zeit benutzt wurde. Die attischen Krüge, von denen diese Scherben stammen, hatten von der griechischen Küste bis zum Nordrand des Golfs von Aqaba eine lange Reise hinter sich und beweisen unbestreitbar die Existenz einer Siedlung auf dem Tell el-Chlēfi während der ersten Hälfte des 5. Jahrhunderts v. Chr. Gewiß war es eine Handelsstadt, deren Gedeihen abhängig war von dem ausgedehnten und seit alters blühenden Weihrauch- und Spezereienhandel auf der Arabien-Elath-Route. Hier bei Elath teilte sich diese Straße in Richtung Transjordanien, Syrien, Persien, Palästina und weiter nach den Mittelmeerländern. Heute kann als wahrscheinlich gelten, daß die attische Keramik des 5. Jahrhunderts v. Chr. sich auch in Arabien finden ließe, da die in Tell el-Chlēfi entdeckte Ware wohl von hier aus weiter nach Süden verschifft wurde – sei es ob ihres eigenen Wertes, sei es ob ihres Inhalts wie etwa Wein –, wofür dann arabisches Räucherwerk eingetauscht wurde. Hinweise auf Förderung und Verhüttung der ausgedehnten Kupfer- und Eisenlager im Wadi Araba fehlen für das 5. Jahrhundert v. Chr. Jene Ausfuhrartikel, die Salomo in so großen Mengen zur Verfügung hatte und für die er die kostbaren Erzeugnisse Südarabiens einhandeln konnte, standen somit nicht mehr bereit.

Aus der Zeit der attischen Tonscherben, und ebenfalls unmittelbar unter der Oberfläche des Trümmerhügels gefunden, stammen mehrere kleine Bruchstücke aramäischer Ostraka. Einige von ihnen zeigen den gleichen Schrifttyp wie die in Ägypten entdeckten Papyri und Ostraka von Elephantine und dürften gleich jenen dem 5. Jahrhundert und noch späterer Zeit angehören; eines dieser Ostraka war eine Quittung über Wein. Zusammen mit den attischen Scherben veranschaulichen sie, welcher Art die damaligen Siedler waren, und erheben die oben ausgesprochene Annahme zur Gewißheit, daß Waren mannigfacher Art einschließlich Weinen – vielleicht sogar solcher griechischer Kreszenz – nach Elath eingeführt und von hier gegen Weihrauch und anderes Räucherwerk nach Arabien exportiert wurden.

Mit dieser letzten Siedlung endet die Geschichte Ezjon-Geber = Elaths. Sie umfaßte die Zeit vom 10. bis zum 5. Jahrhundert v. Chr.

und vielleicht noch hundert Jahre mehr. Als später die Nabatäer zur Macht kamen, schufen auch sie für ihren Handel an der Nordküste des Golfs von Aqaba einen Umschlagplatz und Hafen, verlegten diesen aber um etwa 3 km weiter nach Osten; er war in der Römerzeit als Aila bekannt. Ezjon-Gebers Blüte aber lag im 10. Jahrhundert v. Chr. – damals, als Salomo über Israel herrschte.

15

MILLAR BURROWS

Die Entdeckung der Schriftrollen vom Toten Meer geschah völlig unerwartet; ihr erregender Inhalt wirkte wie ein Schock. Gelegentlich ging die Begeisterung über diese Textfunde und die Überzeugung von ihrer einzigartigen Bedeutung über das zurückhaltende und nüchterne Urteil der Gelehrten hinaus. Indes erkannten sowohl die christlichen wie die jüdischen Forscher mehr und mehr, daß die Funde eine gründliche und vielleicht umstürzende Überprüfung der bisher gültigen Anschauungen erzwangen.

Während die Wichtigkeit der Schriftrollen für die alttestamentliche Forschung durchweg anerkannt wurde, zeigten einige Neutestamentler zuerst beträchtliche Abneigung, ihre Bedeutung zuzugeben. War das für sie angenommene Entstehungsdatum korrekt – und es bestehen heute keinerlei Zweifel mehr, daß sie im 2. und 1. Jahrhundert v. Chr. geschrieben worden sind –, dann lagen in ihnen hebräisch abgefaßte Texte des Alten Testaments (und daneben viele andere) vor, die die für die modernen Bibelübersetzungen bisher grundlegenden Urkunden an Alter etwa um tausend Jahre übertrafen. Theologen, Philologen und Historiker standen erregt vor diesen Zeugnissen des 2. und 1. Jahrhunderts vor Christus, boten sie doch ungeahnte Beiträge zur Erkenntnis der jüdischen Religion und zum Stande ihrer Entwicklung kurz vor dem Erscheinen des Christentums.

Mit der Zeit stimmten auch die meisten neutestamentlichen Forscher der Erkenntnis zu, daß die alten hebräischen (und aramäischen) Texte ebenso wertvoll für das Verständnis der Evangelien wie für das des Judentums seien. Berühmte Gelehrte wie A. Dupont-Sommer und W. F. Albright erklärten mutig, daß das neue Material unsere Anschauungen über die Ursprünge des Christentums revolutionieren werde. Mehr und mehr mußten auch ihre zurückhaltenderen Kollegen zugeben, daß die Schriftrollen einen viel engeren Zusammenhang zwischen gewissen jüdischen Sekten und der Religion Jesu bewiesen, als man bisher vermutet hatte. Denn die Rollen offenbarten, wie fest Ethik, Bräuche und Riten des Christentums im Judentum verwurzelt waren. Wie sich aus dem „Handbuch der Unterweisung", einer der Schriftrollen*, ergab, zeigte die Qumran-Gemeinde nicht nur in ihrem mönchischen Charakter, sondern auch in gewissen Riten, etwa den Waschungen und dem gemeinsamen Mahl – der Taufe und dem Brotbrechen der Urchristen – sowie in der Organisation Verwandtschaft mit dem Christentum. Auch die Sekte von Qumran erwartete einen „Neuen Bund" und das Kommen eines Retters. Ja, gewisse Forscher gingen noch weiter und sahen Leben, Botschaft und Leiden Jesu durch den in der Habakuk-Rolle genannten „Lehrer der Gerechtigkeit" vorweggenommen. Nach Dupont-Sommer galt der „Lehrer der Gerechtigkeit" als „fleischgewordenes Gottwesen, das von seinen Feinden den Tod erlitten hatte und dessen Wiederauferstehung von seinen Anhängern erwartet" wurde.

Was die Bedeutung der Qumran-Texte für das Judentum betrifft, so bestätigten sie einwandfrei und nachdrücklich die Tatsache, daß das überkommene jüdische Schrifttum vor der Fixierung in der talmudischen Periode von großer Mannigfaltigkeit gewesen war. Damit fiel Licht auf den Reichtum der jüdischen Religion zur Zeit der Rollen, und es kam eine unorthodoxe Erscheinungsform zutage, die in früheren Quellen mit geringer Sympathie behandelt worden war. Treffend hat Millar Burrows die Bedeutung der Rollen mit folgenden Sätzen zusammengefaßt: „Alles, was für das Judentum in den letzten zwei oder drei Jahrhunderten vor Christus und im ersten Jahrhundert danach wichtig ist, hat ebenso für das Christentum Bedeutung. Dadurch, daß die Schriftrollen vom Toten Meer unser Verständnis des Judentums zur Zeit der Entstehung des christlichen Glaubens bereicherten, lieferten sie uns auch Stoff zur besseren Erkenntnis des Neuen Testaments und der christlichen Urgemeinde. Man hat gesagt, daß ihre Entdeckung die neutestamentliche Forschung revolutionieren werde. Das mag einige Aufregung verursachen; indes besteht keine Gefahr, daß die Schriftrollen vom Toten Meer unser Verständnis des Neuen Testaments völlig umstürzen und an die Grundtatsachen des christlichen Glaubens rühren. Alle Wissenschaftler, die an den Texten gearbeitet

* Die deutsche wissenschaftliche Bezeichnung lautet „Sektenregel". (Anm. der Übers.)

haben, werden darin übereinstimmen, daß dies nicht geschehen ist noch geschehen wird."

Wo es sich um Überzeugungen und Gefühle handelt, können die Auffassungen variieren, und die Gelehrten werden bezüglich wechselnder Auffassungen und Folgerungen über die Rollen in Meinungsverschiedenheiten geraten. In der Tat kam es zu scharfen Diskussionen, die man als „Kampf um die Schriftrollen" bezeichnet. Man begann hier und da eine Gefahr für die christliche Offenbarung zu befürchten. Zuerst stritt man sich darüber, ob die Rollen tatsächlich echt seien, danach über ihre Datierung. Mit noch größerer Leidenschaft ging es bei der Auslegungsfrage zu. Wer waren die Mitglieder der Sekte, von der die Texte stammten, und welche Beziehungen verbanden diese Sekte mit der Urgemeinde, der alten Kirche und dem Neuen Testament? Waren ihre Anhänger, die die Rollen verfaßt oder kopiert hatten, mit jenen Essenern identisch, über die es berühmte Berichte bei Josephus, Philo und dem älteren Plinius gab? Wie stand es um das Wirken Johannes des Täufers, der fast sicher Verbindung mit den Essenern gehabt hatte und sehr wahrscheinlich einer der ihren gewesen war?

Die Diskussion über all diese Fragen ist noch im Gang. Wenn die Schriftrollen immer aufs neue echte und schwierige Probleme aufwerfen, so beweist das nur ihren außerordentlichen Wert. Durch die weiteren Entdeckungen, die dem Funde von 1947 folgten, wurde zudem das Ausmaß der Diskussion außerordentlich erweitert. Die erste Grotte, jetzt üblicherweise Qumran-Höhle 1 (Q 1) genannt, wurde 1949 durch Père R. de Vaux, Direktor der *École biblique* von Jerusalem, und G. Lankester Harding, Direktor des jordanischen *Department of Antiquities*, wissenschaftlich ausgegraben. Wie sie feststellten, war die Höhle durch beduinische Schatzsucher übel geplündert worden. Trotzdem wurden noch einige wertvolle Dokumente gefunden; man erkannte die Grotte überdies einwandfrei als Versteck einer antiken Bibliothek. Während der ganzen Zeit setzten die Beduinen – angestachelt durch die hohen Preise, die für die Manuskripte gezahlt wurden – ihre illegale Suche fort. Im Palästinischen Archäologischen Museum entstand unterdessen ein ganzes Lager aus Hunderten von Manuskript- und Rollenfragmenten. Bedeutendere Entdeckungen der Beduinen führten 1952 zu einer organisierten Grabungskampagne im Gebiet von Qumran unter Père de Vaux und William L. Reed. Aus 39 Höhlen kamen Tongefäße zum Vorschein, die denen von Q 1 glichen. Zwei der Krüge enthielten noch Manuskripte, und in einer Grotte fanden sich zwei Kupferrollen, deren Entrollung zuerst Schwierigkeiten machte, die dann aber 1956 in England entziffert werden konnten. Als Ergebnis weiterer beduinischer Schatzsuche wurde Ende 1952 die heute so genannte Höhle 4 entdeckt. Sie zeigte sich noch reicher als Höhle 1 und erbrachte Tausende von Fragmenten sowie eine Reihe größerer Texte. Um 1956 waren 330 von ihnen identifiziert; es ergab sich, daß sie nicht nur Stücke aller alttestamentlichen Bücher (außer Esther), sondern auch viele apokryphe Schriften zum Teil apokalyptischer Art enthielten. Der Inhalt von Q 4 wurde zum großen Teil von den *McGill and Manchester Universities* erworben.

Durch weitere Forschungen wurden abseits von Qumran in den benachbarten Tälern des Wadi Murrabbaat und Chirbet Mird neue große Höhlen entdeckt. An diesen beiden Plätzen stieß man auf andere Manuskripte, die jüngeren Ursprungs waren als die von Qumran – bis auf eine seltene Ausnahme, nämlich einen hebräischen Papyrus aus dem 6. Jahrhundert vor Christus. Neben Bibelfragmenten bestanden diese jüngeren Manuskripte hauptsächlich aus Wirtschaftsurkunden in griechischer und arabischer Sprache. Wohl die bedeutendsten Funde aus dem Wadi Murrabbaat sind hebräische Briefe aus der Zeit des jüdischen Aufstands gegen die Römer 132–135 n. Chr., die wahrscheinlich von dem Führer der Erhebung, Simon ben Koziba (Bar Kochba), selbst stammen.

Die Schriftrollen vom Toten Meer, die seit 1947 gefunden wurden, waren indes – was kaum bekannt ist – keineswegs das erste Material an hebräischen Manuskripten aus der Wüste Juda. Vielmehr erinnerten sich die Gelehrten, als sie sich über die Echtheit der Schriftrollen vom Toten Meer klar geworden waren, eines Briefes aus dem 9. Jahrhundert n. Chr., in dem der nestorianische Patriarch Timotheus I. von Entdeckungen in einer Höhle nahe bei Jericho spricht. Es handelte sich dabei um Funde, die ein Hirte auf der Suche nach einem verlorengegangenen Schaf gemacht hatte; unter ihnen waren sowohl alttestamentliche Schriften als auch nichtkanonische Bücher. Es ist möglich, daß diese Texte auch damals aus der Qumranhöhle 1 kamen. Ein anderer hebräischer Manuskriptfund früherer Zeit ist der des berühmten Nash-Papyrus, der 1902 in Ägypten gemacht wurde. Seine Schrift ähnelt sehr der der Schriftrollen vom Toten Meer, und er stammt nach

Albright gleichfalls aus dem 2. oder 1. vorchristlichen Jahrhundert. Und wenn auch die zu Anfang unseres Jahrhunderts in Kairo aufgetauchte „Damaskus-Schrift" eine Kopie aus dem 10. Jahrhundert n. Chr. ist, liegt die Wahrscheinlichkeit doch nahe, daß ihr Original aus den Höhlen am Toten Meer stammte.

Zur Zeit der Entdeckung der Rollen vom Toten Meer war Professor Millar Burrows Direktor der *American School of Oriental Research* in Jerusalem und bekam unmittelbar Kenntnis von den Funden, ihrem Erwerb und ihrer Untersuchung. Durch seine Arbeiten auf dem Gebiet der alt- und neutestamentlichen Theologie und der semitischen Sprachen sowie durch Ausgrabungen im Lande der Bibel international bekannt, war er in besonderem Maße zum Studium der Rollen prädestiniert, die gerade während seiner Tätigkeit in Jerusalem ans Licht kamen. Er lehrte seit 1934 an der *Divinity School* der Yale Universität. 1950 wurde er *chairman** für Vorderasiatische Sprachen und Literatur an der *Graduate School* von Yale. Verfasser zahlreicher Artikel und Bücher, betätigte er sich auch im Hilfswerk für die vertriebenen palästinischen Araber und wurde 1954 Präsident des *American Middle East Relief, Incorporated.*

Die Schriftrollen vom Toten Meer

Hätten wir nur davon gewußt, als wir am 25. Oktober 1947 zum Ufer des Toten Meeres hinunterfuhren! Wie leicht hätten wir da zu der Höhle gehen können, wo 7 bis 8 Monate vorher ein ungewöhnlicher Handschriftenfund gemacht worden war! Exkursionen in die Umgebung zu führen, um die Archäologie und historische Geographie von Palästina zu studieren, war eine meiner Aufgaben als diesjähriger Direktor des Amerikanischen Instituts für Orientforschung (*American School of Oriental Research*) in Jerusalem. Diesmal aber war der Ausflug weniger eine wissenschaftliche Unternehmung, sondern mehr eine Vergnügungsfahrt und zugleich eine Pilgerreise. In Kallia, am Nordwestwinkel des Toten Meeres, nahmen einige von uns ein Schwimm-

* Chairman „Präsident" ist eine an deutschen Universitäten nicht in gleicher Art vorhandene Position. Sie bezeichnet einen Ordinarius, der die Aufsicht über eine Gruppe verwandter Fächer oder Disziplinen hat, wie im Falle Burrows über mehrere Richtungen der Orientalistik. (Anm. der Übers.)

bad in der konzentrierten Sole; dann ging es weiter zu der Stelle, wo nach der Überlieferung Jesus getauft worden ist, und dann über Jericho zurück nach Jerusalem. Unter den Teilnehmern waren zwei junge Gelehrte, die in dieser Erzählung eine wichtige Rolle spielen werden: Dr. John C. Trever und Dr. William H. Brownlee. Sie studierten beide in diesem Jahr mit Stipendien an unserem Institut. Zur Zeit unserer Exkursion waren die Handschriften, die später berühmt wurden, schon in Jerusalem im Besitz des Syrischen Klosters St. Markus und der Hebräischen Universität. Das Amerikanische Institut für Orientforschung aber erfuhr von ihrer Existenz erst vier Monate später.

Weil diese Handschriften in einer Höhle nahe dem Toten Meer gefunden worden sind, nennt man sie gewöhnlich die Schriftrollen vom Toten Meer. Pater de Vaux in Jerusalem, dessen Name in unserem Bericht oft genannt werden wird, wendet ein, die Schriftrollen seien nicht aus dem Toten Meer gefischt. Trotzdem werde ich den bequemen Namen hier gebrauchen. Genauer wäre die Bezeichnung Wadi-Qumran-Handschriften, aber sie umfaßt nicht die Handschriftenfragmente, die später an anderen Plätzen der Gegend gefunden wurden.

Wann und wie die erste Höhle und ihr Inhalt entdeckt worden sind, läßt sich jetzt kaum mehr genau feststellen – obwohl der Entdecker, ein 15jähriger Bub aus dem Beduinenstamm der Taamireh, zwei Jahre später ermittelt und ausgefragt worden ist. Er hieß Muhammed-edh-Dhib (geschrieben *al-di'b,* d. h. der Wolf; das *dh* bedeutet in der Aussprache das weiche englische *th,* wie in *the*). Wahrscheinlich fand er die Schriftrollen im Februar oder März 1947. Der syrisch-orthodoxe Erzbischof, der einen Teil davon gekauft hat, gibt an, er habe zuerst im Monat Nisan von ihnen gehört, der ungefähr unserem April entspricht. Und Pater van der Ploeg aus Nimwegen sah sie Ende Juli im syrisch-orthodoxen Kloster. Nach einer Version hätte Muhammed-edh-Dhib Ziegen gehütet oder nach einem verlaufenen Schaf gesucht und dabei die Höhle gefunden. Nach anderer Angabe brachte er mit ein oder zwei Begleitern Waren nach Bethlehem, die vielleicht über den Jordan geschmuggelt waren. Ein Bericht läßt sie vor einem Gewitter Schutz in der Höhle suchen. Ein anderer lautet: eine entlaufene Ziege sprang in die Höhle, Muhammed-edh-Dhib warf ihr einen Stein nach und hörte es klirren, wie wenn Geschirr zerbräche. Das reizte seine Neugier, er rief einen anderen Burschen; die beiden kletterten in die Höhle und fanden so die Handschriften.

Die Höhle liegt in einem Felsrücken etwa 8 km südlich von der Stelle am Nordwestwinkel des Toten Meers, wo wir gebadet haben, und etwa 2 km vom Meeresufer entfernt in den Vorbergen des Massivs von Judäa. Sie ist keine anderthalb Kilometer entfernt von einer alten Ruine namens Chirbet Qumran. Die Beduinen sprechen den Namen Qumran annähernd wie Gomorrha, und einige der ersten europäischen Entdecker in Palästina hielten Chirbet Qumran für die Stätte jenes unglücklichen Ortes. Das ist ganz unmöglich. Gomorrha lag keineswegs in dieser Gegend. Eine andere Erinnerung an das Alte Testament ist stichhaltiger. Der Weg vom Jordantal nach Bethlehem geht in der Nähe vorüber. Als Elimelech und seine Familie von Bethlehem nach Moab zogen und als Naemi und Ruth nach Bethlehem zurückkehrten, müssen sie ungefähr diesen Weg eingeschlagen haben.

Wie und wann immer die Entdeckung stattfand – die Höhle enthielt, als sie zuerst betreten wurde, eine Anzahl von hohen Tongefäßen, die meisten zerbrochen, und Scherben von anderen. Aus den zerbrochenen Gefäßen quollen Lederrollen, die in Leinentücher eingeschlagen waren.

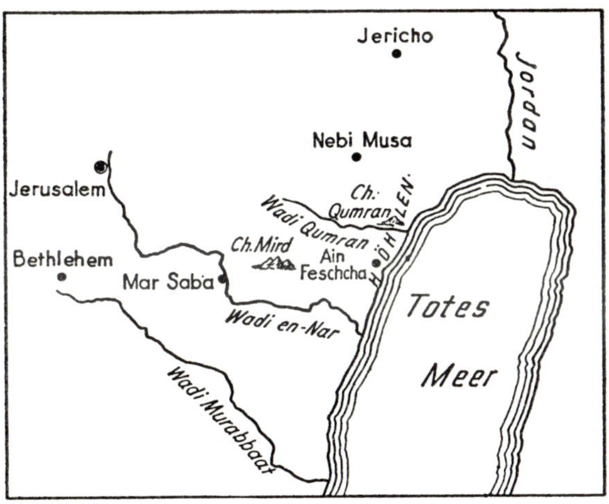

Lagekarte der Höhlen von Qumran

Sie waren sehr morsch und besonders an den Enden übel zugerichtet, aber man konnte sehen, daß sie mit seltsamer Schrift bedeckt waren. Muhammed-edh-Dhib und seine Freunde, heißt es, brachten diese Rollen einem Scheik ihres Marktfleckens Bethlehem. Der sah, daß die Schrift nicht arabisch war, und da er sie für syrisch hielt, schickte er die Burschen zu einem Kaufmann Chalil Eskander, der zu der syrisch-orthodoxen (jakobitischen) Gemeinde von Bethlehem gehörte. Dieser benachrichtigte einen anderen Kaufmann seiner Glaubensgemeinschaft in Jerusalem, George Isaiah, und dieser wieder gab Nachricht an ihren Erzbischof Athanasius Yeschue Samuel. Wenn weiland Professor Sukenik an der Hebräischen Universität in Jerusalem richtig unterrichtet war, wurde zur selben Zeit die größte und älteste der Schriftrollen, die große Handschrift des Buches Jesaia, einem arabischen Antiquitätenhändler in Bethlehem für zwanzig Pfund angeboten. Der aber hielt sie nicht für echt und lehnte ab, soviel dafür zu zahlen.

Im Kern der Altstadt von Jerusalem, etwas südlich von der David-Straße (wie die Engländer und Amerikaner sie nennen) liegt ein interessantes kleines Kloster mit einer schönen Bibliothek altsyrischer Manuskripte. Es ist das syrisch-orthodoxe Kloster St. Markus. Nach einer Sage steht es an der Stelle, wo im Hause der Mutter des Markus die Jünger zum Beten versammelt waren, als Petrus nach seiner wunderbaren Befreiung aus dem Gefängnis zu ihnen kam (Apg. 12, 12–17). Vor wenigen Jahren ist eine syrische Inschrift im Kloster gefunden worden, die dies überliefert. Hierher brachten Chalil Eskander und George Isaiah eine der Schriftrollen und zeigten sie dem Erzbischof Samuel.

Der Erzbischof erkannte, daß die Schrift nicht syrisch, sondern hebräisch war. Er brach ein Stückchen ab und verbrannte es. Am Geruch merkte er, daß es Leder oder Pergament sein müsse. Er sagte den Kaufleuten, er wolle die Schriftrollen kaufen. Doch dauerte es einige Wochen, bis sie wieder Fühlung mit den Beduinen aufnehmen konnten, die nur zum Wochenmarkt am Samstag nach Bethlehem kamen. Erst am ersten Samstag des Monats Tammuz, der dem Juli entspricht, rief Chalil Eskander, der Kaufmann in Bethlehem, den Erzbischof telephonisch an, es seien drei Beduinen mit den Rollen da.

Auch diesmal sah der Erzbischof die Beduinen nicht. Statt sie zu begleiten, schickte Eskander sie offenbar zu George Isaiah, dem Kaufmann in Jerusalem. Dieser nahm sie mit zum Kloster, wurde aber nicht eingelassen. Denn der Priester, der ihnen am Tor begegnete, meinte, die schmutzigen, zerfetzten Manuskripte seien ohne Bedeutung. Als der Erzbischof erfuhr, was vorgefallen war, telephonierte er ziemlich aufgeregt an Eskander. Dieser sagte, zwei Beduinen seien zurückgekommen und seien bereit, ihre Rollen bei ihm zu lassen. Der dritte habe sich nach einem anderen Käufer umgeschaut und habe seinen Teil der Rollen dem Scheik der Moslem zu Bethlehem gebracht. Dies war wahrscheinlich der Teil, den Professor Sukenik im November für die Hebräische Universität erwarb.

Chalil Eskander sagte dem Erzbischof Samuel ferner, daß George Isaiah und die Beduinen, als sie vom Kloster weggeschickt wurden, in das Straßenviertel direkt innerhalb des Tores nach Jaffa gegangen seien. Dort begegneten sie einem jüdischen Kaufmann, der ihnen einen ordentlichen Preis für die Rollen anbot und die Beduinen einlud, in sein Geschäft zu kommen, um das Geld in Empfang zu nehmen. George Isaiah aber überredete sie, das Angebot abzuschlagen.

Zwei Wochen später kamen die Beduinen, die ihre Rollen bei Eskander in Bethlehem gelassen hatten, wieder in seinen Laden, und er und George Isaiah gingen mit ihnen zum Markus-Kloster. Diesmal gelang es ihnen, den Erzbischof zu erreichen, und er kaufte die fünf Schriftrollen, die noch in ihrem Besitz waren. Zwei Rollen stellten sich als aneinanderschließende Teile eines Manuskripts heraus, die sich voneinander gelöst hatten. Ich habe sie später das „Handbuch der Unterweisung“ genannt. Die anderen drei Rollen waren das große Jesaia-Manuskript, das ich schon erwähnt habe, ein Kommentar zu Habakuk und eine schwer beschädigte aramäische Rolle, die bis jetzt noch nicht entrollt ist. Eine Zeitlang nannten wir diese einfach die „vierte Rolle“ (die beiden Teile des „Handbuchs der Unterweisung“ als eine gerechnet). Nach unserer Rückkehr nach Amerika hat Dr. Trever eine Spalte davon abgelöst, und auf Grund ihres Inhalts vermutet er, das Dokument sei das verlorene Buch Lamech. Seitdem bezeichneten wir sie als die Lamech-Rolle.

Auf Anregung des Erzbischofs überredete George Isaiah die Beduinen, ihn zur Höhle zu führen. Dort sah er einen ganzen Tonkrug und Scherben von anderen; ein geheimnisvolles Stück Holz lag auf einem Stein; und viele Stücke von Handschriften waren da, nebst Fetzen von Leintüchern, in die die Rollen verpackt waren. Im August schickte der Erzbischof einen seiner Priester, Pater Yusef, die Höhle nochmals zu untersuchen. Man erwog, das Tongefäß, das noch in der Höhle war, herauszuholen, aber der Plan wurde aufgegeben, weil das Gefäß zu schwer war, um es bei der stechenden Sommerhitze der Gegend wegzutragen. Liegt die Höhle doch mehr als dreihundert Meter unter dem Meeresspiegel.

Im Lauf des Sommers befragte Erzbischof Samuel mehrere Gelehrte und zeigte seine Schriftrollen verschiedenen Besuchern des Klosters, in der Hoffnung, Genaues über Inhalt, Alter und Wert der Handschriften zu erfahren. Der erste, den er fragte, war, scheint es, Stephan Hannah Stephan, ein Anhänger der syrisch-orthodoxen Kirche und bekannter Orientalist, der damals am Amt für Altertümer Palästinas (*Department of Antiquities*) arbeitete. Er erklärte bestimmt, die Rollen seien wertlos. Da sein eigentliches Arbeitsgebiet arabische Geschichte war und nicht hebräische Archäologie und Paläographie, so muß man sein absprechendes Urteil in diesem Fall einer skeptischen Gesamteinstellung zuschreiben.

Erzbischof Samuel sprach über die Rollen auch mit einem Gelehrten der französischen Dominikanerschule für Archäologie, Pater A. S. Marmadji, der ebenfalls Arabist war. Zufällig war gerade Pater J. P. M. van der Ploeg, ein hervorragender Bibelspezialist aus Holland, im Dominikanerkloster St. Stephan anwesend, mit dem die Schule für Archäologie verbunden ist. Pater Marmadji brachte ihn daher mit, um die Rollen und die anderen Handschriften im syrischen Kloster anzusehen. Pater van der Ploeg erkannte sogleich, daß die größte Rolle das Buch Jesaia enthielt. Er war wohl der erste, der dies feststellte.

Anfang September brachte Erzbischof Samuel seine Schriftrollen nach Syrien und zeigte sie dem Patriarchen seiner Kirche in Homs. Er suchte auch den Rat des Professors für Hebräisch an der Amerikanischen Universität in Beirut einzuholen, traf ihn aber nicht an; er war noch nicht von seinen Ferien zurück. Nach seiner Rückkehr nach Jerusalem suchte der Erzbischof wieder Belehrung von Stephan Hannah Stephan zu erhalten. Dieser brachte ihm auf sein Nachsuchen einige Bücher über das hebräische Alphabet, doch halfen ihm diese nicht viel. Stephan, noch immer skeptisch, erbot sich, einen jüdischen Gelehrten seiner Bekanntschaft mitzubringen, der ein Spezialist in diesen Dingen sei. Offenbar war Tobiah Wechsler gemeint, der später am öffentlichen Meinungsstreit über die Schriftrollen einen starken Anteil nahm.

Wechsler war mit Stephan einig, daß die Schriftrollen nicht alt seien. Erzbischof Samuel führt an, er habe auf den Tisch gezeigt und gesagt: „Wäre dieser Tisch eine Kiste, gefüllt mit Pfundnoten, so würden sie noch nicht den Wert der Rollen ausmachen, wenn diese wirklich zweitausend Jahre alt wären, wie Sie sagen.“ Später erklärte Wechsler, er habe sich durch einige Randverbesserungen in einer Handschrift irreführen lassen, deren Tinte noch so schwarz war, daß er hohes Alter für unmöglich hielt.

Anfang Oktober zeigte Erzbischof Samuel seine Rollen Dr. Moritz Braun (Maurice Brown), einem jüdischen Arzt, der ins Kloster geholt worden war, um die Bewohner eines Gebäudes, das der syrisch-orthodoxen Gemeinde gehörte, zu beurteilen. Dr. Braun benachrichtigte Judah L. Magnes, den Rektor der Hebräischen Universität, auf dessen Weisung zwei Leute von der Universitätsbibliothek zum Kloster geschickt wurden. Nach Besichtigung der Handschriften regten sie an, es solle jemand von der Universität die Rollen prüfen, der sachkundiger wäre als sie. Unterdessen sprach Dr. Braun auch mit einem jüdischen Antiquitätenhändler namens Sassun. Der kam, besah die Rollen und meinte, man solle Proben von ihnen an Antiquitätenhändler in Europa und Amerika schicken. Aber darauf ging der Erzbischof nicht ein.

Während sich all dies ereignete, war Dr. E. L. Sukenik, der Professor für Archäologie an der Hebräischen Universität, in Amerika gewesen. Er erfuhr auch nicht sogleich nach seiner Heimkehr von den Manuskripten. Am 25. November zeigte ihm ein Antiquitätenhändler ein Stück einer Rolle, erzählte ihm von der Entdeckung der Höhle und fragte ihn, ob er geneigt wäre, die Rolle zu kaufen. Obwohl Sukenik natürlich Fälschung vermutete, bejahte er die Frage. Vier Tage später traf er den Händler wieder und kaufte von ihm einige Lederbündel nebst zwei Tongefäßen, in denen die Beduinen die Handschriften gefunden haben wollten.

Gerade am Tag dieses Kaufes faßte die Generalversammlung der Vereinten Nationen den verhängnisvollen Beschluß, der die Teilung von Palästina empfahl. Die Juden begrüßten ihn, die Araber lehnten ihn heftig ab. Dies führte zu einer raschen Verschlechterung der Beziehungen zwischen Juden und Arabern, so daß ein friedlicher Verkehr zwischen beiden bald unmöglich wurde. Ehe es soweit war, brachte Sukenik jedoch seine beiden Töpfe von Bethlehem nach dem israelischen Teil von Jerusalem und kaufte noch weitere Teile der Handschriften an. Dabei half und ermutigte ihn Präsident Magnes, der Geld dafür beschaffte.

Bis zu diesem Zeitpunkt hatte Sukenik noch nichts von den Rollen erfahren, die Erzbischof Samuel erworben hatte. Anfang Dezember wurde er von einem der Leute der Universitätsbibliothek, die das Kloster im Sommer besucht hatten, über sie unterrichtet. Er vermutete mit

Recht, daß diese Handschriften wahrscheinlich zur selben Sammlung gehörten wie die von ihm erworbenen. Darum versuchte Sukenik, in das Kloster zu gelangen. Aber dies war nicht mehr möglich. Dabei blieb es bis in die zweite Hälfte des Januar. Dann erhielt er einen Brief von Anton Kiraz, einem Angehörigen der syrisch-orthodoxen Kirche, auf dessen Grundstück südlich von Jerusalem Sukenik früher ein altes Grab ausgegraben hatte. Kiraz schrieb, er habe einige alte Manuskripte, die er gern Sukenik zeigen wolle.

Da zu dieser Zeit der Verkehr zwischen arabischen und jüdischen Stadtteilen gesperrt war, fand die Zusammenkunft in der YMCA (Young Men's Christian Associations) statt, in der Militärzone B, zu der Pässe in den anderen Stadtteilen zu beschaffen waren. Bei der Betrachtung der Schriftrollen erkannte Sukenik sofort, daß sie tatsächlich zu der gleichen Sammlung gehörten wie die Manuskripte, die er besaß. Kiraz gab zu, daß sie in einer Höhle nahe dem Toten Meer gefunden worden seien, und berichtete, er sei in der Höhle gewesen. Er bot die Rollen der Hebräischen Universität zum Kauf an und schlug eine Zusammenkunft mit dem Erzbischof vor, um die Bedingungen zu besprechen. Erzbischof Samuel sagt allerdings, daß dies alles ohne seine Zustimmung und ohne sein Wissen geschehen sei.

Kiraz erlaubte Sukenik, drei Rollen für zwei Tage zu entleihen, und Sukenik nahm die Gelegenheit wahr, einige Spalten der Jesaia-Handschrift abzuschreiben, die er später veröffentlicht hat. Am 6. Februar gab er (nach seinem Bericht) die Rollen an Kiraz zurück und sah dabei zwei andere, von denen mindestens die eine zum „Handbuch der Unterweisung" gehörte. Man kam überein, sich noch einmal zu treffen. Dabei sollten Präsident Magnes und Erzbischof Samuel zugegen sein, damit die Verhandlungen über den Ankauf der Handschriften abgeschlossen werden könnten. Aber diese Zusammenkunft hat nie stattgefunden.

Unterdessen traf Erzbischof Samuel seine eigenen Maßnahmen. Butrus Sowmy, einer der Mönche des Klosters St. Markus, wies darauf hin, daß man eine zuverlässige Beurteilung der Schriftrollen vom Amerikanischen Institut für Orientforschung erhalten könnte. Zu diesem Zweck rief er am 17. Februar den Bischof Stewart an der Kollegiumskirche von St. Georg an und bat, er möchte ihm jemanden vom Amerikanischen Institut nennen, den er fragen könne. Ich war um diese Zeit nicht in Jerusalem, denn ich hatte den Sonntag zuvor eine Reise nach dem Irak angetreten. Doch hatte gerade einer meiner Schüler, Dr. William H. Brownlee, der an der Newman-Missionsschule arabische Stunden nahm, sich von einer kirchlichen Autorität einen Ausweis geben lassen müssen, daß er ein Christ sei, damit die arabischen Posten an den Straßenkreuzungen ihn von unserem Institut zur Newman-Missionsschule und zurück passieren ließen. Er hatte diese Bescheinigung von Bischof Stewart erhalten. Deswegen dachte dieser sogleich an ihn und nannte ihn Sowmy, weil ich soeben nach Bagdad gefahren sei.

Folglich rief Butrus Sowmy am Mittwoch, 18. Februar 1948, das Amerikanische Institut für Orientforschung an und fragte nach Brownlee. Kurz vor dem Anruf war Brownlee ausgegangen, um sich Packpapier für die Heimsendung seiner Sachen nach Amerika zu kaufen. Der Diener am Telephon sagte also Sowmy, daß Brownlee nicht im Haus sei und ich nicht in der Stadt, daß aber Dr. John C. Trever in meiner Abwesenheit stellvertretender Leiter des Instituts sei. Trever wurde also ans Telephon gerufen, und er forderte Sowmy auf, die Handschriften am nächsten Tag ins Institut zu bringen.

Am Donnerstag um halb drei Uhr nachmittags kamen Butrus Sowmy und sein Bruder Ibrahim, wie vereinbart, mit den Schriftrollen zum Institut. Diesmal war Brownlee zur Post gegangen und beim Passieren der Posten aufgehalten worden, so daß er wieder die Gelegenheit verpaßte, die Syrer zu treffen. Trever empfing sie, besah die Rollen und schrieb mit Sowmys Erlaubnis zwei Zeilen von der größten Rolle ab. Die Form der hebräischen Buchstaben, die in der Handschrift gebraucht war, fiel ihm auf. Er verglich sie mit der Schrift etlicher alter hebräischer Manuskripte, nach einer Serie von Kodachrom-Platten, die er angefertigt hatte. Das Manuskript, dessen Schriftformen denen der Rollen am ähnlichsten schienen, war der Nash-Papyrus – ein Fragment, das von den Gelehrten verschieden, vom 2. Jahrhundert vor Christus bis ins 3. Jahrhundert nach Christus datiert wird.

Als Brownlee zurückkam, zeigte er ihm die Stelle, die er abgeschrieben und alsbald als Jesaia 65, 1 bestimmt hatte. Schon andere hatten in dieser Rolle, wie wir gesehen haben, das Buch Jesaia erkannt. Sogar einer der Syrer sagte, er glaube, die eine Rolle sei Jesaia; aber Trever hatte die Aussage nicht ernst genommen, weil die Syrer nicht hebräisch lesen konnten und er nicht wußte, daß schon andere Gelehrte die Handschrift gesehen hatten.

Am folgenden Morgen verschaffte sich Trever Eintritt in die Altstadt und besuchte das Markuskloster, wo Butrus Sowmy ihn beim Erzbischof einführte. Er erhielt die Erlaubnis, die Rollen zu photographieren. Der Erzbischof und Sowmy willigten ein, sie zu diesem Zweck in das Amerikanische Institut zu bringen. Sie brachten auch die Jesaia-Handschrift herbei, damit Trever nachsehe, wieviel vom Buch Jesaia sie enthalte. Es war schwierig, sie zu entrollen. Er kopierte den Anfang der ersten Spalte, der sich als Jesaia I, 1 herausstellte.

Die Schriftrollen wurden am Samstag, den 21. Februar, ins Institut gebracht, und die beiden jungen Gelehrten machten sich an die schwierige Aufgabe, sie zu photographieren. Am nächsten Donnerstag nachmittag, als der erste Teil dieser Arbeit fertig war, brachten Brownlee und Trever die Rollen in das Kloster in der Altstadt zurück. Bis Ende der Woche waren die Negative fertig entwickelt und Abzüge von ihnen gemacht. Ein paar von den ersten Abzügen wurden an Professor William F. Albright an der John-Hopkins-Universität in Baltimore geschickt, um sein Gutachten über Art und Alter der Handschriften einzuholen. Zuerst wurden Abzüge der Jesaia-Rolle und der beiden Schriftrollen gemacht, die sich später als Teile des „Handbuchs der Unterweisung" herausstellten. Freitag, den 27. Februar, wurden die Abzüge einer anderen Rolle fertig, in der Brownlee einen Kommentar zu den ersten beiden Kapiteln des Propheten Habakuk entdeckte. Der Inhalt der anderen beiden Rollen wurde nicht bestimmt, ehe ich von Bagdad zurückkam.

Einen vollständigen Satz der Photographien erhielt Erzbischof Samuel. Zufolge seinem Bericht fragte Kiraz erst nach diesem Zeitpunkt um seine Erlaubnis, die Rollen Sukenik in der YMCA zeigen zu dürfen. Der Erzbischof erzählt, er habe vorgeschlagen, daß Kiraz die Photographien mitnehmen solle, aber Kiraz habe eingewendet, sie seien nicht groß genug. Das stimmt nicht mit Sukeniks Angabe überein, daß er die Rollen am 6. Februar, also drei Wochen ehe Trevers Aufnahme fertig war, an Kiraz zurückgegeben habe, nachdem er ein Stück der Jesaia-Handschrift kopiert habe. Wie dieser Widerspruch zu erklären ist, weiß ich nicht. Auf jeden Fall entschied sich Erzbischof Samuel, die Rollen in seinem Besitz zu behalten und ihre Veröffentlichung dem Amerikanischen Institut für Orientforschung anzuvertrauen. Kiraz dagegen versicherte Sukenik, die Hebräische Universität solle die Vorhand haben, wenn die Handschriften zum Verkauf ausgeboten würden.

Spät am Samstag, den 28. Februar, nachmittags kehrten wir nach Jerusalem zurück. Zu meiner Beruhigung hörte ich, daß im Institut während unserer Abwesenheit kein Unglück passiert sei – während in der Stadt eine gräßliche Bombenexplosion mehr als fünfzig Todesopfer gefordert hatte. Mein Tagebuch sagt: „Im Institut alles o. k., aber John und Bill sind ganz außer sich über Handschriften im Syrischen Kloster, deren Schrift John für älter hält als den Nash-Papyrus, darunter das ganze Buch Jesaia, ein Habakuk-Text mit Midrasch in Versen (sagt Bill) und ein nicht identifiziertes Werk, anscheinend Weisheitsliteratur." Dies nicht identifizierte Werk war natürlich das „Handbuch der Unterweisung". Montag, den 1. März, am Morgen ging ich mit Trever zum Kloster, nachdem ich mir vom arabischen Oberkomitee einen Paß für die Altstadt besorgt hatte, die jetzt an jedem Eingang sorgsam bewacht war. Im Kloster traf ich Erzbischof Samuel und sah die Schriftrollen. Auf einem kleinen Stück der arg beschädigten vierten Rolle, das abgerissen war, fiel mein Auge auf das Wort *'ar 'ā*, und ich weiß noch, wie ich überrascht ausrief: „Das ist aramäisch!"

Am Nachmittag hatten wir unsere erste Seminarsitzung über den Habakuk-Kommentar. Ich hielt damals auch einen Kurs über Epigraphik, und wir kamen überein, die restlichen Stunden dieses Kurses auf das Studium der Rollen zu verwenden.

Die ersten Aufnahmen der Jesaia-Rolle erwiesen sich als unzureichend. Trever hatte nur einen beschränkten Vorrat von Filmen zur Verfügung gehabt und deshalb auf jedes Blatt zwei Spalten aufnehmen müssen. So waren die Photographien zu klein, um sie entsprechend zu vergrößern. Es war notwendig, die Rolle noch einmal zu photographieren, aber brauchbaren Film in der richtigen Größe zu bekommen, war recht schwierig. Das Beste, was wir finden konnten, war altgewordener Amateurfilm.

Unter diesen Umständen war es erstaunlich, daß die Photographien so gut gelangen. Die Tafeln unserer späteren Veröffentlichung der Schriftrollen vom Toten Meer sind nach diesen Photographien angefertigt. Kritiker der Ausgabe, die die Wiedergabe für nicht hinreichend erklärt haben, haben das Manuskript selbst nicht gesehen. Einige betonten, die Handschriften hätten nochmals aufgenommen werden müssen, als sie in die Vereinigten Staaten gebracht wurden. Aber sie waren da nicht in unserem Besitz, und Erzbischof Samuel weigerte sich, sie nochmals photographieren zu lassen.

Die aramäische Rolle war noch nicht abgewickelt. Am Mittwoch, den 3. März, gab der Erzbischof Trever die Erlaubnis, zu versuchen, ob man sie öffnen könne. Aber Butrus Sowmy widersetzte sich dem Beginnen, mit einer gewissen Berechtigung, und so wurde es aufgeschoben in der Hoffnung, es würde später in Europa oder den Vereinigten Staaten mit besseren Hilfsmitteln durchzuführen sein.

Donnerstag, den 4. März, am Morgen besuchte mich Mr. R. W. Hamilton, der Direktor des Amts für Altertümer, im Seminar. Bei späterer Rückschau auf unser Gespräch kam es mir seltsam vor, daß wir auf die Schriftrollen mit keinem Wort zu sprechen kamen. Wir waren beide damals mit anderen Dingen vordringlicher beschäftigt. Hamiltons Besuch hatte den Zweck, Pläne für die künftige Verwaltung des Palästina-Museums durchzusprechen, weil das britische Mandat demnächst erlosch.

Dabei war das Amt nicht etwa ohne Nachricht über die Rollen. Ich erinnere daran, daß unter den ersten Personen, die die Handschriften im Markus-Kloster gesehen haben, ein Mitglied des Amts für Altertümer, Stephan H. Stephan, war. Da er sie irrtümlich für wertlos hielt, hatte er es offenbar nicht für der Mühe wert befunden, dem Amt irgendeinen Bericht darüber zu geben. Zwei Jahre später schrieb mir Hamilton, daß Stephan die Rollen ihm gegenüber nie auch nur erwähnt hätte.

Er erfuhr durch Trever von ihnen, aber bei ihrer ersten Unterredung wußte Trever selbst noch nicht, daß die Rollen im Vorjahr entdeckt worden waren. Mit typischer Vorsicht hatten Erzbischof Samuel und Sowmy zuerst nur unbestimmt von Handschriften in der Klosterbibliothek gesprochen, so daß es den Eindruck machte, als seien sie schon etwa 40 Jahre dort, und Trever stand noch unter diesem Eindruck, als er zum erstenmal mit Hamilton über die Rollen sprach. Erst am 5. März wurde ihm mitgeteilt, daß die Schriftrollen ungefähr vor einem Jahr in einer Höhle gefunden worden seien. Er sprach dann mit Hamilton, aber ohne klar auszudrücken, wie jung die Funde seien. Am 20. März schrieb Trever an seine Frau: „Ich habe schon im Museum mit Hamilton über geeignetes Vorgehen gesprochen. Er hat mir die Erlaubnis gegeben, den Ort zu besuchen, um zu sammeln, was an zerstreutem Material noch übrig ist.“ Am 27. Februar, einen Tag vor meiner Rückkehr aus Bagdad, hatte Trever mit dem Erzbischof über die Gesetze betreffs Altertumsfunden gesprochen. Dieser gab infolgedessen den Plan auf, die Höhle zu besuchen, und versicherte Trever, daß er „auf jede mögliche Weise mit dem Amerikanischen Institut für Orientforschung und dem Amt für Altertümer zusammenwirken wolle, um die Ausgrabung der Höhle durchzuführen".

Mein Tagebuch erwähnt einen Besuch von Erzbischof Samuel und Butrus Sowmy im Institut am Montag, den 8. März, nach welchem ich sie im Amtswagen des Instituts nach Allenby-Square zurückfuhr. Mein Eintrag geht weiter: „Drei oder vier Autos, speziell Amtswagen, sind kürzlich bei hellem Tageslicht gestohlen worden: mit vorgehaltener Waffe, aber ganz höflich. So haben wir nicht viel Lust, unsern Wagen aus der Garage zu holen." Drei Tage später wurde das Gebäude der Jewish Agency durch Sprengstoffe beschädigt, und man vermutet, daß sie durch einen Araber in einem Wagen dorthin gebracht worden sind, der dem amerikanischen Konsulat gehörte.

Meine meisten Tagebucheinträge während dieser Wochen betreffen Schießereien, Explosionen und Zwischenfälle in Jerusalem und anderen Teilen des Landes, darunter auch allerlei Gerüchte. So hörten wir am 15. März, daß unser Wasserreservoir vergiftet worden sei. Am selben Tag erhielt jedoch Trever Antwort von Professor Albright, der seinen Ansatz des Alters der Handschriften bestätigte und die Entdeckung als „den größten Handschriftenfund der jüngsten Zeit" bezeichnete.

Am 18. März besuchte mich der Erzbischof im Institut; Trever und ich besprachen mit ihm allerlei, was die Handschriften betraf. Ich drückte ihm meine Überzeugung aus, daß die Jesaia-Rolle das älteste bekannte Manuskript einer biblischen Schrift sei, was ihm gehörigen Eindruck machte. Ich legte ihm auch eine Ankündigung für die Presse, die ich aufgesetzt hatte, zur Billigung vor. Da ich inzwischen erfahren hatte, daß die Handschriften in einer Höhle nahe dem Toten Meer gefunden waren, war ich überzeugt, daß es uns wesentlich helfen würde, ihr Alter sicherzustellen, wenn wir die Höhle aufsuchen und Reste der Töpfe finden könnten, in denen sie entdeckt worden waren. Wir besprachen deswegen mit dem Erzbischof, ob eine Fahrt zur Höhle möglich sei. Wir redeten auch über Pläne zur Veröffentlichung der Manuskripte durch das Amerikanische Institut für Orientforschung.

Mein Tagebuch bemerkt am 19. März: „John hat den Bischof heute wiedergesehen und erfahren, daß Dr. Magnes an den Handschriften Interesse zeigt." Damit hörten wir zum erstenmal von den Verhandlungen zwischen der Hebräischen Universität und dem Markus-Kloster. Von den Rollen und Fragmenten, die Professor Sukenik erworben hatte, wußten wir noch nichts.

Am 20. früh gingen wir mit Wachen, die uns ein guter Freund stellte, zum Haram, dem heiligen Bezirk um den Felsendom. Dort trafen wir einen Mann vom Heiligtum Nebi Musa, das an der Straße nach Jericho liegt. Dieser sagte, er könne für uns eine Fahrt nach der Höhle bewerkstelligen. Wir müßten nach Nebi Musa fahren und von da mit einem Beduinen als Führer zu Fuß zur Höhle gehen. Wir waren sehr enttäuscht, als der ausgemachte Tag anbrach und der Mann, der zu uns kommen sollte, nicht erschien. Später sagte man uns, man hätte das Unternehmen für zu gefährlich gehalten, weil jüdische Truppen in der Ebene nördlich und westlich des Toten Meeres Manöver abhielten. Wer eigentlich verantwortlich dafür war, daß unser Plan vereitelt wurde, werden wir wahrscheinlich nie erfahren, wenn wir auch gewisse Vermutungen haben. Allein konnten wir nicht fahren; wir hätten auch die Höhle nicht gefunden, wenn wir es versucht hätten.

Am 25. März sagte Erzbischof Samuel zu Trever, daß Sowmy mit den Handschriften nach einem Platz außerhalb Palästinas unterwegs sei. Ich selbst hatte angedeutet, daß sie im Kloster in der Altstadt nicht sicher genug seien, und Trever hatte die Möglichkeit aufgeworfen, sie in ein anderes syrisch-orthodoxes Kloster unten im Jordantal zu schaffen. Wie begründet diese Hinweise waren, zeigte sich nach wenigen Wochen, als das Markus-Kloster durch Granatfeuer beschädigt und Butrus Sowmy selbst getötet wurde. Andererseits war das Fortbringen der Schriftrollen ohne Ausfuhrgenehmigung des Amtes für Altertümer ungesetzlich. Wieweit der Erzbischof sich dessen bewußt war, kann ich nicht sagen; ich weiß nur, daß ich es ihm klarzumachen suchte. Freilich hatte er die Rollen schon einmal nach Syrien und zurück gebracht.

Um gerecht zu sein, muß man bedenken, daß Palästina viele Jahrhunderte lang keine eigene unabhängige Regierung hatte, sondern einer fremden Macht nach der anderen gehorchen mußte. Unter diesen Umständen ist es menschlich, daß dort auch von hohen Stellen bisweilen dem Gesetz gegenüber eine Haltung eingenommen wird, die – auch in den westlichen Demokratien nicht ganz unbekannt ist. Nicht um abzuschwächen, aber um teilweise zu erklären, was geschah, ist auch darauf hinzuweisen, daß es im März 1948 keine wirklich wirksame Regierung mehr im Land gab und keine erkennbare Aussicht auf eine solche. Das Amt für Altertümer tat weiter sein Bestes, aber seine Hauptsorge war, angesichts des drohenden Chaos seine Schätze zu behüten. Was die Zukunft bringen würde, sowohl für Jerusalem als auch für die Schriftrollen vom Toten Meer, konnte niemand vorhersehen.

Während des restlichen Monats März mußten wir viele Stunden dafür verwenden, unsere Heimreise vorzubereiten. Die Umstände wurden immer schlimmer. Die Gelegenheiten für Transport, Fahrt, Bankverkehr und andere nötige Dinge erreichten einen Zustand, daß man sie besser Ungelegenheiten hätte nennen müssen. Am 27. März hielten wir unser letztes Seminar und beendeten die erste Lesung des Habakuk-Kommentars.

Der nächste Tag, der Ostersonntag, war einer der traurigsten Tage, an die ich denken kann. Man hatte versucht, einen Waffenstillstand für ihn zu erreichen, aber das scheiterte gänzlich. Am Dienstag, den 30. März, brach Brownlee zur Reise nach Amerika auf. Meine Frau und ich verließen Jerusalem am 2. April, konnten aber noch zwei Wochen lang nicht von Haifa abfahren. Trever hatte am 3. April eine letzte Zusammenkunft mit Erzbischof Samuel und Butrus Sowmy, reiste am 5. nach Lydda und flog von da nach Beirut.

Am 11. April, als meine Frau und ich noch ungeduldig in Haifa warteten, daß unser Schiff in den Hafen käme, veröffentlichten die Zeitungen in Amerika den Bericht, den ich von Jerusalem geschickt hatte. Leider hatte sich in die Fassung für die Zeitungen irgendwie ein Fehler eingeschlichen. Ich hatte geschrieben: „Die Rollen wurden vom syrisch-orthodoxen Kloster St. Markus erworben." An die Presse in Amerika wurde der Satz in der Form weitergegeben, daß die Rollen „viele Jahrhunderte lang in der Bibliothek des syrisch-orthodoxen Klosters St. Markus in Jerusalem aufbewahrt worden seien". Wer das eingefügt hat, weiß ich nicht. Als Professor Sukenik die Veröffentlichung las, schickte er eine Berichtigung ein und wies darauf hin, daß die Rollen im vergangenen Jahr in einer Höhle nahe dem Toten Meer gefunden worden seien. Ich las diese Feststellung im *Rome Daily American* vom 28. April 1948, als unser Schiff in Genua hielt; dadurch erfuhr ich zum erstenmal, daß der Fund noch andere Handschriften umfaßte als die von Erzbischof Samuel erworbenen.

Während der ungestörten Muße der Heimreise auf einem kleinen norwegischen Frachter hatte ich Zeit, den ganzen Text der Jesaia-

Handschrift mit dem überlieferten hebräischen Text der Masoreten zu kollationieren. Ich hatte einen Satz der Lichtbilder von Trever und eine vorzügliche Ausgabe des hebräischen Alten Testaments bei mir. Diese Textvergleichung gab die Grundlage für die Aufsätze, die ich im folgenden Jahr veröffentlichte.

Das erste Tröpfeln von Veröffentlichungen über die Schriftrollen schwoll bald zu einer wahren Flut an. Die „Amerikanischen Freunde der Hebräischen Universität" gaben am 16. Juli ein Sonderheft heraus. Ein weiterer Aufsatz erschien in ihrem Novemberheft. Die Septembernummer des *Biblical Archaeologist* brachte einen Aufsatz von Trever über die Entdeckung der Schriftrollen und einen von mir über ihren Inhalt und ihre Bedeutung. Im selben Monat erschien Sukeniks erster Band über die Handschriften unter dem Titel *Megilloth Genuzoth* (Verborgene Rollen). Er gab darin einen Bericht, wie er die Handschriften erworben habe, die in seinem Besitz waren, sowie eine Angabe ihres Inhalts, soweit er bis zu diesem Zeitpunkt festgestellt war, dazu den Text von ausgewählten Stellen mit Anmerkungen und einigen ausgezeichneten Lichtbildern. Auch der Text von Jesaia Kap. 42 und 43, wie er ihn aus der Rolle des Erzbischofs Samuel kopiert hatte, als sie in seinem Besitz war, war in dem Band enthalten und dem masoretischen Text gegenübergestellt.

Die Oktobernummer des *Bulletin of the American School of Oriental Research* brachte einen Aufsatz von Trever unter dem Titel: „*Vorläufige Beobachtungen an den Rollen von Jerusalem*" und den ersten Teil eines Aufsatzes von mir über die Lesarten in der Jesaia-Handschrift. Die Dezember- und Februarnummer enthielten eine Übersetzung des Habakuk-Kommentars von Brownlee, einen Aufsatz von H. L. Ginsberg über Sukeniks Schriftrollen und den Rest meines Aufsatzes über die Lesarten des Jesaia. Trever gab eine Studie über die Paläographie der Rollen und Solomon A. Birnbaum über die Datierung der Jesaia-Rolle. Gelehrte, die sich interessierten, konnten sich also hinreichend über die Natur der Rollen im allgemeinen und über ihren Inhalt unterrichten, und zwar binnen Jahresfrist, seitdem wir von ihrer Existenz erfahren hatten. In den Versammlungen der *Society of Biblical Literature and Exegesis* und des Amerikanischen Instituts für Orientforschung im Dezember 1948 in New York legte Brownlee zwei Abhandlungen über den Habakuk-Kommentar vor, in denen er manche Gedanken vorwegnahm, die später unabhängig auch von anderen Gelehrten ausgesprochen worden sind.

Weitere Entdeckungen lagen in der Zukunft, aber schon war in der „Schlacht um die Schriftrollen“, wie sie bald genannt wurde, der erste Schuß gefallen. Verdächtigungen und Anschuldigungen, die selten zurückgezogen wurden, folgten sich dicht und heftig. Der Staub des Gefechts hat sich im klärenden Wind leidenschaftsloser Forschung und Diskussion auch jetzt noch nicht ganz verzogen. Ehe ich in dieser fast märchenhaften Erzählung fortfahre, muß ich über Art und Inhalt der Rollen etwas Genaueres sagen.

Sechs verschiedene Werke sind in den elf Rollen oder Teilrollen vertreten, die die Beduinen 1947 bei ihrem ersten Fund aus der Höhle entnahmen, nämlich erstens das alttestamentliche Buch des Propheten Jesaia, das in vollem Umfang in der größten und ältesten Schriftrolle enthalten ist, teilweise auch in einer, die die Hebräische Universität erworben hat; zweitens der Kommentar des Habakuk; drittens das „Handbuch der Unterweisung“, das auseinandergefallen ist, so daß es bei der Entdeckung zwei gesonderte Rollen gebildet hat; viertens das aramäische Manuskript, das jetzt vorläufig als Lamech-Rolle bezeichnet wird, aber noch nicht entfaltet ist; fünftens der „Krieg der Söhne des Lichts mit den Söhnen der Finsternis“ und sechstens die Dankpsalmen, die in vier von Professor Sukenik gekauften Rollen stehen. Viele Stücke von anderen Büchern wurden später bei der Erforschung der Höhle und anderer Grotten in der Nachbarschaft entdeckt. Andere wurden den Beduinen abgekauft, die sie gefunden hatten. Doch kommt kein Text, der seit 1947 entdeckt wurde, an Umfang den ersten Rollen gleich, die damals von den Beduinen aufgefunden worden sind ...

Wer zum ersten Mal von einer so außerordentlichen Entdeckung hört wie die der Schriftrollen vom Toten Meer, dem drängt sich sogleich die Frage auf: „Können sie echt sein?“ Ist doch die Fälschung von Altertümern ein lohnender Erwerbszweig in den Ländern, in denen die Archäologen seit vielen Jahren arbeiten und Statuen, Münzen, Inschriften und andere Dinge gefunden haben, für die die Museen und Sammler hohe Preise zahlen. Geübte Handwerker können solche Altertümer so gut nachahmen, daß oft die erfahrensten Fachleute sie kaum entlarven können. Auch in Palästina sind Fälschungen von Inschriften und Handschriften nicht ausgeblieben, doch waren sie bisher nicht sehr häufig, weil die Ausgrabungen nicht viele Gegenstände ergeben haben, die zu so verbrecherischem Vorhaben anreizten.

Als ich Trevers Lichtbilder der Handschriften von Erzbischof Samuel zum ersten Mal sah, fragte ich mich natürlich: „Sind das nicht Fälschungen?" Ich muß allerdings gestehen, daß ich mich nie dazu bringen konnte, die Frage ganz ernst zu nehmen, namentlich seitdem ich die Manuskripte selbst gesehen hatte. Daß sie alt aussahen, bewies natürlich gar nichts, und die Schrift war erstaunlich deutlich. Was mich aber von Anfang an am meisten beeindruckte, war die Tatsache, daß die Buchstabenformen einer Periode der Schriftentwicklung angehörten, für die wir verhältnismäßig wenig Belege haben, die zudem meist erst seit kurzem bekannt geworden sind.

Für beträchtlich frühere und spätere Perioden haben wir viel mehr Inschriften sowie Papyri. Wie schon berichtet, fiel Dr. Trever sogleich die Ähnlichkeit zwischen den Rollen und dem Nash-Papyrus auf. Er sah aber auch, daß die Schrifttypen von beiden nicht ganz gleichzeitig waren. Nach seinem Urteil war der Nash-Papyrus etwas jünger als die Rollen. Ich stimmte ihm bei, und unsere Ansicht wurde durch den Brief von Professor Albright bekräftigt, den Trever alsbald erhielt.

Paläographie, also die vergleichende Untersuchung der Schriftformen, war anfangs unser einziger Anhalt, um die Rollen zu datieren. Sie bleibt eine der wichtigsten Grundlagen der Beurteilung. Chemische Analyse des Leders, der Tinte und der Leinenhüllen um die Schriftrollen konnten später zur Lösung des Problems beitragen, aber solche Methoden waren für uns in Jerusalem in den Wirren jener Zeit nicht anwendbar.

All diese Kriterien betreffen natürlich das Alter der Handschriften selbst, also die Zeit ihrer Herstellung. Archäologische Erkenntnisse konnten später den Zeitpunkt festlegen, zu dem sie in die Höhle verbracht worden sind. Auch das war für uns im Frühling 1948 unmöglich, weil wir die Höhle nicht aufsuchen konnten. Da die Rollen vermutlich Abschriften waren und nicht Originalhandschriften, konnte die Zeit der Abfassung der Bücher natürlich weder durch Paläographie noch durch Analyse von Leder und Tinte noch durch ihre archäologischen Beziehungen bestimmt werden. Dafür konnten nur Anhaltspunkte in den Texten selbst dienen ...

Die Diskussion trat in eine neue Phase, als die Höhle, aus der die Handschriften stammten, wiederentdeckt und ausgegraben wurde.

Viel Streit und Zweifel wären unterblieben, wenn die Höhle sofort von berufenen Archäologen hätte ausgegraben oder auch nur besichtigt werden können, nachdem die ersten Rollen gefunden worden waren. Nicht nur das war unmöglich, sondern die Höhle wurde mehrmals von unzuständigen und urteilslosen Personen besucht, ehe irgendein Archäologe von der Entdeckung erfahren hatte. November oder Anfang Dezember 1948, ehe die Ordnung im Lande nach den Kämpfen dieses Jahres wiederhergestellt war, haben gewissenlose Menschen, die nur auf Plünderung und Gewinn ausgingen, einen zweiten Eingang in die Höhle gehauen, tiefer unten als die natürliche Öffnung. Sie wühlten den Boden der Höhle auf und warfen allerlei Abfall hinaus. Eine genaue Beschreibung des Zustands und Inhalts der Höhle, so wie die Beduinen sie zuerst vorfanden, ist damit für immer unmöglich geworden.

20. *Chirbet Qumran bei der Ausgrabung. Im Hintergrund das Tote Meer*

21. *Die Zisternen von Chirbet Qumran*

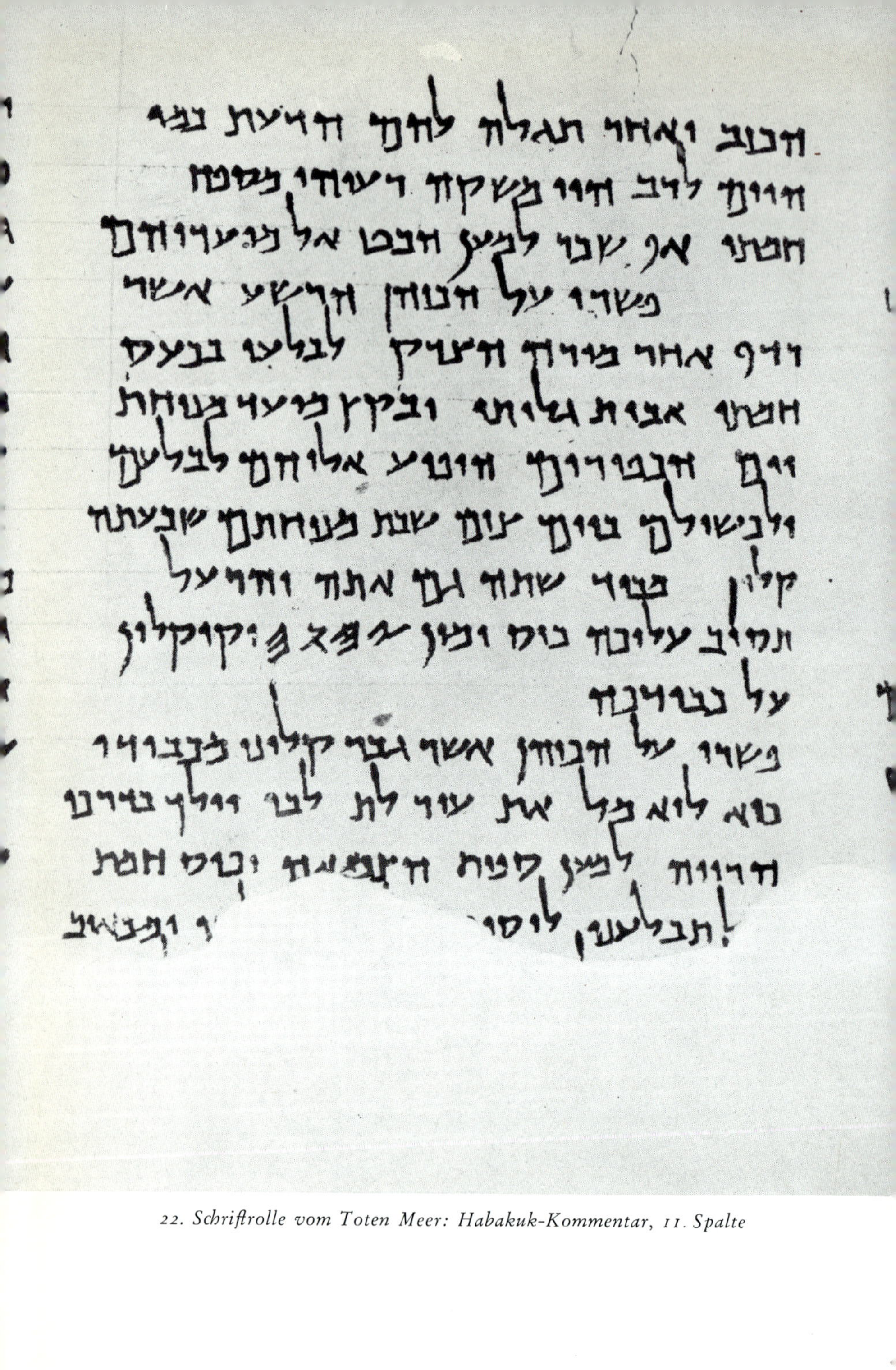

22. *Schriftrolle vom Toten Meer: Habakuk-Kommentar, 11. Spalte*

16

LANKESTER HARDING

Auf einem unfruchtbaren, sonnenheißen Plateau über dem Toten Meer, etwa 800 m südsüdwestlich von der Höhle entfernt, in der die ersten Schriftrollen gefunden wurden, liegen die Ruinen von Chirbet Qumran, die allgemein als Trümmer eines verlassenen Römerforts angesehen wurden. In der Nähe befindet sich ein umfangreicher Friedhof mit mehr als tausend Gräbern, deren Herkunft sich nicht deuten ließ; mit einem militärischen Stützpunkt waren sie keinesfalls in Verbindung zu bringen. Da sie nordsüdlich ausgerichtet sind, kam mohammedanischer Ursprung ebenfalls nicht in Frage. Der alte Siedlungsplatz hatte zwar die Aufmerksamkeit so manches Reisenden und Entdeckers auf sich gezogen, jedoch noch keine Ausgrabung erlebt. Der französische Orientalist C. Clermont-Ganneau, der 1873 in dieser Gegend geforscht hatte, hielt die Bestattungen für vorislamisch; abgesehen von einigen römischen Überresten aber fanden sich keinerlei weitere Hinweise. Als die Schriftrollen vom Toten Meer ans Licht kamen, zog der Platz erneut das Interesse auf sich. Mehrere Forscher vermuteten einen Zusammenhang zwischen den Höhlen und den nahe gelegenen Ruinen; denn wenn die Rollen auch in den Grotten aufbewahrt worden waren, so hatte man sie doch gewiß anderswo geschrieben. Konnte das an so weit entfernten Orten wie Jericho oder Jerusalem geschehen sein?

Als P. de Vaux und Lankester Harding 1949 die Qumran-Höhle 1 systematisch erforschten, hoben sie auch einige Versuchsgräben in Chirbet Qumran aus. Zwar schien sich ein Zusammenhang zwischen der römischen Tonware der Höhlen und den gleichzeitigen Bewohnern der Siedlung abzuzeichnen, schlüssige Ergebnisse aber blieben aus. Weitere und umfassendere Grabungen wurden insbesondere von dem deutschen Gelehrten P. Kahle gefordert; er vertrat die Auffassung, daß die Ruinen überhaupt nicht römisch seien, sondern unmittelbar mit den Funden in den Höhlen zusammenhingen. So kehrten de Vaux und

Harding 1951 zur ersten von mehreren systematischen Ausgrabungskampagnen nach Chirbet Qumran zurück. Im Zusammenhang mit den Höhlendokumenten enthüllten ihre Funde ein fast unbekanntes Kapitel der Religionsgeschichte. Die Manuskripte aus den Grotten hatten auf eine fromme Gemeinde verwiesen, die unter mönchischen Regeln lebte und jene so verschiedenartigen Texte kopiert und geordnet hatte. Jetzt, durch die Entdeckungen in Chirbet Qumran, gelang die Feststellung, wann und unter welchen Umständen die Rollen in den Höhlen deponiert worden waren. Wie das häufig der Fall ist, erbrachten Münzfunde das sicherste Zeugnis; die Datierung wurde später durch die Radiocarbon-Untersuchung bestätigt.

Wie Kahle vorausgesagt hatte, erwiesen sich die hauptsächlichen Bauwerke bei ihrer Freilegung als nichtrömisch, gehörten aber ebensowenig zu einem gewöhnlichen palästinischen Dorf. Vielmehr kam mit aller Deutlichkeit eine Mönchssiedlung zum Vorschein. Mit der Entdeckung eines Kruges, der nach Typ und Material den in der Grotte zur Aufbewahrung der Manuskripte benutzten Gefäßen entsprach, fand das Zeugnis der Schriftrollen seine Bestätigung. Höhlenfunde und Mönchskloster beleuchteten und ergänzten sich gegenseitig. Da Chirbet Qumran später als die Höhle Q 1 ausgegraben wurde, konnten die Archäologen die Rollen als Wegweiser benutzen. Insbesondere das „Handbuch der Unterweisung“, eine Beschreibung des Lebens der Gemeinde von Chirbet Qumran, war hier von unschätzbarem Wert.

G. W. Lankester Harding widmet sich seit mehr als dreißig Jahren dem Studium der biblischen Archäologie. Als junger Mann von 25 Jahren begann er unter Flinders Petrie bei Gaza zu graben. Später war er stellvertretender Direktor jener von J. L. Starkey geleiteten Expedition in Lachisch (Tell ed-Duwēr), die in den Jahren 1932 bis 1938 ein Dutzend auf Tonscherben geschriebene hebräische Briefe aus der Zeit Jeremias entdeckte. Von 1936 bis 1956 war Harding sodann Direktor des *Department of Antiquities* von Jordanien und als solcher an der Entdeckung der Schriftrollen in allen Phasen maßgeblich beteiligt. Seine gemeinschaftlich mit P. de Vaux durchgeführten Ausgrabungen haben wesentlich zur richtigen Bewertung der Schätze beigetragen, die als die „kostbarsten Funde im Bereich der biblischen Archäologie“ angesehen werden dürfen.

Ein jüdisches Kloster zur Zeit Jesu

In einem Bericht über die Auffindung der Dokumente, die dann unter dem Namen „Schriftrollen vom Toten Meer“ bekannt werden sollten, in den *Illustrated London News* vom 1. 10. 1949 schrieb ich seinerzeit: „Etwa 1 km südlich der Höhle befindet sich eine kleine alte Siedlung namens Chirbet Qumran. Zuerst erschien es denkbar, daß die Dokumentenschätze der Höhle in gewissem Zusammenhang mit diesem Wohnplatz ständen; indes erwies sie eine Versuchsgrabung als wesentlich später, nämlich aus dem 3. oder 4. Jahrhundert n. Chr. stammend.“

Die genannte Versuchsgrabung betraf den Friedhof der Siedlung. Unter dem Eindruck, daß die beiden Plätze doch irgendwie zusammengehörten, legten wir im folgenden Jahr drei Räume des noch vorhandenen Bauwerks frei. Im Bodenschutt eines der Räume lag ein Krug, der genau mit den in der Höhle gefundenen übereinstimmte, und neben ihm eine Münze von etwa 10 nach Christus. Nachdem so ein eindeutiger Zusammenhang erwiesen war, wurde das Trümmerfeld im Verlauf der letzten vier Jahre systematisch ausgegraben. Es erbrachte eine ebenso überraschende wie außergewöhnliche Fülle von Material und Informationen.

Die Siedlung zeigte den Charakter eines sich selbst erhaltenden Klosters: sie besaß Töpferwerkstatt, Getreidemühlen, Backöfen, Speicher und ein wohldurchdachtes, aus zwölf großen Zisternen bestehendes System der Wasserversorgung. Über 400 Münzen geben die obere und untere Grenze der Geschichte des Bauwerks, die sich wie folgt zusammenfassen läßt: entstanden um 125 v. Chr., durch ein Erdbeben 31 v. Chr. vernichtet, etwa 5 v. Chr. wiederaufgebaut und endgültig 68 n. Chr. durch die Zehnte römische Legion zerstört. Während des zweiten jüdischen Aufstands 132–135 n. Chr. hatten noch einmal einige wenige Siedler hier gehaust, dann wurde der Platz aufgegeben.

Aus diesen Daten wird deutlich, daß die Manuskripte nicht jünger sein können als 68 nach Christus. Diese Ansetzung ist nun hundert Jahre jünger als wir auf Grund der bei den Manuskripten gefundenen Tonware ursprünglich annahmen. Die Ursache dieses Irrtums liegt darin, daß die römische Periode zwar historisch bestens bekannt, aber archäologisch, das heißt betreffs der Keramik, weit weniger klar ist: unter der *pax romana* bewahrte die Tonware die ganze Zeit hindurch die gleichen Typen und Formen ...

Die heute vollständig freigelegte Siedlung besitzt ein Hauptgebäude von etwa 37 qm mit einem festen Turm an der Nordwestecke. Südlich und westlich schließen sich Wohn- und Werkräume sowie die meisten Zisternen an. Wozu die Zimmer im einzelnen bestimmt waren, kann meist nicht mehr sicher festgestellt werden. Eins von ihnen aber, und zwar das größte, diente offenkundig als bevorzugter Versammlungsraum, ein anderes als Speisesaal oder vielleicht für besondere Zusammenkünfte. Eine Zisterne im Hauptgebäude mit abgegrenzten Stufen war wohl der Taufplatz; ferner gab es eine Kammer für das Tongeschirr und so weiter.

Die eben genannte Zisterne vermittelt ein eindrucksvolles Bild von der Gewalt des Erdbebens im Jahre 31 v. Chr., denn sie weist in ihrer ganzen Länge einen diagonalen Riß auf, und ihre östliche Seite ist um 50 Zentimeter gesunken. Auch der Turm war offenbar schwer in Mitleidenschaft gezogen worden, denn man hatte ihn danach durch eine schräge, ringsum laufende Stützmauer verstärkt.

In einem Innenraum fand sich eine Menge von zerbrochenem, über Lehmziegel gestrichenem Stuck. Als wir ihn zusammengesetzt hatten, bekam er etwa die Form eines langen Tisches mit einer dahinter stehenden, niedrigen Bank. Es ließ sich deutlich erkennen, daß das Gebilde aus einem oberen Stockwerk heruntergestürzt war. Während des Freilegens fanden sich im Schutt tönerne und bronzene Tintenfässer. Man hat daher angenommen, daß es sich hier um das Scriptorium handelt, wo wahrscheinlich viele der Rollen geschrieben wurden. Eine vorstehende Stuckkante mit zwei Aushöhlungen könnte das Wasser enthalten haben, in dem sich die Schreiber jeweils vor Niederschrift des geheiligten Gottesnamens die Hände waschen mußten.

Eine andere seltsame und interessante Entdeckung bildete eine Anzahl Töpfe verschiedener Form, die Tierknochen, vor allem von Ziegen und Schafen, bargen und die man sorgfältig an mehreren Stellen außerhalb des Gebäudes niedergesetzt hatte. Es handelt sich offenbar um die Reste von Mahlzeiten; aber auch wenn wir annehmen, daß sie von rituellen Festmählern stammen, wissen wir keine Antwort auf die Frage, warum diese Knochen so sorgsam verwahrt wurden.

Die frühesten Münzen stammten aus der Zeit von Johannes Hyrkanos; es fanden sich reichlich weitere bis zur Zeit des letzten Makkabäers Antigonos II. (40–37 v. Chr.). Von Herodes dem Großen wurde nur eine einzige Münze gefunden; danach ist eine Lücke bis zum „Ethnar-

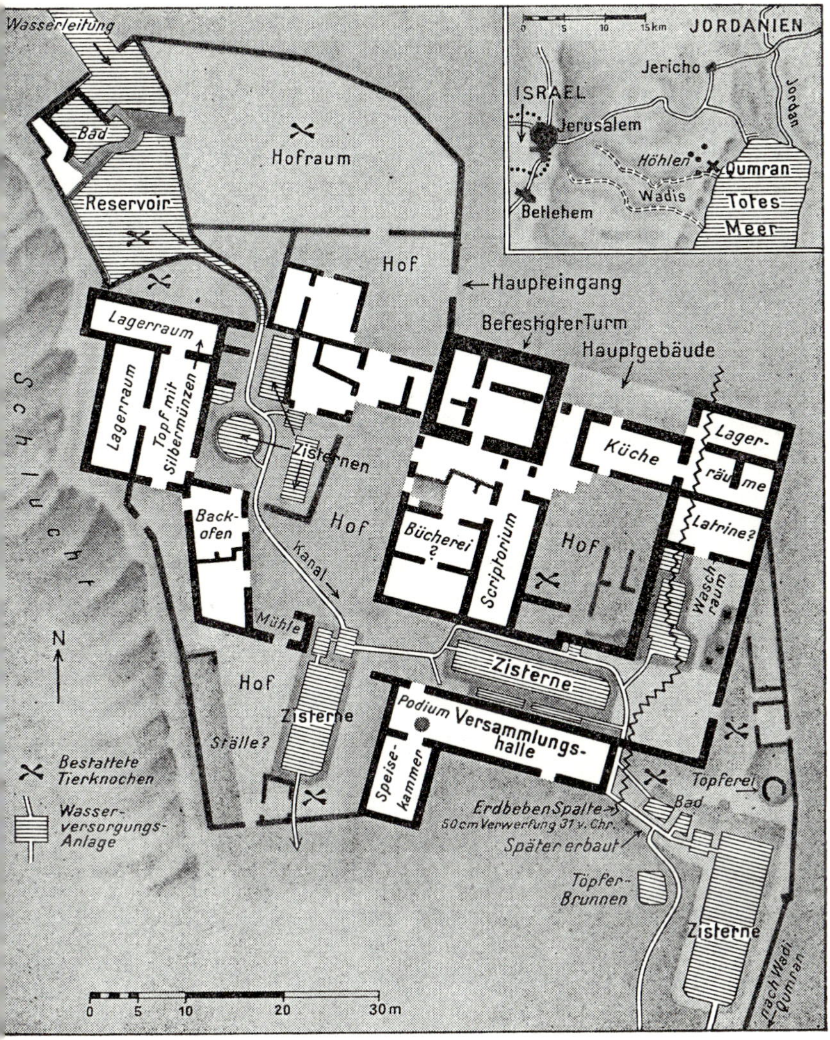

Siedlung Qumran um 100 v. Chr.

chen" Archelaos (4 v. Chr. – 6 n. Chr.). Die letzten in größerer Anzahl gefundenen Geldstücke stammen aus Caesarea, aus der Zeit Neros (67–68 n. Chr.). Die Siedlung wurde dann niedergebrannt, auf dem Trümmerhügel aber errichtete man einige Gelasse, in denen Münzen der 10. Legion angetroffen wurden. Die letzte stammt von Agrippa II., etwa 86 nach Christus.

In diesem Jahr (1955) entdeckten wir einen Schatz von 563 Silbermünzen in drei kleinen Töpfen auf dem Fußboden eines nach Westen gelegenen Raumes dicht bei der Tür. In ihm sind nur zwei Prägungen vertreten, nämlich einmal die des Seleukiden Antiochos VII., die 135 v. Chr. beginnen, zum anderen die des autonomen Tyros, deren letzte aus dem Jahr 9 v. Chr. stammt. Dieses Geld dürfte das geheime Vermögen eines Unbekannten gebildet haben und hier verborgen worden sein, als das Gebäude noch in Trümmern lag; der Platz des Verstecks ist für jemanden, der hier selbst wohnte, durchaus unwahrscheinlich.

Neben der Ausgrabung der Siedlung wurde im vergangenen Jahr eine gründliche Untersuchung der südlichen Wand des Wadi durchgeführt, um das etwaige Vorhandensein noch weiterer Höhlen festzustellen (es ist der Hang, an dem Höhle 4 entdeckt wurde). Der über der Böschung liegende Schutt wurde von Arbeitern, die – zuweilen an Seilen – über der Wand hingen, bis zum festen Fels entfernt. Als Ergebnis dieser Maßnahme fanden wir die ausgewaschenen Reste von sechs weiteren Höhlen. In zweien von ihnen hatten sich kleine Fetzen von beschriebenem Leder und Papyrus erhalten, so daß auch sie als einstige Aufbewahrungsplätze für Schriftrollen anzusehen sind. Zu zwei Grotten führten Treppenstufen hinab.

Es hat den Anschein, als seien die Klosterinsassen vor dem Anmarsch der römischen Legion 68 n. Chr. gewarnt worden und hätten ihren wertvollsten Besitz, die große Bibliothek, in zahlreichen benachbarten Höhlen versteckt. Ohne Zweifel hatten sie die Absicht, später zurückzukommen und die Rollen wieder zu bergen, – offenbar aber hatten die Römer bei der Zerstörung allzu gründliche Arbeit geleistet.

Das Studium der Rollen selbst hat so gut wie gewiß gemacht, daß die Gemeinschaft, die das Kloster bewohnte, die von Flavius Josephus und Plinius dem Älteren so gut beschriebene Sekte der Essener war. Der Bericht des letzteren über ihre Niederlassung und deren Lage paßt tatsächlich aufs beste zu den von uns entdeckten Ruinen. Johannes der Täufer war fast sicher Essener und wird dann in diesem Hause studiert und gearbeitet haben; ohne Zweifel stammt seine Übung des rituellen Untertauchens, das heißt der Taufe, von den Essenern. Viele Fachgelehrte ziehen die Möglichkeit in Betracht, daß sich auch Jesus selbst eine Zeitlang in ihren Lehren unterweisen ließ. Trifft diese Annahme zu, so besitzen wir in dem kleinen Bauwerk von Chirbet Qumran ein schlechterdings einzigartiges Denkmal, denn unter allen antiken Ruinen Jordaniens blieb nur es allein, den Augen und der Erinnerung entschwunden, bis in unsere Tage unberührt. Dies hier waren dann wirklich die Mauern, auf die der Herr geblickt hat, dies die Gänge und Räume, durch die Er ging und in denen Er saß. Nach eintausendneunhundert Jahren traten sie noch einmal zutage.

ANATOLIEN,

KRETA UND GRIECHENLAND

17

HEINRICH SCHLIEMANN

Man hat die beiden großen Epen Homers als die Bibel der Griechen bezeichnet. Aus den homerischen Dichtungen nahmen die Dramatiker und Bildhauer des Altertums ihre Themen und die Hellenen als Volk ihre Ideale. Durch Homer gewannen die Griechen das Bewußtsein gemeinsamer Leistung und Bestimmung und wurden trotz politischer Fehden zu einem durch gleiche geistige Haltung geeinten Volk. Ebenso trug Homer zum Verlöschen der vielen einander widerstrebenden Lokalkulte mittelmeerischen oder indoeuropäischen Ursprungs bei, denn er schenkte den Griechen ein Pantheon von Göttern und Heroen, zu denen sie als zu Beispielen göttlicher Macht und erhöhten Menschentums aufsehen konnten. Aischylos nannte seine Dramen „Brosamen vom Tische Homers", und Platon pries Homer als den „Lehrer der Griechen". Die Ilias und Odyssee blieben Europas kostbares Erbteil lange nachdem die klassische Kultur des Altertums untergegangen war – und sie inspirierten fast dreitausend Jahre nach ihrer Entstehung Heinrich Schliemann zu seiner Suche nach Troja und den achäischen Eroberern, die selbst fast ein Epos von homerischem Maß wurde.

Jede Tätigkeit hat ihren Helden – einen genialen Menschen, dessen Ringen und Leistung dem Idealbild seines Bereichs zu entsprechen scheint. Diese einzigartige Gestalt war in der Archäologie für lange Zeit Heinrich Schliemann. Mehr als irgendein anderer verkörperte er in den Augen des breiten Publikums den Geist romantischer Altertumsforschung. Sein legendäres Leben und sein hartnäckiger Traum, Troja auszugraben, den er dann so großartig verwirklichte, haben ihre Anziehungskraft niemals eingebüßt. Ja, in den Augen vieler beginnt die Archäologie eigentlich erst mit Schliemanns Auftreten. In der Tat bleibt sein Ruhm unantastbar, mögen auch seine Gestalt und seine Leistung einer starken Simplifizierung anheimgefallen sein. Von Schliemanns Vorstellung über Homer ganz abgesehen, sind nun einmal Ependichtungen keine authentischen Geschichtsquellen.

Schliemann wuchs als Sohn eines unbemittelten Pastors in einer norddeutschen Provinzstadt auf. Der Tod seines Vaters zwang ihn, mit vierzehn Jahren die Schule zu verlassen und als Lehrling in einem Kaufmannsladen zu arbeiten. Nach haarsträubenden Abenteuern, Rückschlägen und Glückssträhnen aber wurde er schließlich ein einflußreicher Großkaufmann in St. Petersburg (dem heutigen Leningrad) und brachte es als solcher zum Millionär. Er unternahm weite Reisen, beherrschte ein Dutzend moderner und klassischer Sprachen und konnte sich mehrmals ein Vermögen erwerben, unter anderem – er wurde 1848 amerikanischer Bürger – als Bankier beim „Kalifornischen Goldrausch". In all diesen Jahren aber verlor er niemals den Traum seiner Knabenzeit aus den Augen, Troja wiederzufinden. Nichts konnte ihm die feste Überzeugung rauben, daß Homers Ilias eine geschichtliche Grundlage habe. „Mit Gottes Hilfe", so schreibt er in seiner Autobiographie, „hat mich in allen Wechselfällen meines bewegten Lebens der feste Glaube an die Existenz Trojas niemals verlassen."

Dieser kindliche Glaube, der seine Wurzeln in den glühenden Träumen eines empfänglichen, aber jeder Anleitung entbehrenden Jungen hatte, fand in den wissenschaftlichen Kreisen seiner Zeit wenig Ermutigung. Es war die Epoche der systematischen Geschichtswissenschaft, der strengen Bibelkritik und der sogenannten „Homerischen Frage". Die letztere wurde seitens der meisten von Schliemanns gelehrten Zeitgenossen dahin beantwortet, daß sich die homerischen Dichtungen einfach im Lauf der Jahrhunderte herausgebildet hätten; die Geschichtlichkeit einer Dichterpersönlichkeit namens Homer wurde praktisch verneint. Man betrachtete die Ereignisse von Homers Epen genau so wie die der Bibel mehr oder weniger als Schöpfungen dichterischer Phantasie oder vielleicht als eine Art Volksdichtung, die eher ein sublimer Ausdruck des Geistes der Nation sei, als daß sie tatsächliche Begebenheiten der Vergangenheit bewahrte. In diesem Sinne tat der anglodeutsche Germanist Max Müller den Ausspruch: „Ich bin überzeugt, daß der Trojanische Krieg nicht anders zu beurteilen ist als der der Mahabharata und Schahnama oder der Nibelungen." Und bei der Behandlung des Trojanischen Krieges sagte George Grote in seiner *History of Greece*: „Er ist zwar literarisch bezeugt und von Ehrfurcht umgeben, er rechnet nach der Meinung der Hellenen zu den gigantischen Geschehnissen der Vergangenheit, in den Augen der modernen Forschung jedoch ist er seinem Wesen nach eine Legende und nichts mehr."

Der ganze Enthusiasmus eines inspirierten Dilettanten, das Selbstvertrauen eines im „darwinischen“ Kampf des Import-Export-Geschäftes gestählten Mannes war nötig, um die eigene Anschauung gegenüber der der führenden Fachleute zu bewahren. Es nimmt nicht wunder, daß Schliemann sofort das Mißtrauen der klassischen Gelehrten und der Philologen, vor allem unter seinen deutschen Landsleuten, erweckte. Indes ist sein Mangel einer formalen Ausbildung überbetont worden. Schliemann widmete sich, ehe er seine eigenen Ausgrabungen ins Werk setzte, mehrere Jahre dem Studium der griechischen Literatur und Geschichte sowie der Archäologie und promovierte sogar ganz regelrecht mit einer altgriechisch abgefaßten Arbeit an einer deutschen Universität. Seine kaufmännischen Fähigkeiten, von denen er nicht immer ganz einwandfrei Gebrauch machte, kamen ihm bei der Organisation seiner Grabungen, der Erwerbung der Konzessionen, der Verpflichtung der Arbeiter und der Sicherung seiner Funde, aber ebenso bei der peinlich genauen Berichterstattung über seine Grabungskampagnen außerordentlich zustatten.

Als er sich ein Vermögen geschaffen hatte und Alt- und Neugriechisch völlig beherrschte, beschloß er mit 46 Jahren, sich aus dem Wirtschaftsleben zurückzuziehen. Wenn er auch in Abständen zu seinen Geschäften zurückkehren mußte, begann er nun doch ernsthaft ein neues Dasein, das ihn auf Reisen nach Skandinavien, Deutschland, Italien, Ägypten, Syrien, Kleinasien und schließlich nach Griechenland führte. 1866 ließ er sich zu eingehenden archäologischen Studien in Paris nieder; zwei Jahre später brach er auf, um, wie er sagte, „den Traum seines Lebens zu verwirklichen“. Er begann seine Ausgrabungsarbeit im kleinasiatischen Hissarlik, das er mit dem alten Troja gleichsetzte. Nach mehreren Kampagnen rastloser Arbeit stieß er hier auf die Bauwerke, die er als „Skäisches Tor“ und „Palast des Priamos“ bezeichnete. Seine Begeisterung überstieg alle Grenzen, als er 1873 ein Versteck kostbarer Schmuckgegenstände ausgrub. Sein Erfolg in Hissarlik, wo er die Grabungen bis zu seinem Lebensende fortsetzte, ermutigte ihn während der Jahre 1871–1890 dazu, auch in Mykene, Tiryns, Orchomenos und einer Reihe weniger bedeutender mittelmeerischer Trümmerhügel Ausgrabungen in Gang zu setzen. Keiner der sonstigen Funde aber kam seiner triumphalen Entdeckung in Mykene gleich. Auf die Spur gebracht durch den im 2. Jahrhundert n. Chr. lebenden griechischen Reiseschriftsteller Pausanias, legte Schliemann hier fünf königliche Schachtgräber frei, die einen atemberaubenden Schatz an goldenen Bechern, eingelegten Schwertern, an Spangen, Diademen und Masken bargen. Alle Stücke waren von so hoher künstlerischer Vollendung und Verfeinerung, daß sie ihren Entdecker und mit ihm die ganze Welt geradezu blendeten.

Jahre vorher hatte ein bescheidenes Grabungsergebnis in Ithaka auf der angeblichen „Burg des Odysseus" Schliemanns Phantasie dermaßen beflügelt, daß er fest davon überzeugt war, auf die sterblichen Überreste von Odysseus selbst gestoßen zu sein. In Hissarlik beeilte er sich, die aufgefundenen Schmucksachen als „Schatz des Priamos" auszugeben, und ließ seine junge griechische Gattin den glitzernden „Schmuck der Hekuba" tragen. Jetzt, in Mykene, war er felsenfest davon überzeugt, nichts Geringeres als die Schachtgräber Agamemnons und Klytämnestras freigelegt zu haben. Stolz telegraphierte er an den König von Griechenland, der auch prompt erschien, an den Kaiser von Brasilien und an Gladstone, den bedeutenden englischen Staatsmann, der wie er ein Homerforscher war. Die Londoner *Times* brachte fast täglich seine Bulletins. Die Berichte über diese großen Entdeckungen wirkten als Sensation und machten aus Schliemann eine internationale Berühmtheit. In so hohem Maße hatten archäologische Erfolge noch nie zuvor das öffentliche Interesse gewonnen.

Dennoch wurden angesichts der Funde Schliemanns in Troja und Mykene genug Bedenken angemeldet. Auf der einen Seite versuchte man sie ins Lächerliche zu ziehen, auf der anderen aber fehlte es nicht an eindrucksvollen Gegenargumenten. Einer der damals führenden Archäologen Deutschlands, Alexander Conze, schrieb den Schatz und die sonstigen Funde von Troja einer griechischen Kolonie zu. Der nicht weniger berühmte Ausgräber von Olympia, Ernst Curtius, hielt die Goldmasken von Mykene für byzantinischen Ursprungs und erklärte gar die Maske, in der Schliemann eine Darstellung Agamemnons sah, für ein Christusbild. Andere verfochten für die mykenischen Funde keltische, gotische und orientalische Herkunft. Aber es gab auch Gelehrte, die die – von Schliemann voreingenommen als homerisches Zeitalter bezeichnete – mykenische Kulturepoche einer noch älteren Zivilisation zusprachen.

Schliemann war, wie wir wissen, im Irrtum, – aber die meisten der ersten Fachgelehrten seiner Zeit hatten bei ihren Ansätzen noch erheblich größere Fehler gemacht. Sowohl in Griechenland als auch in

Kleinasien war ihm die Aufdeckung einer alten ägäischen Epoche gelungen. Die königlichen Schachtgräber von Mykene lagen einige hundert Jahre vor Agamemnon, und die Stadt in der zweiten oder dritten Schicht von Hissarlik hatte ungefähr tausend Jahre vor dem trojanischen Krieg geblüht.

Nichts ist leichter, als frühere Leistungen vom Standpunkt überlegener Gegenwartskenntnisse zu kritisieren. Unbestreitbar war Schliemanns blinder Homer-Enthusiasmus fast eine fixe Idee; ihm fehlte gänzlich die kühle, kritische Haltung des wissenschaftlich geschulten Forschers. Bevor er die Hilfe Virchows, Burnoufs und vor allem W. Dörpfelds – den Arthur Evans „Schliemanns größte Entdeckung" genannt hat – erhielt, waren ferner seine Ausgrabungsmethoden nach modernen und sogar auch schon nach gewissen zeitgenössischen Maßstäben im ganzen noch grob. In seinem Drange, an die „Stadt des Priamos" zu gelangen, zerstörte er die Bauwerke der Epochen, die ihn nicht interessierten, ohne sie vorher genau zu beschreiben und zu photographieren. In zeitgenössischen Radierungen macht der breite Graben, den er durch den Hügel Hissarlik legen ließ, den Eindruck, als ob die Wasser der Dardanellen abgeleitet werden sollten. Nur allmählich dämmerte ihm das Prinzip der Stratigraphie, d. h. der einander chronologisch folgenden Schichten. Nach ihm stellte er dann in Troja sieben Schichten fest, die später von seinem Assistenten Dörpfeld auf neun erhöht wurden. Dörpfeld war es auch, der die sechste Schicht dem homerischen Troja zusprach; heute sucht man dieses fast allgemein in der Schicht 7 A.

Wenn sich Schliemann auch vielfach irrte, so werden seine Fehler durch seine Leistungen doch mehr als ausgeglichen. Seine Aufsehen erregenden Entdeckungen, die er mit beachtlicher propagandistischer Fähigkeit und Freude an der *publicity* veröffentlichte, steigerten nicht nur das Ansehen der Archäologie, sondern waren Beiträge eigenständigen Werts. Von früheren Einzelfunden abgesehen, begründeten seine Ausgrabungen praktisch erst die Erforschung der ägäischen Vorgeschichte, die von der anatolischen Kultur von Troja II im 3. Jahrtausend bis zu der glanzvollen Epoche Mykenes auf dem griechischen Festlande im 2. Jahrtausend reicht. Die Beziehungen zu Homer, die Schliemanns Denken befeuerten und ihn zu seiner gesamten archäologischen Laufbahn inspirierten, sind für uns von geringerer Bedeutung. Sein Verdienst bleibt es aber, eine glänzende bronzezeitliche Kultur im östlichen Mittelmeerraum und in Griechenland, die vergessen war, wieder aufgedeckt und auf eine feste archäologische Grundlage gestellt zu haben. Schliemanns Entdeckungen eröffneten ein ganz neues Blickfeld, ermöglichten neue Anschauungen und brachten eine Unmenge neuer Probleme, mit denen die Forschung während mehrerer Generationen zu tun hatte.

Was Schliemanns Grabungsmethoden betrifft, so muß anerkannt werden, daß er als erster auch dem alltäglichen, „wertlosen" Objekt alle nötige Aufmerksamkeit widmete und auf seine vollständige bildliche Wiedergabe oder Photographie Wert legte, die auch den Fundort genau verzeichnete. Seine erschöpfende, fast geschäftsmäßige Berichterstattung über die archäologischen Maßnahmen und seine prompte Veröffentlichung der Ergebnisse sind oft und mit Recht gelobt worden.

Die Wiederausgrabung von Troja

Endlich war es mir möglich, den Traum meines Lebens zu verwirklichen, den Schauplatz der Ereignisse, die für mich ein so tiefes Interesse gehabt, und das Vaterland der Helden, deren Abenteuer meine Kindheit entzückt und getröstet hatten, in erwünschter Muße zu besuchen. So brach ich im April 1868 auf und ging über Rom und Neapel nach Korfu, Kephalonia und Ithaka, welches letztere ich gründlich durchforschte; doch nahm ich hier nur in der sogenannten Burg des Odysseus, auf dem Gipfel des Berges Aëtos, Ausgrabungen vor. Bei diesem Aufenthalte schon fand ich, daß die Lokalität der Insel mit den Angaben der Odyssee vollkommen übereinstimmte.

Später ging ich nach dem Peloponnes und untersuchte hier vorzugsweise die Ruinen von Mykenae, wobei es mir klar wurde, daß die jetzt durch meine Ausgrabungen so berühmt gewordene Stelle des Pausanias*, in welcher die Königsgräber erwähnt sind, stets falsch interpretiert worden war, und daß der Perieget nicht, wie bisher allgemein angenommen, die Gräber als in der unteren Stadt, sondern als in der Akropolis selbst gelegen bezeichnet hat. Dann besuchte ich Athen und schiffte mich im Piräus nach den Dardanellen ein, von wo ich mich nach dem Dorfe Bunarbaschi an der Südseite der Ebene von Troja begab. Bunarbaschi, mit den im Hintergrunde sich erhebenden Fels-

* Paus. II, 16, 4.

höhen des Bali-Dagh, war in neuerer Zeit bis dahin fast allgemein als die Stätte des homerischen Ilion betrachtet worden; die Quellen am Fuße des Dorfes mußten bei dieser Annahme für die von Homer erwähnten beiden Quellen* gelten, deren eine warmes, die andere aber kaltes Wasser hervorsprudeln sollte. Anstatt jener zwei fand ich jedoch hier 34 Quellen vor, und wahrscheinlich sind sogar ihrer 40 vorhanden; denn die Stelle wird heute von den Türken *Kirk-Giös*, d. h. „Vierzig Augen“, genannt; überdies fand ich in allen Quellen eine gleiche Temperatur von 17° C.

Überdies beträgt die Entfernung von Bunarbaschi bis zum Hellespont in gerader Richtung 8 englische Meilen (12,8 km), während die Angaben der Ilias zu beweisen scheinen, daß der Abstand von Ilion zum Hellespont nur kurz gewesen ist und höchstens 3 englische Meilen (4,8 km) betragen hat. Auch würde es unmöglich gewesen sein, daß Achilleus den Hektor hätte in der Ebene um die Mauern von Troja verfolgen können, falls Troja auf der Höhe von Bunarbaschi gelegen hätte. Alles dieses überzeugte mich nun sogleich, daß die homerische Stadt unmöglich hier gestanden haben könne; trotzdem aber wünschte ich, diese hochwichtige Sache durch Ausgrabungen noch näher zu untersuchen und festzustellen, und nahm deshalb eine Anzahl von Arbeitern an, die an hundert verschiedenen Punkten zwischen den vierzig Quellen und dem äußersten Ende der Hügel Löcher in den Boden graben mußten. Aber sowohl bei den Quellen als auch in Bunarbaschi und an allen übrigen Orten fand ich nur reinen Urboden und stieß schon in sehr geringer Tiefe auf den Felsen. Nur an dem südlichen Ende der Anhöhen befinden sich die Ruinen eines sehr kleinen befestigten Platzes, den ich in Übereinstimmung mit meinem Freunde, Herrn Frank Calvert, Konsul der Vereinigten Staaten in den Dardanellen, für identisch mit der alten Stadt Gergis halte. Hier hat im Mai 1864 der verstorbene österreichische Konsul G. von Hahn gemeinschaftlich mit dem Astronomen Schmidt aus Athen einige Ausgrabungen vorgenommen; die durchschnittliche Tiefe der Trümmer beträgt nicht mehr als etwa anderthalb Fuß, und sowohl Herr von Hahn wie ich fanden dort nur Scherben von ordinärer hellenischer Töpferware aus der makedonischen Zeit, aber kein einziges Bruchstück von archaischer Arbeit. Außerdem fand ich, daß die Mauern der kleinen befestigten Stadt, in denen so viele archäologische Autoritäten die Mauern von

* Il. XXII, 147–156.

Priam's Pergamos gesehen, ganz irrtümlich das Beiwort „kyklopische" erhalten hatten.

Da die Resultate der Nachforschungen in Bunarbaschi somit rein negativer Natur waren, untersuchte ich alle Höhen auf der rechten und linken Seite der Ebene auf das sorgfältigste; aber all mein Suchen blieb vergeblich, bis ich an die Baustelle der Stadt kam, die von Strabo Novum Ilium genannt wird; dieselbe liegt nur 3 englische Meilen (4,8 km) vom Hellespont entfernt und stimmt in dieser sowie in jeder andern Beziehung vollständig mit den topographischen Erfordernissen der Ilias überein. Hier war es vornehmlich der heute Hissarlik genannte Hügel, der durch seine imposante Lage und seine natürlichen Befestigungen meine Aufmerksamkeit in Anspruch nahm; derselbe bildete die nordwestliche Ecke von Novum Ilium und schien mir die Lage der Akropolis dieser Stadt und die der Priamischen Pergamos zu bezeichnen. Nach den Messungen meines Freundes Émile Burnouf, Ehrendirektors der Französischen Schule in Athen, beträgt die absolute Höhe dieses Hügels 49,43 m.

Am Rande des Nordabhanges und zwar auf einem Teile des Hügels, der zwei Türken in Kum Kaleh gehörte, fanden vor etwa 25 Jahren zwei Landleute in einem aufs geradewohl gegrabenen Loche einen kleinen Schatz von ungefähr 1200 Silber-Statern des Antiochos III.

Der erste neuere Autor, der die Identität Hissarliks mit der homerischen Stadt erkannte, war Maclaren, der durch die unwiderleglichsten Beweise dartat, daß Troja nie auf den Höhen von Bunarbaschi gestanden haben könne, und daß, wenn es überhaupt jemals existiert habe, Hissarlik seine Stätte bezeichnen müsse. Aber schon lange vor ihm hatte Edw. Dan. Clarke sich gegen Bunarbaschi erklärt und mit P. Barker Webb, der die nämliche Theorie verteidigte, angenommen, daß die homerische Stadt bei dem heutigen Dorfe Chiblak gelegen haben müsse. Zu Gunsten Hissarliks erklärten sich als gewichtige Autoritäten auch George Grote, Julius Braun und Gustav von Eckenbrecher. Herr Frank Calvert, der früher ein Vertreter der Theorie Troja-Bunarbaschi gewesen war, wurde durch die Beweisführungen der obengenannten Schriftsteller und besonders durch Maclaren und Barker Webb für die Troja-Hissarlik-Theorie gewonnen, deren eifriger Verfechter er heute ist. Ihm gehört fast die Hälfte von Hissarlik. In zwei kleinen Gräben, die er auf diesem seinen Besitztum gezogen, hatte er einige Überreste aus der römischen und der makedonischen Periode sowie auch ein Stück jener Mauer von hellenischer Arbeit zutage gefördert, die nach Plutarch von Lysimachos erbaut sein soll. Ich beschloß sofort, hier Ausgrabungen zu beginnen, und kündigte diese Absicht in dem Werke „Ithaka, der Peloponnes und Troja“ an, das ich gegen Ende des Jahres 1868 veröffentlichte.

Ein Exemplar dieses Werkes nebst einer altgriechisch geschriebenen Dissertation übersandte ich der Universität Rostock und wurde dafür durch die Erteilung der philosophischen Doktorwürde dieser Universität belohnt. Seitdem habe ich mit unermüdlichem Eifer stets danach gestrebt, mich dieser Ehre würdig zu zeigen.

In dem obengenannten Buche erwähnte ich auf Seite 90 und 91, daß nach meiner Auslegung der betreffenden Stelle des Pausanias (II, 16, 4) die Königsgräber von Mykenae in der Akropolis selber, nicht aber in der untern Stadt gesucht werden müssen. Diese meine Interpretation widersprach nun der Auffassung aller andern Gelehrten, und so wurde ich damals viel verlacht. Aber seitdem es mir im Jahre 1876 gelungen ist, die Gräber mit ihren ungeheuern Schätzen an der von mir angegebenen Stelle aufzufinden, muß meine Deutung schließlich doch als die einzig richtige angenommen werden.

Da ich mich fast das ganze Jahr 1869 in den Vereinigten Staaten aufhalten mußte, konnte ich erst im April 1870 nach Hissarlik zurückkehren und eine vorläufige Ausgrabung vornehmen, um zu erforschen, bis zu welcher Tiefe die künstliche Schuttaufhäufung reicht. Ich begann die Ausgrabung an der nordwestlichen Ecke, und zwar an einer Stelle, wo der Hügel beträchtlich an Größe zugenommen hatte und wo demnach auch die Anhäufung von Schutt aus der hellenischen Zeit sehr bedeutend war. So legte ich erst, nachdem wir 16 Fuß tief in die Erde gegraben hatten, eine 6½ Fuß starke Mauer von gewaltigen Steinen bloß, die, wie meine spätern Ausgrabungen bewiesen, zu einem Turme aus der makedonischen Zeit gehörte.

Um größere Nachgrabungen anstellen zu können, bedurfte ich eines Fermans der Hohen Pforte, den ich erst im September 1871 durch die gütige Vermittlung meiner Freunde, des Ministerresidenten der Vereinigten Staaten zu Konstantinopel, Mr. Wyne McVeagh, und des inzwischen verstorbenen trefflichen Dragomans der Gesandtschaft der Vereinigten Staaten, Mr. John P. Brown, erhielt. Endlich am 27. September konnte ich mich nach den Dardanellen begeben, und zwar diesmal in Begleitung meiner Frau, Sophia Schliemann, die, eine Griechin, aus Athen gebürtig und eine warme Bewunderin des Homer, mit freudigster Begeisterung an der Ausführung des großen Werkes teilnahm, das ich fast ein halbes Jahrhundert vorher in kindlicher Einfalt mit meinem Vater verabredet und mit Minna geplant hatte. Aber immer neue Schwierigkeiten wurden uns von seiten der türkischen Behörden in den Weg gelegt, und so konnten wir die eigentlichen Ausgrabungen nicht vor dem 11. Oktober in Angriff nehmen. Da kein anderes Obdach vorhanden war, mußten wir in dem benachbarten, etwa 2 km von Hissarlik entfernten türkischen Dorfe Chiblak unser Quartier aufschlagen. Nachdem wir bis zum 24. November täglich mit einer durchschnittlichen Anzahl von 80 Arbeitern tätig gewesen waren, wurden wir durch die vorgerückte Jahreszeit gezwungen, unsere Ausgrabungen für den Winter einzustellen. Doch hatten wir in dieser Zeit schon einen breiten Graben an dem steilen Nordabhange ziehen und bis zu einer Tiefe von 33 Fuß unter die Oberfläche des Berges hinabgraben können. Dabei fanden wir zunächst die Trümmer des spätern aiolischen Ilion (Novum Ilium), die durchschnittlich bis zu 6½ Fuß Tiefe hinabreichten, und mußten leider die Grundmauern eines 59 Fuß langen und 43 Fuß breiten Gebäudes aus großen behauenen Steinen zerstören, welches, nach den darin und dicht daneben gefundenen Inschriften zu schließen, das Bouleuterion oder Senatshaus gewesen zu sein scheint. Unter diesen hellenischen Ruinen, bis zu einer Tiefe von ungefähr 13 Fuß, enthielt der Schutt nur wenige Steine und etwas sehr rohe, mit der Hand gemachte Töpferware. Unter dieser Schicht aber stieß ich auf viele Hausmauern von unbearbeiteten, mit Erde zusammengefügten Steinen, und zum ersten Mal auf eine ungeheuere Menge von Steinwerkzeugen und Handmühlen, sowie auf größere Quantitäten roher, ohne Töpferscheibe gefertigter Topfware. Von etwa 20 bis zu 30 Fuß unter der Oberfläche zeigte sich nichts als calcinierter Schutt, ungeheuere Massen an der Sonne getrockneter oder leicht gebrannter Backsteine und aus denselben aufgeführte Hausmauern, zahlreiche Handmühlen, aber weniger andere Steinwerkzeuge, und feinere, freilich auch noch mit der Hand verfertigte Tongefäße. In einer Tiefe von 30 und 33 Fuß stießen wir auf Mauerwerk aus großen, zum Teil roh behauenen Steinen, sowie auch auf eine Menge sehr großer Blöcke. Die Steine dieser Häusermauern sahen aus, als wären sie durch ein heftiges Erdbeben auseinandergerissen worden. Meine Werkzeuge für die damaligen Ausgrabungen waren noch sehr mangelhaft: ich arbeitete nur mit Spitzhauen, hölzernen Schaufeln, Körben und acht Schiebkarren.

Gegen Ende März 1872 kehrte ich mit meiner Frau nach Hissarlik zurück und nahm die Ausgrabungen mit 100 Arbeitern wieder auf. Bald war ich im Stande, die Zahl meiner Arbeiter auf 130 zu erhöhen, und nicht selten beschäftigte ich sogar 150 Leute. Ich war jetzt vortrefflich für unsere Arbeit ausgerüstet, da mir meine verehrten Freunde, die Herren John Henry Schröder & Co. in London, eine genügende Anzahl der besten englischen Schiebkarren, Spitzhauen und Spaten verschafft und ich außerdem drei Aufseher und einen Ingenieur, Mr. A. Laurent, engagiert hatte. Der letztere, der die Karten und Pläne anfertigte, erhielt 400 M, jeder der Aufseher 120 und mein Diener 144 M monatlichen Gehalt, während der Tagelohn meiner Erdarbeiter 1,80 Fr.. d. i. ungefähr 1,40 M pro Mann betrug; doch mußte ich denselben bald auf 2 Fr. oder 1,60 M erhöhen. Zunächst ließ ich nun auf dem Gipfel von Hissarlik ein hölzernes Haus mit drei Zimmern sowie auch ein Magazin nebst Küche usw. errichten und die Gebäude zum Schutz gegen den Regen mit wasserdichtem Filze decken.

An dem steilen Nordabhange von Hissarlik, der unter einem Winkel von 45 Grad ansteigt, in senkrechter Richtung genau 46½ Fuß unterhalb der Oberfläche des Hügels, ließ ich jetzt eine Plattform von 233 Fuß Breite abstechen; bei dieser Arbeit fanden wir eine ungeheuere Menge giftiger Schlangen, darunter eine beträchtliche Anzahl der kleinen braunen, Antelion genannten Nattern, die kaum dicker als Regenwürmer sind und ihren Namen dem Volksglauben verdanken, daß ein durch ihren Biß Verwundeter nur bis zum Sonnenuntergang am Leben bleibe.

Da ich selbst in dieser Tiefe noch nicht den Urboden erreichte, so ließ ich einen Brunnen ausräumen, dessen Mündung ich in einer Tiefe von zwei Metern unter der Oberfläche gefunden hatte und der, da er aus mit Zement verbundenen Steinen gebaut ist, von den Bewohnern von Novum Ilium gemacht sein muß. Zu meinem Erstaunen fand ich, daß das Mauerwerk dieses Brunnens 53 Fuß tief reicht und daß der Brunnen erst in dieser Tiefe in den Felsen hinabgeht. Ein kleiner Tunnel, den ich von diesem Punkte aus, der Oberfläche des Felsens folgend, grub, bewies mir, daß diese nur mit einer geringfügigen Erdschicht bedeckt war, auf welche die Haustrümmer unmittelbar folgten. Somit sah ich ein, daß ich meine große Plattform um zwei Meter zu hoch angelegt hatte, und gab derselben daher eine Neigung, um den Unterschied wieder einzuholen. Ich fand, daß die unterste Schicht aus sehr kompaktem, steinhartem Mauerschutt und aus Häusermauern von kleinen unbearbeiteten oder rohbehauenen Kalksteinen bestand, die derartig aneinandergefügt waren, daß die Fuge zwischen zwei Steinen immer durch einen dritten Stein gedeckt wurde. Auf diese niedrigste Schicht folgten Hausmauern von großen, meist unbearbeiteten, manchmal aber auch zu roh viereckiger Gestalt behauenen Kalksteinblöcken. Mehrmals stieß ich auf große Massen solcher massiven Blöcke, die dicht übereinanderlagen und wie Mauertrümmer irgendeines großen Gebäudes aussahen. Nirgends, weder in dieser Schicht von Gebäuden aus großen Steinen noch auch in der untersten Schuttlage, war eine Spur einer Zerstörung durch Feuersgewalt zu bemerken; überdies waren die zahlreichen Muschelschalen, die sich in den beiden untern Schichten vorfanden, vollkommen unversehrt, ein Umstand, der deutlich beweist, daß sie keiner großen Hitze ausgesetzt gewesen sind. Die Steinwerkzeuge, die ich in diesen beiden Schichten fand, waren den früher entdeckten vollständig gleich, nur war die Töpferware hier von anderer Art und unterschied sich auch von der in den nächstfolgenden Schichten enthaltenen. Da das Abstechen der großen Plattform an der Nordseite von Hissarlik nur langsam von statten ging, fing ich am 1. Mai an, auf der Südseite einen sehr großen Graben zu ziehen, dem ich, da der Abhang sich hier nur sehr allmählich abdacht, eine Neigung von 14 Grad geben mußte. Ziemlich nahe an der Oberfläche deckten wir hier eine stattliche, aus großen behauenen Kalksteinblöcken zusammengefügte Bastion auf, die wohl aus der Zeit des Lysimachos herrühren mag. Der südliche Teil von Hissarlik ist hauptsächlich aus dem Schutt des spätern Ilion entstanden, und aus diesem Grunde finden sich hier griechische Altertümer bis zu einer viel größern Tiefe unter der Oberfläche als auf dem Gipfel des Hügels.

Da es meine Absicht war, Troja auszugraben, und da ich dasselbe in einer der untern Städte zu finden erwartete, mußte ich manche interessante Ruine in den obern Schichten zerstören; so zum Beispiel in einer Tiefe von 20 Fuß unter der Oberfläche die Ruinen eines prähistorischen Gebäudes von 10 Fuß Höhe, dessen aus behauenen, mit Lehm zusammengefügten Kalksteinblöcken bestehende Mauern vollkommen glatt waren. Augenscheinlich gehörte dieses Haus zu der vierten der nacheinander auf den Urboden folgenden gewaltigen Trümmerschichten; und wenn, wie nicht bezweifelt werden kann, jede Schicht die Ruinen einer besondern Stadt darstellt, so gehörte es zur vierten Stadt. Es stand auf den calcinierten Backsteinen und andern Trümmern der dritten Stadt, welche letztere augenscheinlich die Ruinen von vier verschiedenen Gebäuden bezeichneten, die nacheinander auf derselben Baustelle gestanden hatten, und deren unterstes auf Mauertrümmern oder losen Steinen der zweiten Stadt erbaut worden war. Außerdem mußte ich noch eine kleine, aus grünem Sandstein gemachte Rinne von 8 Zoll Breite und 7 Zoll Tiefe zerstören, die ich etwa 36 Fuß unter der Oberfläche fand und die wahrscheinlich als Gosse eines Hauses gedient hatte.

Mit Bewilligung des Herrn Frank Calvert begann ich am 20. Juni mit 70 Arbeitern auf seinem Felde an der Nordseite von Hissarlik zu arbeiten, wo ich dicht neben meiner großen Plattform und in senkrechter Tiefe von 40 Fuß unter dem Plateau des Hügels eine zweite Plattform in den Abhang graben ließ, die, etwa 109 Fuß breit, mit einer obern Terrasse und Seitengalerien versehen wurde, um die Fortschaffung des Schutts zu erleichtern. Kaum hatte ich dieses neue Werk in Angriff genommen, als ich auch schon auf eine Marmortriglyphe stieß, deren prachtvolle Metope Phoibos Apollon mit den vier Sonnenrossen darstellte. Diese Triglyphe und eine Anzahl dorischer Säulentrommeln, die ich in der Nähe fand, lassen es als zweifellos erscheinen, daß hier vor Zeiten ein dorischer Tempel des Apollon gestanden hat, der jedoch so vollständig zerstört ward, daß auch kein Stein seiner Grundmauern sich noch in der ursprünglichen Lage befindet.

Wir hatten die neue Plattform schon 82 Fuß weit in den Hügel hineingegraben, als ich einsah, daß ich sie um mindestens 16$^{1}/_{2}$ Fuß zu hoch hatte anfangen lassen; ich ließ daher die Arbeit an ihr nicht fortführen, sondern begnügte mich, einen tiefen, oben 26 Fuß, unten 13 Fuß weiten Graben in der Mitte der Fläche graben zu lassen. Hier stieß ich in einer Entfernung von 131 Fuß vom Abhange des Hügels auf eine große, 10 Fuß hohe und 6$^{1}/_{2}$ Fuß starke Mauer (vgl. Abbildung S. 257, B), die in sogenannter kyklopischer Art aus großen, mit kleinen Steinen verbundenen Blöcken gebaut war, und deren Krone genau 34 Fuß tief unter der Oberfläche lag; sie muß jedoch, wie die Menge der neben ihr liegenden Steine zu beweisen schien, vor Zeiten viel höher gewesen sein. Augenscheinlich gehört sie zu der aus großen Steinen erbauten Stadt, der zweiten oberhalb des Urbodens. 6 Fuß unter dieser Mauer fand ich eine Stütz- oder Futtermauer aus kleinern Steinen (vgl. Abbildung S. 257, A) die sich unter einem Winkel von 45° erhob. Diese letztere muß natürlich viel älter sein als die erstere Mauer; sie ist augenscheinlich dazu bestimmt gewesen, den Abhang des Hügels zu stützen, und kann also als ein unwiderleglicher Beweis für die Tatsache gelten, daß der Hügel seit der Zeit ihrer Erbauung um 131 Fuß an Breite und um 34 Fuß an Höhe zugenommen hat. Mein Freund, der Orientalist Professor A. H. Sayce in Oxford, hat zuerst darauf aufmerksam gemacht, daß diese Mauer in genau derselben Art gebaut ist wie die Hausmauern der ersten und untersten Stadt, das heißt so, daß die Fuge zwischen je zwei Steinen immer durch einen dritten Stein gedeckt wird; deshalb stehe ich auch nicht an, in Übereinstimmung mit Sayce diese Mauer als zur ersten Stadt gehörig zu bezeichnen.

Der Schutt der untern Schicht war hart wie Stein; es kostete deshalb die größte Mühe und Anstrengung, ihn in der gewöhnlichen Art abzugraben. Ich fand es bedeutend leichter, diese Schuttschicht vertikal abzuschneiden, sie zu unterminieren, vermittelst Winden und gewaltig großer eiserner Hebel, die fast 10 Fuß Länge und 6 Zoll Umfang hatten, zu lockern und in Stücken von 16 Fuß Höhe, 16 Fuß Breite und 10 Fuß Dicke abzubrechen. Bald stellte sich jedoch heraus, daß diese Art der Bearbeitung sehr gefährlich war: zwei Arbeiter wurden nämlich unter einer abstürzenden Trümmermasse von 2560 Kubikfuß verschüttet und kamen nur wie durch ein Wunder mit dem Leben davon. Infolge dieses Unfalls gab ich meine Absicht, die große Plattform in einer Breite von 233 Fuß quer durch den ganzen Hügel zu führen, auf und beschloß, zuerst einen großen Graben von 98 Fuß oberer und 65 Fuß unterer Breite ziehen zu lassen.

Die große Ausdehnung, die meine Ausgrabungen allmählich angenommen hatten, machte die Beschäftigung von nicht weniger als 120 bis 150 Arbeitern erforderlich, und wegen der beginnenden Erntezeit mußte ich schon am 1. Juni die Arbeitslöhne auf 2 Fr. erhöhen. Aber trotzdem würde es mir bald nicht mehr möglich gewesen sein, die nötige Anzahl von Leuten zusammenzubringen, hätte nicht der verstorbene Herr Max Müller, deutscher Konsul in Gallipoli, mir 40 Arbeiter von dort geschickt. Nach dem 1. Juli konnte ich ohne jede Schwierigkeit wieder eine stehende Anzahl von 150 Leuten aus der Umgegend bekommen. Durch die gütige Vermittlung des englischen

Konsuls in Konstantinopel, Mr. Charles Cookson, verschaffte ich mir 10 Handwagen, die von zwei Leuten gezogen und von einem dritten geschoben wurden. So konnte ich nun mit 10 Handwagen und 88 Schiebkarren arbeiten; daneben hielt ich noch 6 Pferdekarren, von denen jeder 5 Fr. oder 4 M pro Tag kostete, so daß die Kosten meiner Ausgrabungsarbeiten sich auf mehr als 400 Fr. oder 320 M täglich beliefen. Außer Wagenwinden, Ketten und gewöhnlichen Winden bestanden meine Werkzeuge aus 24 großen eisernen Hebeln, 108 Spaten, 103 Spitzhauen, sämtlich vom besten englischen Fabrikat. Ich hatte drei vortreffliche Aufseher, daneben aber waren auch meine Frau und ich vom Sonnenaufgang bis -untergang fortwährend bei den Arbeiten zugegen. Aber mit der von Tag zu Tag größer werdenden Entfernung, bis zu welcher wir den abgegrabenen Schutt fortbringen mußten, wuchsen auch die Schwierigkeiten der Arbeit. Dazu kam noch als äußerst lästiges Hindernis der unaufhörlich von Norden wehende, oft orkanartige Wind, der uns den Staub in die Augen trieb und uns blendete.

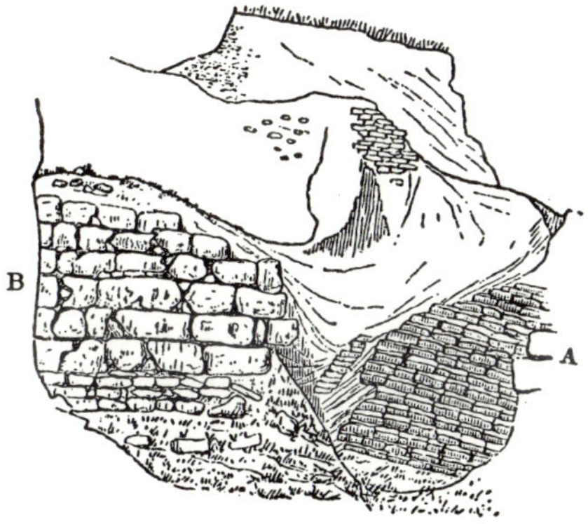

Mauern A und B, Vorderansicht

An der Südseite des Hügels, wo ich wegen der schwachen natürlichen Abdachung des Abhanges meinen großen Einschnitt in einer Neigung von 76 Grad graben lassen mußte, entdeckte ich in einer Entfernung von 197 Fuß von seinem Anfange ein großes Mauerwerk, welches aus zwei gesonderten großen Mauern von je 15 Fuß Breite bestand; dieselben waren dicht aneinandergebaut und in einer Tiefe von $46^1/_2$ Fuß unter der Oberfläche auf den Felsen gegründet. Beide sind 20 Fuß hoch; die äußere hat nach der Südseite eine Neigung von 15

Grad, ist aber auf der Nordseite vertikal; die daneben stehende innere Mauer hat auf ihrer der Nordseite der äußern Mauer gegenüberstehenden Südseite eine Neigung von 45 Grad. So befindet sich zwischen diesen beiden Mauern eine tiefe Höhlung. Die äußere Mauer besteht aus kleinern, die innere dagegen aus größern unbehauenen Steinen, die mit Erde zusammengefügt sind; die erstere scheint auf ihrer vertikalen Nordseite gänzlich aus massivem Mauerwerk zu bestehen; die letztere ist auf der Nordseite nur 4 Fuß tief massiv gebaut und lehnt sich auf dieser Seite an eine Art von Wall, der 65½ Fuß breit, 16½ Fuß tief ist, und teilweise aus dem Kalkstein besteht, der von dem Felsen gebrochen werden mußte, um denselben für den Bau der Mauern zu ebnen. Beide Mauern sind oben vollkommen flach und augenscheinlich nie höher gewesen; ihre Länge beträgt 140 Fuß, ihre Gesamtbreite 40 Fuß auf der östlichen und 30 Fuß auf der westlichen Seite. Die Überreste von Backsteinmauern und gewaltigen Massen von Ziegelschutt, Topfware, Spinnwirteln, Steinwerkzeugen, Handmühlsteinen usw., mit denen sie bedeckt waren, scheinen anzuzeigen, daß diese Mauern von den Bewohnern der dritten, verbrannten Stadt als Unterbau eines großen Turmes benutzt worden sind; aus diesem Grunde werde ich, um Mißverständnissen vorzubeugen, diese Mauern in dem vorliegenden Werke stets als „der große Turm“ bezeichnen, wenn sie auch ursprünglich von ihren Erbauern zu einem ganz andern Zwecke bestimmt gewesen sein mögen ...

Bis zum Anfang Mai 1873 hatte ich immer angenommen, daß der Hügel von Hissarlik, in dem ich meine Ausgrabungen vornahm, nur die Stätte der trojanischen Pergamos bezeichnete; ist es doch Tatsache, daß Hissarlik die Akropolis von Novum Ilium gewesen ist. So nahm ich denn auch an, daß Troja größer, oder wenigstens ebenso groß gewesen sein müsse wie die spätere Stadt; es war mir aber von großer Wichtigkeit, die genauen Grenzen der homerischen Stadt feststellen zu können, und so ließ ich auf der West-, Südwest-, Südsüdost- und Ostseite von Hissarlik, unmittelbar an seinem Fuße, sowie auch in einiger Entfernung davon, auf dem Plateau des *Ilion* der Griechenkolonie, nicht weniger als zwanzig bis auf den Felsen reichende Schächte abteufen. Da ich nun in allen diesen Schächten nur Bruchstücke hellenischer Tongefäße und hellenischen Mauerwerks, nirgends aber eine Spur von prähistorischen Tongeräten oder Mauern vorfand, und da überdies der Hügel von Hissarlik nach Norden, Nordosten und

Nordwesten, das heißt nach dem Hellespont hin, sehr steil abfällt, auch nach Westen gegen die Ebene einen ziemlich steilen Abhang bildet, konnte die alte Stadt sich nicht wohl in einer dieser Richtungen über den Hügel hinaus erstreckt haben. So scheint es denn unzweifelhaft, daß die alte verbrannte Stadt auf keiner Seite über das ursprüngliche Plateau dieser Zitadelle hinausgereicht hat, deren Umfang nach Süden und Südwesten durch den Großen Turm und das Doppeltor, gegen Nordwesten, Nordosten und Osten durch die große Mauer bezeichnet wird.

Die drei Gräber waren in den Felsen eingehauen und mit flachen Platten bedeckt; jedes von ihnen enthielt einen Leichnam; doch waren diese Überreste in einem solchen Zustande der Auflösung, daß die Schädel in Staub zerfielen, als sie mit der Luft in Berührung kamen. Augenscheinlich waren es arme Einwohner von Novum Ilium gewesen, die in diesen Gräbern bestattet waren; denn die wenigen Tongefäße, die wir darin vorfanden, waren von geringer Qualität und gehörten augenscheinlich der römischen Zeit an. Aber die Tatsache, daß ich in drei von 20 Schächten, die ich aufs geradewohl auf der Stätte von Novum Ilium grub, Gräber fand, scheint anzuzeigen, daß die Bewohner von Novum Ilium wenn auch nicht alle, so doch viele ihrer Toten innerhalb ihrer Stadt zu begraben pflegten. Daneben freilich muß auch die Verbrennung der Leichen bei ihnen in Anwendung gewesen sein; denn in dem ersten Graben, den ich im April 1870 in Hissarlik öffnete, hatte ich eine der römischen Periode entstammende Urne gefunden, die mit Asche von animalischen Stoffen und kleinen Überresten calcinierter, augenscheinlich menschlicher Knochen angefüllt war. Außer dieser einen habe ich freilich keine andere Aschenurne in den Schichten von Novum Ilium gefunden; doch ist dies wohl begreiflich, wenn man bedenkt, daß meine Ausgrabungen sich nur auf Hissarlik beschränkten, das noch nicht den 25. Teil der Grundfläche jener Stadt einnimmt; sowie auch, daß Hissarlik die Akropolis von Novum Ilium gewesen ist, in der die Haupttempel sich befanden, und daß sie deshalb wahrscheinlich als geheiligter Boden betrachtet wurde, auf dem nicht begraben werden durfte. Es ist daher sehr wahrscheinlich, daß man bei systematisch ausgeführten Nachgrabungen auf dem Terrain der untern Stadt sehr viele Gräber und Aschenurnen finden würde.

Was die Einwohner der fünf prähistorischen Städte von Hissarlik anbetrifft, so scheint bei ihnen die Verbrennung der Toten allgemeiner

Gebrauch gewesen zu sein; im Jahre 1872 fand ich zwei dreifüßige Urnen mit verbrannten menschlichen Überresten auf dem Urboden der ersten Stadt; in den Jahren 1871, 1872 und 1873 aber förderte ich aus der dritten und vierten Stadt eine bedeutende Anzahl großer Leichenurnen zu Tage, die menschliche Aschenüberreste, aber keine Knochen enthielten; nur einmal fand ich in einer derselben einen Zahn, ein anderes mal einen Schädel in der Asche vor, der bis auf das Fehlen des Unterkiefers vollständig gut erhalten war; eine bronzene Tuch- oder Haarnadel, die dabeilag, ließ mich darauf schließen, daß er einer Frau angehört hatte. Es ist wahr, daß fast alle in den vorhistorischen Ruinen von Hissarlik aufgefundenen Tongefäße zerbrochen sind, daß unter 20 größern Gefäßen kaum eins vorkommt, das nicht in Scherben wäre; in den beiden ersten Städten zumal sind sämtliche Tonwaren durch das Gewicht der großen Bausteine der zweiten Stadt zu Scherben zerdrückt worden – und doch, wenn selbst alle jemals in Hissarlik eingesetzten Aschenurnen ganz erhalten wären, würden es trotz der Masse von vorhandenen Scherben kaum tausend Stück gewesen sein. Hieraus ist ersichtlich, daß die Einwohner der fünf vorhistorischen Städte von Hissarlik nur eine kleine Zahl von Aschenurnen in der Stadt selbst einsetzten, und daß wir die eigentliche Nekropole an einer andern Stelle suchen müssen.

Während ich diese wichtigen Ausgrabungen vornehmen ließ, mußte ich die Gräben auf der Nordseite vernachlässigen und konnte nur ausnahmsweise, wenn an den andern Stellen gerade einmal Arbeiter entbehrlich waren, hier graben lassen. Doch aber deckte ich dabei die Fortsetzung der großen Mauer auf, die ich in Übereinstimmung mit Professor Sayce als zu der zweiten steinernen Stadt gehörig betrachte.

Um auch die Befestigungswerke auf der West- und Nordwestseite der alten Stadt erforschen zu können, ließ ich im Anfang Mai 1873 auf der Nordwestseite des Hügels, und zwar genau an derselben Stelle, wo ich im April 1870 den ersten Graben gemacht hatte, einen Graben von 33 Fuß Breite und 141 Fuß Länge in Angriff nehmen. Zuerst mußte hierbei eine hellenische Umfassungsmauer, wahrscheinlich die von Lysimachos erbaute, von der Plutarch erzählt*, durchbrochen werden (dieselbe ist 13 Fuß hoch, 10 Fuß stark und besteht aus großen behauenen Kalksteinblöcken), danach noch eine ältere 8¾ Fuß hohe,

* Alexander

6 Fuß dicke Mauer aus großen, mit Lehm verbundenen Blöcken. Diese zweite Mauer stieß unmittelbar an jene andere große Mauer, die ich im April 1870 hier aufgedeckt hatte, und beide bilden zwei Seiten eines viereckigen hellenischen Turmes, von dem ich späterhin noch eine dritte Mauer durchbrechen mußte.

Dieser ganze Teil des Hügels ist vor Alters augenscheinlich viel niedriger gewesen, was nicht nur durch die Umfassungsmauer, die ja einmal die Oberfläche des Hügels bedeutend überragt haben muß, jetzt aber 16 1/2 Fuß hoch mit Schutt überdeckt ist, sondern auch durch die Überreste aus der hellenischen Periode bewiesen wird, die hier bis zu beträchtlicher Tiefe hinabreichen. Es hat in der Tat den Anschein, als ob jahrhundertelang aller Schutt und Abfall der Wohnstätten hier hinabgeworfen worden sei, um den Boden zu erhöhen.

Um die großen Ausgrabungen auf der Nordwestseite des Hügels möglichst zu beschleunigen, ließ ich auch von der Westseite aus einen tiefen Einschnitt machen, mit welchem ich unglücklicherweise in schräger Richtung auf die hier ebenfalls 13 Fuß hohe und 10 Fuß starke Umfassungsmauer des Lysimachos traf; so mußte ich, um mir einen Durchgang zu bahnen, die doppelte Quantität von Steinen wegbrechen. Aber wieder stieß ich dann auf die Ruinen großer Gebäude aus der hellenischen und vorhellenischen Periode, so daß die Ausgrabung nur langsam fortschreiten konnte. In einer Entfernung von 69 Fuß von dem Abhange des Hügels und in einer Tiefe von 20 Fuß traf ich auf eine alte Umfriedungsmauer von 5 Fuß Höhe, die mit vortretenden Zinnen versehen war und, nach ihrer verhältnismäßig modernen Bauart und geringen Höhe zu schließen, einer nachtrojanischen Periode angehören muß. Dahinter fand ich einen ebenen, zum Teil mit großen Steinplatten, zum Teil aber auch mit mehr oder weniger behauenen Steinen gepflasterten Platz und hinter diesem wieder eine 20 Fuß hohe, 5 Fuß starke Befestigungsmauer aus großen Steinen und Lehm, die unter meinem hölzernen Hause, aber 6 1/2 Fuß über der von dem Tore ausgehenden trojanischen Umfassungsmauer hinlief. Während wir an dieser Umfassungsmauer vordrangen und immer mehr von ihr aufdeckten, traf ich dicht neben dem alten Hause, etwas nordwestlich von dem Tore, auf einen großen kupfernen Gegenstand von sehr merkwürdiger Form, der sogleich meine ganze Aufmerksamkeit um so mehr auf sich zog, als ich glaubte, Gold dahinter schimmern zu sehen. Auf dem Kupfergeräte aber lag eine steinharte 4 3/4 bis 5 1/4 Fuß starke

Schicht rötlicher und brauner calcinierter Trümmer, und über dieser wieder zog sich die obenerwähnte 5 Fuß dicke und 20 Fuß hohe Befestigungsmauer hin, die kurz nach der Zerstörung Trojas errichtet sein muß. Wollte ich den wertvollen Fund für die Altertumswissenschaft retten, so war es zunächst geboten, ihn mit größter Eile und Vorsicht vor der Habgier meiner Arbeiter in Sicherheit zu bringen; deshalb ließ ich denn, obgleich es noch nicht die Zeit der Frühstückspause war, unverzüglich zum *Païdos* rufen. Dieses in die türkische Sprache übergegangene Wort von unbekannter Abstammung wird hier allgemein für ἀνάπαυσις oder Ruhezeit gebraucht. Während nun meine Leute durch Ausruhen und Essen in Anspruch genommen waren, löste ich den Schatz mit einem großen Messer aus seiner steinharten Umgebung, ein Unternehmen, das die größte Anstrengung erforderte und zugleich im höchsten Maße lebensgefährlich war, denn die große Befestigungsmauer, unter welcher ich graben mußte, drohte jeden Augenblick auf mich herabzustürzen. Aber der Anblick so zahlreicher Gegenstände, deren jeder einzelne für die Archäologie von unschätzbarem Werte sein mußte, machte mich tollkühn und ließ mich an die Gefahr nicht denken. Doch würde trotzdem die Fortschaffung des Schatzes mir nicht geglückt sein, wenn nicht meine Gattin mir dabei behilflich gewesen wäre; sie stand, während ich arbeitete, neben mir, immer bereit, die von mir ausgegrabenen Gegenstände in ihren Schal zu packen und fortzutragen ...

Da alle diese Gegenstände, zum Teil die kleinern in die größern gepackt, eine rechteckige Masse bildend, dicht beieinanderlagen, so erscheint es gewiß, daß sie in einem hölzernen Kasten auf die Mauer der Stadt gestellt worden waren. Die Auffindung eines kupfernen Schlüssels neben den andern Gegenständen schien meine Vermutung noch zu bestätigen. Es ist daher möglich, daß jemand den Schatz in den Kasten gepackt, in der Eile der Flucht den Schlüssel nicht abgezogen, und den Kasten fortgeschleppt hat; und daß er dann, auf der Mauer von der Waffe eines Feindes oder vom Feuer erreicht, ihn hat zurücklassen müssen, der in wenigen Augenblicken schon 5 Fuß tief unter der Asche und den herabstürzenden Steinen des großen angrenzenden Hauses begraben wurde.

Vielleicht mochten die Gegenstände, die wir wenige Tage zuvor unweit der Fundstelle des Schatzes in einem Gemache des Hauses des Stadtoberhauptes entdeckt hatten, demselben unglücklichen Flüchtling angehört haben. Es waren dies ein zertrümmerter Helm, eine silberne Vase und ein Becher aus Elektron, die ich ebenfalls weiter unten in dem Kapitel der verbrannten Stadt ausführlich beschreiben werde.

Auf der dicken Schuttschicht, womit der Schatz bedeckt war, errichteten die Erbauer der neuen Stadt die erwähnte Befestigungsmauer aus großen, teils behauenen, teils unbehauenen Steinen und Lehm; dieselbe reicht hinauf bis 3¼ Fuß unterhalb der Oberfläche des Hügels.

Daß der Schatz in äußerster Gefahr zusammengepackt worden sein muß, scheint unter anderm auch durch den Inhalt der größten Silbervase bewiesen zu werden, der aus beinahe 9000 verschiedenartigen kleinen Goldsachen besteht.

Zum Glück hat der Retter des Schatzes Geistesgegenwart genug gehabt, um die Silbervase, welche die kostbaren Stücke enthielt, aufrecht in den Kasten zu stellen, so daß nichts herausfallen konnte und das Ganze unversehrt geblieben ist.

23. *Ausgrabung auf der Nordwestseite von Troja*

24. *Goldene Schnabeltasse aus dem Schatz des Priamos*

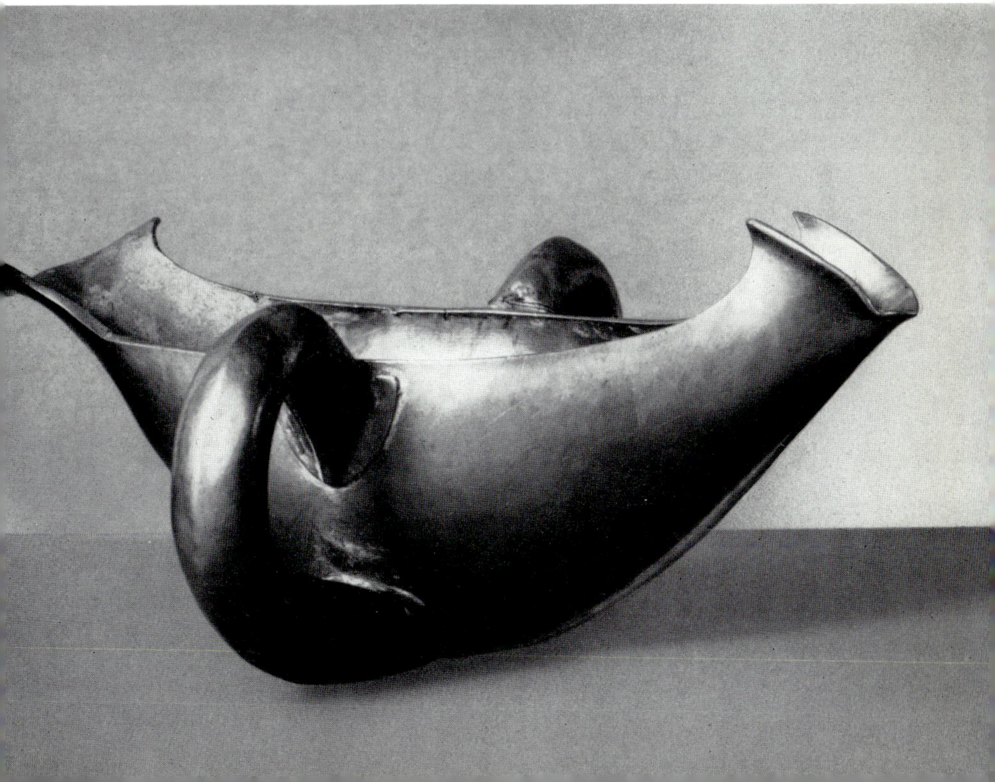

25. Königstor von Boghazköy, rechts Relief eines Torwächters

26. Reste des Artemis-Tempels von Ephesus

18

HUGO WINCKLER

Schliemanns Suche nach seiner geliebten homerischen Welt enthüllte in den aufeinanderfolgenden Schichten des Trümmerhügels Hissarlik ungewollt die vorgeschichtliche Vergangenheit Kleinasiens. Da er das zweite und dritte Stratum mit dem homerischen Troja gleichsetzte, räumte er weit wichtigere Siedlungsschichten als eben die, die er speziell suchte, einfach beiseite. Die tiefer liegenden, in die zweite Hälfte des 3. Jahrtausends v. Chr. zurückgehenden Städte mögen des romantischen Beigeschmacks entbehren, stellen dafür aber lebendige Phasen der ostmittelmeerischen Entwicklung dar und bieten Hinweise auf die Entfaltung der Metalltechnik in Europa. Ein weiteres Kapitel der kleinasiatischen Vorgeschichte begann mit der Aufdeckung des verschollenen Hethiterreiches – einer archäologischen Leistung, die der Wiederentdeckung Sumers verwandt ist.

Anders als der Name der Sumerer, war freilich der der Hethiter nicht gänzlich verklungen; daß dieses Volk aber einst eine große Nation gebildet hatte, war aus der Erinnerung der Menschen völlig verschwunden. Nur wenige Jahrhunderte nach ihrem Untergang haben die jonischen Griechen im Bereich des einst so mächtigen Reiches ihrer nicht einmal mehr Erwähnung getan. Herodot, der an der Küste Kleinasiens zuhause und an der orientalischen Geschichte ungewöhnlich interessiert war, hielt große hethitische Denkmäler oberhalb Smyrnas für Darstellungen der Niobe – aus der griechischen Mythologie – und des Pharao Sesostris. Das Alte Testament zitiert häufig ein Volk namens Hethiter, weiß aber kaum etwas über seine Herkunft oder sein politisches Gewicht im Vorderen Orient während des 2. Jahrtausends v. Chr.; ihm war das Hethitervolk nur eines unter den zahllosen Nationen und Stämmen, die die einwandernden Hebräer in Palästina antrafen. So galt es lange Zeit als eins der vielen eingesessenen Völker Syrien-Palästinas. Dennoch gibt es Hinweise im Alten Testament, die die Gelehrten hätten auf die Spur bringen können. Salomo nahm sich fremde hethitische Frauen und kaufte nach 2. Chronik 1, Vers 17, in Ägypten Pferde „für alle Könige der Hethiter und für die Könige Syriens" – ein klarer Hinweis auf die Tatsache, daß die Hethiter nicht einen örtlich begrenzten, von den Israeliten unterworfenen Stamm, sondern ein unabhängiges, von Königen regiertes und den Syrern gleichwertiges Volk bildeten. Noch überzeugender ist ein Absatz in 2. Könige 7, Vers 6, über die Befürchtungen syrischer Krieger: „Gewiß hat Israel die Könige der Hethiter und die Könige Ägyptens gegen uns gedungen, über uns herzufallen ..." Offensichtlich konnte ein mit dem ägyptischen Herrscher gleichgesetzter König, der ein Heer befehligte und so viel Furcht einflößte, nicht über einen nur unbedeutenden Stamm gebieten.

Die Rehabilitierung der Hethiter erfolgte nicht auf Grund dieser biblischen Fingerzeige – die kaum beachtet wurden –, sondern durch andere Quellen. Die Lösung des Rätsels bedurfte der Forschungsarbeit mehrerer Generationen von Archäologen und Orientalisten und der Heranziehung weit verstreuter Belege. Es tauchte ein mächtiges Reich aus dem 2. Jahrtausend v. Chr. auf, das mit den Großstaaten Ägyptens und Mesopotamiens gleichwertig war und sie zeitweilig sogar überflügelte. Der Kern des Hethiterreichs lag im anatolischen Hochland Kleinasiens; Splittergruppen und kleinere Vasallenstaaten überlebten in Syrien den Sturz des Reiches. Die archäologische Erforschung der hethitischen Geschichte wurde durch die zunehmende Erschließung der hethitischen Hieroglyphen nach der Entdeckung einer phönikisch-hethitischen Bilingue 1945 in Karatepe bedeutsam vorangetrieben.

Es war ihre seltsame Bilderschrift, die zuerst die Aufmerksamkeit auf die Hethiter lenkte. 1812 bemerkte der schweizerische Orientreisende Johann Burckhardt im nordsyrischen Hamat Inschriften auf „einem Stein mit einer Anzahl kleiner Figuren und Zeichen, die, obwohl der ägyptischen unähnlich, eine Art Hieroglyphenschrift zu sein scheinen". 1870 wurden von zwei amerikanischen Diplomaten in Hamat einige weitere Steine dieser Art gefunden; ähnliche Inschriften entdeckte man auch an einer Moscheemauer in Aleppo und – wesentlich weiter entfernt – an einer Felswand bei Ivriz im Taurusgebirge. Unterdessen hatten Forschungsreisende im Inneren Kleinasiens gewaltige Stadtbefestigungen und Felsinschriften gefunden, welch letztere teilweise ebenfalls hieroglyphische Zeichen aufwiesen. Einer der ersten dieser Reisenden, Charles Texier, besuchte 1839 die mächtigen Ruinen beim türkischen Dorf Boghazköy, 150 km östlich von Ankara. Er hatte gehofft, die Keltenstadt Tavium aus der Römerzeit zu finden, doch brachten ihn die „Größe und Art der Trümmer" bald von der keltischen Deutung ab, während Sir William Hamilton bei seinem Besuch von Boghazköy im Jahre 1842 auf dem Standpunkt beharrte, daß es sich hier tatsächlich um keltische Ruinen handele. Weitere Reisen europäischer Forscher verstärkten das Interesse an den anatolischen Altertümern, die mit bisher unbekannten Kunststilen, Bauwerken, Inschriften, Siegeln und Befestigungen neuartige Belege erbrachten. Auf seiner letzten, unter einem Unglücksstern stehenden Reise ins Zweistromland identifizierte George Smith einen hohen Trümmerhügel am oberen Euphrat korrekt als Karkemisch. Dieser Platz wurde vor und nach dem ersten Weltkrieg von den englischen Archäologen Hogarth, Campbell Thompson, Woolley und Lawrence ausgegraben und darf als eine der am besten erforschten Hethiterstädte gelten.

Indes gebührt die Ehre, die Hethiter wieder auf den Plan gebracht zu haben, dem Reverend A. H. Sayce, Professor für Vergleichende Sprachwissenschaft und Assyriologie in Oxford, den Gladstone den „Hohenpriester der Hethiter" nannte. In intuitiver Schau brachte Sayce die so verschiedenartigen Zeugnisse Nordsyriens und des gesamten Kleinasiens unter einen Nenner und schuf eine gültige Allgemeinformel. Hatte er bereits früher die Inschriften von Hamat den Hethitern zugeschrieben, so erkannte er nun, daß sich die gleichen Merkmale auf den Denkmälern und Inschriften sowohl von Karkemisch und Ivriz als auch von Smyrna und Boghazköy fanden. Aus der weiten geographischen Streuung dieser Übereinstimmung schloß er auf die große Ausdehnung und Macht des Hethiterreiches. In seinen *„Reminiscences"* berichtet Sayce von seiner Erkenntnis, die während eines Besuches bei seinem Freund Isaac Taylor (der gerade an einem Buche über das Alphabet schrieb) über ihn kam:

„Eines Morgens befand ich mich bei ihm in seiner Bibliothek, und wir kamen auf die sogenannten Hamat-Inschriften zu sprechen. Das waren Texte in einer neuen Hieroglyphenschrift, die zuerst auf gewissen Steinen in Hamat entdeckt wurden ... Während ich mich mit Taylor unterhielt, hatte ich plötzlich eine Eingebung. Ich fragte ihn, ob er eine Ausgabe des Rawlinsonschen ‚Herodot' habe, und zeigte ihm dann, daß auf einer Illustration dieses Buches – von einem Denkmal auf dem Paß von Karabel bei Smyrna, das nach Herodot von dem ägyptischen Pharao Sesostris stammen sollte – eine Figur im gleichen Stil wie dem des Monuments von Ivriz und Karkemisch dargestellt sei. Ich wies weiter darauf hin, daß bei der Figur schlecht kopierte Hieroglyphen ständen; diese würden sich wahrscheinlich als solche herausstellen, die ich als ‚hethitisch' bezeichnete. Von dem ‚Pseudo-Sesostris' hatte sich bereits ergeben, daß er der gleichen Kunstrichtung angehörte wie gewisse Darstellungen in einem alten Felsenheiligtum bei Boghaz Keui in Kappadozien, deren Alter und Kunstgruppe unbekannt war und über die eine Reihe phantastischer Theorien umging. Der französische Forschungsreisende und Gelehrte Perrot hatte Photographien von ihnen gemacht. Taylor schaffte diese Aufnahmen herbei – und nun erkannten wir, daß es sich in Boghaz Keui, Karabel, Ivriz und Karkemisch nicht nur um die gleiche Kunst handelte, sondern daß die Figuren von Boghaz Keui und Ivriz mit den gleichen Hieroglyphen versehen waren. Damit war deutlich, daß es zu vorhellenischer Zeit in Kleinasien ein mächtiges Reich gegeben hatte; es mußte sich von der Ägäis zum Halys und von da südlich nach Syrien bis Hamat und Karkemisch erstreckt und sowohl eine eigene Kunst wie eine besondere Schrift entwickelt haben. Auf diese Weise wurde die Geschichte des hethitischen Reiches in die Welt eingeführt ...“*

Sacye's These wurde nicht sofort anerkannt, aber er verteidigte seine Theorie in mehreren Artikeln, Vorträgen und Büchern, wobei er weitere bestätigende Bibelzeugnisse beibrachte und die Hethiter mit den Cheta oder Chatti der ägyptischen Urkunden identifizierte. Unterdessen wurde die Suche nach der hethitischen Hauptstadt fortgesetzt; auch fanden sich an verschiedenen alten Siedlungsplätzen weitere Inschriften, die 1900 von dem deutschen Gelehrten L. Messerschmidt veröffentlicht wurden. Die eindrucksvollste Bestätigung der Theorie von Sayce aber erfolgte 1887 mit der Entdeckung des Archivs von Tell el-Amarna, in dem sich syrische und palästinische Fürsten häufig über hethitische Einfälle beklagten. Unter den Briefen befanden sich einer des Hethiterkönigs Suppiluliuma und zwei andere geheimnisvolle Keilschrifttexte in einem unbekannten, irrtümlich als „Arzawa-Sprache“ bezeichneten Idiom, das ein norwegischer Philologe 1902 als indoeuropäisch erklärte. In der gleichen Sprache waren einige Frag-

* Sayce, Reminiscences, 1923. Nachdruck mit Erlaubnis von Macmillan & Co., Ltd., London.

mente von Keilschrifttafeln abgefaßt, die ein französischer Forschungsreisender, E. Chantre, bereits 1893 in der Nähe von Boghazköy gefunden hatte. Sie wurde während des ersten Weltkriegs von dem tschechischen Gelehrten F. Hrozný entziffert und war in der Tat indoeuropäisch.

In dieser Zeit war bereits mit großer Wahrscheinlichkeit Boghazköy als Hauptstadt des Hethiterreiches anzunehmen, und es wurde dann auch von mehreren Archäologen besichtigt. A. H. Sayce bemühte sich mit allen Kräften, hier eine englische Grabung zustande zu bringen, und es gelang ihm auch, Professor Garstang und das Archäologische Institut von Liverpool zu interessieren. „Aber", so berichtet Sayce selbst, „unglücklicherweise waren die Deutschen auf der gleichen Fährte, und sie hatten es erreicht, den Kaiser für den Plan zu gewinnen. Der deutsche Botschafter konnte daraufhin in Konstantinopel frei schalten, während sich der englische um nichts kümmerte." Die Zeiten eines Layard als des einflußreichen britischen Bevollmächtigten an der Pforte waren längst vorüber; die Deutschen erhielten ihre Konzession, und 1905 unternahm der Assyriologe Dr. Hugo Winckler eine vorbereitende Expedition nach Boghazköy. Mit Unterstützung seines türkischen Freundes Mackridy Bey, den er von früheren Ausgrabungen in Syrien und Libanon her kannte, führte er sodann von 1906 bis 1908 umfangreiche Grabungen durch, die Mackridy noch bis 1912, in der Hauptsache allein, fortsetzte.

Die von zahlreichen Gelehrten bereits vor dem tatsächlichen Beginn der Ausgrabungen in Boghazköy geleistete, vorbereitende Arbeit war so umfassend und in solider Untersuchung und Beweisführung so weit gediehen, daß man große Entdeckungen erwarten durfte und nur noch wenig dem Zufall überlassen blieb. Dennoch war der Ertrag der Grabungen außerordentlich. Alsbald kamen die königlichen Archive ans Licht und lieferten einige zehntausend Keilschrifttafeln, die vorwiegend in der gleichen „Arzawa-Sprache" geschrieben waren wie die beiden Amarnabriefe. Andere Dokumente zeigten das internationale Akkadisch sowie eine Anzahl unbekannter Idiome. Insgesamt zählte der Schweizer Philologe Emil Forrer später acht verschiedene Sprachen, darunter Churritisch und sogar Sumerisch – worin sich offenbar der vielvölkische Charakter des Hethiterreiches widerspiegelt. Die Archive waren tatsächlich ein „philologisches Dorado".

Mit eigenständigen Zeugnissen konnte Winckler den Nachweis führen, daß die Ruinen von Boghazköy mit der hethitischen Hauptstadt identisch waren. Wenn sich auch die Mehrzahl der Texte damals noch nicht lesen ließ, vermochte er dennoch vieles über die Hethiter und die Verhältnisse Vorderasiens in ihrer Zeit zu enthüllen. Als ausgezeichneter Keilschriftkenner – Herausgeber der orientalistischen Zeitschrift „Ex Oriente Lux" – rekonstruierte er in hervorragender Weise von den Tafeln Königslisten und einen ungefähren chronologischen Abriß der hethitischen Geschichte. Besondere Bewertung fand seine Veröffentlichung eines Vertrages, den Hethiter und Mitanni miteinander abgeschlossen hatten; in diesem Text werden die Götter der beiden Länder angerufen, unter denen die auch den alten Persern und den indischen Ariern bekannten indoeuropäischen Gottheiten Mitra, Varuna und Indra erscheinen. Es besteht kein Zweifel, daß die Archive von Boghazköy für die Wiedergewinnung der vorderasiatischen Geschichte in vorgriechischer Zeit den gleichen Wert haben wie die Bibliothek von Kujundschik und die Tafeln von Tell el-Amarna.

Von Wincklers Ausgrabungspraxis in Boghazköy selbst würden freilich heutige Archäologen wenig begeistert sein. Nach allgemeinem Urteil hatte sogar Schliemann dreißig Jahre früher mehr Verständnis für die grundlegenden Methoden als dieser verdrossene und kränkliche Philologe. Sayce beklagte sich darüber, daß nur ein Architekt und kein eigentlicher Archäologe der Expedition zugeteilt war, und fährt fort: „Hätte nicht Garstang zufällig den Ausgrabungsarbeiten einen Besuch abgestattet, würden wir nicht einmal das Wenige, was wir nun über die archäologische Geschichte des Platzes wissen, erfahren haben. Sogar die Abfolge der Keramik ist ungewiß." Der deutsche klassische Archäologe Ludwig Curtius, der 1907 an den Arbeiten in Boghazköy teilnahm, war erschüttert von Wincklers Verhalten: er hielt sich nämlich den ganzen Tag in seinem Arbeitsraum auf und studierte hier die ihm von Mackridy angelieferten Keilschrifttafeln, die dieser wiederum körbeweise von einem kurdischen Aufseher bekam. Curtius folgte dem letzteren und sah ihn mit Korb und Hacke auf den hethitischen Tempel in der tiefer gelegenen Ebene zusteuern. Als Curtius das Innere betrat, sah er voller Überraschung „wohlerhaltene Tontafeln in schrägen, regelmäßigen Reihen, eine über der anderen"; zu seiner Bestürzung aber „raffte der Kurde eilig so viele Stücke, als in den Korb hineingingen, zusammen – wie eine Bauersfrau, die auf ihrem Feld Kartoffeln ausgräbt".

Die Hauptstadt der Hethiter

Am 17. Juli 1907 ritten wir frühmorgens wieder in Zia-bey's Konak ein und wurden schon als alte Bekannte (mit angenehmen Bakschisch-Erinnerungen) empfangen. Der Bey genießt als Erbe eines alten Fürstengeschlechtes noch großes Ansehen, und man muß mit seinem Einfluß rechnen, wenn man ohne Schwierigkeiten in der Gegend arbeiten will. Einem unter dem Namen der Regierung selbst gehenden Unternehmen würde natürlich niemand offene Schwierigkeiten bereiten, allein es gibt auch andere, nicht weniger große. Und bei solchen ist der Europäer stets im Nachteil, weil er nicht über den unerschöpflichen Vorrat an Zeit verfügt wie der Orientale. Und zu dieser Art Kriegführung gehört als erstes Mittel eben Zeit! Wir haben gute Freundschaft mit dem Bey gehalten – er hat viele Anliegen gehabt, von einer guten Flasche Kognak bis zur Aushilfe aus augenblicklicher Verlegenheit – er hat uns dafür auch in seiner Art Dienste erwiesen. Ein Arbeiteraufstand wurde durch sein Machtwort ohne weiteres beigelegt – kleine Freundschaftsdienste lohnen sich im Orient schon!

Wir rechneten auf etwa acht Wochen Arbeit und wollten diese, da es ja Hochsommer war, unter Zelten oder Laubhütten verbringen. Mir schwebten dabei Erinnerungen an Sommerfreuden im Libanon vor! Obgleich man aber auch hier in Kleinasien im Sommer höher auf die Berge steigt, um eine Sommerfrische unter dem Zelte zu verbringen – so tat es Zia-bey! – so wurde ich in meinem Wärmebedürfnis bitter enttäuscht. Wir konnten unser Zelt am Fuße des eigentlichen Bergkegels der Büyük-kale aufstellen, wo eine genügende Quelle entspringt. Es ist die Stelle, wo im nächsten Jahre unser Haus errichtet wurde. Das bescheidene Zelt, das uns beiden genügen mußte, bot unter der brennenden Tagessonne die Temperatur, welche man im türkischen Bade nicht unangenehm empfindet, die aber für eine Mittagsruhe nicht gerade das ist, was erquickend wirkt. Bald nach Sonnenuntergang macht sich eine starke Abkühlung der Luft bemerklich, und darauf pfeift von den kahlen Bergen ein starker Abendwind, der zu einer Nacht überleitet, in der schon sehr zwingende Gründe wirken müssen, um einen zum Verlassen des wärmenden Lagers zu überreden. So saßen wir des Abends im heulenden Wind vor unserem Zelte, um unsere Mahlzeit zu verzehren, während der Mantel sich blähte. Dann war man in der Regel abgekühlt genug, um ohne allzu ausgedehnte

Förmlichkeit in das Zelt zu kriechen, das gerade für zwei Mann Raum bot, die unverdrossen an ihrer Arbeit waren, und zwischen denen bei diesem engen Zusammensein nie ein gereiztes Wort oder nur ein ungeduldiger Gedanke sich geregt hat, trotzdem beide in dieser Zeit körperlich schwer zu leiden gehabt haben.

Eine Laubhalle bot der Küche Unterkommen, in der ein Koch bulgarischer Abstammung weniger recht als recht schlecht seines Amtes waltete. Meinem erfahrenen Freunde hatte er sich durch einige Kenntnis des Deutschen empfohlen, womit mir das Dasein etwas erleichtert werden sollte. Der Mann hatte seine Künste früher in einem deutschen Hospital an den Kranken auslassen dürfen. Ich habe seine Streiche mit Gleichmut hingenommen, denn ich bin stets mit dem Gedanken auf Reisen gegangen, daß das Vergnügen nicht allzuweit gesucht werden soll. Aber mein armer Mackridy hat den Ärger für uns doppelt und dreifach geschluckt – und er konnte sich *nicht* an den Tontafeln schadlos halten! Eine zweite Laubhütte mußte mir den Schatten für meine Tontafelstudien geben und konnte bald in ausgiebige Benutzung genommen werden. Der ganze Lagerplatz war mit einem aus Laubwerk geflochtenen hohen Zaun umgeben, der zugleich den nötigsten Windschutz abgab. Eine Strecke davon, etwas tiefer, war eine größere Laubhütte eingerichtet, welche fünf Wesen beschirmte, die wohl nie bessere Tage in ihrem Dasein gesehen haben – unsere Pferde! Sie haben ihr Brot fast ausschließlich mit Nichtstun verdient, während sonst alles reichlich zu tun hatte. Ihre Nachbarschaft hatte natürlich einen gewaltigen Fliegenüberfluß zur Folge, und für mich hatte das die Annehmlichkeit, daß ich mit bedecktem Kopf und Nacken und Handschuhen an den Händen meine Tontafeln abschreiben mußte, wenn ich nicht bei jedem Zeichen aufhören wollte, um dem übermäßigen Interesse zu wehren, welches die zutraulichen Tierchen an meiner Arbeit nahmen. Man ist ja in unserer Wissenschaft vielfach so ängstlich besorgt um die Wahrung geistiger Erstgeburtsrechte.

Von der Lagerstätte (wie jetzt von der Vorderseite des 1907 erbauten Hauses) aus überblickt man den Talkessel von Boghazköy und Jükbas bis zur Bergkette, welche ihn im Westen abschließt. Im Rücken liegt die Höhe der Büyük-kale, welche an die Osthöhen des Bergkessels anschließt.

So hatten wir uns schnell eingerichtet, und meine Bleistifte waren gespitzt, um die erhofften Urkundenschätze zu Papiere zu bringen.

Man erinnere sich, was auf Grund der bis dahin bekannten Tatsachen über die zu erwartenden Ergebnisse geurteilt werden mußte: die Sprache des Landes die vom Lande Arzawa der el-Amarna-Briefe und die Urkunden der el-Amarna-Zeit angehörig. Die nächste Folgerung wäre also gewesen, Aufschlüsse über Arzawa zu erhalten und seinen Mittelpunkt in Boghazköi zu finden. Aber schon die Größe des Stadtgebietes ließ auf eine außergewöhnliche Bedeutung des Ortes und damit des Landes schließen.

Die Erwartung sollte nicht allzu lange gespannt bleiben. Am 21. Juli konnten die Arbeiten an der Büyük-kale begonnen werden, und vom ersten Tage an kamen Urkunden zu Tage. Zunächst nur kleine Stücke. Die früher aufgelesenen waren auf dem Abhange des Burgbergs in dem herabgerollten Schutt gefunden worden, und zwar innerhalb eines ziemlich scharf umgrenzten Streifens. Es ergab sich daher von selbst die Aufgabe, von dem sehr ausgedehnten Bergabhange zunächst diesen zu untersuchen, und zwar mußte das geschehen, indem man den Schutt von unten nach oben vorrückend wegräumte. Es war eine Arbeit von nicht zu unterschätzender Gefahr für die Arbeiter, da der unverhoffte Einsturz überhängender Erd- und Steinmassen zeitweise nur mit größter Aufmerksamkeit vermieden werden konnte. Je weiter die Arbeit bergan rückte, um so größer wurden die gefundenen Stücke. Der ergiebige Streifen verengte sich nach oben hin etwas; der Erfolg zeigte, daß Mackridy von Anfang an mit glücklichem Blicke die eigentliche Fundstelle richtig umgrenzt hatte. Weder links noch rechts von dem Streifen hat sich etwas gefunden, und im nächsten Jahre ergab sich, daß am Rande des Berggipfels die eigentliche Quelle der Schätze gelegen hatte.

Die Mehrzahl der zunächst gefundenen Stücke zeigte den bereits bekannten Charakter in der unbekannten Sprache. Sie waren von verschiedenartigstem Inhalte, allein vorerst noch zu klein, um die Frage zu beantworten, welche vor allem noch offen war: an welcher Stelle der alten Welt wir uns befanden. Daß es ein großer Mittelpunkt gewesen war, war jetzt ohne weiteres klar, und daß es nicht die Reste des Archivs eines unbedeutenden Königs und Staates gewesen sein konnten, die uns täglich in der Zahl von 100 bis 200 in die Hände fielen, stand jetzt auch fest. Die aus der Sprache erschlossene Hindeutung auf Arzawa mußte schon nach den ersten Tagen aufgegeben werden.

Bald gewährten vereinzelte Stücke in babylonischer Sprache den Aufschluß. Es waren vorerst kleine Bruchstücke von Briefen, ganz nach der erwarteten el-Amarna-Art, Reste des diplomatischen Briefwechsels zwischen zwei Königen. Es waren dies der König von Ägypten und der König von Chatti*. Es war also schon nach wenigen Tagen kein Zweifel mehr, daß wir uns auf dem Boden der *Hauptstadt des Chattireiches* befanden und daß wir das Königsarchiv der Chattiherrscher aus der Zeit von deren Beziehungen zu Ägypten gefunden hatten. Das war die Zeit von el-Amarna und die unmittelbar darauf folgende, also das 15. bis 13. Jahrhundert vor Christus. Die ersten Stücke enthielten die Namen der betreffenden Könige noch nicht. Auch eine ziemlich vollständig erhaltene Tafel, welche von einer Abmachung zwischen Ägypten und Chatti sprach, nannte abweichend vom sonstigen Brauch die Namen der verhandelnden Herrscher nicht, so daß die nähere Bestimmung zuerst noch nicht möglich war; daß man bei Verhandlungen und Verträgen zwischen Ägypten und Chatti an den großen Vertrag zwischen Ramses II. und „Chetasar", wie er damals hieß, dachte, war selbstverständlich, etwas hierauf unmittelbar Bezügliches zu finden, hätte ich aber doch nicht erhofft – durchdrungen von dem pessimistischen Erfahrungssatze, daß die Entwicklung der Tatsachen sich ja doch immer anders vollzieht als man berechnet hat.

Diesmal sollte aber das nicht zu hoffen Gewagte Tatsache werden. Am 20. August, nach etwa zwanzigtägigem Arbeiten, war die in das Geröll des Bergabhanges gelegte Bresche bis zu einer ersten Abteilungsmauer vorgerückt. Unter dieser wurde eine schön erhaltene Tafel gefunden, welche schon durch ihr Äußeres einen Gutes verheißenden Eindruck erweckte. Ein Blick darauf und – alle meine Lebenserfahrungen versanken in Nichts. Hier stand es, was man sich sonst vielleicht im Scherz als frommen Wunsch ersehnt hätte: Ramses schrieb an Chattusil – ci-devant Chetasar – über den beiderseitigen Vertrag. Wohl waren in den letzten Tagen immer mehr kleine Bruchstücke gefunden worden, in denen von dem Vertrage zwischen den beiden Staaten die Rede war, allein hier war es nun besiegelt, daß wirklich der berühmte Vertrag, den man aus der hieroglyphischen Überlieferung auf der Tempelwand von Karnak kannte, auch von der anderen vertragschließenden Seite aus seine Beleuchtung erhalten sollte. Ram-

* Dieser Keilschriftausdruck bedeutet, in dem Sinne wie Winckler ihn gebraucht, Volk, Hauptstadt und Land der Hethiter. (Anm. des Herausg.)

ses, mit seinen Titeln und seiner Abstammung genau wie im Texte des Vertrags bezeichnet, schreibt an Chattusil, der ebenso angeführt wird, und der Inhalt des Schreibens deckt sich wörtlich mit Paragraphen des Vertrags. Es ist also nicht der eigentliche endgültige Text des Vertrags selbst, sondern ein Schreiben, wie es über diesen gewechselt worden ist, vielleicht der letzte von ägyptischer Seite übersandte Entwurf, welcher dem in Chatti festgestellten endgültigen Wortlaute zugrunde gelegt wurde. Übrigens wurde auch ein kleines Bruchstück (vom Anfang der betreffenden Tafel) einer zweiten Abschrift dieses Schreibens gefunden. Wie auch andere wichtige Aktenstücke ist es also mindestens doppelt im Archiv aufbewahrt worden.

Es waren eigenartige Gefühle, mit denen gerade ich eine solche Urkunde betrachten konnte. Achtzehn Jahre waren es her, daß ich im damaligen Museum von Bulaq den Arzawa-Brief von el-Amarna und in Berlin die Mitanni-Sprache kennen lernte. Damals hatte ich in Verfolgung der durch den Fund von el-Amarna erschlossenen Tatsachen die Vermutung geäußert, daß auch der Ramses-Vertrag ursprünglich in Keilschrift abgefaßt gewesen sein dürfte, und jetzt hielt ich eines der darüber gewechselten Schreiben in Händen – in schönster Keilschrift und gutem Babylonisch! Es war doch ein seltenes Zusammentreffen in einem Menschenleben, wie das beim ersten Betreten orientalischen Bodens in Ägypten einst Erschlossene jetzt im Herzen Kleinasiens seine Bestätigung fand. Wunderbar wie ein Märchenschicksal der 1001 Nächte konnte solch ein Zusammentreffen erscheinen – und doch sollte das nächste Jahr noch Märchenhafteres bringen, als die Urkunden alle gefunden wurden, in denen die Gestalten wieder auftauchten, welche in diesen achtzehn Jahren mich so oft beschäftigt hatten. Als der König von Mitanni, Tuschratta, in chattischer Beleuchtung erschien und als gar der Fürst von Amurru, Aziru, der Gegner Rib-Addi's von Byblos und der Hecht im phönizischen Karpfenteiche, in Urkunden auftauchte, welche wie ein Kommentar zu seinen Briefen aus el-Amarna wirken mußten! Es war doch eine seltene Verknüpfung von Umständen in einem Menschenleben!

Mittlerweile war auch eine andere Frage gelöst worden, welche mich täglich beschäftigt hatte, seitdem täglich immer neue Urkunden bestätigten, daß wir die *Hauptstadt* der Chatti ausgruben. In den bisherigen Nachrichten war sie nicht genannt – war man sich ja doch über die Lage des Chattistaates selbst vielfach im unklaren gewesen. Inzwischen waren über 2000 Stücke durch meine Hände gegangen und durchgesehen worden und die Frage nach dem Namen der Stadt, auf deren Boden wir uns befanden, hatte mich dabei stets beschäftigt. Dabei fiel ein ständiger Brauch auf: Die vielen in den verschiedenartigsten Urkunden erwähnten Länder, soweit sie im Chattibereiche lagen, werden stets als „Land der Stadt X“ bezeichnet, das heißt es war die strenge Auffassung durchgeführt, wonach ein „Land“ oder eine „Landschaft“ das ist, was wir etwa einen Gau benennen würden, ein Stück Land, das nur *einen* festen Mittelpunkt hat, seine Stadt oder Hauptstadt, den Verteidigungspunkt, wohin man sich in Fällen der Gefahr zurückzieht, während das offene Land mit seinen Dörfern preisgegeben wird. Die „Stadt“ ist der Sitz des Gottes der Landschaft, dessen Gegenwart eben die Stärke des Ortes ausmacht, hier ist darum auch der natürliche Sitz des Herrschers, der ja der Statthalter des Gottes ist. Das führt auf die Vermutung, daß der Name der Hauptstadt der gleiche wie der des Landes gewesen wäre, also Chatti, und in der Tat fanden sich dann auch Erwähnungen der „Stadt Chatti“, so daß kein Zweifel an der Richtigkeit des Schlusses blieb. Es ist freilich kein Name wie Babylon, Ninive, Susa, Memphis, der nie in der Geschichte der westlichen alten Welt ganz verloren gegangen wäre. Ganz wie die Geschichte des Volkes selbst war er völlig vergessen worden; die Kultur, welche er vertrat, kann auch an Ursprünglichkeit nicht mit der verglichen werden, welche jenen Namen ihren Glanz verliehen hat, aber ihr Volk hat trotzdem eine wichtige Rolle in der Entwicklung jener alten Welt, und wenn sein Name und der seiner Wohnstätten lange ganz verschollen waren, so erhalten wir jetzt durch ihre Wiederentdeckung um so ungeahntere neue Aufschlüsse.

19

DAVID HOGARTH

Einwanderungen und Eroberungen von Hethitern, Phrygern, Lydern, Assyrern, Kimmeriern, Persern, Makedonen, Kelten, Römern, Byzantinern und anderen Völkern haben Kleinasien, das als Halbinsel zwischen dem westlichen Asien und Südeuropa liegt, zu einer Art Sammelpunkt der rassischen, politischen und kulturellen Elemente der mittelmeerischen Antike gemacht. Mit dem Erscheinen der Türken freilich hat es in der Neuzeit seine Bedeutung weithin verloren; den Alten aber lag Kleinasien durchaus im Zentrum des Geschehens. Ihnen galt es als gesegnetes, weites Land, das ebenso geistige Werte wie materiellen Gewinn spendete. Es übertraf, wie Cicero einmal sagte, „alle Lande durch den Reichtum seines Bodens, die Mannigfaltigkeit seiner Erzeugnisse, die Ausdehnung seiner Weiden und die Vielfalt seiner Exporte". Kein Volk hat so viel zu seinem Ruhm beigetragen wie die Griechen, die sich als Achäer, Äolier, Jonier und zuletzt Dorer hier niederließen. Ihr Erscheinen fällt wahrscheinlich etwa in die Mitte des 2. Jahrtausends v. Chr.; die in hethitischen Urkunden genannten *Achchijawa* sind wohl mit den Achäern gleichzusetzen. Die berühmtesten und blühendsten Städte des Mittelmeerraumes wurden von ihnen gegründet. Hier, auf asiatischem Boden, lag die Quelle der griechischen und westlichen Kultur. Homer, Thales, Herodot und Sappho waren Griechen von der „jonischen" Küste Kleinasiens. Und natürlich war es dieses „griechische Wunder", das Schliemann zum kleinasiatischen Trümmerhügel des „Heiligen Ilion" führte und ihn zu dem Entschluß brachte, „die allgemeine Liebe zum edlen Studium des klassischen Griechenlands und vor allem Homers, der strahlenden Sonne der Dichtung, zu mehren".

Ein Mensch ganz anderer Art, der aber vielleicht noch stärker zur Wiedergewinnung dessen beitrug, was er selbst die „jonische Frühlingszeit des Griechentums" nannte, war David George Hogarth, ein Nachkomme des englischen Malers aus dem 18. Jahrhundert. Er war ein schweigsamer, publikumsscheuer Oxfordstudent von exzentrischer Steifheit und prägte für sich selbst die Rolle des zurückgezogenen, wandernden Gelehrten oder Ausgräbers im Vorderen Orient.

In den letzten zwei Jahrzehnten des 19. Jahrhunderts unternahm Hogarth zahlreiche archäologische Reisen und Wanderungen quer durch ganz Kleinasien. Er begann als eine Art Lehrling bei dem namhaften Schriftforscher W. R. Ramsay und beschäftigte sich zuerst vorwiegend mit dem Kopieren hethitischer Inschriften. Nach seinen „Lehr- und Wanderjahren" in ganz Anatolien kam Hogarth für eine Grabungssaison nach Cypern und dann nach Ägypten, wo er unter Petrie die Technik des wissenschaftlichen Ausgräbers erlernte. Gegen Ende des Jahrhunderts nahm Hogarth an der von Grenfell und Hunt – beides alte Mitglieder der Universität Oxford – betriebenen Papyrussuche teil, hing aber doch, wie er selbst bekannte, zu sehr an seinem „lieben alten Asien" und überließ ihnen deshalb das Feld. 1899 finden wir ihn an der Seite von Arthur Evans bei dessen erster Erkundung von Knossos.

1904 begann Hogarth seine Arbeit in Ephesus. Die große jonische Siedlung war, bis in der Römerzeit ihr Hafen versandete, eine lebhafte Seestadt und durch ihren Artemis-Tempel berühmt. Das Artemision, eines der sieben Weltwunder des Altertums, war seiner Lage nach bereits durch einen älteren Ausgräber festgelegt worden, der aber seine Arbeit 1874 eingestellt hatte; Hogarth fand den Platz so hoffnungslos, wie eine antike Trümmerstätte nur aussehen kann. Nachdem er zwei Monate ohne bemerkenswerte Resultate gegraben hatte, wollte er schon die Arbeit der Kampagne abschließen, als er erkannte, daß der sogenannte Große Altar nichts anderes als der Sockel für die Statue der Göttin war. Als er hier grub, wurde er alsbald durch einen Schatz frühjonischer Kunst belohnt, der aus mehr als 3000 in vollendeter Technik aus edlen Metallen, Elfenbein, Bronze und Terrakotta geschaffenen Stücken bestand. Damit noch nicht genug, entdeckte Hogarth alte jonische Inschriften und einen Hort uralter lydischer Münzen aus Elektron (einer Gold-Silber-Legierung); er stellte einen der wertvollsten numismatischen Funde dar, die überhaupt jemals gemacht worden sind.

Durch Sayce war die Hethitologie fast schon ein Monopol Oxfords geworden, und Hogarth setzte nach der Ausgrabung in Ephesus diese Tradition fort. Er sammelte einen Fonds für eine archäologische Expedition nach Karkemisch und wurde 1910 deren Direktor. Bei diesem Unternehmen waren L. Woolley und T. E. Lawrence seine Assistenten. Im ersten Weltkrieg, als Hogarth das von den Briten organisierte Arabische Büro in Kairo leitete, arbeitete Lawrence weiter unter ihm.

Die Suche nach dem Schatz der Artemis

Das Aufspüren von unterirdischen Altertümern entspricht der Neigung der meisten Menschen und vor allem der Frauen, die noch stärker als die Männer von Wißbegier und dem Spiel des Zufalls angezogen werden. Aber die wenigsten der hieran Interessierten ahnen wohl, wie selten in dem ungefärbten Lebensbericht eines Ausgräbers die Glücksstunde des Erfolgs und wie häufig die Tiefpunkte des Mißlingens sind. Werde ich durch irgendeine Gastgeberin als „Ausgräber in der Levante“ vorgestellt, so wird, etwa zwischen dem Fisch- und dem Fleischgang, meine Nachbarin auf meine Hände blicken und mich totsicher fragen, ob mein Beruf unter diesem Klima nicht recht mühsam sei. Ich pflege dann zu antworten, daß ich *per alios* grabe, und (nicht ohne Scham) hinzuzufügen, daß ich nirgendwo Hacke oder Spaten auch nur einen halben Tag handhaben könnte. Sofort erklärt sie unter Protest, daß sie sich kein schöneres Leben als das meine vorstellen könne, woraufhin ich am besten das Thema wechsle – nicht aus Angst, daß sie es ernst meine, sondern aus der Überzeugung heraus, daß ich weder ihr noch irgendeiner anderen ahnungslosen Person in dieser Gesellschaft und in einem Tischgespräch einen Begriff von wirklicher Grabungsarbeit zu geben vermöchte.

In der Tat ist diese nach Ort, Zeit und Anlaß so verschieden, daß jedes Allgemeinurteil auch bei aller Zurückhaltung und Vorsicht des abwägenden Verfassers eitel bleibt. Das Beste, was ich für meine Dinnerpartner oder für Leute, die mich zu meinen bezaubernden Ferien im Nahen Osten beglückwünschen, tun kann, ist eine kurze und, soweit möglich, wahrheitsgetreue Schilderung vom Gang meiner ... letzten Ausgrabung.

Wood, der Entdecker der Ruinenstätte des großen Artemision in Ephesus, war sehr erfolgreich, konnte aber nicht bis zur Pflasterung vordringen, da sie unter einer 6 m dicken Sandschicht begraben lag. Zu seinem Ruhm führte er danach das nicht geringe Kraftstück aus, ein

Gebiet vom ungefähren Umfang einer riesigen Kathedrale freizulegen. Als er den Platz 1874 verließ, hatte er ganz offenbar nicht alle Überreste des berühmten antiken Tempels gefunden – und von dem, was er tatsächlich entdeckt hatte, sollte er niemals einen angemessenen Bericht vorlegen. Dreißig Jahre lang blieb die Sache im Ungewissen. Als Eigentümer des Grabungsfeldes konnte das erste Museum der Welt* diese Zweifel nicht ständig auf sich beruhen lassen; um sie zu lösen, wurde ich in den letzten Septembertagen des Jahres 1904 nach Ephesus entsandt.

Die Trümmerstätte sah so hoffnungslos aus, wie dies eine antike Siedlung nur tun kann – eine riesige, mit Wasser gefüllte Grube, die von einem eng verflochtenen Dickicht aus Dornbusch und Rohr überwuchert war. Als wir diesen Dschungel dann mit Axt, Hacke und Feuer ausgerodet hatten, wirkte sie womöglich noch hoffnungsloser. Indes trockneten die flachen Pfützen an der Oberfläche, als sie vom Blätterdach nicht mehr geschützt wurden, unter der frühen Oktobersonne schnell aus, und ich begann ohne viel Umstände mit meiner Arbeit an der Basis des Tempels, an deren Errichtung König Krösus mitgewirkt hatte. Etwa hundert Mann wurden angeworben, und alles, was es an Ort und Stelle an Fahrzeugen gab, mußte in Dienst gestellt werden. Ich bekam Karren mit Maultieren und Pferden, Packesel mit Körben und Säcken, Schubkarren und eng geflochtene, landesübliche Körbe, die von Jungen getragen werden konnten. Durch die Marmorhaufen wurde ein Mittelgang geschlagen, und das abgebrochene Steinmaterial rechts und links von ihm wurde die Rampen hinaufgeschafft auf Schutthaufen in der Ebene. Damit aber bewegten wir praktisch nur den Abraum eines früheren Ausgräbers und konnten in dem, was er hinterlassen hatte, kaum auf etwas Außergewöhnliches oder Neues hoffen. Während eines zehnstündigen Arbeitstages, bei mühevollem Entfernen der herabgestürzten Steinblöcke und beim Durchsuchen des steinigen Bodens, geschah es kaum mehr als einmal, daß wir durch das Auffinden eines von Wood übersehenen oder liegengelassenen Skulptur- oder Schriftfragments entschädigt wurden. Ein einfacher Werkmeister mit hundert ungelernten Arbeitern konnte diese Arbeit ebensogut tun wie wir.

Bei den Leuten hörte man die verschiedensten Sprachen, und in den Kolonnen war ein halbes Dutzend Volksstämme vertreten. Je mehr

* Hogarth spricht hier vom Britischen Museum in London. (Anm. der Übers.)

sich aber die Arbeiter auf ihren Aufseher einstellten und mit ihrem Gerät umzugehen lernten, desto stärker ähnelte bald ein Tag dem anderen, und jede Stunde wurde länger und öder als die vorige. Am Anfang jeder ordentlichen Ausgrabung wird man von vielen wichtigen Aufgaben in Anspruch genommen, die von den erreichten oder erhofften Resultaten unabhängig sind. Da gilt es die örtlichen Gegebenheiten des Bodens und die lokalen Eigenheiten der Ruinen zu erkunden; die neue, noch unangelernte Mannschaft muß ausgerichtet, angeleitet und eingesetzt, eine Vertrauensgrundlage geschaffen und allgemein eine hoffnungsvolle Stimmung erzeugt werden. Mit den dabei zu überwindenden Schwierigkeiten mag eine und mögen auch zwei oder drei Wochen dahingehen. Dann aber beginnt man, hat man die Einstellung eines Spielers zum Ausgrabungsgeschäft, nach Erfolgen oder wenigstens echten Möglichkeiten von solchen auszuschauen. Besitzt das Grabungsfeld – gleichsam als archäologische Goldader – noch einen wohlbehüteten Kern, so hält man es noch länger aus und leistet das eintönige Tagewerk des Ausgräbers fernerhin hoffnungsvoll, dieweil Axt, Schaufel und Messer auf und ab weiter zum verborgenen Schatz vordringen. Kann man seinen Leuten die eigene Hoffnung begreiflich machen und einflößen, wird die Arbeit – hin und wieder durch den kleinen Anreiz eines bescheidenen Zwischenfundes belebt – fortlaufend gut vorangehen. Bleibt aber die Hoffnung zu lange unerfüllt, hat man sie nicht voller Zuversicht hochgehalten oder sie gar ganz aufgegeben, dann wird die Lage des Ausgräbers unmerklich zur traurigsten, in die ein Mensch geraten kann. Der Virus seiner Hoffnungslosigkeit steckt die Arbeiter an und entwickelt sich bei ihnen noch heftiger. In ihrem Werken steckt kein Leben mehr, ihre Arbeit wird gehetzt und unsorgfältig; ihre Augen sehen an den winzig kleinen Überbleibseln der Vergangenheit vorbei oder ihre Hände verderben sie, während die erschöpften Stimmen ihrer Vorarbeiter über ihrem lustlosen Tun sich heben und senken.

Viele Ausgrabungen, die ich gesehen habe – ja, die meisten – verlaufen kürzere oder längere Zeit in dieser Art, und da sie zuweilen gar nicht anders vonstatten gehen können, habe ich jenen (insbesondere deutschen) Typ des wissenschaftlichen Ausgräbers manchmal fast beneidet, der von der Leidenschaft des Spielers wenig oder nichts spürt, sondern sich, allem Anschein nach zufrieden, mit seinen Karten, Plänen, Notizen oder irgendwelchen Belanglosigkeiten plagt, wie er es in seinem heimischen Studierzimmer auch nicht anders tun würde. Seine Arbeiter schaufeln unterdessen – mit der Freilegung von Denkmälern beschäftigt, die auch der ungeschulteste Beobachter der Welt im Dunkeln nicht verfehlen könnte – monatelang Tag für Tag wie Maschinen Erde und Steine zusammen, um sie unter den wachsamen Blicken eines Aufsehers in einer Feldbahn fortzuschaffen. Wie gesagt, ich habe ihn um seine Zufriedenheit manchmal fast beneidet, mir aber immer rechtzeitig vor Augen gehalten, daß der Ausgräber nur etwas findet, wenn er sich darum bemüht, und so viel, wie er sich bemüht. „Man findet, was man finden will“, hat ein berühmter und erfolgreicher Entdecker einmal gesagt. Wäge ich das flüchtige Glück des Erfolgs gegen die lange Trübsal der Fehlschläge ab, so schätze ich den Wert des ersteren so unendlich viel höher ein als die Menge der letzteren, daß ich getröstet bin. Mag der Spieler auch manche Pechsträhne haben – die seltenen Glückstreffer fallen dennoch ihm am ehesten zu.

Auf diese Art ging der Oktober dahin, auch der November war fast zu Ende, aber noch immer hatte es keine Ausbeute zur Aufheiterung unseres mühseligen Tagewerks gegeben. Wir hatten bereits verschiedene Schnitte durch die Terrasse gelegt, ohne auf Besseres als Sand und Wasser zu stoßen. Was konnte man darüber hinaus schließlich noch erwarten, nachdem von den Tagen Justinians bis zu denen Woods hier Ausgräber gewühlt und geplündert hatten? Wir halfen unserer Enttäuschung mit den unwichtigsten Funden auf – mit armseligen Pflasterbrocken, Fragmenten römischer Inschriften, die wir aus der Masse byzantinischen Mörtels herausbrachen, oder einigen Scherben griechischer Vasen und zerbrochener Terrakotten, die wir in der Einbettung der in Alexanders Zeit erbauten Tempeltreppe ausfindig machten. In einer Welt, die das Absolute nie erreicht, kann gottseidank stets auch das Relative Freude bringen, und die gnädige Natur macht dem Menschen, der selbst etwas mitzuhelfen bereit ist, die Relativität erträglich.

Es gab keinerlei sonstige archäologische Arbeit, mit der man die Tage hätte füllen können. Das übrige antike Ephesus – Stadt, Vororte und Landbezirk – war einer österreichischen Mission konzediert, die damals gerade in voller Stärke anwesend war und sowohl den großen Marktplatz samt seinem südlichen Zugang als auch die berühmte Doppelkirche der Gottesmutter Maria erforschte. Ihre hervorragenden Leiter begegneten mir, obwohl sie eigentlich selbst das Artemision hatten haben wollen, von Anfang an mit liebenswürdigster Höflichkeit; es war meine mindeste Gegenleistung, ihre ausgedehnten Interessen voll zu respektieren. Zuweilen besuchte ich sie bei der Arbeit, die fast ebenso ereignislos verlief wie meine eigene, oder ich unternahm einen ziellosen Ritt über die Cayster-Ebene und die staubigen Hügel. Gelegentlich empfing ich Besucher, die meine aufgeweichte Grube mit höflicher Geringschätzung betrachteten, und jeden Tag beobachtete ich das langsame Fallen der Blätter in den Feigenhainen von Ayassoluk.

Die letzten Novembertage brachen an. Die Basis von Woods „frühestem Tempel" war fast freigelegt; durch ihre massiven Fundamente hatten wir mehrere Schächte getrieben, ohne Ergebnisse zu gewinnen. Dieser Arbeit noch eine zweite Saison zu widmen, wäre Geld- und Zeitverschwendung gewesen, weshalb es das beste schien, das Werk in der gleichen Kampagne abzuschließen und die Leute über den Dezember hinweg bis zum Januar zu behalten. Die Kolonne, die mit der Ausräumung des zentralen Heiligtums beschäftigt war, hatte dessen Mitte erreicht und begann nun die bescheidenen Reste eines schmalen, rechteckigen Baus freizulegen, den Wood als „Großen Altar" bezeichnet und unberührt gelassen hatte. Ich stellte fest, daß er nur eine äußere Schale aus Marmor, darunter eine feste Füllung aus kleinen Kalksteinplatten besaß. Wir hatten bisher durch das Pflaster des eigentlichen Heiligtums noch keine Löcher geschlagen, dafür umso mehr im Peristyl; wo also hätten wir nun besser sondieren können als mitten auf diesem „Altar", bei dem keine massiven Fundamente zu durchbrechen waren? Überdies würden wir so feststellen können, ob der Bau wirklich ein „Großer Altar" oder ob er nicht vielleicht eher der Sockel des im Allerheiligsten aufgestellten Götterbildes gewesen war.

Die Deckplatten ließen sich leicht aus ihrer Einbettung herauslösen; ebenso bequem ging das bei der darunterliegenden Schicht. Während ich wenig interessiert auf ihre Abdrücke im Lehmmörtel blickte, bemerkte ich einige glänzende Partikel, ließ einhalten und nahm zwei oder drei auf. Es waren kleine Stücke Blattgold – abgefallen von irgendeinem vergoldeten Objekt, das selbst vernichtet war. Kaum aber wurde die erste Platte der dritten Schicht abgehoben, als von ihrer Bettung etwas Besseres als Goldfolie aufglänzte, nämlich eine kleine Tafel aus unreinem Gold. Ein geometrisches ionisches Muster war auf ihr eingeprägt, die Ecken zeigten Durchbohrungen. Sofort dachte ich an die Göttin, deren Bild auf diesem Sockel gestanden hatte, und ließ Siebe herbeiholen.

Die letzten Stunden dieses Tages vergingen wie Minuten. Jede Handvoll Lehmmörtel, die durch die Siebmaschen gespült wurde, hinterließ wertvolle Objekte – in der Hauptsache Frauenschmuck, nämlich Ohrringe jeder Art und jeden Gewichts, Perlen von zerrissenen Halsbändern, Haarnadeln sowie Schulter- und Halsbroschen. Auf einigen der letzteren waren in der feinen Granuliertechnik ionischer Goldschmiede Falken dargestellt. Mit diesen Funden tauchten einfache Geldstücke aus Elektron auf, die frisch von der Münze zu kommen schienen. Ich war hocherfreut, stand aber vor einem Rätsel. Wie kam es, daß hier, neu und unbeschädigt, feine Wertsachen versteckt lagen? Als die ersten Stücke erschienen, hielt ich sie für Zeugnisse des Verfalls, – etwa für Teile des Edelsteinschmucks der Statue, die vom Wasser durch Ritzen des Sockels herabgespült worden waren, oder auch für den Inhalt eines vermorschten Schmuckkastens. Aber diese Annahme schied aus, als sich in jeder folgenden Mörtellage weitere Kostbarkeiten fanden. Uns wurde klar, daß wir zufällig auf eine Art Gründungsdepot gestoßen waren – auf Objekte, die man bewußt verborgen hatte, als die ersten Bauleute Schicht auf Schicht des Sockels legten – und daß wir einen der begehrtesten Schätze vor uns hatten, nämlich Feinschmiedearbeit aus der ionischen Frühlingszeit des Griechentums. Vielleicht hatten wir am Ende gar das Geheimnis der griechischen Gründungsdepots gelöst. Unter ägyptischen Tempeln hatte Petrie – entweder unter den Ecksteinen oder der Hauptschwelle oder in der Mittelachse des Gebäudes – zahlreiche solche Depositen gefunden; unter griechischen Heiligtümern aber hatte bisher noch niemand das Versteck der Gründungsurkunden entdeckt. Welcher Platz war dazu geeigneter als der Sockel des heiligsten Gottesbildes genau im Mittelpunkt des geweihten Gebietes?

Wir hatten erst einen kleinen Teil unserer Schatzader ausgegraben, da kam die Dunkelheit und mit ihr ein an Gewalt zunehmender Sturm, dessen heftige Böen den lang ersehnten Regen brachten. Eine Woche lang oder mehr würde es nun immer wieder zu einer bestimmten Zeit des Tages und der Nacht regnen, einmal mit Blitz und Wirbelsturm, dann wieder in ruhigem Strömen. Die Stürme hatten mit unnatürlicher Wärme eingesetzt, wurden aber nach drei Tagen bitterkalt, überzogen die Tümpel mit einer Eisschicht und durchkälteten die Leute, die hüfttief in Wasser und Schlamm nach den Schmuckstücken suchen mußten, bis ins Mark. Doch wagten wir nicht, auch nur für einen

Tag Pause zu machen. Das Gerücht von unserem Fund hatte sich verbreitet; andere würden die Suche fortsetzen, wenn wir innehielten. Die blaugefrorenen Finger der Arbeiter sprangen auf und schwollen an, während sie den scharfen Kies durch die Siebe wuschen, so daß sie schließlich kaum noch das kostbare Gut herauslesen konnten – und ich selbst lernte das Gefühl kennen, eine ganze Woche lang völlig durchnäßt und durchfroren zu sein.

Als sich der Himmel für kurze Zeit aufklärte, trieben wir außerhalb des Sockels Schächte in den Grund und fanden auch hier Mauerfundamente. Sie waren älter als die von unseren Vorgängern entdeckten, und zwischen ihnen lagen Fragmente schöner ionischer Stücke. Dann kam neuer, sintflutartiger Regen und füllte die Löcher mit Wasser an. Acht Tage lang kämpften wir gegen das Wetter, indem wir die Erschöpften und Kranken durch frische Freiwillige ersetzten. Jeden Morgen stand das Wasser höher als zu Beginn des Vortages, und schließlich begann es schneller zu steigen, als wir es ausschöpfen konnten. Die Winterregen hatten nun endgültig eingesetzt, und wir mußten bis zum Frühjahr warten. Das Loch im Sockel wurde bis zum Wasserspiegel wieder mit so schweren Steinblöcken angefüllt, daß Räuber sie nicht entfernen konnten. Noch vor Mitte Dezember begab ich mich nach Konstantinopel und nahm mehr als ein halbes Tausend Kleinode mit. Alles, was vom Schatz der Göttin noch in der Erde ruhen mochte, blieb der Obhut der Wächter und der Überschwemmung überlassen.

Das Wasser war ein treuer Hüter. Noch heute denkt man in Anatolien ob der schweren Regen und des Fiebers, das ihnen folgte, an diesen Winter. Als ich gegen Ende März an den Grabungsplatz zurückkam, blickte ich auf einen See; unter seinem glatten Spiegel war der Sockel so tief versunken, daß nur ein Taucher hätte an seinen Kern herankommen und aus ihm etwas wegholen können. Erst im Spätsommer, sagten die Ephesier, würde seine oberste Steinschicht wieder auftauchen. Was war zu tun? Das Wasser ließ sich aus der großen Vertiefung, die weit unter dem allgemeinen Niveau der Ebene und kaum über dem Spiegel des nicht allzu fernen Meeres lag, nur mit Hilfe einer starken Dampfpumpe ableiten. So beauftragte ich denn einen Unternehmer, den oberen Teil von Woods großen Schutthalden abzuräumen, die noch die beiden Enden der alten Siedlung blockierten, und begab mich neuerdings nach Smyrna.

Um die lange Geschichte abzukürzen: ich lieh bei der *Ottoman Railway Company* eine Dampfmaschine nebst Pumpe und ließ sie drei Wochen später an den Rand der Grube schleppen. Nachdem wir in Richtung zum Meer für den kräftigen Wasserstrahl, den ihr 30 cm dickes Rohr ausstoßen würde, einen Graben ausgehoben hatten, wurde sie zur Senkung des Wasserspiegels in Gang gesetzt. Damit standen wir aber erst am Anfang unserer Schwierigkeiten. Die obere Wasserschicht war zwar in wenigen Stunden abgesaugt, das Auspumpen des tiefer stehenden, durch hohe, massive Grundmauern von einander getrennten Wassers aber ließ sich nur langsam durchführen, so daß das dicke Rohr nicht frei von Luft blieb und sich mit Schlamm vollsetzte. Stoppte die Maschine, floß ihr auch das Wasser nicht mehr zu, und im Verlauf der Nacht stieg dann der Wasserspiegel wieder fast so hoch wie zuvor. So blieb nur übrig, einige Tage lang ein Netz von Kanälen durch die Fundamente auszuhauen und den Pfuhl unter der Rohrmündung zu vertiefen; hierfür mußten große Geröllblöcke herausgeholt werden, die die Erbauer des späteren Tempels eingesetzt hatten. Die Leute, die unter der heißen Sonne bis zum Gürtel im Wasser stehend arbeiteten, erkrankten an Fieber; auch ich selbst begann mich schlecht zu fühlen. Ende April mußte ich mich hinlegen und begab mich, nachdem ich eine Woche gegen die Krankheit gekämpft hatte, mit hohem Fieber nach Smyrna, wo ich eine weitere Woche im Seemannshospital das Bett zu hüten hatte. So wurde es Mitte Mai, bis durch Entwässerung und Kanalanlage der zentrale Tempelabschnitt vor dem Einströmen des Wassers gesichert war. Als dann eine kleine Pumpe über der Stelle des Schatzes montiert wurde, konnten wir endlich wieder mit der Juwelensuche beginnen.

Und aufs neue erschienen die Kleinode eins nach dem anderen in den Sieben, so wie es fünf Monate zuvor geschehen war. Als der reine Bodensand von den vier Ecken des Sockels weggeschabt war, hatten wir weitere fünfhundert Schmuckstücke geborgen. Mich aber kümmerte das jetzt nicht; das Fieber hatte mir schwer zugesetzt, und ich sehnte mich nur noch nach dem Augenblick, in dem ich mir zum letzten Mal Dianas Schlamm von den Füßen kratzen konnte. Jeden Abend hoffte ich gegen bessere Einsicht, daß die Schatzader am nächsten Tage erschöpft sein würde. Nie wieder habe ich einen solchen Glücksfund gemacht, aber nie auch mein Glück weniger genossen – wozu gesagt werden darf, daß die Grabungsstelle wirklich nicht der rechte Aufenthaltsort für einen noch halbkranken Mann war. Es wurde nun schon Ende Mai. Jeden Mittag brannte die Sonne heißer in unsere von keinem Windhauch bewegte Grube; das allmorgendlich von der großen Pumpe abgesaugte Wasser hinterließ Flächen nur langsam trocknenden Schlamms, stinkend verwesendes Wassergetier und verfaultes Unkraut. Eine Beaufsichtigung der Arbeiter war nur möglich, wenn man in dieser übelriechenden Brühe herumwatete und sich von oben bis unten beschmutzte. Jede Seite meines Tagebuches verrät, wie sehr mich all das anwiderte und wie inbrünstig ich mich nach Sauberkeit und Entlastung sehnte. Vor allem machte ich mir Sorge, daß Wissenschaft und Pflichten unterliegen könnten – und ich wäre ihnen wohl tatsächlich untreu geworden, hätte ich mich nicht vor dem alten Gregori und seinen kühlen, wachen Augen geschämt. Bei einem Dutzend Grabungen hatte er mitgearbeitet, aber noch nie vor Erreichung der tiefsten Schicht aufgegeben oder gar einen guten Fingerzeig außer acht gelassen. Würde ich ihn nun verraten?

Ich tat es nicht und hielt sogar bis zu den Hundstagen aus. Noch bevor die Arbeit am Sockel beendet war, hatten wir den Lehmblock ringsum zu untersuchen begonnen und dort die Reste dreier kleiner, untereinander liegender Heiligtümer gefunden. Im schlammigen Boden des untersten und ältesten entdeckten wir die Bruchstücke zahlreicher kostbarer Dinge. Es handelt sich bei ihnen weniger um Schmuck und Artikel des persönlichen Gebrauchs nach Art des Sockelschatzes als vielmehr um gottesdienstliches Gerät und Fragmente von Weihgaben. Sie waren, wo wir sie fanden, nicht vorsätzlich versteckt, sondern in einer wildbewegten Stunde der Vernichtung oder Plünderung verloren, vergessen, dann vom feuchten Boden aufgesogen oder unter den Füßen zertreten worden. Das älteste Heiligtum des Platzes wurde wahrscheinlich nicht später als 700 v. Chr. gegründet; was wir da an Schätzen aus seinem Bodenschlamm herausholten, mochte keines Menschen Auge gesehen haben, seit der Tempel zur Zeit Ardys' II. von Lydien durch eine wilde Kimmerierschar entweiht worden war. Der Kunststil zahlreicher dieser Objekte zeigte, daß sie derselben Periode angehörten wie der Sockelschatz. Gleich ihm waren sie aber älteren Datums als das zweite der drei schlichten Heiligtümer; dies ging daraus hervor, daß wir sie einwandfrei unter seinen noch vorhandenen Fundamenten liegend auffanden. Nur in einem Falle stießen wir wohl auf etwas, was man absichtlich vergraben hatte. Es war ein kleiner Krug, der aufrecht in eine Ecke des untersten Fundamentes gestellt und einst mit einem Deckel verschlossen worden war; das Band der Verschnürung haftete noch im Ton. Meine Leute hatten ihre ursprüngliche Unschuld längst verloren; illegale Antiquitätenhändler lauerten ihnen Tag und Nacht auf und brachten sie in Versuchung. Der Arbeiter, der beim Füllen seines Korbes mit Lehm diesen Krug zuerst sah, blickte sich verstohlen um, aber ich stand hinter dem armen Burschen und nahm seinen Fund eilig an mich. Ich sehe noch seinen traurigen Blick, als aus seinem Topf neunzehn Elektron-Münzen ältester lydischer Prägung herausfielen.

Wir bargen Statuetten, je nach Glück heil oder zerbrochen, aus Elfenbein – sie stellten unschätzbare Werte altionischer Kunst dar –, aus Bronze, Terrakotta und sogar aus Holz; wir bargen Schalen aus Elfenbein und solche aus Ton, wir bargen Mengen von Gold und Elektron, die als Überzug oder Schmuck vergangener Objekte gedient hatten, einiges Silber und als kostbarstes Stück eine beiderseitig mit den ältesten ionischen Schriftzeichen gravierte Tafel, die eine Aufstellung über Beiträge zum Wiederaufbau des Tempels enthielt. Wir bargen – zerbrochen oder unvollständig, aber deshalb nicht weniger wertvoll – viele andere Objekte aus Kristall, Paste, Bernstein und Bronze. Als das ganze Feld abgesucht war, hatten wir von den Schätzen des ersten Heiligtums der Artemis in der Ebene von Ephesus insgesamt nahezu 3000 Objekte aller Art und Größe wiederentdeckt. Ich brachte sie alle, wie es unsere Ehrenpflicht war, nach Konstantinopel, denn wir hatten das ottomanische Recht anerkannt und trieben mit den Türken keinen Schacher. Aber als Gegenleistung für unsere Redlichkeit gestattete man, daß die Funde zu Einordnung und Prüfung für eine bestimmte Zeit nach England gebracht wurden. Als ich Stambul verließ, wünschte ich nichts weniger, als diese Funde wiederzusehen – aber als sie ein Jahr später dorthin zurückmußten, hätte ich alles darum gegeben, sie für immer in London zu behalten.

20

ARTHUR EVANS

Das Interesse, das Schliemanns Entdeckungen in Mykene erregt hatten, führte zur Erforschung anderer alter Siedlungsplätze auf dem griechischen Festland und erwies eindrucksvoll Bedeutung und Glanz der Kultur, die einige achthundert Jahre vor der klassischen griechischen Epoche in Mykene geblüht hatte. Aber wie jede fruchtbare Bereicherung des menschlichen Wissens, so stellte auch die Wiederentdeckung des Zeitalters von Mykene mindestens ebensoviel Fragen neu, wie sie beantwortete. War diese früheste Zivilisation auf europäischem Boden griechisch? War sie völlig eigenständig oder hatte sie Beziehungen zu den älteren außereuropäischen Kulturen? Und wenn das zutraf – wie und wann waren diese Einflüsse wirksam? Gab es vielleicht näher bei Griechenland Vermittler oder unmittelbare Vorläufer, die hier zur Entstehung einer Kultur beitrugen? Eine so kraftvolle, differenzierte und offensichtlich seit ihrem Ursprung voll entwickelte kulturelle Größe wie Mykene konnte sich nicht urplötzlich in einem leeren Raum gebildet haben. Das Problem bestand also nicht, wie es Schliemanns Streben gewesen war, so sehr darin, die Wahrheit Homers zu beweisen; es ging vielmehr darum, die Ursprünge dieser hochentwickelten Zivilisation aufzuspüren und etwaigen Kontakten nachzugehen, die sie unmittelbar oder durch ein Zwischenglied mit dem Vorderen Orient verbanden und die ihre Entstehung erklären konnten.

Unvermeidlich richtete sich dabei die Aufmerksamkeit auf Kreta, das ungefähr gleich weit vom Peloponnes wie von Kleinasien entfernt lag. Damals begann man die unbestimmten Traditionen und Legenden, wie ausgeschmückt und umgewandelt sie auch sein mochten, als auf geschichtlichen Tatsachen beruhende Volksüberlieferungen zu erkennen; so rief man sich nun gewisse Anspielungen in der griechischen Literatur und Mythologie ins Gedächtnis zurück. Feste Vorstellungen von einer der ihren vorausgehenden, glanzvollen bronzezeitlichen Kultur freilich lassen sich bei den alten Griechen kaum nachweisen;

dennoch fehlen Hinweise auf Kreta nicht. So galt zum Beispiel der Berg Ida in der Mitte der Insel sogar als Geburtsort des mächtigen Zeus. Weiter war da der sagenhafte König Minos von Kreta, ein weiser Gesetzgeber und mächtiger Bauherr; für ihn sollte einst der große Erfinder Dädalus jenes Labyrinth ersonnen haben, in dem der mit menschlichem Körper, aber dem Kopf eines Stieres begabte Minotaurus hauste. Jedes Jahr mußten die Griechen sieben Jünglinge und sieben Jungfrauen senden, die von diesem menschenfressenden Ungeheuer verschlungen wurden – welcher Tribut erst ein Ende fand, als der athenische Held Theseus mit Hilfe der klugen Ariadne den Minotaurus erschlug. Diese Geschichte schien auf eine einstige Oberhoheit Kretas über das Festland hinzuweisen, und dieser Schluß wurde durch die Darstellung von Kretas Seeherrschaft im östlichen Mittelmeer bei Thukydides unterbaut: „Minos ist der früheste Herrscher, von dem wir wissen, daß er eine Flotte besaß und den Hauptteil der jetzt griechischen Gewässer kontrollierte. Er beherrschte die Kykladen und gründete als erster auf den meisten von ihnen Kolonien, als deren Statthalter er seine Söhne einsetzte. Höchstwahrscheinlich säuberte er, soweit ihm das möglich war, das Meer von Seeräubern, um seine eigenen Einkünfte zu sichern." Herodot berichtet, daß Griechen vom Festland und von den Inseln zu Ruderdiensten auf den kretischen Galeeren gepreßt wurden. Die Ilias erwähnt – ohne Zweifel aus einer späteren Zeit, als die Kreter die Inseln der Ägäis nicht mehr beherrschten – kretische Krieger, die bei der Belagerung Trojas durch die Achäer zu Agamemnons Heerschar gehörten. Und schließlich enthielt die Odyssee die denkwürdigen Verse:

„Kreta ist ein Land inmitten des purpurnen Meeres,
Fruchtbar und schön und rings umströmt. Es leben dort sicher
Menschen, ja ungezählt, und neunzig Städte sind drinnen ...
Unter den Städten ragt das hohe Knossos, das Minos
Immer neun Jahre lang als Zeus' Vertrauter beherrschte."*

Ein begeisterter Verehrer der griechischen Epen wie Schliemann, der von Sizilien bis zum Bosporus nach den Spuren der Städte Homers suchte, konnte natürlich an Kreta nicht vorübergehen. 1878 verhandelte er über den Ankauf eines Grabungsplatzes in Kephala; hier hatte nämlich ein einheimischer Kreter mit dem passenden Namen Minos

* Odyssee 19, 172–174, 178 f. Deutsche Übertragung nach Th. von Scheffer, Homers Odyssee (Anm. der Übers.).

Kalokairinos einige Schächte in die Erde getrieben und den Platz als das alte Knossos identifiziert. Wegen der maßlosen Forderungen des mohammedanischen Eigentümers konnte jedoch Schliemann seine Pläne nicht verwirklichen. Die politischen Wirren auf der Insel nach Schliemanns Tod im Jahre 1890 verhinderten eine systematische Ausgrabung bis zum Ende der Türkenherrschaft 1898. 1899 konnte Arthur Evans den alten Siedlungsplatz Kephala erwerben und mit seinen Grabungen beginnen. „Kein Archäologe", so ist von ihm gesagt worden, „hat jemals wie er das Glück gehabt, eine ganze Kultur zu enthüllen, deren Vorhandensein vor Beginn der Ausgrabungen kaum vermutet wurde ... kein archäologisches Wagnis wurde so reich belohnt, und kein Unternehmen war so voll von Überraschungen und hatte so großartige Ergebnisse."

Der von Schliemann wiederentdeckten homerisch-mykenischen Epoche fügte Evans nun eine reichere, unabhängigere und weit ältere Phase hinzu, die kurz nach Mykenes Gründung zu Ende ging und zu letzterem in einer Art Vaterschaftsverhältnis stand. Als aus Kretas Schutt die von Evans „minoisch" genannte Kultur wiedererstand, wurde der Beginn der europäischen Geschichte um weitere 1500 Jahre zurückgeschoben. Es war eine Zivilisation, die durch künstlerische Verfeinerung, Naturalismus, Lebendigkeit, edle Sitten und materiellen Komfort blendete. Unähnlich den eher düsteren, abweisend monumentalen Bauwerken Mesopotamiens und Ägyptens war die Architektur des Minos auf das Maß des Menschen abgestellt. Hier diente offenkundig alles der Freude am Leben und nicht dem Ruhm gieriger, unfaßlicher Götter oder despotischer Herrscher, und zum ersten Mal schien man dem weltlichen Geist des Westens zu begegnen. Besucher des Grabungsfeldes waren von der Schönheit der Bauten und der Heiterkeit des Wandschmucks außerordentlich beeindruckt; die Wohnhäuser mit ihrem gut durchdachten Wasserleitungssystem schienen für ein angenehmes Leben bestimmt.

Arthur Evans ging nicht als Philhellene, mit Homer als Führer, nach Kreta. Eher langweilte ihn das klassische Griechenland. Aber im Verlauf seiner häufigen Balkanreisen war er auch zu den alten mykenischen Städten gekommen und hatte Schliemann, der mit seinem Vater – einem reichen Industriellen und guten Kenner der europäischen Alt- und Jungsteinzeit – bekannt war, einen Besuch gemacht. Die Kultur Mykenes, die nach seinem Empfinden durchaus mit der des klassischen Griechenlands wetteifern konnte, fesselte den jungen Evans so, daß er sich zu ihrem gründlichen Studium entschloß. Für Schliemanns sentimentale literarische Theorien freilich hatte er nur ein Achselzukken; er war von Kindheit an zur wissenschaftlichen Betrachtung der Antike erzogen worden und machte sich nun, wie nicht anders zu erwarten, an die methodische Erforschung von Ausdehnung und Grundlagen dieser großartigen bronzezeitlichen Zivilisation Europas. Insbesondere schien es ihm unbegreiflich, daß die geistig so hochentwickelten Mykener hätten ohne Schrift auskommen können.

Ein erster Hinweis auf die Schrift der mykenischen Epoche tauchte 1889 auf. Evans, der seit 1884 *Keeper* im Ashmolean Museum Oxford war, erhielt damals einen eigenartigen, vierseitigen altgriechischen Siegelstein zugesandt, auf dem hieroglyphenähnliche Zeichen eingraviert waren. Evans erste Kretareise war der Suche nach solchen Siegeln gewidmet, denn er hatte herausgefunden, daß sie letzten Endes alle aus den alten Siedlungen der Insel stammten. Er war nun der Auffassung, daß Kreta die Kulturbrücke zwischen dem Vorderen Orient, insbesondere Ägypten, und Europa gewesen sei, und meinte, in der kretischen Hieroglyphenschrift Hinweise auf ägyptischen Einfluß zu erkennen (früher hatte er die Möglichkeit in Betracht gezogen, daß die sogenannten *Keftiu*, die auf ägyptischen Reliefs als fremde Eroberer erscheinen, ein ägäischer Volksstamm seien). Sein Hauptanliegen aber blieben die feinen piktographischen Zeichen, die auf Siegeln eingraviert waren; 1893 unterbreitete er der *Hellenic Society* seine Forschungsergebnisse, und drei Jahre später veröffentlichte er einen umfangreichen Artikel mit dem Titel *Cretan Pictographs and Prae-Phoenician Script.*

Um womöglich längere Texte und Archive – oder gar das begehrteste aller archäologischen Objekte, eine zweisprachige Inschrift – zu finden und auf diese Weise das Geheimnis der kretischen Schrift zu lösen, kaufte der sehr vermögende Evans schließlich das Ruinenfeld von Kephala-Knossos. 1899 begann er zu graben und hatte von Anfang an ungewöhnlichen Erfolg. Nur wenig unter der Oberfläche wurde ein umfangreicher Palast gefunden, dessen Erbauer einer hochentwickelten, bisher unbekannten Kultur angehörten. Vieles, was Evans Jahr um Jahr bei seinen Grabungen aufdeckte – wunderbare Wandmalereien mit „Stierkampf"-Szenen, Statuetten, Bronzen, Elfenbeinarbeiten, Fayencen, Schmuck und Vasen – zeigte unübertreffliche

Schönheit und eine wunderbare, gleichsam moderne Formung. Ebenso fand Evans eine beträchtliche Anzahl Schrifturkunden. Nach ihrem Schrifttyp teilte er diese in drei verschiedene Gruppen, die augenscheinlich einander gefolgt waren, nämlich eine kretische Hieroglyphenschrift und die kursiven Linearschriften A und B. Die Entschlüsselung dieser minoischen Schrift war Evans' größter Ehrgeiz, indes machte er hierin vergleichsweise nur geringe Fortschritte. 1909 veröffentlichte er den ersten Band eines geplanten zweibändigen Werkes mit dem Titel *Scripta Minoa*, in welchem er die unterschiedlichen kretischen Inschriften beschrieb und analysierte. Der zweite Band, der – mit zusätzlichem Material – die Übertragung der Texte des ersten Teils bringen sollte, konnte erst 1952 erscheinen. Damals stellte Sir John Myres aus Evans' ausführlichen Anmerkungen einen zweiten Band zusammen, der jedoch keine Übersetzungen enthielt.

Größere Erfolge hatte Evans bei der Aufstellung einer Chronologie der mykenischen Epoche, indem er nach der Methode Petries synchronistische Daten ägyptischer Funde auswertete. So konnte er drei Hauptperioden – alt-, mittel- und spätminoisch – mit jeweils drei Unterteilungen abgrenzen und sie zu Epochen der altägyptischen Geschichte in Beziehung setzen. Mit einigen Modifikationen und Berichtigungen hat sich Evans' Schema als stichhaltig erwiesen. Ebenso stellte er eine synchronistische Tabelle für das Festland und die Inseln („helladischer" und „kykladischer" Kreis) auf. Was den völkischen Grundstock des alten Kreta betraf, so glaubte Evans an eine Besiedlung durch Stämme anatolischer Herkunft in neolithischer Zeit, war sich aber sicher, daß die Minoer ihre hauptsächlichen kulturellen Impulse wahrscheinlich zu Beginn der dynastischen Epoche aus dem nördlichen Ägypten empfangen hätten.

Als Evans 1901 den Ertrag seiner Entdeckungen in einem Artikel der *Monthly Review* veröffentlichte, entstand große Aufregung, zumal – anders als bei Schliemann – Evans' wissenschaftliche Integrität und archäologische Zuständigkeit außer Frage stand. (In späteren Jahren freilich sollte seine Wiederherstellung kretischer Bauten, Fresken und sonstiger Denkmäler, die er aus eigenen Mitteln finanzierte, als „Beton-Kreta" auf Kritik stoßen.)

Auch andere Gelehrte vollbrachten auf dem Gebiet der kretischen Archäologie hervorragende Leistungen. So begann noch vor Evans der Italiener Frederico Halbherr, Ausgräber von Phaistos und Hagia

Triada, in Kreta zu arbeiten; zwei Amerikaner namens Harriet Boyd-Hawes und B. Seager gruben Gournia aus; die Kreter selbst entdeckten einen Palast in Tylissos, und die Franzosen leisteten Bedeutendes in Mallia. Indes bleibt die Wiedererstehung der minoischen Kultur unauflöslich mit dem Namen Evans verbunden.

Viele Jahre lang setzte Evans seine Grabungen in Knossos fort und erbaute sich hier sogar einen ständigen Wohnsitz, den er Villa Ariadne nannte. Dort und in London schrieb er seine umfassende Arbeit *The Palace of Minos*, ein Werk von 3000 Seiten, das er 1935 vollendete. Sein Nachfolger wurde J. D. S. Pendlebury, der, auf der Seite griechischer Partisanen gegen die Deutschen kämpfend, im zweiten Weltkrieg fiel. Sir Arthur Evans selbst starb, drei Tage nach seinem neunzigsten Geburtstag, 1941 in England. Die Villa Ariadne war damals von den Deutschen besetzt und ihr Hauptquartier.

Der Palast des Minos

Noch vor knapp einer Generation war der Ursprung der griechischen Zivilisation und damit die Quelle aller Hochkultur in undurchdringliches Dunkel gehüllt. Diese alte Welt in ihren engen Grenzen war noch umgeben vom ringsum fließenden „Strom des Okeanos". Gab es etwas jenseits von ihm? Waren die legendären Könige und Helden der homerischen Zeit mit ihren Palästen und Burgen am Ende doch etwas mehr als nur vermenschlichte Gestalten aus Sonnenmythen?

Es gab einen Mann, der daran glaubte und diesen seinen Glauben in die Tat umsetzte: Dr. Schliemann. In ihm erstand der Wissenschaft vom klassischen Altertum ein Columbus. Den Spaten in der Hand, erweckte er aus den Schutthügeln vergangener Epochen Troja zu neuem Leben; in Tiryns und Mykene legte er Paläste, Gräber und Schätze homerischer Könige frei. Eine neue Welt öffnete sich der Forschung; Dr. Tsountas und andere traten auf dem Boden Griechenlands erfolgreich in die Fußstapfen jenes ersten Forschers. Die Sicht wurde frei; weit außerhalb der Grenzen des eigentlichen Griechenlands begannen sich Spuren dieser „vorgeschichtlichen" Kultur abzuheben. Von Cypern und Palästina bis nach Sizilien und Süditalien, ja bis zu Spaniens Küsten hatte über das Mittelmeer hin der koloniale und wirtschaftliche Unternehmergeist der „Mykener" seine Zeugnisse hinterlassen. Petries Forschungen in Ägypten bewiesen überzeugend, daß mindestens seit dem Ende des Mittleren Reiches, das heißt ungefähr seit Beginn des 2. Jahrtausends v. Chr., Importe von ägäischen Tonwaren ihren Weg ins Niltal fanden. Während der Hochblüte der 18. Dynastie, vom 16. bis 14. Jahrhundert v. Chr., waren dann diese Beziehungen sehr eng. Die jetzt in ihrer vollen Entfaltung stehende Kunst Mykenes beeinflußte die der zeitgenössischen Pharaonen und brachte in den alten konventionellen Stil des Landes der Pyramiden und der Sphinx ein belebendes europäisches Element.

Indes blieb das Gemälde sehr unvollständig; besser gesagt: ihm fehlte noch die Figur, die den Mittelpunkt beherrschen mußte. Bei allen Ausgrabungen und Untersuchungen war dasjenige Land, das die alten Traditionen einmütig als Wiege der griechischen Kultur bezeichneten, unberücksichtigt geblieben. Hier paßte jenes Wort Gelons, das er einst gegenüber dem mißachteten Sizilien und Syrakus ausgesprochen hatte: dem Jahre dieses frühen Hellas „fehlte der Frühling". Gerade die zentral, auf halbem Wege zwischen drei Kontinenten gelegene Insel Kreta, die vom großen libyschen Vorgebirge flankiert und durch die Trittsteine kleinerer Inseln mit dem Peloponnes und dem anatolischen Festland verbunden wurde, war von Natur aus dazu ausersehen, die führende Rolle in der Entwicklung der frühen ägäischen Kultur zu spielen.

Hier regierte in seiner Königsstadt Knossos Minos oder diejenige historische Gestalt, die sich hinter diesem Namen verbirgt, und gründete die erste griechische Seeherrschaft, die sich weit und breit über die Inseln und Küsten der Ägäis ausdehnte. Athen leistete ihm seinen Menschentribut an Jünglingen und Jungfrauen. Überall längs des Mittelmeerbeckens, im Osten wie im Westen, gründete er seine Pflanzstädte, so daß schließlich der kretische Zeus in Gaza verehrt wurde und im westlichen Sizilien eine minoische Siedlung entstand. Seinen größten Ruhm aber erwarb er als Griechenlands erster Gesetzgeber; der Kodex des Minos wurde die Quelle aller späteren Rechtsschöpfungen. Als weiser Herrscher und inspirierter Gesetzgeber gewinnt er in der Legende fast biblischen Charakter. Er ist ein kretischer Mose, der sich alle neun Jahre zur Grotte des Zeus entweder auf den kretischen Ida oder auf den Dikta begab, um vom Gott des Berges die Gesetze für sein Volk zu empfangen. Wie Abraham wird er als „Freund Gottes" beschrieben. Ja, in gewisser Beziehung hat die mythische Gestalt des Minos die Neigung, sich mit der des einheimischen Zeus zu vermengen.

Dieser kretische Zeus, der Gott des Berges, dessen Tiergestalt der Stier und dessen Symbol die Doppelaxt war, hatte seinerseits einen menschlichen Wesenszug, der ihn von seinem stärker verklärten Namensvetter im klassischen Griechenland unterschied. In der großen Höhle des Dikta, dessen innerstes, mit den Natursäulen schimmernder Stalaktiten geschmücktes Heiligtum tief zu den Wassern eines nie befahrenen Sees hinabführte, sollte Zeus selbst geboren und von der Nymphe Amaltheia mit Honig und Ziegenmilch aufgezogen worden sein. Auf dem kegelförmigen Hügel unmittelbar oberhalb von Minos' einstiger Stadt, der jetzt *Juktas* heißt und noch heute von einer kyklopischen Mauer umgeben ist, zeigte man sein Grab. Die Griechen der klassischen Zeit spotteten über diese schlichte Legende; sie war mit ein Anlaß zu dem umlaufenden Sprichwort, daß „alle Kreter Lügner" seien. Sogar Paulus übernahm dieses harte Urteil; in Kreta selbst aber verfuhr die neue Religion, die hier wie anderswo die vorhandenen Glaubensvorstellungen mit Eifer für die eigene Propaganda nutzbar machte, anscheinend milder mit den Schauplätzen der niedrigen Geburt und heiligen Bestattung eines sterblichen Gottes. Auf der Höhe des Juktas und auf den Spitzen des Dikta, die zu ihm herabschauten – der eine die Geburtsstätte, der andere das Heiligtum des kretischen Zeus –, wurden von frommer Hand Kapellen errichtet, die man dem *Avhentés Christos*, dem „Herrn Christos" weihte und die das Ziel jährlicher Wallfahrten wurden. Noch in heidnischer Zeit hatte der minoische Zeus in seinem Tempel zu Gaza den ehrenvollen Beinamen *Marnas*, d. h. „Herr", erhalten.

Wie Minos der älteste Gesetzgeber, so wurde sein kunstfertiger Untertan Dädalus der Überlieferung nach der erste Begründer einer Art Kunstschule. In ihr wurden für König Minos viele legendäre – und, wie der eherne Riese Talos, auch grausige – Werke geschaffen. In der Residenz Knossos erbaute Dädalus den Tanzplatz oder „Choros" der Ariadne und das berühmte Labyrinth. Tief in diesem Irrgarten hauste der Minotaurus, der „Stier des Minos", dem man täglich Menschenopfer zum Fraß vorwarf – bis eines Tages Theseus, gesichert durch Ariadnes Garnknäuel, bis zu seinem Aufenthaltsort vordrang, das Ungetüm erschlug und die gefangenen Jünglinge und Jungfrauen befreite. So wenigstens ging die Sage in Athen. Eine nüchterne Überlieferung sah im Labyrinth ein Bauwerk mit zahlreichen Gängen, das Dädalus nach dem Vorbild des großen ägyptischen Totentempels am Ufer des Moeris-Sees errichtet hatte – die Griechen gaben diesem den gleichen Namen. Neue philologische Untersuchungen leiten den Namen von *labrys,* der Doppelaxt, ab, die das Emblem des kretischen und karischen Zeus war.

Die mythologische Betrachtung sah nach der Formulierung eines deutschen Gelehrten im Labyrinth „eine Schöpfung aus Glaube und Phantasie, ein Bild des gestirnten Himmels mit seinen unendlichen, verworrenen Pfaden, auf denen dennoch Sonne und Mond sicher ihren Weg finden". Wir werden sehen, daß der Spaten eine einfachere Erklärung zu erbringen vermochte.

Ruft man sich alle jene in einem Punkt zusammenlaufenden Linien der alten Überlieferung ins Bewußtsein, so gewinnt man die feste Überzeugung, daß die Welt Mykenes tatsächlich „ohne Kreta des Frühlings entbehrt". Wie groß auch die Forschungsergebnisse in den Ruinen dieser alten Kultur auf dem griechischen Festland und sonstwo sein mochten – es blieb der Eindruck der Unvollständigkeit, und nichts war dabei schlagender als das Fehlen jedes geschriebenen Dokuments. Gewiß hatten sich auf einem Vasengriff einige Zeichen gefunden, doch waren sie als vermeintlich kenntnislose Nachahmungen hethitischer oder mykenischer Hieroglyphen unbeachtet geblieben. In dem der mykenischen Kunst gewidmeten Band seines Monumentalwerkes sah sich G. Perrot zu folgender Schlußfolgerung veranlaßt: „Nach dem gegenwärtigen Stand müssen wir erneut betonen, daß während dieser ganzen Epoche im Peloponnes und im zentralen Griechenland weder an den Bauwerken noch auf der Unzahl der in den Gräbern wiedergefundenen Gebrauchs- und Luxusgegenstände irgend etwas Schriftähnliches entdeckt worden ist."

Sollte das wirklich das letzte Wort wissenschaftlicher Untersuchung sein? Konnte einem in anderer Beziehung so hoch entwickelten Volk – mit seinen engen Bindungen zu Ägypten und Syrien, wo die Schreibkunst seit unvordenklicher Zeit zuhause war – dieses entscheidendste Element der Kultur völlig fehlen? Ich vermochte das nicht zu glauben. Aufs neue gingen meine Gedanken zum Lande des Minos, und unaufhaltsam drängte sich mir die Frage auf, wie sich jenes alte Erbe festformulierter Gesetze mit völliger Unkenntnis des Schreibens vereinbaren ließe. Eine bei den Kretern selbst erhalten gebliebene Überlieferung, die von Diodor bewahrt wurde, bewies ihr besseres Wissen. Nach ihrer Aussage nämlich hätten die Phöniker die Buchstaben nicht erfunden, sondern nur ihre Formen geändert – mit anderen Worten, sie hätten lediglich ein vorhandenes Schreibsystem verbessert.

Schon vor sieben (oder elf?) Jahren kam nun ein bereits recht sicherer Beweis dafür in meine Hand, daß die Kreter lange vor der Einführung des phönikischen Alphabets – wie es von den späteren Griechen übernommen wurde – tatsächlich eine Schrift besessen haben mußten. Als ich in Athen alten Steinen mit Eingravierungen nachspürte, stieß ich auf einige drei- oder vierseitige Siegel, die auf jeder ihrer Flächen Gruppen hieroglyphischer oder linearer Zeichen aufwiesen; diese stellten offensichtlich eine Art Schrift dar, unterschieden sich aber vom Ägyptischen und Hethitischen. Erkundungen ergaben, daß diese Siegel in Kreta gefunden waren. Damit hatte ich einen Hinweis in der Hand und entschloß mich wie Theseus, ihm, wenn möglich, bis in die innersten Schlupfwinkel des Labyrinths zu folgen. Niemals hatte ich bezweifelt, daß Ursprung und Mittelpunkt der großen mykenischen Kultur auf dem Boden Kretas aufzudecken sei; nun aber eröffnete sich endlich die Aussicht auf Enthüllung ihrer Schrifturkunden.

Von 1894 an führte ich vor allem in Mittel- und Ostkreta eine Reihe von Forschungskampagnen durch. Dabei kamen ohne Unterlaß von allen Seiten neue Zeugnisse – kyklopische Ruinen von Städten und Burgen, bienenkorbähnliche Gräber, Vasen, Weihbronzen und feingravierte Gemmen – ans Licht; sie bewiesen zur Genüge, daß die großen Tage in der Geschichte dieser Insel weit vor der historischen Epoche lagen. Aus den mykenischen Siedlungen Kretas erhielt ich eine ganze Reihe beschrifteter Siegel von der mir zuerst in Athen bekannt gewordenen Art; sie bewiesen die Existenz eines vollständigen Schriftsystems aus hieroglyphischen oder halb-bildhaften Zeichen mit gelegentlichem Hinweis auf das Vorhandensein auch mehr linearer Formen. Aus der großen Höhle Dikta – Zeus' Geburtsstätte –, deren Weihgabendepots jetzt von D. Hogarth genau erforscht worden sind, verschaffte ich mir eine steinerne Votivtafel, die einen Weihtext von mehreren Zeichen in frühkretischer Schrift trug. Für eine umfangreichere Ausgrabung aber faßte ich gewisse Mauerruinen ins Auge, in deren Gipssteinblöcken eigenartige symbolische Zeichen eingraviert waren; diese Ruinen krönten den Südabhang eines unter dem Namen

Kephala bekannten Hügels, der über der alten Stätte von Knossos – der Stadt des Minos – aufragte. Offensichtlich gehörten sie zu einem großen, prähistorischen Bauwerk. Harrte hier vielleicht der Palast des Königs Minos oder gar das geheimnisvolle Labyrinth selbst seiner Entdeckung?

Diese Blöcke waren bereits Schliemann und anderen aufgefallen, indes hatten Widerstände seitens der einheimischen Eigentümer bisher alle Bemühungen um eine wissenschaftliche Erforschung zunichte gemacht. 1895 gelang es mir, von einem der Miteigentümer ein Viertel der Fläche zu erwerben. Da aber erhoben sich neue Hindernisse, die mich vor Schwierigkeiten viel ernsterer Art stellten. Die Zeitumstände waren alles andere als günstig. Der Aufstand hatte begonnen, die Hälfte der kretischen Dörfer lag in Asche, und im benachbarten Kandia hatte sich der fanatischste Teil der mohammedanischen Bevölkerung von der ganzen Insel versammelt. Meinen zuverlässigen Herakles, der mir damals „Führer, Philosoph und Maultiertreiber" in einem war, hatten die Türken in einen abscheulichen Kerker gesteckt, aus dem er nur unter großen Schwierigkeiten herausgeholt werden konnte. Bald darauf fand das unvermeidliche Massaker statt, dessen Opfer zum Teil gerade die angeblichen britischen „Okkupanten" der Insel wurden. Schließlich aber erwachte der schlafende Löwe: vor den Kanonen Admiral Noels gab der türkische Befehlshaber binnen zehn Minuten die Regierungsgebäude auf und schiffte die Truppen des Sultans ein. Wieder einmal war Kreta frei.

Zu Beginn dieses Jahres war ich endlich in der Lage, mir den Restteil der alten Siedlung Kephala zu sichern und mit Genehmigung der Regierung Prinz Georgs alsbald die Ausgrabungen in Gang zu bringen. Von dem soeben gegründeten *Cretan Exploration Fund* erhielt ich einige Zuschüsse und hatte das Glück, für meine Unternehmungen Duncan Mackenzie als Assistenten gewinnen zu können, der bereits mit gutem Erfolg für die *British School* in Melos gearbeitet hatte. Bei der Ausgrabung wurden achtzig bis hundertfünfzig Mann beschäftigt; sie blieb im Gang, bis Hitze und Fieber ihr im Juni für diese Saison ein Ende setzten.

Ihr Ergebnis war die Freilegung erheblicher Teile eines umfangreichen Palastes mit zahlreichen Nebengebäuden, der weit größer war als die von Tiryns und Mykene. Von ihm konnten etwa 0,8 ha aufgedeckt werden, denn dank außerordentlicher Glücksumstände begannen die Mauerreste in nur ungefähr 30 cm – und oft noch viel geringerer – Tiefe unter der Oberfläche zu erscheinen. Diese Residenz prähistorischer Könige hatte in einer gewaltigen Katastrophe ihr Ende gefunden. Überall auf der Spitze des Hügels zeigten sich die Spuren einer mächtigen Feuersbrunst; verbrannte Balken und verkohlte Holzsäulen lagen in den Räumen und Gängen. Hier hatte es keinen allmählichen Verfall gegeben, sondern die an dieser Stätte sich darbietende Kultur war in voller Blüte plötzlich abgebrochen. Auf dem gesamten Grabungsfeld fanden sich ausschließlich Überreste aus der mykenischen Glanzperiode – alles war sogar älter als die letzte in Mykene selbst bezeugte Epoche. Vom Datum der Zerstörung bis zum heutigen Tag war der Platz gänzlich verlassen geblieben. Dreitausend Jahre oder noch länger schien hier kein Baum gepflanzt worden zu sein, und einen Teil der Fläche hatte seither nicht einmal eine Pflugschar berührt. Zur Zeit der großen Zerstörung war der Platz ohne Zweifel von Plünderern methodisch nach Metallobjekten abgesucht worden; den sich in Räumen und Gängen aufhäufenden Schutt hatte man emsig nach kostbaren Beutestücken durchwühlt. An einigen Stellen hatte ein einheimischer Bey oder Bauer nach Steinen für seinen Hof oder seine Dreschtenne gegraben. Aber die aus Lehm und Mörtel errichteten Brandmauern standen mit ihren Freskomalereien, die oft nur einige Zentimeter unter der Oberfläche völlig erhalten waren, noch unberührt – ein deutlicher Beweis dafür, wie gänzlich abgeschieden die Ruinenstätte in all diesen langen Jahrhunderten gelegen hatte.

Die Zerstörer könnten dorische Eindringlinge gewesen sein, die etwa im 12. oder 11. Jahrhundert v. Chr. die Insel überrannt zu haben scheinen. Näher liegt die Annahme, daß es sich bei ihnen um noch frühere Eroberungsgruppen vom griechischen Festland handelt. Der Palast selbst hat eine lange Vorgeschichte und zeigt häufig Spuren von Umbauten. Seine frühesten Bestandteile mögen tausend Jahre vor dem Datum seiner endgültigen Zerstörung anzusetzen sein, denn im großen Osthof fand sich der untere Teil einer sitzenden ägyptischen Figur aus Diorit, deren dreifache Inschrift sie auf das Ende der 12. oder den Anfang der 13. ägyptischen Dynastie, das heißt etwa auf 2000 v. Chr., zurückdatiert. Unter den Fundamenten des Bauwerks finden sich aber über den ganzen Hügel hin die Reste einer primitiven Siedlung von noch wesentlich höherem Alter, die der steinzeitlichen Epoche der Insel angehört. Diese „neolithische“ Schicht war teilweise über 70 cm dick, und überall fanden sich in ihr Steinäxte, Messer aus vulkanischem Glas und dunkel polierte, mit Ritzornamenten verzierte Keramik sowie Idole von der Art, wie Schliemann sie in den tiefsten Schichten Trojas entdeckt hatte.

Knossos, Gartenfront des Palastes von SW (Rekonstruktion)

Die Außenmauern des Palastes waren durch mächtige Gipssteinblöcke verstärkt, doch fehlte ein ausgebildetes Befestigungssystem nach der Weise von Tiryns oder Mykene. Der Grund hierfür ist unschwer zu erkennen. Warum ist Paris stark befestigt, London dagegen praktisch eine offene Stadt? Man erinnere sich daran, daß die Residenz des Minos Mittelpunkt einer großen Seemacht war, dessen Herrscher auf „Wände von Holz“, das heißt auf ihre Schiffe vertrauen mußten. Die mächtigen Quader des Palastes zeigen indes an, daß das Fehlen der Festungsbauten auf der Akropolis von Knossos nicht auf Mangel an fortifikatorischem Können seiner Baumeister beruht. Tatsächlich lag hier das Zentrum der mykenischen Machtentfaltung. In Tiryns und Mykene selbst fühlte man sich durch die kriegerischen Nachbarn auf dem Festland bedroht. Eintritt in das Haus des Minos aber konnten sich diese Feinde vom Kontinent erst erzwingen, als sie selbst Herren des Meeres geworden waren. Dann allerdings wurde ihnen die Sache leicht gemacht. In der Höhle des Zeus auf dem Ida fand man eine große Brosche oder Fibel aus dem Besitz eines jener nördlichen Eroberer, auf deren einer Seite deutlich ein Kriegsschiff eingraviert ist.

Man betrat den Palast von einem geräumigen, gepflasterten Hof aus durch eine Säulenhalle und ein Doppeltor. An der Seite der Säulenhalle befanden sich die Reste eines großen Stier-Freskos. Auf den Wänden des von ihr ausgehenden Flures war noch der untere Teil von Wandgemälden erhalten, die eine Prozession lebensgroßer Gestalten zeigten; die zentrale Figur stellte eine Frau, wahrscheinlich eine Königin, in prachtvollem Schmuck dar. Dieser Gang führte im Bogen zu einer großen, im Süden gelegenen Säulenhalle, einem *Propyläum* mit Doppelsäulen, deren Wände ursprünglich mit Darstellungen gleichen Stils geschmückt waren. Fast durch die ganze Länge des Bauwerkes lief ein geräumiger, gepflasterter Korridor, an dem in langen Reihen schöne Steintüren lagen; diese führten zu einer Folge von Vorratsräumen. Auf dem Boden der Magazine standen noch hohe Vorratskrüge aufrecht – groß genug, um die „vierzig Räuber" aufzunehmen. Einer dieser Krüge, der sich in einer kleinen Sonderkammer befand, war fast 1,5 m hoch.

Hier kam es zu einer der seltsamsten Entdeckungen der ganzen Ausgrabung. Unter dem eng verlegten Pflaster eines dieser Magazine, auf dem die hohen Krüge standen, waren zwischen fest gemauerten Pfeilern steinerne Kisten in Doppelreihen eingemauert, die Einfassungen aus Blei hatten. Nur einige wurden geöffnet und erwiesen sich als leer, indes bestehen kaum Zweifel, daß sie zur Aufnahme eines Schatzes angelegt worden waren. Wer auch immer den Palast zerstört und ausgeplündert haben mag – diese Behälter hatte er nicht entdeckt; so besteht die Hoffnung, daß im weiteren Verlauf der Untersuchung vergrabene Schätze ans Licht kommen.

Auf der Ostseite des Palastes erstreckte sich ein noch größerer gepflasterter Hof, zu dem man über breite Stufen von einem anderen Hauptportal gelangte. Von diesem Hof kam man durch ein Vorgelaß in den wohl interessantesten Raum des ganzen Gebäudes. Er war – obwohl gut 1200 Jahre älter – fast so vollständig konserviert wie irgend etwas, das unter der vulkanischen Asche Pompejis oder unter der Lava Herculaneums gefunden worden ist. Schon einige Zentimeter unter der Oberfläche begannen frisch gebliebene Fresken aufzutauchen. Binnen kurzem wurden Mauern freigelegt, die Darstellungen blühender Pflanzen und fließenden Wassers zeigten; zu beiden Seiten eines Einganges, der zu einem kleinen Innenraum führte, waren in der gleichen blumenreichen Landschaft Greifen mit Pfauenfedern abgebildet, die Wache zu halten schienen. Rings um die Wände liefen niedrige Steinbänke. Zwischen ihnen stand an der Nordseite, durch einen schmalen Abstand getrennt, auf einem steinernen Podium ein hochlehniger Thron aus Gipsstein, der ursprünglich mit farbigen Zierornamenten bemalt gewesen war. Der untere Teil hatte als Schmuck einen eigenartigen, ausgemeißelten Bogen mit giebelförmigen Zierleisten, die in ungewöhnlicher Weise einige sehr charakteristische Merkmale der gotischen Architektur vorausnahmen. Dem Thron gegenüber befand sich ein fein gearbeitetes Wasserbecken aus Gipssteinplatten, dessen Vorbild in einem ägyptischen Palast gestanden haben mochte; man gelangte zu ihm über eine Reihe absteigender Stufen, und es wurde ursprünglich von Säulen aus Holz überragt, die eine Art *Impluvium* trugen. Dies war sicher der Ratssaal eines mykenischen Königs oder einer fürstlichen Herrscherin.

Die im Palastbereich entdeckten Fresken eröffnen ein neues Kapitel in der Geschichte der Malerei. Sogar aus der klassischen Zeit des antiken Griechenlands war bisher wenig von dieser Kunstgattung bekannt, was älter gewesen wäre als die pompejanischen Wandgemälde. Der erste Fund dieser Art bezeichnete einen Glückstag in der Geschichte der Ausgrabung. Beim sorgfältigen Entfernen von Erde und Schutt in einem Gang auf der Rückseite des südlichen *Propyläums* kamen zwei große Fragmente vom unteren Teil eines Gemäldes ans Licht; es schien einen Jüngling darzustellen, der einen goldgefaßten Silberbecher trug. Sein Gewand ist mit einem schönen Vierblattmuster verziert, vor dem Ohr ist ein Silberzierat zu sehen, Arme und Hals schmücken silberne Ringe. Unter den Schmuckstücken ist eine Achatgemme am linken Handgelenk besonders interessant, zeigt sie doch die Art, wie man die so schön gravierten Siegelsteine trug, deren Abdrücke auf Ton sich im Palast fanden.

Die Farben besaßen noch fast den gleichen Glanz wie an dem Tage vor mehr als dreitausend Jahren, an dem sie aufgetragen worden waren. Zum ersten Mal steht hier das echte Porträt eines Angehörigen des geheimnisvollen Mykenervolks vor unseren Augen. Der Farbton der Haut, bei dem man vielleicht einem ägyptischen Vorbild folgte, zeigt ein tiefes rötliches Braun. Die Glieder sind fein geformt, die Taille ist nach üblicher mykenischer Mode durch einen silberbeschlagenen Gürtel stark eingeschnürt, so daß die Hüften betont hervortreten. Das Gesichtsprofil ist rein und beinahe klassisch griechisch. Zusammen mit dem dunklen, gekräuselten Haar und dem hohen, kurzschädeligen Kopf erinnert es an einen einheimischen Typ, der sich in den Schluchten des Ida und den Weißen Bergen bis heute erhalten hat und selbst in gewissem Maße an das Albanische Hochland und die Nachbarregionen Montenegros und der Herzegowina gemahnt. Trotz voller Lippen wirkt der Gesichtsausdruck nicht semitisch. Die Wiedergabe der Augen im Profil bezeichnet einen von den Ägyptern nicht erzielten Fortschritt in der Darstellung des Menschen, der erst wieder von den Meistern des klassischen Griechenlands in der frühen Epoche der schönen Künste während des 5. Jahrhunderts v. Chr. erreicht wurde. Das war gut achthundert Jahre später, die durch Rückfall in die Barbarei und nur sehr langsamen Wiederaufstieg gekennzeichnet sind.

Von dem Bilde dieser strahlenden Jugend und männlichen Schönheit, das nach so langem Zeitraum aus einer gestern noch vergessenen Welt hier vor unseren Augen erstand, ging ein starker Eindruck aus. Sogar unsere ungebildeten kretischen Arbeiter konnten sich seinem bestrickenden Zauber nicht entziehen. Tatsächlich betrachteten sie die Entdeckung eines solchen Gemäldes tief im Schoß der Erde einfach als ein Wunder und erblickten in dem Bildnis die Ikone eines Heiligen. Die Bergung des Freskos erforderte durch Unterziehen einer Stuckschicht sorgfältige und mühselige Maßnahmen, die nächtliche Bewachung notwendig machten. Der alte Manolis, einer unserer vertrauenswürdigsten Leute, wurde damit beauftragt. Aus irgendeinem Grunde schlief er dabei trotzdem ein, aber der zornige „Heilige“ erschien ihm im Traum. Aus dem Schlaf auffahrend, war er sich der Anwesenheit eines geheimnisvollen Geisterwesens bewußt; die Tiere ringsum begannen zu brüllen und zu wiehern, „Erscheinungen traten auf“. Als er am nächsten Morgen seine Erlebnisse zusammenfaßte, meinte er: „φαντάζει“, „überall spukt es!“

27. Landschaft und Palast von Knossos

28. Vorratsmagazine im Palast von Knossos

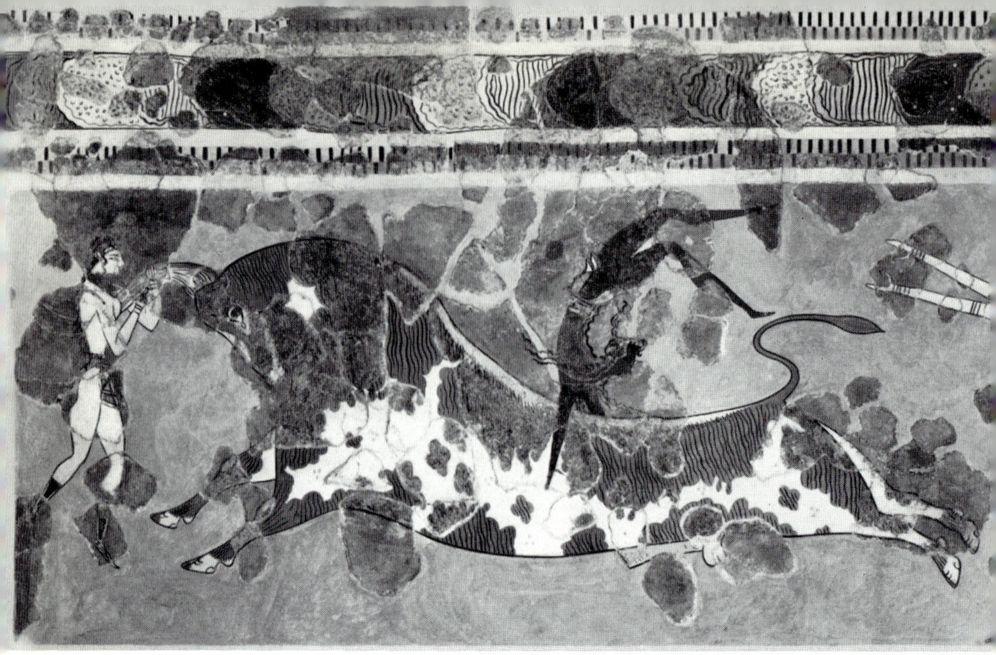

29. Fresko mit Stierspringern im Palast von Knossos

30. Tontafel aus Knossos mit Linear B-Schrift, die von Ventris zuerst entziffert wurde. Unten Nachzeichnung der Tafel mit dem Text: „Neun Frauen, ein älteres Mädchen, ein kleineres Mäd-chen, ein älterer Junge, ein (?) kleinerer Junge"

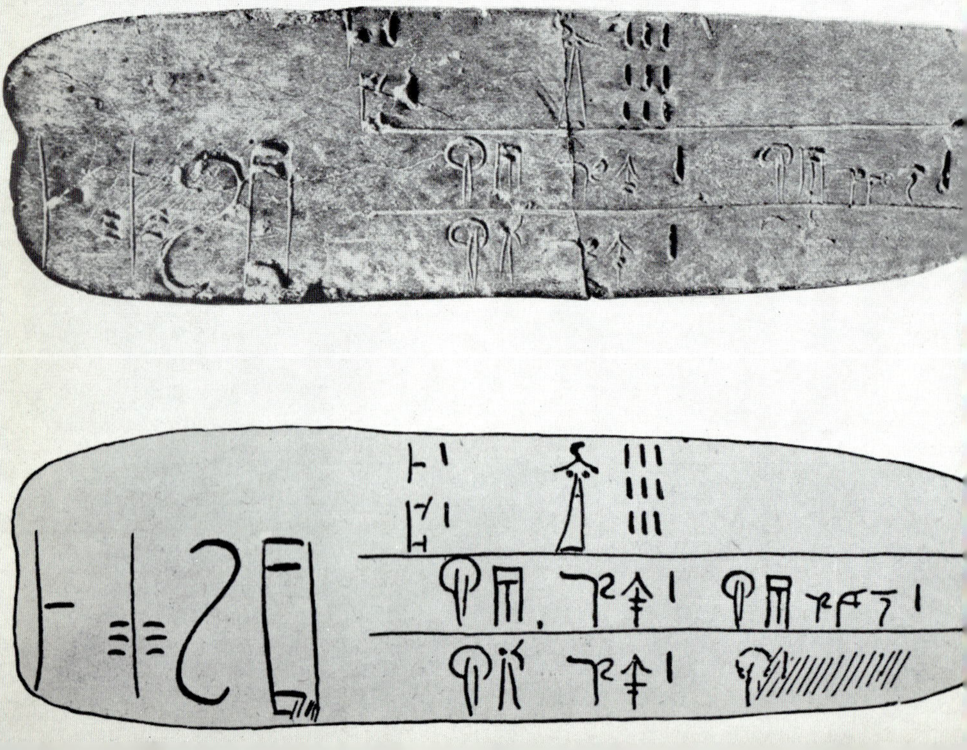

In einigen Ruinen auf der Nordseite des Palastes, die zu den Frauengemächern gehört zu haben scheinen, fanden sich Fresken in einem ganz neuartigen Miniaturstil. Hier erschienen Damen mit weißem Teint, von dem man annehmen möchte, daß er von der Abgeschlossenheit des Haremlebens herrührte, in weit ausgeschnittenen Gewändern mit Volants und eleganten Puffärmeln, die Haare sorgfältig onduliert und frisiert, als hätten sie soeben ihren Friseur verlassen. „Mais", so rief ein französischer Gelehrter aus, der mich mit seinem Besuch beehrte, „ce sont des Parisiennes!"

Sie saßen gruppenweise wie bei angeregter Unterhaltung in den Höfen und Gärten und auf den Balkons eines palastartigen Gebäudes zusammen; auf den ummauerten Plätzen weiter draußen bewegten sich zahlreiche Männer und Knaben, deren einige beim Speerwerfen waren. Hier und da mischten sich Frauen und Männer auch untereinander. Diese wechselnden Szenen kriegerischer und friedlicher Art erinnern an die Motive auf dem Schild des Achill; gleichzeitig besitzen wir hier eine zeitgenössische Darstellung jener Bürgerschaft der Städte Kretas im Zeitalter Homers, die die Phantasie der Sänger anregten. Einige Freskenfragmente gehören zu jener noch älteren Epoche der ägäischen Kunst, die der mykenischen vorausging; diese wird auf einem anderen Sektor durch die feinbemalten Vasen dargestellt, die Hogarth in mehreren Privathäusern unseres Grabungsfeldes auffand. Einen guten Eindruck von der schon in dieser früheren Zeit des Palastes erreichten Verfeinerung vermittelt das Motiv eines bruchstückhaften Freskos in diesem „vormykenischen" Stil; es zeigt einen Knaben auf einer mit weißem Krokus bestandenen Wiese, der einige der Blüten gepflückt hat und sie in eine Schmuckvase stellt.

Bedeutsame architektonische Einzelzüge ließen sich von den Mauern und Bauwerken auf einigen der oben beschriebenen Kleinfresken ablesen. An einer Stelle war die Fassade eines kleinen Tempels mit drei Kammern dargestellt, in welchen geweihte Säulen standen; sie zeigten die weiterentwickelte Form jener kleinen goldenen Schreine mit den darauf sitzenden Tauben, wie sie Schliemann in den Schachtgräbern von Mykene gefunden hatte. Dieses Tempelfresko ist deshalb besonders interessant, weil es zu einem guten Teil das Aussehen des jetzt verschwundenen oberen Palastteiles wiedergibt. Er muß in der Hauptsache aus Lehm- und Bruchsteinmauern bestanden haben, die durch Holzrahmen gehalten und versteift und kunstvoll mit leuchtenden

Farben überputzt waren. Der kleine Tempel ruht mit seiner Basis auf jenen hohen Gipssteinblöcken, die ein so bezeichnendes Merkmal der noch vorhandenen Ruinen bilden. Unter dem Hauptportal ist ein Fries eingesetzt; er erinnert an die Alabasterreliefs der Palasthalle von Tiryns mit ihren Triglyphen – den Vorläufern der dorischen – und den Halb-Rosetten der mit blauer Glasur (dem *Kyanos* Homers) eingelegten „Metopen".

Den Übergang vom Gemälde zur Skulptur bezeichnete das große Relief eines Stiers aus hartem Stuck, das in den natürlichen Farben bemalt war und von dem sich große Teile einschließlich des Kopfes nahe beim Nordtor fanden. Lebendiger und von größerer Naturtreue als alle klassischen Plastiken dieser Art, stellt es fraglos die schönste auf uns gekommene Skulptur dieser Zeit dar.

Konventioneller im Stil, aber dennoch von großer natürlicher Ausdruckskraft ist der für den Abfluß einer Quelle geschaffene Kopf einer Löwin. Auch dieses Stück war ursprünglich bemalt; Augen und Nüstern hatte man mit Einlagen aus farbigem Email versehen. Das Stück eines Steinfrieses mit fein gemeißelten Rosetten erinnerte an ähnliche Fragmente aus Tiryns und Mykene, übertraf diese aber merklich in der Ausführung.

Gefäße aus Marmor und anderem Stein, zum Teil wunderbar skulptiert, tauchten reichlich auf. Unter ihnen befand sich ein aus Alabaster in Form einer großen Tritonmuschel geschnittenes Stück, an dem jede Windung und jede Falte genau nachgebildet war. Eine von einer vierfachen Säule mit schönem Lotus-Kapitell getragene Lampe aus Porphyr läßt deutlich den Einfluß ägyptischer Vorbilder erkennen.

Eine für das prähistorische Knossos bezeichnende Kunstgattung stellte sich mit Miniaturmalereien auf der Rückseite von Kristallplaketten vor. Ein auf blauem Hintergrund dargestellter galoppierender Stier bietet ein Meisterstück dieser Art. Ein Kleinrelief auf einem gestreiften Achat zeigt einen Dolch mit verzierter Scheide an einem kunstvoll gefalteten Gürtel, er nimmt in gewisser Weise um viele Jahrhunderte die Kunst der Kameenschnitzerei vorweg. Ferner wurden zahlreiche Tonsiegel entdeckt, die Abdrücke von Intaglios in dem schönen, markanten Stil Mykenes boten. Eins davon, das an Größe alle bisher bekannten Siegelsteine dieses Typs übertraf, stellte zwei Stiere dar und könnte durchaus ein Königssiegel gewesen sein. Die Motive einiger dieser Intaglios zeigten die Entwicklung eines überraschend malerischen Kunststils. Wir sehen da in natürlicher Gruppierung Fische in einem Felsenteich, einen Hirsch am Bach in einer Gebirgsschlucht und eine Grotte, oberhalb derer einige affenähnliche Tiere die überhängenden Klippen erklettern.

So mannigfach auch die interessanten Funde aus dem Palast von Knossos waren, von der krönenden Entdeckung – oder, besser gesagt, Reihe von Entdeckungen – muß erst noch berichtet werden. Am letzten Märztage tauchte nicht weit unter der Oberfläche, etwas rechts von der südlichen Säulenhalle, eine Tontafel von länglicher Form auf, die eingeritzte Charaktere einer Linearschrift in Verbindung mit Zahlzeichen darbot. Meine Hoffnung, ein ganzes Tontafelarchiv aufzufinden, wurde damit aufs höchste gespannt und erfüllte sich schnell. Nicht weit vom Schauplatz der ersten Entdeckung kam ein Tonbehälter ans Licht, der eine ganze Anzahl Tafeln enthielt. In anderen Räumen tauchten ähnliche Sammlungen auf, die ursprünglich in Kästen aus Holz, Ton oder Gipsstein aufbewahrt gewesen waren. Die Tafeln selbst wechseln in der Form von flachen länglichen Platten mit abgeschrägten Enden, 5–20 cm lang, zu größeren und stärker quadratischen, die Klein-Oktav erreichen. In einem besonderen Vorratsraum wurden Tafeln von abweichender Form gefunden, nämlich halbmond- und muschelähnliche „Etiketten" mit Schriftzeichen in dem gleichen hieroglyphischen Stil, den die in Ostkreta entdeckten Siegel zeigen. Die Hauptmasse aber – mehr als tausend Inschriften – gehörten zu einem anderen, fortgeschritteneren System, nämlich einer Linearschrift. Es war, kurz gesagt, eine hochentwickelte Schriftform mit regelmäßiger Worttrennung, deren Feinheit von kaum einer späteren übertroffen wird.

Einen Hinweis auf den Sinn dieser Tonurkunden bieten vielfach die beigefügten bildlichen Darstellungen der betreffenden Objekte. So finden wir menschliche Figuren, vielleicht Sklaven, Waffen oder Zubehör und Ausrüstung, z. B. Äxte und Panzer, Häuser oder Ställe, Ähren von Gerste oder anderen Getreidesorten, Schweine, mehrere Baumarten sowie eine Pflanze mit langen Staubgefäßen, bei der es sich offenbar um den zum Färben benutzten Safrankrokus handelt. Auf gewissen Tafeln begegnen Barren, wohl aus Bronze, auf die eine Waage (das griechische τάλαντον) folgt, und Zeichen, die wahrscheinlich ihren Wert in mykenischen Goldtalenten anzeigen. Die vielen, diesem Objekt beigefügten Ziffern erweisen, daß wir es mit Urkunden der königlichen Magazine und Arsenale zu tun haben.

Einige Tafeln beziehen sich auf Tongefäße von mannigfacher Form; viele von diesen tragen Marken, die auf ihren Inhalt hinweisen. Andere Tafeln stellen, was noch interessanter ist, Vasen dar, die der Form nach aus Metall gewesen sein müssen und offenbar zum königlichen Schatz gehörten. Und hier ergibt sich eine sehr bedeutsame Tatsache. Die markantesten dieser Stücke sind ein Becher, der dem berühmten Goldbecher aus dem Grabe von Vaphio bei Sparta gleicht, weiter ein Wasserkrug mit hoher Tülle und schließlich ein Stück, das die Form eines Stierkopfes hat und vielleicht ein bestimmtes Metallgewicht darstellt. Zusammen mit den seitlich eingebogenen Barren unter den goldenen Opfergaben in den Händen tributpflichtiger ägäischer Fürsten begegnen diese Stücke nun auf ägyptischen Denkmälern der Zeit Thutmosis' III. Diese Vasallenfürsten, die als *Keftiu* und „Leute von den Meerinseln" bezeichnet werden und bereits als Vertreter der mykenischen Kultur erkannt waren, erinnern in Kleidung und anderen Eigenarten an die kretischen Jünglinge nach Art des oben beschriebenen Becherträgers, die in den geläufigen Darstellungen der Palastfresken auftreten. Daß Gefäße von der Form, wie sie dem Pharao dargebracht werden, in den Urkunden vom Königsschatz in Knossos erscheinen, bedeutet einen wertvollen Hinweis auf die Tatsache, daß einige dieser Tontafelarchive auf die gleiche Zeit, das heißt auf den Anfang des 15. Jahrhunderts v. Chr., zurückgehen.

Andere Dokumente, die weder Ziffern noch Begleitzeichnungen enthalten, mögen dieses Bild noch ergänzen. In Analogie zu den mehr oder weniger zeitgenössischen Keilschrifttafeln aus dem Palast von Tell el-Amarna dürfen wir unter ihnen vielleicht Briefe ferner Statthalter oder eine diplomatische Korrespondenz erwarten. Andere sind wahrscheinlich Kontrakte oder Verwaltungsurkunden, die gültige Satzungen der damaligen minoischen Gesetzgebung enthalten. Tatsächlich liegt in der sorgfältigen Art, wie diese Tonurkunden aufbewahrt wurden, ein Zug von juristischer Genauigkeit, wie sie dem Hause des Minos angemessen wäre. Die Schnurknoten, die an den Kästen mit Schrifttafeln nach antikem Gebrauch die Schlösser vertreten, wurden durch die Aufprägung von Tonsiegeln unverletzlich gemacht; sie tragen die Abdrücke feingravierter Siegel, als deren Motive in reicher Abwechslung Schiffe, Wagen, religiöse Szenen, Löwen, Stiere und andere Tiere begegnen. Als ob aber diese Vorsichtsmaßregel für noch nicht ausreichend gegolten hätte, wurde die Vorderseite des Siegels, solange der Ton noch feucht war, durch einen Kontrollbeamten gegengezeichnet; das gleiche geschah auf der Rückseite durch einen Vermerk in derselben mykenischen Schrift, die auf den Tafeln selbst erscheint.

Die Erforschung dieses Materials, das durch die weitere Untersuchung des Palastes hoffentlich noch wesentlich vermehrt werden wird, dürfte umfangreiche vergleichende Studien erfordern. Ist die Sprache, in der die Tafeln beschrieben sind, eine frühe Form des Griechischen – wofür manches spricht –, so brauchen wir an der endgültigen Entzifferung der Archive von Knossos nicht zu verzweifeln, und die Grenzen der Geschichte mögen dann vielleicht bis zum „heroischen Zeitalter“ Griechenlands erweitert werden. In jedem Fall hat die schwerwiegende Frage, deren Lösung auf dem Boden Kretas ich mir vor Jahr und Tag zur Aufgabe gesetzt hatte, ihre grundsätzliche Antwort gefunden. Diese große Frühkultur war nicht stumm; die Schrifturkunden des Hellenentums gehen gut sieben Jahrhunderte über das Datum der bisher bekannten historischen Dokumente hinaus. Wohl noch beachtenswerter aber ist folgendes: Wenn wir die Linearschrift dieser mykenischen Dokumente im einzelnen prüfen, dann ergibt sich daraus unbestreitbar ein Silben- oder vielleicht sogar zum Teil ein alphabetisches System, das auf einer sichtlich höheren Entwicklungsstufe steht als Ägyptens Hieroglyphen oder die Keilschrift des zeitgenössischen Syrien und Babylonien. Erst etwa fünf Jahrhunderte später begegnen wir den ersten datierten Beispielen der phönikischen Schrift*.

Die bereits erwähnten Zeichen, die in die großen Gipssteinblöcke des Palastes eingraviert sind, müssen von der eigentlichen Schrift unterschieden werden. Diese Quader gehen auf die früheste Periode des Bauwerks zurück; die zahlenmäßig beschränkten, aber ständig wiederkehrenden Symbole auf ihnen scheinen religiöse Bedeutung gehabt zu haben. Am häufigsten erscheint da die Doppelaxt, *labrys*, auf die schon Bezug genommen wurde – das eigentliche Symbol des kretischen Zeus, das als Weihgabe aus Bronze in den Höhlenheiligtümern des Gottes auf dem Ida und Dikta wiedergefunden wurde. Die Doppelaxt ist überall im Bauwerk auf den markantesten Blöcken, etwa den Ecksteinen und Torpfosten, eingraviert und begegnet als Votivzeichen auf jeder Seite aller Steine einer heiligen Säule wieder. Sie bildete den Mit-

* Heute wird allerdings der Ursprung der phönikischen (altsemitischen) Schrift bis hoch ins 2. Jahrtausend zurückdatiert. (Anm. der Übers.)

telpunkt des Allerheiligsten eines bildlosen Kultes, der mit dieser einheimischen Gottheit verbunden war.

Das „Haus des Minos" erweist sich damit auch als das Haus der Doppelaxt (*labrys*) und ihres Herrn – oder anders gesagt, es ist das echte Labyrinth. Der Götterherr des Minos war auch der Herr des Stieres, und so ist es gewiß kein zufälliges Zusammentreffen, daß sich die Bilder mächtiger Stiere in Malerei und Stuckrelief an hervorragenden Plätzen des Palastes finden. Mehr noch – auf einem kleinen Steatitrelief ist ein ruhender Stier über dem Portal eines Bauwerks abgebildet, das wahrscheinlich den Palast darstellen soll. Das würde letzteren ganz unmittelbar mit dem heiligen Tier des kretischen Zeus in Zusammenhang bringen.

So kann kaum noch ein Zweifel bestehen, daß dieses ausgedehnte Bauwerk – das wir in weiterem historischen Sinn „Palast des Minos" zu nennen berechtigt sind – ein und dasselbe ist wie das „Labyrinth" der Überlieferung. Ein Großteil des Grundrisses mit seinen langen Gängen und wiederholten Folgen blinder Galerien, seinen gewundenen Korridoren, seinen verzweigten unterirdischen Kanalanlagen und dem verwirrenden System kleiner Räume zeigt in der Tat viele charakteristische Merkmale eines Irrgartens.

Versetzen wir uns einen Augenblick in die Lage eines ersten dorischen Ansiedlers nach der großen Zerstörung, als die heute mühsam mit dem Spaten wieder freigelegten Merkmale des Palastes unter den Trümmermassen noch erkennbar waren! Der Name hatte sich noch erhalten, wenn auch seine eigentliche Bedeutung, wie sie sich aus dem einheimischen kretischen Dialekt verstand, wahrscheinlich bereits vergessen war. Dicht am Westtor stand in ihren königlichen Gewändern – heute nur noch teilweise sichtbar – Ariadne selbst. Könnte der anmutige Jüngling vor ihr nicht der Held Theseus sein? Empfing er vielleicht gerade das Garnknäuel, um mit ihm seinen Befreiungsgang hinab in die Tiefen der labyrinthischen Hallen anzutreten? Drinnen aber, an den Wänden der Innengemächer, sah man, blühend und schön, die gefangenen Knaben und Mädchen, die der Tyrann seit alters hier eingesperrt hatte. Hier und dort erhob sich auch ein mächtiger Stier, der sich mehrfach – ohne Zweifel dem beliebtesten mykenischen Motiv entsprechend – im Kampf mit einem halbnackten Mann befand. Das Bild des Minotaurus selbst als eines Stiermenschen fehlte auf dem Boden des prähistorischen Knossos nicht: mehr als eine der auf diesem

Trümmerhügel gefundenen Gemmen stellt ein Ungeheuer mit dem Unterkörper eines Menschen und dem Oberleib eines Stieres dar.

Die Wirkung dieser kunstvollen Schöpfungen auf den schlichten griechischen Ansiedler jener Tage war – so möchte man als sicher annehmen – kaum geringer als die, die das bloße Fresko für sich allein auf jenen kretischen Arbeiter von heute ausübte. Die ganze Umgebung, die dunklen Gänge, die lebendigen Gestalten aus alten Zeiten wirkten zusammen, um den Eindruck des Übernatürlichen zu erzeugen. Dies war geheimnisträchtiger Boden, und ringsum wurden damals wie heute

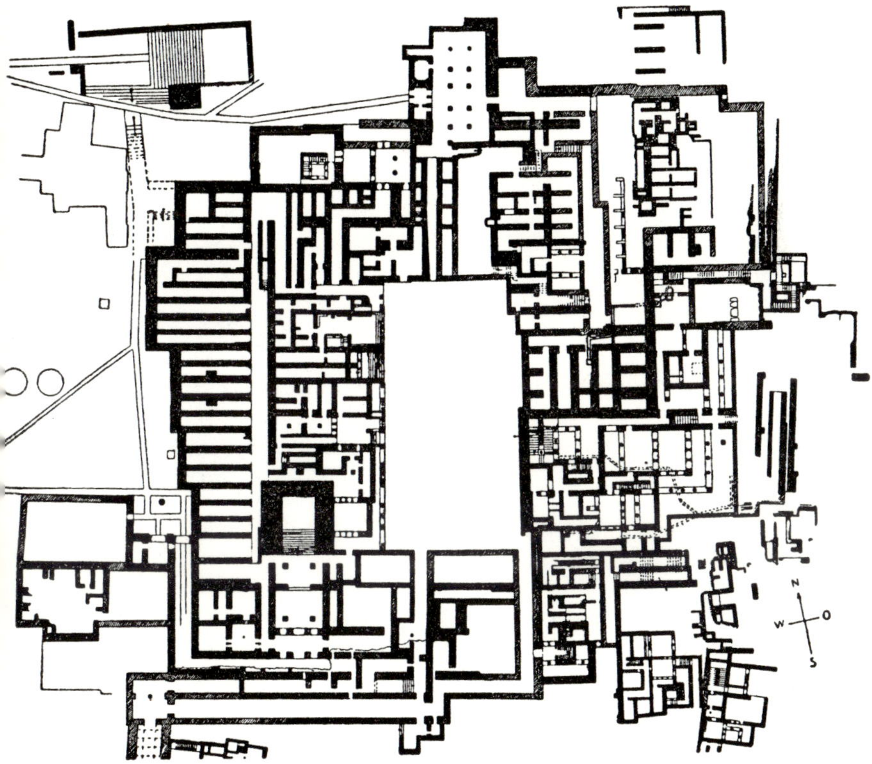

Knossos, Grundriß des Palastes, um 1500 v. Chr.

Geistererscheinungen lebendig. Aus dieser Erde erwuchsen später die Sagen von dem schrecklichen König und seinem menschenfressenden Stier. Die Trümmerstätte erweckte immer stärker abergläubische Furcht, und die Neuankömmlinge mieden sie angstvoll. Auf den unteren Hängen am Nordteil des Hügels wuchs ein neues Knossos empor, über die Stelle des alten Palastes aber legten sich Schauder und Öde. Mehr und mehr deckte die Erde wie ein Mantel den Ruinenhügel zu. Als die Römer kamen, war das Labyrinth nichts mehr als ein überlieferter Name.

21

MICHAEL VENTRIS

Sir Arthur Evans, der die Spur geheimnisvoll beschrifteter Siegelsteine bis zur Insel Kreta zurückverfolgte, hatte die Aufmerksamkeit der Welt auf das Vorhandensein einer minoischen Schrift gelenkt. Ab und zu hatte man auch auf ausgegrabenen mykenischen Gefäßen fremdartige Zeichen beobachtet, doch blieb der Nachweis der frühesten Schrift Griechenlands, die 600 Jahre vor Homer in Gebrauch war, Evans vorbehalten. In seinem Bemühen, dieses vorklassische Schriftsystem zu erweisen und zu entschlüsseln, entdeckte Evans die minoische Kultur. Indes plagte ihn das Geheimnis dieser alten Schrift, für die er mit den Tontafeln aus dem Minospalast und den Fragmenten aus der Höhle des Dikta – der legendären Geburtsstätte des kretischen Zeus – noch weit umfangreichere Belege zutage förderte, sein ganzes Leben hindurch. Die Bedeutung der minoischen Schriften, nämlich der alten Bilderschrift, deren am besten bekanntes Beispiel der Diskus von Phaistos ist, sowie von Linear A und B, blieb ihm bis zum Ende verschlossen. Ein erhoffter minoischer „Stein von Rosette“ tauchte niemals auf. Zum Nachteil anderer Forscher hielt Evans einen erheblichen Teil des Materials, besonders in Linear B, von der Veröffentlichung zurück. Andererseits erkannte er nicht nur den grundlegenden Unterschied der drei Schriftarten, sondern er enträtselte auch ihre dezimale Zählweise, machte auf Bilderzeichen aufmerksam, die vermutlich mit Angaben der Lineartexte übereinstimmten, und zog den richtigen Schluß, daß die Tafeln vorwiegend Listen von Gegenständen, Rechnungen oder Geschäftsurkunden enthielten. Vielleicht noch bedeutsamer war, daß er aus dem Vorhandensein von einigen siebzig Zeichen schloß, daß das System silbenschriftlich – also weder alphabetisch noch eine Wortschrift – sei.

Außer Evans versuchten noch viele namhafte Forscher fünf Jahrzehnte lang ihr Glück an der Entzifferung der minoischen Schriften, und bald waren die Versuche und Hypothesen kaum mehr zu zählen. In einem Punkt jedoch waren praktisch alle Gelehrten einig – während

Evans die Möglichkeit nicht völlig ausgeschlossen hatte –, nämlich darin, daß die Sprache der Schriften nicht griechisch sein könne. Die ersten Griechen hatten als barbarische Indoeuropäer die Mittelmeerwelt zu einem Zeitpunkt betreten, als die minoische Kultur Kretas bereits ein Jahrtausend geblüht hatte. Da die Schrift eindeutig von den Minoern geschaffen worden war und es in mykenischer Zeit nur ganz geringe Belege für ihre Verwendung auf dem Festland gab, war die Möglichkeit, daß die Minoer griechisch geschrieben hatten, tatsächlich schwach. Einige Schriftforscher und Archäologen glaubten sicher zu sein, daß diesen Schriften das Hethitische, Baskische oder Kyprische zugrunde liege. Andere brachten das Etruskische in Vorschlag – eine noch nicht restlos bekannte Sprache, von der Michael Ventris, der Entzifferer der Linearschrift B, noch wenige Tage vor der endgültigen Lösung überzeugt war, daß sie den Schlüssel böte. Er hatte 1940, mit achtzehn Jahren, im *American Journal of Archaeology* einen Aufsatz veröffentlicht, mit dem er diese Annahme verteidigte.

Vor Ventris hatte wohl den wichtigsten Beitrag zu diesen Fragen Dr. Alice E. Kober vom Brooklyn College in New York geliefert. Sie durchforschte das Wesen der in Linear B gebrauchten Sprache, wies sie als flektierend nach und erkannte die Unterschiede der Pluralendungen und des Geschlechts. Wäre sie nicht 1950 gestorben – gerade als reichere Proben von Linear B erschienen –, hätte sie wahrscheinlich als erste das Geheimnis gelüftet. Hierzu schreibt Michael Ventris' Mitarbeiter John Chadwick: „Es kann meiner Ansicht nach kein Zweifel bestehen, daß Miss Kober, wäre sie am Leben geblieben, in den Ereignissen der nächsten Jahre eine führende Rolle gespielt hätte; denn von allen früheren Forschern verfolgte sie allein die Spur, auf der Ventris zur Lösung des Problems gelangte."

Diese Lösung erfolgte unter überraschenden Umständen. 1939 hatten die amerikanischen Archäologen Carl W. Blegen und Constantine Kourouniotis einen späten mykenischen Palast im südwestlichen Peloponnes ausgegraben, den man für den des Königs Nestor von Pylos hielt. Dort fanden sie 600 Tontafeln in Linear B, die die Feuersbrunst bei der Zerstörung des Palastes gebrannt hatte. Der Krieg unterbrach dann die Arbeit, und die Tafeln wurden erst 1951 publiziert. Weitere Texte, die Blegen bei der Wiederaufnahme seiner Grabungen 1952 ans Licht brachte, kamen laufend an die Öffentlichkeit. Andere wichtige Funde von Linear B-Tafeln gelangen dem englischen Archäologen Alan Wace in Mykene, und zwar in den Häusern reicher Bürger und Kaufleute – womit die weitverbreitete Verwendung der Schrift für den täglichen Gebrauch im mykenischen Griechenland erwiesen war. Endlich hatten nun die Schriftforscher, die an der Linearschrift B arbeiteten, ausreichendes Material zur Verfügung. Und bald kam die – 1952 von Ventris als Hypothese angekündigte – Erleuchtung, daß Linear B in keiner anderen Sprache als archaischem Griechisch geschrieben sei, also in der Sprache der homerischen Helden und ihrer mykenischen Vorgänger, die gleichfalls reinblütige Griechen gewesen waren. Die Ankündigung stieß zunächst bei vielen Forschern auf Unglauben; als aber Ventris mit Hilfe von John Chadwick seine Entzifferung voll ausgearbeitet hatte, war die Zustimmung fast einmütig.

Michael Ventris war weder klassischer Philologe noch Archäologe, und es ist viel Aufhebens davon gemacht worden, daß er in einem äußerst komplexen und abseitigen Fach, das die Experten tunlichst mieden, als Amateur arbeitete. Tatsächlich war er seinem Beruf nach Architekt, und er hatte weder in Oxford noch in Cambridge studiert. Dennoch fesselte ihn seit seiner Jugend das Studium von Sprachen und Schriften. Als er mit vierzehn Jahren eine Ausstellung zur Fünfzigjahrfeier der *British School of Archaeology* in Athen im *Burlington House* in London besuchte, hatte er sich bereits eifrig mit alten Schriftsystemen beschäftigt. Als er dort eine Vorlesung des greisen Sir Arthur Evans über das minoische Kreta und seine Geheimnisse hörte, nahm er sich vor, die kretische Schrift zu entziffern – und sechzehn Jahre später sollte ihm das wirklich gelingen. Obwohl er aus der Arbeit anderer Gelehrter Nutzen ziehen konnte, gehört sein Werk zu den hervorragendsten Leistungen der Archäologie und Epigraphik im 20. Jahrhundert. In Anbetracht dessen, daß ihm vergleichsweise wenig Material zu Gebote stand und eine Bilingue fehlte, war wahrscheinlich ein größerer Einsatz von Urteilskraft, Spürsinn und philologischem Können notwendig als ihn Champollion oder Rawlinson hatten aufbringen müssen. R. I. Barnett vom Britischen Museum hat seine Leistung als den „Everest der griechischen Archäologie" bezeichnet.

Obwohl die entzifferten Texte, wie Evans es vorausgeahnt hatte, kaum mehr als Inventarverzeichnisse waren, vermitteln sie doch über die sozialen und wirtschaftlichen Verhältnisse in der späten minoischen und mykenischen Epoche (etwa 1400–1100 v. Chr.) äußerst wichtige Auskünfte. Es galt, die Grundanschauungen über die mykenische

Zivilisation zu revidieren; denn die Linear B-Texte aus dem minoischen Palast von Knossos waren nicht in einer einheimischen minoischen Sprache, sondern in Altgriechisch abgefaßt. Schon lange hatten Alan Wace und andere gegen Evans betont, daß Knossos in seinen letzten Zeiten starke mykenische Einflüsse vom Festland her verriete. So weisen z. B. Merkmale wie die berühmten „Bienenkorb-Gräber", die ebenso in Ras Schamra und an anderen Plätzen des Mittelmeers ins Auge fallen, auf die Tatsache hin, daß die kulturellen Beziehungen zwischen Kreta und Griechenland nicht ganz einseitig waren. Mochte das mykenische Griechenland seine ersten Antriebe auch von Kreta empfangen haben – es entwickelte danach eine Zivilisation, die keineswegs nur ein einfaches Abbild der kretischen war, sondern die minoischen Leistungen auf künstlerischem und sonstigem Gebiet seinem eigenen Geist und seiner eigenen Umwelt anpaßte, und es fügte später aus eigener Kraft Neues hinzu. Wahrscheinlich waren, als Knossos um 1400 v. Chr. unterging, die Achäer bereits Herren der Stadt – wenn auch noch nicht der ganzen Insel –, so daß sie für ihre Zerstörung nicht länger verantwortlich gemacht werden dürfen. Die von Evans entdeckten kretischen Urkunden waren zur Bequemlichkeit der achäischen Herren von Knossos in frühem Griechisch abgefaßt. So gesehen, bedeutet Linear B eine Anpassung der älteren Linearschrift A an das indoeuropäische Idiom. Ob diese Anpassung zuerst in Kreta oder auf dem Festland erfolgte, läßt sich noch nicht sagen.

Die geglückte Entzifferung der Linearschrift B hatte zur Folge, daß nun auch die kretischen Hieroglyphen, Linear A und die augenscheinlich mit ihr verwandte kypro-minoische Schrift von Cypern mit gesteigerter Intensität erforscht wurden. Die Arbeit an der Linearschrift A leidet noch an der Knappheit des bisher zur Verfügung stehenden Materials. 1957, ein Jahr nach Ventris' tragischem Tode bei einem Autounfall, erklärte der amerikanische Orientalist Cyrus H. Gordon unter Verwendung von Ventris' Silbenidentifikationen, daß bestimmte Worte in Linear A akkadisch seien. Sie würden damit einer semitischen Sprache angehören, die während des 2. Jahrtausends v. Chr. im ganzen Vorderen Orient verbreitet war. Diese Aussage bedarf indessen noch der systematischen Begründung.

Die Entzifferung der ältesten Schrift Europas

Vor rund 150 Jahren begann der elfjährige Champollion mit seinen Studien, die schließlich zur ersten klassischen Entzifferung – der der ägyptischen Hieroglyphenschrift – führen sollten. Im Jahre 1802 waren die ältesten bekannten Sprachen Griechisch, Latein und Hebräisch; keine Urkunde, die früher als etwa 600 v. Chr. geschrieben war, ließ sich lesen oder verstehen. Die Auskünfte über die älteren Kulturen Vorderasiens waren auf diejenigen Stücke des Alten Testaments, die als historisch gelten durften, sowie auf die verstümmelten Berichte griechischer und römischer Schriftsteller begrenzt.

Nach dem Erfolg der Entzifferungsmethoden Champollions änderte sich die Situation sehr schnell, und im Verlauf des neunzehnten Jahrhunderts wurden immer mehr Schriften lesbar und ihre Sprachen – Altpersisch, Elamitisch, Assyrisch, Sumerisch, Churritisch – verständlich, von denen frühere Forschergenerationen zum Teil nicht einmal etwas geahnt hatten. Der neueste Erfolg auf diesem Gebiet ist die nunmehr in der Hauptsache gesicherte Lesbarkeit der hethitischen Hieroglyphen Kleinasiens und Nordsyriens. Als Ergebnis vieler scharfsinniger Entzifferungen können wir heute fast alle alten Sprachen des Vorderen Orients lesen und sind die Grenzen der Literaturgeschichte für einen Großteil dieses Gebiets um 2000 Jahre erweitert. Unglücklicherweise blieb Europa selbst von diesem Fortschritt unberührt, obwohl viele dieser Sprachen einst unmittelbar vor seinem Tor erklangen. Seine vorklassischen Kulturen blieben stumm; der älteste von einem Europäer geschriebene Text, der klar verständlich ist, blieb, wie in Champollions Tagen, ein in griechischer Alphabetschrift abgefaßtes Dokument. Ich will zu zeigen versuchen, daß sich dieser Sachverhalt wahrscheinlich in nächster Zukunft ändern wird.

Als Schliemann 1876 den großen Trümmerhügel von Mykene ausgrub, konnte er keine Spur einer Schrift entdecken. Es war im Grunde genommen erstaunlich, daß eine so mächtige und hochzivilisierte Stadt des Schreibens unkundig gewesen sein sollte. Aber Homer selbst bot keinen erkennbaren Hinweis auf die Kunst des Schreibens an Agamemnons Hof, und so nahm man fast allgemein an, daß die Griechen die Kenntnis der Schrift erst gut 400 Jahre nach der Zeit des Trojanischen Krieges von den Phönikern erworben hätten. Dann wurde Sir Arthur Evans, dem damaligen *keeper* des Ashmolean Museums, im Jahre 1889 eines Tages ein eigenartig aussehender Siegelstein aus Griechenland zugesandt. Er wies auf allen vier Seiten eingravierte piktographische Zeichen – Tierköpfe, einen Menschenarm, Pfeile – auf, die den bei den Hethitern gebräuchlichen Hieroglyphen ähnelten. Evans durchforschte nun Griechenland und die Inseln nach weiteren Beispielen solcher alter Siegelsteine und fand sie auch in großer Zahl; sie wurden nämlich als glückbringende Amulette von griechischen Bäuerinnen getragen. Er fand heraus, daß praktisch alle aus alten Siedlungen Kretas stammten. So gelangte Evans bald zur Ruinenstätte von Knossos – dem Palast des sagenhaften Minos, des Beherrschers von Kreta vor dem Trojanischen Kriege, als die Insel blühte und neunzig Städte aufwies.

1899 begann Evans hier zu graben; die Katalogisierung, Beschreibung und Konservierung aller seiner Funde nahm sein ganzes weiteres Leben in Anspruch. Unter den glanzvollen Überresten der „minoischen" Kultur, vor der sogar Mykene dekadent und provinziell zu wirken begann, fand er reichliche Beweise für nicht nur ein, sondern schließlich sogar vier Schriftsysteme. Denn die Bildzeichen aus der Zeit um 2000 v. Chr., die er auf den von ihm gesammelten Siegelsteinen entdeckt hatte, bezeichneten nur die groben Anfänge minoischer Schreibkunst und hatten bald in ganz Kreta verschiedene einfachere Schriften örtlicher Verwendung entstehen lassen. In der letzten, ein halbes Jahrhundert währenden Blütezeit von Knossos vor seiner Zerstörung um 1400 v. Chr. hatten die königlichen Schreiber diese Systeme zu einer stark vereinfachten, offiziellen Schrift umgeformt, die Evans Linearschrift B nannte. Wenn die älteren piktographischen Zeichen wohl eine Art Bilderschrift dargestellt hatten, so war dieses neue System in seiner Regelmäßigkeit eindeutig eine Lautschrift, deren Zeichen nicht volle Wörter oder Begriffe, sondern den Klang einer Silbe wiedergaben. Evans fand, in verschiedenen Teilen des Palastes aufbewahrt, ungefähr 1800 Tontafeln in der Linearschrift B. Die Texte dieser Tafeln bestehen einmal aus Gruppen von zwei bis sechs phonetischen Zeichen, die jeweils einen Namen oder ein Wort der minoischen Sprache bedeuten, zum anderen aus einzelnen Symbolen bilderschriftlichen Typs, auf die Zahlen folgen. Aus diesen letzteren Zeichen, deren Objekte vielfach erkennbar sind, ergibt sich eindeutig, daß die Tafeln Verzeichnisse von Vieh, Nahrungsmitteln und Ausrüstung sowie Namenlisten von Männern, Frauen und Kindern enthalten. Sie waren, wie Evans annahm, während der letzten Monate vor der Zerstörung von Knossos aufgezeichnet worden und wären unter normalen Umständen zu Jahresende geprüft und dann vernichtet worden.

Ein halbes Jahrhundert lang stellten diese Tafeln von Knossos unseren Hauptbeleg für die minoische Schrift dar. Das Problem ihrer Entzifferung schlug viele Menschen – klassische Gelehrte und Archäologen ebenso wie Dilettanten aller Art – in seinen Bann. Bis heute hatte keiner von ihnen irgendwelchen Erfolg, was in der Hauptsache daran lag, daß unglücklicherweise nur wenige dieser Inschriften dem allgemeinen Studium zugänglich waren. Als Evans 1941 starb, hatte er nämlich das ganze von ihm um die Jahrhundertwende in Knossos ausgegrabene Material noch nicht publiziert, hinterließ vielmehr eine Menge unfertiger Anmerkungen und seine alten Zeichnungen der Tafeln; die Originale waren unterdessen – in ziemlicher Unordnung – im Museum von Herakleion auf Kreta magaziniert worden, wo sie glücklicherweise den Krieg überstanden.

Während der letzten zehn Jahre hatte sich Sir John Myres mit der schwierigen Aufgabe befaßt, Evans Werk veröffentlichungsreif abzuschließen; im zweiten Band der *Scripta Minoa* ist nun endlich das gesamte Material von Knossos zugänglich gemacht worden. Myres hat von sich aus einen kurzen Kommentar beigefügt, ohne aber den Versuch einer Entzifferung der Tafeln zu machen. Tatsächlich blieb er gegenüber allen neuen Versuchen in dieser Richtung skeptisch und beschränkte sich mit Recht darauf, die Tafeln so, wie sie ausgegraben worden waren, in möglichst objektiver Art darzubieten. Aber es ist ein Unterschied, ob man Inschriften alsbald nach ihrer Entdeckung ediert oder ob man sie, wie es Myres tun mußte, nach den nun vierzig Jahre zurückliegenden Notizen eines alten Mannes und einer kümmerlichen und unvollständigen Photo-Serie wiederherzustellen hat. Die in den *Scripta Minoa* gebotenen Zeichnungen der Tafeln sind leider nicht hundertprozentig zuverlässig, und man wird sie auf Grund einer neuen, soeben in Herakleion von den Originalen durchgeführten Umschrift nachkontrollieren müssen. Die Aufnahme dieser Korrekturen in die *Scripta Minoa* würde das Erscheinen des Bandes, der schon jetzt 42 Jahre nach dem ersten Teil herauskam, freilich noch weiter hinausgeschoben haben.

Neuen Auftrieb erhielt die minoische Forschung im vergangenen Jahr. Dr. Bennett von der Yale-Universität veröffentlichte nämlich die Zeichnungen von etwa 600 ähnlichen Tafeln, die 1939 auf dem griechischen Festland ausgegraben worden waren. Sie stammen aus den Ruinen des mykenischen Palastes von Ano Englianos in Messenien, die von manchen als das homerische Pylos König Nestors angesehen werden. Wenn sie offenbar auch aus der Zeit um 1200 v. Chr. stammen, also 200 Jahre jünger sind als die Knossos-Tafeln, so sind sie dennoch in einer fast identischen Form der Linearschrift B und in der gleichen Sprache abgefaßt. Da man bisher allgemein annahm, daß die Leute von Knossos zu einem einheimischen Volk gehörten und eine einheimische Sprache redeten, während es sich bei den Mykenern des Festlandes bereits um Griechen handele, werden wir hier in gewisse historische Probleme verwickelt, auf die ich später zurückkommen will.

Durch die fast gleichzeitige Veröffentlichung der Knossos- und der Pylos-Tafeln ist nunmehr alles vorhandene Material der minoischen Linearschrift B der Forschung zugänglich, und der Wettlauf um ihre Entzifferung hat damit ernsthaft begonnen. Vielleicht ist es von Interesse zu erfahren, wie man an eine solche Aufgabe herangeht. Nach verbreiteter Meinung gilt die Entzifferung von Inschriften, bei denen sowohl Schrift als auch Sprache unbekannte Größen sind und für die die Hilfestellung einer Bilingue fehlt, als unmöglich. Steht aber genügend Material für die Arbeit zur Verfügung, so ist die Lage doch nicht ganz hoffnungslos. Es bedeutet vielmehr nur, daß statt einer mechanischen Dechiffrierungsarbeit ein wesentlich spitzfindigerer Weg der Ableitung einzuschlagen ist. Er entspricht etwa der Lösung eines Kreuzworträtsels, in dem die schwarzen Quadrate nicht eingedruckt sind.

Es gibt da vier Angriffswege: Zunächst gilt es, die bilderschriftlichen Zeichen auf den Tafeln genau zu studieren und möglichst festzustellen, welcher Art die da registrierten Objekte sind. Dabei hilft uns unsere Kenntnis der Frage, welche Dinge wohl die minoische Wirtschaft anzusammeln hatte, sowie die Analogie anderer Abrechnungen aus Ägypten, Syrien und Mesopotamien. Zweitens ist eine genaue statistische Analyse darüber zu führen, in welcher Art ein jedes der ursprünglichen phonetischen Zeichen gebraucht wird – in der Hoffnung, auf diesem Wege irgendeinen Hinweis auf die Art des Lautes, den es darstellt, zu erhalten. Findet man, daß ein spezielles Zeichen oder eine Zeichengruppe, sagen wir, sehr häufig am Anfang steht, so gewinnen wir vielleicht einen Hinweis aus dem Auftreten eröffnender Laute irgendeiner anderen Sprache der gleichen Zeit. Angenommen, die Sprache des Textes ist bekannt, so kann ein Code oft schon durch Statistiken dieser Art – so wie man zum Beispiel weiß, daß in jedem englischen Textstück der Buchstabe *e* stets der häufigste sein wird – voll entschlüsselt werden. Drittens kann man alle Fälle analysieren, in denen das gleiche Wort an verschiedenen Stellen mit einem Wechsel in der Schreibung des letzten Zeichens oder der letzten zwei Zeichen aufzutreten scheint. Hierbei mag es sich dann vielfach um grammatikalische Endungen handeln. Können wir nachweisen, daß eine spezielle Endung durchgängig in einem besonderen Text erscheint, sind wir vielleicht imstande, ihre Bedeutung zu bestimmen – etwa, daß es sich bei ihr um einen Genitiv, Lokativ, Nominativ-Plural oder die Zeitform eines Verbs handelt. Schließlich ist der Kontext, in dessen Zusammenhang jedes einzelne Wort steht, zu prüfen; man muß aus ihm festzustellen versuchen, ob ein Personen- oder Ortsname oder eine normale Vokabel zu erwarten ist. Haben wir eine Vermutung, was eines dieser Wörter bedeutet, kommt als nächster Schritt der Versuch, seine Zeichen mit den uns aus benachbarten Sprachen bekannten Worten derselben Bedeutung zu vergleichen. Dann mag sich ergeben, daß das Minoische eine genügend enge Verwandtschaft mit einer uns bereits bekannten Sprache hat und daß wir daraufhin auch andere, nach dem Kontext nicht klare minoische Wörter gewinnen können.

Wir standen dabei natürlich immer vor dem Risiko, daß es keine einzige dem Minoischen verwandte Sprache mehr gab – was unsere Aussichten auf eine vollständige Entzifferung sehr verringert hätte. Aber auch bei stärkstem Pessimismus durfte man einige Hilfe von den mehreren hundert Worten erwarten, die hauptsächlich unbekannte Einrichtungen ausdrücken oder aus einer unzivilisierten Lebensführung stammen und die die Griechen daher von den älteren Bewohnern der Ägäis übernommen hatten. Einige von ihnen mochten wohl auf den Tafeln erscheinen, ganz gleich, in welcher Sprache sie geschrieben waren; auch ließen sich in ihnen einige Namen kretischer Städte erwarten, die wir aus der klassischen Zeit kennen.

Das vollausgebildete kretische Schriftsystem besitzt ungefähr achtzig Zeichen. Da Alphabete meist nicht mehr als dreißig Werte haben, nehmen wir an, daß es sich in Kreta um eine Silbenschrift handeln muß; statt des einen Buchstaben *t* weist diese also wahrscheinlich fünf oder mehr Zeichen mit dem Silbenwert *ta, te, ti, to, tu* usw. auf. Eine Silbenschrift dieses Typs war in klassischer Zeit noch bei den Griechen auf Cypern in Gebrauch. In diesem System würde ein griechisches Wort wie κασίγνητος „Bruder" in Silbenschrift aufgelöst und *ka-si-ki-ne-to-se* geschrieben. Es besteht guter Grund für die Annahme, daß das kyprische Syllabar aus der minoischen Schrift abgeleitet ist; könnten wir die kyprischen Silbenwerte, die wir kennen, einfach auf die minoische Schrift übertragen, ließe sich das Problem lösen. Aber im Verlauf einer tausend Jahre währenden Entwicklung haben sich die Formen der kyprischen Zeichen offenbar sehr stark verändert; in der Frage, welche Zeichen übereinstimmen könnten, erreichten wir keine Einigung.

Der übliche Weg, die Werte einer Silbenliste in eine maßgebliche Ordnung zu bringen, ist – wenn man die Aussprache kennt – die Einrichtung einer syllabarischen Tabelle. Sie besteht in unserem Falle aus einem Gitternetz von etwa achtzig Quadraten, auf dem die fünf Vokale am Kopfende horizontal, die etwa sechzehn Konsonanten am Rande vertikal eingetragen sind. Das Zeichen *to* erscheint dann z. B. in dem Quadrat, an dem sich *t* und *o* schneiden. Die wichtigste Arbeit bei dem Versuch, eine Silbenschrift zu entziffern, besteht nun darin, die Zeichen provisorisch in ein Gitternetz dieser Art einzuordnen, noch bevor man an die Bestimmung der tatsächlichen Aussprache der einzelnen Vokale und Konsonanten herangehen kann. Findet man einen Beleg dafür, daß zwei Zeichen den gleichen Vokal haben, wie etwa *ta* und *ra,* setzt man sie in die gleiche vertikale Spalte ein; vermutet man, daß sie denselben Konsonanten enthalten, wie etwa *ta* und *ti,* kommen sie auf die gleiche horizontale Zeile. Läßt sich dann später feststellen, wie auch nur ein oder zwei Zeichen tatsächlich auszusprechen sind, kann man sofort Wesentliches über viele andere Zeichen, die sich in der gleichen Spalte der Tabelle finden, aussagen.

Ein gutes Hilfsmittel zum Herausfinden zusammengehöriger Zeichen ist die Erscheinung der Flexion. Hätte man das Lateinische in Silben geschrieben, fände man in einer Abfolge wie *dominus, domine, dominum, domini, domino* die dritte Silbe auf vier verschiedene Arten geschrieben, die alle den Konsonanten *n* enthalten: *nu, ne, ni, no.* Wir könnten diese vier Silben sämtlich ohne Bedenken auf die gleiche Zeile unserer Tabelle setzen, ohne daß wir bereits wissen, welches der gemeinsame Konsonant tatsächlich ist. Ebenso dürften wir annehmen,

GlücksSpirale 1973

Die Lotterie „GlücksSpirale“ wird vom Deutschen Fußball-bund, Organisationskomitee für die Fußball-Weltmeisterschaft 1974, Frankfurt/Main-Niederrad, Otto-Fleck-Schneise 6, veranstaltet und von den deutschen Lotto- und Toto-Unternehmen durchgeführt.

Dieser Losschein wird erst durch Zahlung des Spieleinsatzes (DM 5,– für die GlücksSpirale, DM –,10 für die Olympia-Lotterie) und der Bearbeitungsgebühr (DM –,20) sowie durch Registrierung in der Annahmestelle zum teilnahmeberechtigten Lotterielos. An der Olympia-Lotterie nimmt das Los in der Abgabewoche teil.

Die Ziehungen sind öffentlich, stehen unter notarieller oder behördlicher Aufsicht und werden vom Fernsehen übertragen. Die Gewinne werden durch Ziehung von mehrstelligen Gewinnzahlen (Endziffern) festgestellt.

Auszahlungsvermerk für Wochenziehung:

Um die Gewinngarantie (siehe* auf umseitigem Gewinnplan) zu gewährleisten, wird eine zweite 7-stellige Zahl als Ersatzgewinnzahl gezogen und dazu anhand der Los-Serie (A, B usw.) eine Rangfolge ausgelost.

Sollte die Zahl der garantierten Millionengewinne mit der 7-stelligen Hauptgewinnzahl nicht erreicht werden, so werden etwa fehlende Millionengewinne aus den Gewinnlosen mit der Ersatzgewinnzahl in der ausgelosten Serien-Rangfolge ergänzt. Alle Los-Nummern, die mit der Ersatzgewinnzahl übereinstimmen und nicht zur Ergänzung der Millionengewinne herangezogen werden, gewinnen je DM 100 000.

Gewinne bis einschließlich DM 1000 werden in den Annahmestellen ausgezahlt. Bei Gewinnen von mehr als DM 1000 und bei Sachgewinnen wird der Teilnehmer benachrichtigt. Im übrigen gelten die Teilnahmebedingungen dieser Lotterie sowie der Olympia-Lotterie, die in den Annahmestellen erhältlich sind.

Staatliche Lotterieverwaltung
8000 München 40, Karolinenplatz 4
Telefon 0811/280276

Ihr Los nimmt an 2 Ziehungen teil: In der Abgabewoche an der wöchentlichen Ziehung und zum Abschluß der Lotterie an der Hauptziehung.

63 037
Grübke, Erlangen
Berliner Platz 3

Gewinne bei einer Losauflage von 30 Millionen

Gewinne der wöchentlichen Ziehungen insgesamt:	2-stellige Zahlen (wöchentlich 2)	600.000 Gewinne zu	DM	10,–
	3-stellige Zahlen (wöchentlich 2)	60.000 Gewinne zu	DM	100,–
	4-stellige Zahlen (wöchentlich 2)	6.000 Gewinne zu	DM	500,–
	5-stellige Zahlen (wöchentlich 2)	600 Autos der Preisklasse	DM	10.000,–
	6-stellige Zahlen (wöchentlich 2)	60 Gewinne zu	DM	100.000,–

6666 *00530

Geldgewinne der Hauptziehung:	2-stellige Zahl	300.000 Gewinne zu	DM	10,–
	3-stellige Zahl	30.000 Gewinne zu	DM	100,–
	4-stellige Zahl	3.000 Gewinne zu	DM	1.000,–
	5-stellige Zahl	300 Gewinne zu	DM	10.000,–
	6-stellige Zahl	30 Gewinne zu	DM	100.000,–
	7-stellige Zahl*	3 Gewinne zu	DM	1.000.000,–

M 13

*Garantierte Hauptgewinne siehe umseitige Erläuterung

Los-Nr. **4596448** Serie A

Sachgewinne der Hauptziehung:	5-stellige Zahl	300 Autos der Preisklasse	DM	7.500,–
	6-stellige Zahl	30 Weltreisen im Wert von je	DM	15.000,–
	7-stellige Zahl	3 Eigenheime im Wert von je	DM	150.000,–

Lospreis DM 5,– Olympia-Lotterie DM 0,10 Bearbeitungsgebühr DM 0,20 daß der gleiche Schlußvokal, den wir in dem Genitiv *domini* finden, auch in einer Anzahl anderer Genitive wieder erscheint, die mit ganz anderen Zeichen geschrieben werden, wie etwa *amici, pueri, belli, novi* usw. Minoisch war nicht Latein, seine Flexionen hatten aber die gleiche Folge. Geht man Hinweisen dieser Art nach, lassen sich nach und nach alle Glieder dieser simultanen Gleichung einsetzen, und es ist dann nur noch eine Frage der Zeit, bis wir auf die Lösungsformel stoßen.

Zahlreiche Auskünfte über die Grammatik der Sprache lassen sich aus der Art ableiten, in der wiederholt auftretende Wörter in den Tafeln verwendet werden, ohne daß bestimmte Mutmaßungen über die Art ihrer Aussprache notwendig sind. Man sollte annehmen, die Sprache, die diese Formen bietet, ließe sich von da aus selbst recht leicht identifizieren. Aber hier gehen nun die Meinungen bis heute sehr weit auseinander. Hrozný, Bossert und Sundwall halten das Minoische für eng verwandt mit einem der hethitischen Dialekte Kleinasiens. Nach Evans und Myres enthalten die Tafeln von Knossos irgendeine primitive anatolische Sprache, die wahrscheinlich völlig unbekannt ist und dadurch eine Entzifferung ausschließt. Kürzlich gab Ernst Sittig von der Universität Tübingen († 1955) bekannt, er habe die minoischen Tafeln entschlüsselt, und erklärte ihre Sprache als ein dem Etruskischen verwandtes „Pelasgisch". Auch ich glaubte lange, das Etruskische böte den Schlüssel, nach dem wir suchten. Während der letzten Wochen aber gelangte ich am Ende doch zu der Annahme, die Knossos- und Pylos-Tafeln seien in Griechisch abgefaßt. Allerdings mußte es sich angesichts der Tatsache, daß diese Sprache 500 Jahre älter war und in recht abgekürzter Form geschrieben wurde, um eine schwierige und archaische Abwandlung, nichtsdestoweniger aber um Griechisch handeln.

Sobald ich zu dieser Auffassung gekommen war, schienen alle Eigenheiten der Sprache und Schrift, die mich bis dahin verwirrt hatten, eine logische Erklärung zu finden; und obwohl zahlreiche Tafeln genau so unverständlich blieben wie zuvor, begannen doch viele andere plötzlich einen Sinn zu ergeben. Wie erwartet, enthielten sie offenbar nichts von literarischem Wert, sondern boten lediglich alltägliche, oft simple Einzelheiten der Palastverwaltung. Da sind Listen von Männern und Frauen, die nach jedem Namen das Handwerk der betreffenden Person nennen; wir begegnen dabei geläufigen griechischen Bezeichnungen wie ποιμήν „Schafhirt", κεραμεύς „Töpfer", χαλκεύς „Bronzeschmied" oder χρυσοϝοργός „Goldschmied". Bei einigen Personen finden sich längere Beischriften, z. B. „N. N., Ziegenhirt, der die Tiere des N. N. weidet", „drei Aufwärterinnen, deren Mutter eine Sklavin und deren Vater ein Schmied war" oder „Stein-Maurer für Bauarbeiten". Andere Tafeln enthalten Verzeichnisse von Gebrauchsgegenständen, etwa von Rädern: so und so viele aus Ulmenholz, aus Metall, mit Metallbereifung, aus Weidenholz. Der längste Satz, den ich fand, bestand aus elf Worten; er findet sich auf einer Tafel aus Pylos, in der anscheinend Zahlungen festgelegt wurden. Er lautet ungefähr: „Die Priesterin hat folgende Felder Ackerland in Pacht von den Eigentümern und verpflichtet sich, sie auch weiterhin zu behalten."

Die Tafeln von Pylos wirken, wie nach Zeit und Ort nicht anders zu erwarten, völlig griechisch. Aber auch wenn dies bei den Knossos-Tafeln nur für die vorherrschende Ausdrucksweise zutrifft und sie im übrigen mit Namen und Worten einer einheimischen Sprache durchsetzt sind, werden wir doch gezwungen sein, unsere Auffassung von der Geschichte dieser Epoche zu revidieren. Der letzte Palast von Knossos gehört offensichtlich ganz der einheimischen Inselkultur an; indessen dürften, wenn mich nicht alles täuscht, die Griechen zur Zeit seiner Erbauung bereits in Kreta gewesen sein, sie können somit nicht als seine Zerstörer gelten. Sie müssen es auch gewesen sein, die die neue Linearschrift B für ihre Zwecke schufen. Trifft das zu, hätten wir berechtigten Anlaß, die von Myres und Bennett veröffentlichten Tafeln im strengen Sinne als mykenisch und nicht als minoisch zu bezeichnen.

Wie ich angedeutet habe, besteht nun bessere Aussicht als je zuvor, Europas früheste Inschriften lesbar zu machen. Indes wird es gewiß noch viel Mühe kosten, bis die Lösung des Problems allgemeine Zustimmung findet.

VERZEICHNIS DER QUELLEN

in der Reihenfolge der Beiträge geordnet

GIOVANNI BELZONI, Narrative of the Operations and Recent Discoveries within the Pyramids, Temples, Tombs, and Excavations in Egypt and Nubia, 1820

AUGUSTE MARIETTE, The Monuments of Upper Egypt, 1877

GASTON MASPERO, Rapport sur la trouvaille de Deir-el-Bahari, Institut Egyptien Bulletin, Ser. 2, Nr. 2, 1881

WALLIS BUDGE, By Nile and Tigris, 1920. Nachdruck mit Erlaubnis von John Murray, Publishers, Ltd.

FLINDERS PETRIE, Ten Years' Digging in Egypt, 1893. Nachdruck mit Erlaubnis der Lutterworth Press

BERNARD GRENFELL, Oxyrhynchus and its Papyri, Egyptian Exploration Fund, Archaeology Report 1896–97

HOWARD CARTER und A. C. MACE, The Tomb of Tut-Ankh-Amen, 1923. Nachdruck mit Genehmigung von Cassell & Co., Ltd., sowie der Testamentsvollstrecker des Nachlasses Howard Carters

AUSTEN LAYARD, A Popular Account of Discoveries at Niniveh, 1851

HENRY RAWLINSON, Notes on some Paper Casts of Cuneiform Inscriptions upon the sculptured Rock at Behistun, exhibited to the Society of Antiquaries, Archaeologia, XXXIV, 1852

GEORGE SMITH, Assyrian Discoveries, 1875

LEONARD WOOLLEY, Ur of the Chaldees, 1929. Copyright 1929 by Ernest Benn Limited, London. Nachdruck mit Genehmigung der Verleger

SAMUEL NOAH KRAMER, A ‚Fulbright' in Turkey, The University Museum Bulletin XVII, 2 (December 1952), University of Pennsylvania. Nachdruck mit Genehmigung des Verfassers

CLAUDE SCHAEFFER, Aus Beiträgen in den Illustrated London News vom 2. November 1929 und 29. November 1930. Nachdruck mit Genehmigung des Verfassers

NELSON GLUECK, The Other Side of the Jordan, 1940. Copyright 1940 by the American Schools of Oriental Research. Nachdruck mit Genehmigung des Verfassers und der American Schools of Oriental Research

MILLAR BURROWS, Die Schriftrollen vom Toten Meer. Deutsche Ausgabe 1958 (Verlag C. H. Beck, München)

LANKESTER HARDING, Aus einem Beitrag zu The Illustrated London News vom 3. 9. 1955. Copyright by The Illustrated London News, London

HEINRICH SCHLIEMANN, Ilios, Stadt und Land der Trojaner, Leipzig 1881

HUGO WINCKLER, Nach Boghazköy! Ein nachgelassenes Fragment. Der Alte Orient, XIV, 3 (1913)

DAVID HOGARTH, Accidents of an Antiquary's Life, 1910. Nachdruck mit Genehmigung von MacMillan & Co., Ltd., London

ARTHUR EVANS, The Palace of Minos. The Monthly Review II (3. März 1901). Nachdruck mit Genehmigung der Nachlaßverwalter von Sir Arthur Evans

MICHAEL VENTRIS, Nach einer BBC-Sendung abgedruckt in ‚The Listener' vom 10. 7. 1952. Copyright 1955 by Michael Ventris. Abdruck mit Genehmigung von Lois Ventris

Der Verlag C. H. Beck dankt allen
in dem folgenden Abbildungsnachweis genannten Personen und Instituten
für die Überlassung der Vorlagen
und die freundlich erteilte Reproduktionserlaubnis

ABBILDUNGSNACHWEIS

I. Textabbildungen

II. Tafelabbildungen

PERSONEN- UND SACHREGISTER

Donau
SCHWARZES M
Istanbul
Marmara-Meer
GRIECHEN-
LAND
Troja
Ägäisches Meer
Ankara
Bogazköy
Mykenai
Athen
KLEINASIE
Ephesos
Pylos
Rhodos
Knossos
Kreta
Ugarit
(Ras Sch
SYRIEN
MITTELMEER
Zypern
Kyrene
PHÖNIKIEN
Tyros
Damasku
PALÄSTINA
ISRAEL
Jordan
JORDANI
Alexandria
Jerusalem
Khirbet
Qumran
Nildelta
JUDA
Totes Meer
NEGEB
W. el-Araba
Memphis
Kairo
Sakkara
Medum
Ezeon-Geber
FAJJUM
SINAI
Oxyrhynchos
Golf v. Akaba
ÄGYPTEN
Golf von Suez
Tell el-Amarna
Nil
Rotes Meer
0 100 200 300 400 km
Deir el-Bahri
(Tal der Könige)
Theben